350 TIPS TO USE R LANGUAGE BETTER!

R语言实战技巧精粹

350 秘技大全

［日］金城俊哉 著

徐杰 译

中国青年出版社

图书在版编目（CIP）数据

R语言实战技巧精粹：350秘技大全／(日)金城俊哉著；徐杰译.--北京：
中国青年出版社, 2022.1
ISBN 978-7-5153-5863-5

Ⅰ.①R… Ⅱ.①金… ②徐… Ⅲ.①程序语言-程序设计 Ⅳ.①TP312

中国版本图书馆CIP数据核字（2019）第225715号

版权登记号：01-2019-1887

GEMBA DE SUGUNI TSUKAERU！R GENGO PROGRAMMING GYAKUBIKI
TAIZEN 350 NOGOKUI
Copyright © Toshiya Kinjo 2018
Originally published in Japan by SHUWA SYSTEM Co.,LTD,Tokyo
Chinese translation rights in simplified characters arranged with
SHUWASYSTEM Co.,LTD,through Japan UNI Agency, Inc., Tokyo

律师声明

北京默合律师事务所代表中国青年出版社郑重声明：本书由日本秀和系统授权中国青年出版社独家出版发行。未经版权所有人和中国青年出版社书面许可，任何组织机构、个人不得以任何形式擅自复制、改编或传播本书全部或部分内容。凡有侵权行为，必须承担法律责任。中国青年出版社将配合版权执法机关大力打击盗印、盗版等任何形式的侵权行为。敬请广大读者协助举报，对经查实的侵权案件给予举报人重奖。

侵权举报电话

全国"扫黄打非"工作小组办公室
010-65233456　65212870
http://www.shdf.gov.cn

中国青年出版社
010-59231565
E-mail：editor@cypmedia.com

策划编辑　张　鹏
执行编辑　王婧娟
责任编辑　徐安维
书籍设计　彭　涛

R语言实战技巧精粹：350秘技大全

著　者：	[日]金城俊哉
译　者：	徐杰
出版发行：	中国青年出版社
地　　址：	北京市东城区东四十二条21号
网　　址：	www.cyp.com.cn
电　　话：	(010) 59231565
传　　真：	(010) 59231381
企　　划：	北京中青雄狮数码传媒科技有限公司
印　　刷：	天津旭非印刷有限公司
开　　本：	787×1092　1/16
印　　张：	23.5
字　　数：	493千
版　　次：	2022年3月北京第1版
印　　次：	2022年3月第1次印刷
书　　号：	ISBN 978-7-5153-5863-5
定　　价：	148.00元（附赠本书同步案例素材文件）

本书如有印装质量问题等问题，请与本社联系
电话：(010) 59231565
读者来信：reader@cypmedia.com
投稿邮箱：author@cypmedia.com
如有其他问题请访问我们的网站：http://www.cypmedia.com

序 言

　　R语言是源代码写了就能立即执行的"脚本语言",不需要让计算机理解而将源代码进行编译,仅"输入源代码➡运行程序➡改写源代码➡运行程序"就可以流畅地运行。例如,在数据挖掘中,需要反复调试错误,使用R语言十分方便。R语言原本就是将数据挖掘作为主要目标而开发的语言,因此这是一个重要的因素。

　　R语言中有为了进行数据挖掘而准备的数据结构和高速运行分析处理的函数群,且规范十分简单,不需要事先准备及复杂的操作。数据结构由向量、矩阵、数组和数据框等来表现,非常直观且易于理解,不用在编程上花费过多的精力,能让人们将更多的精力集中在分析本身。

　　虽然直观且易于理解是R语言的特征,但是为了让程序正确地执行,正确、深入地理解规范也是必需的。但是要理解R语言所有的内容,并且记住所有的语法规范几乎是不可能的。

　　因此,本书将"想要使用R语言做的事情"以词典中词条查找的形式,并按照类型划分来解说其应用方法。因为针对"为了……要……该怎么做"总结了其做法,如果有不明白的地方,查阅本书就能知道答案。除了向量等数据结构的基本使用方法外,本书还收录了很多需要稍微花点工夫才能恍然大悟的"隐藏招数"。

　　本书前半部分是R语言的数据结构以及将语法的"基本招数"和"隐藏招数"总结而成的秘技,后半部分是统计学分析的"基本招数"和"隐藏招数"的秘技。书中所有内容都是R语言基本规范的内容,之所以称之为"隐藏招数",是因为能让读者有十分便利的感觉,可以将其理解为"方便且有用的应用功能"。

　　本书是笔者在使用R语言进行分析时,"如果有这样的书就好了"的想法的具体化。笔者将常用却容易遗忘,或者虽然简单却很实用的知识点汇总于本书中。请一定将本书放在身边,像词典一样有效地利用起来。真心希望本书可以为大家在使用R语言进行数据分析时提供帮助。

[日]金城俊哉

本书的使用方法

大家在使用R语言过程中产生"做什么""是什么"等困扰时,请从本书的目录中寻找需要的秘技来进行解决。

本书的构成见下图,以下展示了关于本书中使用的符号和图标的含义。

秘技的构成

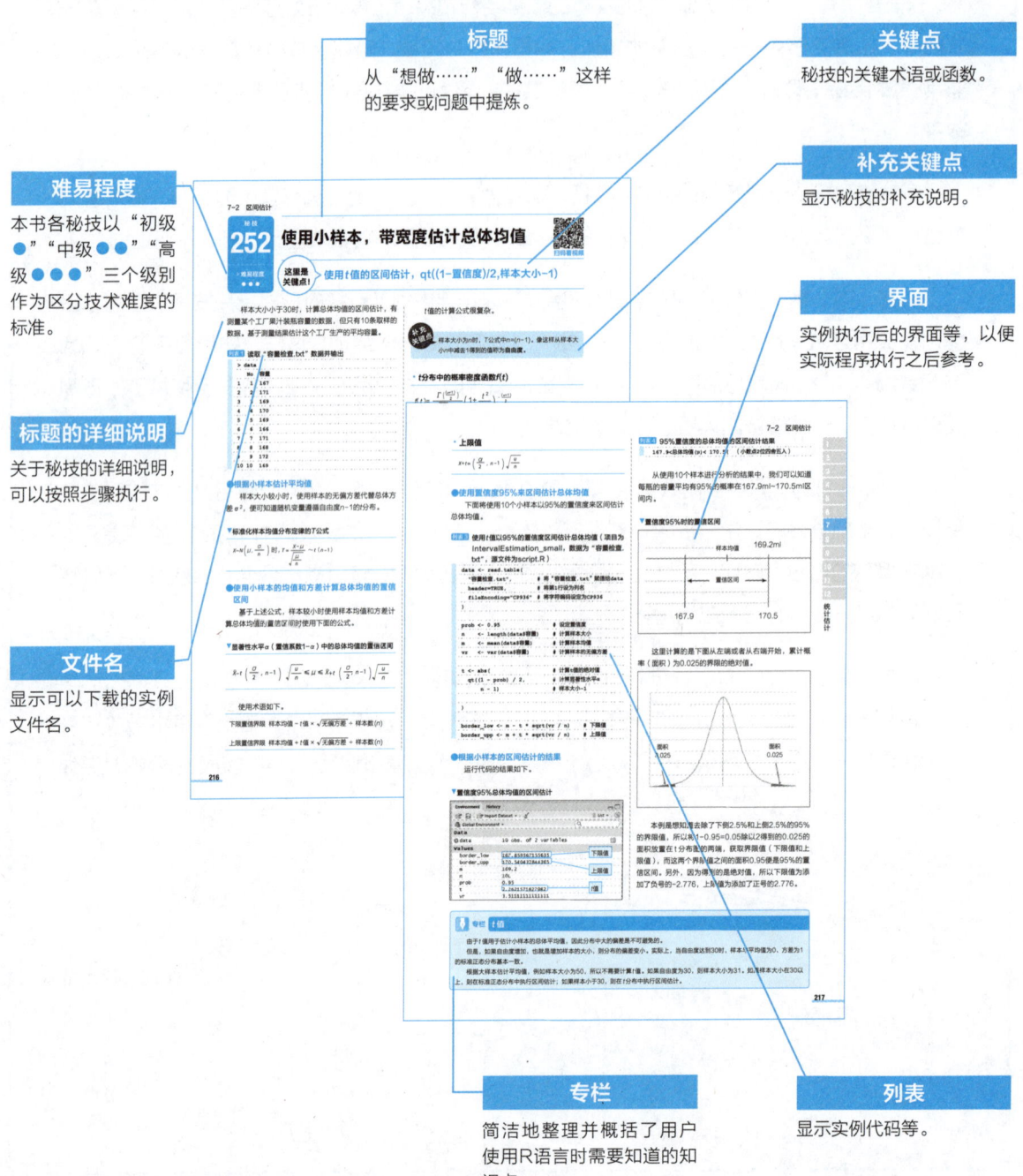

标题
从"想做……""做……"这样的要求或问题中提炼。

关键点
秘技的关键术语或函数。

补充关键点
显示秘技的补充说明。

难易程度
本书各秘技以"初级●""中级●●""高级●●●"三个级别作为区分技术难度的标准。

界面
实例执行后的界面等,以便实际程序执行之后参考。

标题的详细说明
关于秘技的详细说明,可以按照步骤执行。

文件名
显示可以下载的实例文件名。

专栏
简洁地整理并概括了用户使用R语言时需要知道的知识点。

列表
显示实例代码等。

目录

能立刻在工作中使用！
R语言实战技巧
精粹大全
350条精粹

第1章　配置R开发环境和R语言编程基础

1-1　配置R语言开发环境
- 001　R语言是什么 ·················· 2
- 002　RStudio是什么 ················ 3
- 003　安装R ························ 4
- 004　安装RStudio ·················· 6
- 005　RStudio的界面构成 ············ 8

1-2　执行R语言程序
- 006　将RStudio当作计算器来使用 ···· 9
- 007　R语言的"声明" ··············· 9
- 008　控制台分行输出结果 ············ 10
- 009　在源文件中书写代码并执行 ······ 10
- 010　保存R语言程序 ················ 11
- 011　调用之前执行的源代码 ·········· 12

1-3　项目实践
- 012　创建程序开发用的文件夹 ········ 13
- 013　程序的保存、终止和重启 ········ 15
- 014　安装第三方包 ·················· 16

第2章　数据操作的秘诀

2-1　向量和数据类型
- 015　数据命名 ······················ 18
- 016　了解数据类型 ·················· 19
- 017　查询向量类型 ·················· 20
- 018　指定integer()和double()函数参数来初始化向量 ··············· 22
- 019　使用函数明确地生成向量 ········ 22
- 020　更改向量的数据类型或操作模式 ·· 23
- 021　将多个值代入向量 ·············· 24
- 022　删除向量 ······················ 24
- 023　获取向量的长度 ················ 24
- 024　提取向量的元素 ················ 25
- 025　替换向量的元素 ················ 26
- 026　删除向量的元素 ················ 26
- 027　将多个向量合并为一个向量 ······ 27
- 028　在指定的位置插入其他向量 ······ 27
- 029　向量元素命名 ·················· 28

2-2　向量的生成和操作
- 030　自动生成有规律的数值 ·········· 29
- 031　自动生成指定大小的等差数列 ···· 29
- 032　生成指定整数模式的数列 ········ 30
- 033　生成指定元素重复次数的序列 ···· 31
- 034　生成精确指定元素重复模式的数列 ··· 31
- 035　生成具有随机元素的向量 ········ 32
- 036　指定采样的条件 ················ 32
- 037　获取向量特定元素的位置 ········ 33
- 038　获取向量中最小值或最大值的位置 ··· 33
- 039　从多个向量中获取最小值和最大值 ··· 34
- 040　从一对向量中获取相同位置元素的最小值/最大值 ················ 34
- 041　将向量的负数值置为0 ··········· 35
- 042　提取与条件一致的元素 ·········· 35
- 043　将向量中包含的所有缺失值NA替换为0 ························· 35
- 044　使用函数处理向量的所有元素 ···· 36
- 045　向量是如何运算的 ·············· 36
- 046　重复相同的运算或批量运算 ······ 37
- 047　理解向量的回收规则 ············ 37
- 048　计算向量元素的合计值、平均值和中位数 ························· 38
- 049　创建逻辑向量 ·················· 39
- 050　计算逻辑向量 ·················· 39
- 051　改变向量的长度 ················ 40
- 052　使向量的元素按照升序/降序排列 ··· 40
- 053　根据索引获取排序时的顺序 ······ 41
- 054　检查重复的向量元素 ············ 41
- 055　获取向量元素的出现次数 ········ 41
- 056　删除重复的元素 ················ 42
- 057　保持原来的向量不变并替换其元素 ··· 42
- 058　比较数值 ······················ 43
- 059　检查向量元素是否相等 ·········· 44

2-3　因子
- 060　从向量中生成因子 ·············· 45
- 061　使用因子将因子分组 ············ 46
- 062　指定水平标签和水平值来生成因子 ··· 46
- 063　按照区间分割数字型向量 ········ 47

064　在区间分割时正确地包含
　　　上限/下限数据…………………… 48

2-4　将向量转换为矩阵/数组
　065　将向量转换为矩阵…………………… 48
　066　将向量转换为多维数组………………… 49

2-5　字符串向量
　067　将数字转换为字符串………………… 50
　068　将数字转换为指定格式的字符串…… 50
　069　获取数字显示时的宽度…………… 51
　070　指定数字的显示位数……………… 52
　071　生成字符串向量………………… 52
　072　将包含引号的字符串作为向量元素… 53
　073　自动生成A～Z或a～z的字母、
　　　英文月份的名称……………………… 54
　074　自动生成有规律的字符串………… 54
　075　使用stringr包中str_c()函数生成拼接
　　　字符串………………………………… 56
　076　计算字符串的字符数……………… 57
　077　检查空字符串……………………… 58
　078　提取指定范围内的字符…………… 58
　079　替换指定范围内的字符…………… 59
　080　剪切字符串中指定的部分………… 59
　081　在字符串中的指定位置分割字符串…… 60
　082　检索特定的文字并替换…………… 61
　083　替换字符串中前后的字母………… 62
　084　替换字符串中前后的数字………… 63
　085　提取类型一致的元素……………… 63
　086　从字符串中提取前后的数字或者
　　　仅提取字符串中的字母…………… 64
　087　判断是否存在与模型相匹配的字符串… 66
　088　创建正则表达式的模型…………… 66

2-6　列表
　089　使用列表创建地址簿……………… 68
　090　获取列表的元素…………………… 69
　091　从列表元素的向量或列表中获取元素… 69
　092　将列表的元素处理为列表并提取出来… 70
　093　将列表转换为向量………………… 70
　094　更改列表的元素…………………… 71
　095　删除列表的元素…………………… 71
　096　删除列表中的NULL元素………… 72
　097　将列表元素作为"名称=值"对
　　　进行管理……………………………… 73
　098　给既有的列表元素命名…………… 74

2-7　矩阵
　099　创建矩阵……………………………… 75

100　将向量元素按照矩阵横向排列………… 76
101　将矩阵变换为向量……………………… 76
102　获取矩阵的大小（行数和列数）……… 77
103　根据列合并多个向量以创建矩阵…… 77
104　根据行合并多个向量以创建矩阵…… 78
105　创建零矩阵……………………………… 78
106　在控制台输入矩阵元素………………… 79
107　设定矩阵的行名/列名………………… 80
108　获取矩阵的元素………………………… 81
109　将矩阵元素作为矩阵提取……………… 82
110　从矩阵中按列提取矩阵………………… 82
111　计算矩阵的列/行的合计值…………… 83
112　计算列的分量或行的分量的平均值…… 83
113　了解矩阵的基础知识…………………… 84
114　获取排列在对角线上的元素…………… 85
115　创建对角矩阵…………………………… 85
116　矩阵的加法/减法……………………… 86
117　矩阵的常数倍…………………………… 87
118　矩阵的乘法……………………………… 88
119　创建单位矩阵…………………………… 89
120　零矩阵和单位矩阵的乘法法则………… 90
121　交换矩阵的行和列……………………… 91
122　矩阵的除法……………………………… 91
123　找到特征值和特征向量………………… 93
124　创建数组………………………………… 95
125　创建有命名的数组……………………… 96
126　获取数组元素…………………………… 97
127　替换获取的元素………………………… 98
128　获取和条件一致的元素………………… 99
129　替换和条件一致的元素……………… 100
130　计算数组的每个维度………………… 100
131　将多维数组集成为二维数组………… 102
132　转置数组……………………………… 102
133　什么是数据框………………………… 103
134　使用列数据创建数据框……………… 104
135　使用列数据创建并命名数据框……… 105
136　使用行数据创建数据框……………… 105
137　使用存储在行数据中的列表
　　创建数据框………………………………… 106
138　按位置获取数据框的1列…………… 107
139　按位置获取数据框的多个列………… 108
140　按位置移除数据框的列……………… 109
141　按名称获取数据框的1列…………… 109
142　按名称获取数据框的多个列………… 110
143　按名称移除数据框的列……………… 111

144　按位置获取数据框的行 ………… 112
145　按位置移除数据框的行 ………… 112
146　设定/更改数据框的列名或行名 …… 113
147　按指定的位置获取数据框的
　　　特定范围 ………………………… 113
148　指定条件并获取数据框的列 …… 114
149　使用编辑器编辑数据框 ………… 114
150　去除数据框中的缺失值NA …… 115
151　向数据框中添加列 ……………… 116
152　向数据框中添加行 ……………… 117
153　在行方向上合并两个数据框 …… 117
154　在列方向上合并两个数据框 …… 118
155　将数据框按共通的列合并 ……… 119
156　将不同列上的内容合并 ………… 120
157　处理数据框的列 ………………… 120
158　计算数据框每列的合计值 ……… 121
159　计算数据框每行的合计值 ……… 121
160　对数据框的每列应用函数 ……… 122
161　对数据框的每行应用函数 ……… 122
162　对数据框排序 …………………… 123
163　将长格式数据框转换为宽格式 … 124
164　按照水平分解或合并数据框的列 … 125
165　使用条件表达式拆分数据框 …… 126

2-8　数据转换
166　将向量转换为另一种数据类型 … 127
167　将结构化数据类型转换为另一个
　　　结构化数据 ……………………… 127

2-9　日期
168　获取当前日期 …………………… 128
169　将日期数据转换为字符串 ……… 129
170　将字符串转换为日期数据 ……… 129
171　创建连续的日期数据 …………… 130

第3章　文件操作的秘诀

3-1　操作文本文件
172　显示制表符分隔的文本文件数据 … 132
173　显示CSV文件的数据 …………… 133
174　解决视图中的乱码 ……………… 133
175　将制表符分隔的文本文件读入
　　　数据框 …………………………… 134
176　将文本数据的列名称作为数据框的
　　　列名称 …………………………… 136
177　轻松读取制表符分隔的数据文件 … 136
178　将CSV格式文件读取到数据框 … 137
179　轻松读取CSV格式文件 ………… 138
180　将制表符分隔的文件写入逗号分隔的
　　　CSV文件中 ……………………… 138

3-2　读取Excel数据
181　通过剪贴板读取Excel数据 …… 139
182　直接读取Excel文件 …………… 140

第4章　基本编程的秘诀

4-1　程序的控制
183　用if语句划分处理 ……………… 142
184　出现负数时，将其转换为正数 … 143
185　执行if语句中的else语句 ……… 143
186　执行在不满足所有条件时的处理 … 144
187　重复执行相同的处理 …………… 145
188　使"将文件读取到数据框"到
　　　"代入向量"自动化 ……………… 145
189　中断/结束循环 ………………… 146
190　按照顺序传递参数并执行函数 … 147
191　循环获取数据框名称并将其合并 … 148
192　通过将函数指定为函数参数来计算
　　　向量的元素 ……………………… 149
193　通过将函数指定为函数参数来计算
　　　卷积 ……………………………… 150

4-2　创建函数
194　函数的3种类型和创建方法 …… 151
195　定义仅执行处理的函数 ………… 151
196　定义一个接收参数的函数 ……… 152
197　定义一个有返回值的函数 ……… 152
198　使创建的函数可由另一个程序执行 … 153
199　为函数的参数设定默认值 ……… 154
200　如果未传递参数，则显示错误消息 … 155
201　捕获错误并进行处理 …………… 155
202　即使发生错误，也尽量不要
　　　停止程序 ………………………… 156

第5章　基本的描述统计学

5-1　描述统计量
203　计算数据的平均值 ……………… 160
204　去除"离群值"并计算平均值 …… 160
205　计算平均比率 …………………… 162
206　获得去时/返程的平均值 ……… 163
207　计算具有不同参数的平均值的平均 … 164
208　从不同参数的多个平均值中计算

　　　　　平均值……………………………… 164
208　计算距数据平均值的距离"偏差"…… 165
210　通过平均偏差平方来计算方差……… 165
211　计算无偏方差…………………………… 166
212　计算标准偏差…………………………… 167

5-2 顺序统计量
213　计算最大值/最小值…………………… 168
214　从多个数据中计算最大值/最小值…… 169
215　找到数据的"中心"值………………… 169

5-3 多列的计算
216　概括数据………………………………… 170
217　创建一个以易于理解的方式显示
　　　summary()结果的函数………………… 171
218　返回输入数据的五数概括……………… 172
219　计算多列的基本统计量………………… 172
220　使用专用函数计算合计值/平均值…… 173
221　按组计算特定列的基本统计量……… 174
222　按组计算多个列的基本统计量……… 175
223　对多个列进行分组来应用数据框
　　　专用函数………………………………… 175
224　对多列进行分组并统计………………… 176
225　当分组合计有多个基准列时，
　　　结果将垂直排列………………………… 178
226　将数据框整个分组并合计……………… 179

5-4 直方图
227　创建频数分布表………………………… 179
228　创建频率分布表………………………… 181
229　快速获取每个类别的频数……………… 181
230　对连续值进行分类以创建频数
　　　分布表…………………………………… 182
231　将数据的分布情况绘制成直方图…… 183
232　设定组距并创建直方图……………… 184
233　将为每个组创建的直方图输出为
　　　一个PDF………………………………… 186
234　创建最适合组之间比较的
　　　箱形图…………………………………… 188
235　简单地用点进行组之间的比较……… 189

第6章　正态分布

6-1 标准正态分布和一般正态分布
236　确定某数据是"优秀的"
　　　还是"普通的"………………………… 192
237　通过与平均值的偏离程度了解
　　　数据的特殊性…………………………… 193

238　制作标准正态分布图…………………… 194
239　查找只出现在前5%的数据…………… 196
240　当平均销售额为38万元时，
　　　获得超过45万元销售额的概率……… 197
241　计算偏差值……………………………… 199
242　计算偏差值为70以上的人占总数的
　　　百分比…………………………………… 200
243　平均60分，判断标准偏差10分时
　　　得分为80分是否合格………………… 200
244　两个数据组合时的标准差…………… 201

第7章　统计估计

7-1 点估计
245　通过精确定位准确得出总体的
　　　平均值和方差…………………………… 204
246　了解大数定律和中心极限定理……… 205
247　持续获取样本平均值直到极限，
　　　并按平均值估算总体均值……………… 207
248　增加样本量以尽量降低标准误差…… 209
249　通过样本均值的方差估计总体方差… 210
250　用无偏方差的平均估计总体方差…… 211

7-2 区间估计
251　使用大样本，带宽度估计总体均值… 212
252　使用小样本，带宽度估计总体均值… 216
253　区间估计总体数据的比例……………… 218

第8章　统计假设检验

8-1 χ^2检验
254　什么是χ^2检验……………………… 222
255　统计假设检验的步骤…………………… 224
256　检验商店的销售比例是否存在差异… 225
257　检验交叉表数据之间是否存在差异… 227
258　如果可以假定方差相等，使用t检验
　　　确定平均值的差………………………… 229
259　使用t检验确定不同测试人员的评估
　　　平均值是否存在差异…………………… 230
260　通过计算p值来执行t检验………… 232
261　使用t.test()函数计算测试统计量t的
　　　实现值…………………………………… 233
262　当方差不等时，使用t检验确定
　　　平均值的差……………………………… 234
263　在A店和B店的满意程度有差距时，
　　　检验两个商店的满意度是否真的
　　　不同……………………………………… 235

264 两组成对数据差的t检验……………… 236
265 检验减肥营养品摄入前后体重的
变化…………………………………… 237
266 计算p值并执行成对t检验…………… 238
267 使用t.test()函数执行成对t检验……… 239

8-2 方差分析

268 为什么t检验不能用于3组或更多组的
差异检验……………………………… 239
269 使用方差分析来检验3组或更多组的
差异…………………………………… 240
270 使用oneway.test()函数实施单因素
不成对的方差分析…………………… 241
271 使用aov()函数实施单因素不成对的
方差分析……………………………… 243
272 使用anova()函数实施单因素不成对的
方差分析……………………………… 244
273 指定分子和分母的自由度，并绘制
F分布图……………………………… 245
274 从组间、组内的平方和均方计算
测试统计量F的期望值……………… 246
275 执行多重比较………………………… 248
276 数据有对应的情况下为什么需要
进行成对检验………………………… 249
277 执行成对检验的单因素方差分析…… 250
278 为什么成对检验和不成对检验
会有差别……………………………… 251
279 因素增加到两个时的方差分析……… 254
280 执行不成对双因素方差分析………… 254
281 执行两个成对因素的方差分析……… 258
282 执行两个因素中仅一个因素是成对的
方差分析……………………………… 260

第9章 回归分析

9-1 相关分析

283 绘制图表并了解数据之间的关系…… 266
284 计算表示两个数据之间关系
强度的值……………………………… 267

9-2 线性单回归分析

285 执行线性回归分析…………………… 268
286 在列表中显示分析的原始数据、
预测值和残差………………………… 273

9-3 线性多元回归分析

287 什么是线性多元回归分析…………… 274
288 研究应用于多元回归分析的变量的
相关性………………………………… 276
289 根据位置、面积、竞争店铺和问卷
调查结果预测销售额………………… 276
290 找到合适的模型并进行分析………… 279
291 仅减少变量的相互作用而不减少
解释变量进行分析…………………… 282
292 逐步减少变量的相互作用以
计算AIC值…………………………… 283

9-4 非线性回归分析

293 绘制快速上升曲线以预测普及率…… 285
294 将逻辑函数SSlogis()嵌入模型
表达式并进行分析…………………… 288
295 以与线性分布相同的方式分析非线性
分布…………………………………… 289
296 用日照量、风力和温度的值来解释
臭氧量………………………………… 290
297 从豚鼠实验的数据估算维生素C的
给药方法……………………………… 293

第10章 多变量分析

10-1 聚类分析

298 在一个月时间的学习后，将相同学习
模式的人归为一组…………………… 296
299 更改计算距离的方法，尝试最小
距离法和Ward法……………………… 300
300 将大量数据准确地分组……………… 302

10-2 判别分析

301 根据测量值判别花的品种…………… 303
302 仔细分析判别分析的结果…………… 305

10-3 主成分分析

303 主成分分析之prcomp()函数的应用… 308
304 确认主成分所具有的信息量………… 310
305 绘制主成分负荷量并查看变量之间的
关系…………………………………… 310
306 绘制所有主成分得分………………… 311
307 在一个图中显示主成分负荷量和
主成分得分…………………………… 313
308 主成分分析的思路…………………… 313
309 通过主成分分析确认试听参与者的
适当性………………………………… 314

10-4 因子分析

310 利用因子分析分析5个变量以
读取其趋势…………………………… 318
311 旋转因子轴以便于解释因子………… 320

312 估计20人测试结果的因子得分………… 322
313 将因子负荷量投影到正交旋转后的
    因子得分上…………………………… 323
314 斜交旋转因子轴……………………… 324
315 查看斜交旋转后因子之间的相关性…… 325

第11章 时间序列分析

11-1 时间序列对象

316 生成时间序列对象…………………… 328
317 绘制时间序列数据的折线图………… 329
318 一边返回时间序列的时间轴一边绘制
    图表…………………………………… 330
319 提取最新或最旧的观察值…………… 331
320 时间序列对象的数值运算…………… 331
321 计算差分……………………………… 332
322 把时间序列数据的时间错开………… 332
323 合并时间序列并将共通部分转换为
    多变量时间序列……………………… 333
324 获取时间序列对象的信息…………… 334
325 获取时间序列对象的部分时间序列…… 335
326 时间序列数据的部分聚合…………… 336
327 计算时间序列数据的自协方差和
    自相关系数…………………………… 337
328 估计时间序列数据的谱密度函数…… 340

11-2 AR模型

329 将AR模型拟合到时间序列………… 342
330 AR模型预测………………………… 344
331 使ARIMA模型适合单变量的时间
    序列数据……………………………… 345
332 通过自动指定适当的模型次数来拟合
    ARIMA模型…………………………… 346
333 通过ARIMA模型预测……………… 347

第12章 绘图

12-1 绘图的基础

334 创建散点图…………………………… 350

335 设置标题和标签……………………… 350
336 添加网格……………………………… 351
337 指定x轴和y轴的范围……………… 352
338 指定x轴和y轴之间的比例………… 353
339 添加垂直线或水平线………………… 353

12-2 绘制多个组

340 创建多个组的散点图………………… 355
341 添加图例……………………………… 356
342 绘制散点图的回归直线……………… 357
343 绘制所有变量的组合………………… 357
344 为每个因子的水平标签分别创建
    散点图………………………………… 358

12-3 创建条形图

345 使用barplot()函数创建条形图…… 359
346 在条形图中显示置信区间…………… 360

12-4 直方图、正态QQ图

347 创建直方图并指定条数……………… 361
348 在直方图上显示概率密度函数的
    曲线…………………………………… 362
349 创建正态QQ图……………………… 363
350 用多项式回归分析…………………… 364

专栏

R语言………………………………………… 3
R的向量……………………………………… 44
数学中的矩阵……………………………… 83
行列式法则………………………………… 92
data.frame类……………………………… 107
源代码（注释部分）的乱码…………… 134
数学常量的"纳皮尔常数"……………… 198
总体和样本的关系说明………………… 212
t 值………………………………………… 217
统计量 F ………………………………… 257
内插和外插………………………………… 273
多重共线性………………………………… 281
交叉表……………………………………… 366

第 1 章
秘技001~014

配置R开发环境和R语言编程基础

1-1　配置R语言开发环境（秘技001~005）

1-2　执行R语言程序（秘技006~011）

1-3　项目实践（秘技012~014）

秘技 001　R语言是什么

难易程度 ●

这里是关键点！ R语言简介

R是一款任何人都可以免费使用的数据挖掘工具，与Excel等使用鼠标和键盘操作的应用程序不同，它是一种编程工具。编程是通过使用编程语言输入语句（源代码），来完成类似Excel的菜单命令和对话框操作。

以下是启动R运行环境的示例，在显示的界面中输入源代码，数据挖掘便会执行。当然，也可执行一些与数据挖掘相关的操作，例如保存和编辑源代码、创建图形等。

▼R的操作界面

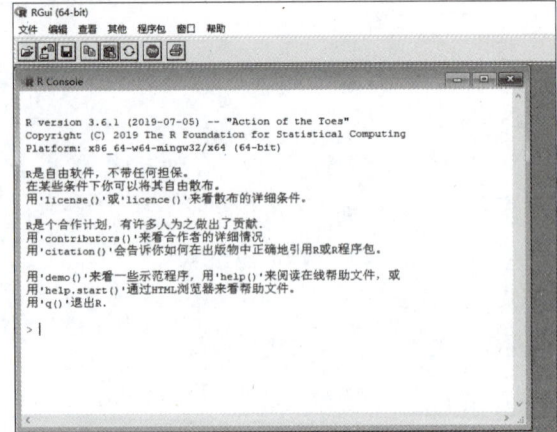

● R语言的特点

用数据分析工具R编程的语言是**R语言**。R是编程工具，用于编程的语言是R语言。R语言具有以下几个特点。

❶ 它是一种基于统计分析语言S构建的开源编程语言

R语言是基于1984年由AT&T贝尔实验室的John Chambers、Rick Becker、Allan Wilks研究和开发的统计处理语言S开发的，名称的由来是字母表中S之前的字母R。

❷ 因为语法简单，R语言非常容易学习

R语言的语法相较其他编程语言来说更简单，即很少有复杂的处理程序，也很少使用深奥的符号，所以用户可以专注于编程本身。

❸ 它是一种解释型语言，程序编写完即可运行

编程时，编程人员编写一个语句（源代码）后，要将其翻译成计算机能够理解的"机器语言"，以便计算机能理解并运行程序。

这就是为了实际运行程序，需要将在工具界面上输入的源代码转换为机器语言的原因，但使用R语言则不需要这种转换。因为R语言是"将源代码立即翻译成**机器语言**并编译运行的程序"。像这种，将代码写完即可运行程序的编程语言称为**解释型语言**。

解释器是一种可以直接编译源代码并执行的软件。由于R语言是由R解释器构建的，因此写完代码后可以直接执行并查看结果。

❹ 从一开始就拥有强大的数据分析功能

R是一个数据挖掘的专用工具，除了统计计算，还能胜任从网络上收集信息（**Web抓取**）和字符串分析（**文本挖掘**）等操作。R中内置了进行统计分析需要使用的各种公式，且R的**函数**中总结集成了统计公式和计算方法，因此编写源代码将数据传递给函数，就可以执行数据挖掘。

❺ 有助于数据挖掘的数据结构

在数据挖掘中，需要读取作为分析源的数据，然后处理这个数据并查看结果。在这个过程中，虽然时而需要暂时保存数据，时而需要将保存的数据读取并处理，但R内部处理的数据都是"易于读取和处理"的结构。

❻ 可以轻松创建各种类型的漂亮图表

R的图形创建功能非常强大，除了能将现有数据绘制成图表之外，还能预测数据"未来的样子"或"过去的样子"来轻松创建图形。

❼ 有数千个丰富的统计库

正如前面提到的，R具有强大的数据分析功能，为了能够附加一个在某个领域更专业的功能（函数），网络上公开了许多**库**（函数的集合），可以根据用户想要做的事情，来简单地强化R的功能。

❽ 性能可与昂贵的统计分析工具相媲美

常用的数据挖掘工具包括SAS和SPSS，但两者都非常昂贵。关于处理能力，R具有不输于这些工具的性能（高分析能力和处理速度）。

●R具有只有编程工具才有的优点

对于那些不熟悉编程的人来说，使用R的门槛可能比较高。因为需要将类似在Excel中使用菜单和对话框的操作通过书写代码来完成。此外，在Excel中使用函数时，可以编写类似源代码的内容，但在R中，则必须编写更加正式的代码。

编程就是"将想要做的事情事先写下来"。

在Excel中，可以在单元格中直接输入公式进行计算，也可以使用"宏"自动运行一系列操作。但是，为了了解整个工作表正在进行什么样的计算，必须查看各种单元格。由于Excel是专门用于表格计算的，因此可以很方便地查看表格内容。但如果不是制作此表格的人，要了解整个工作表进行了什么计算则很困难。为了找出应该在哪个单元格中输入数据、哪个单元格在执行计算，必须一个一个地查看单元格。此外，通过Excel很难知道整体处理的流程。从这点来看，它比不上专门用于编程的R。

由于编程是条理分明地编写想要做的事情，可以将想处理的事情按照顺序简洁地写下来。和在原稿纸上写文章一样，一边思考一边看着上下文，所以即使忘了"这个计算之前什么是必需的"，看过源代码之后便能立刻明白。

将编写的代码保存后，下次执行程序时，只要"阅读"源代码便能立即知道程序整体在执行什么操作。

在对一些复杂的问题进行分析时，因为通过编写代码将处理过程清楚地写了下来，使得结果也变得更容易理解。

专栏　R语言

用于统计分析的R语言及其开发执行环境R是由新西兰奥克兰大学的罗斯·伊哈卡（Ross Ihaka）和罗伯特·克利福德·杰特曼（Robert clifford Gentleman）开发的。目前，维护和扩展由R Development Core Team完成。

秘技 002　RStudio是什么

难易程度

这里是关键点！ RStudio简介

虽然R具有完整地进行数据挖掘的功能，但是**RStudio**配备了更方便且细致周到的功能。安装完R之后，如果另外安装RStudio，R将整合到RStudio中，并且可以使用RStudio的高性能交互界面（操作界面）来完成数据挖掘。

●按R➡RStudio的顺序来安装

虽然安装了R就可以使用R语言编程来完成数据挖掘，但是在此基础上再继续安装RStudio的话，便可以使用RStudio来进行数据挖掘。

RStudio是以源代码输入界面为中心，由程序的运行结果、文件夹内容的显示、程序使用到的数据列表和图表输出等各种丰富的界面组成。RStudio不仅可以输入代码查看运行结果，还具有查看导致结果的运行过程、确认或处理使用到的数据等丰富便利的功能。

▼RStudio的操作界面

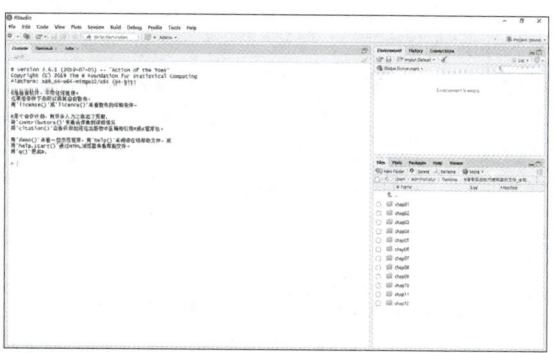

1-1 配置R语言开发环境

秘技 **003** 安装R

难易程度 ▶

这里是关键点！ **R的下载和安装**

扫码看视频

R的安装包发布在**CRAN**（The Comprehensive R Archive Network）的网站上，用户可以访问并下载后执行安装程序操作。

① 启动浏览器并访问https://cran.r-project.org。
② Windows系统单击"**Download R for Windows**"链接，Mac系统单击"**Download R for (Mac) OS X**"链接。

▼ CRAN的网站

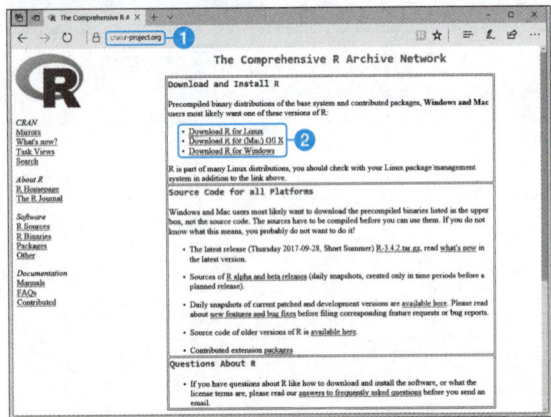

③ 单击"**base**"链接。

▼ 下载内容的选择

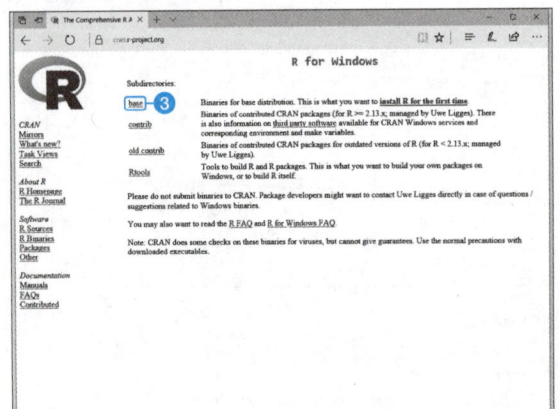

④ 单击Download R 3.6.1 for Windows链接后，单击"**运行**"按钮开始下载。

▼ 开始下载

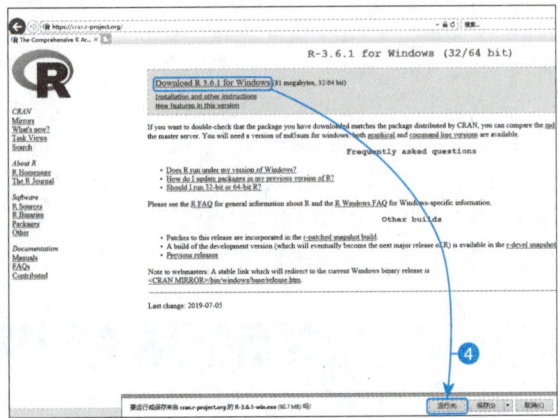

⑤ 下载完成后显示"选择语言"对话框，选择"**中文**"选项并单击"**确定**"按钮。

▼ 选择语言

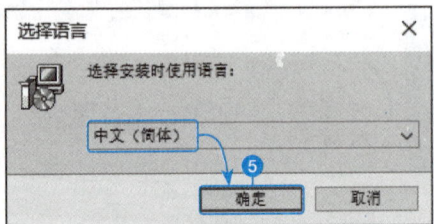

⑥ 安装向导启动后，单击"**下一步**"按钮。

▼ 安装向导

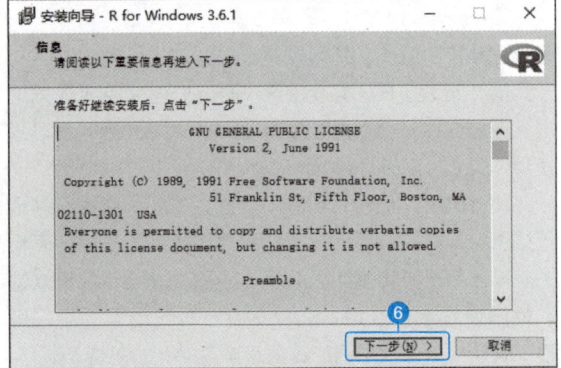

❼ 阅读软件的使用说明，然后单击"下一步"按钮。

▼ 软件使用的相关信息

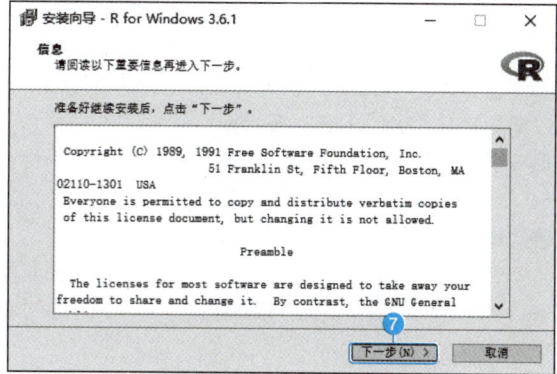

❽ 显示安装位置设置界面。一般不需要更改，直接单击"下一步"按钮。

▼ 设置安装位置

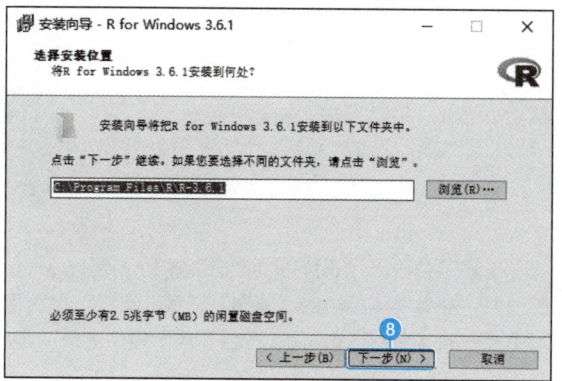

❾ 显示要安装的组件（软件）的选择界面。可以勾选所有的复选框，但32位系统最好只勾选"**32-bit Files**"复选框，64位系统仅勾选"**64-bit Files**"复选框，然后勾选"**Core-Files**"和"**Message translations**"复选框，并单击"下一步"按钮。

▼ 选择要安装的组件

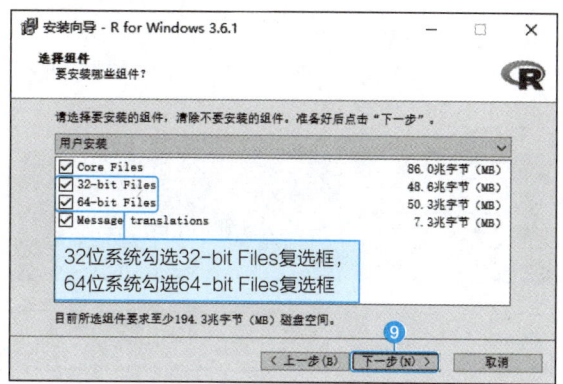

❿ 显示启动选项设置界面，不需要更改设置，所以单击"No（接受默认选项）"单选按钮，然后单击"下一步"按钮。

▼ 启动时的选项设定

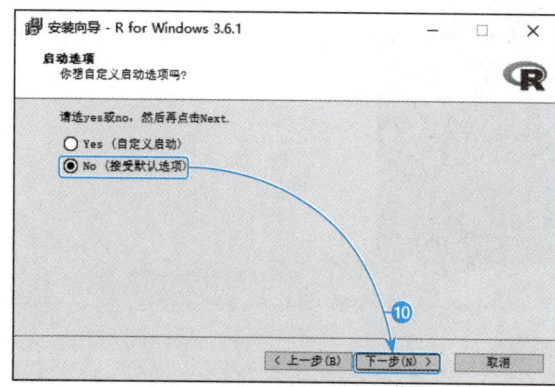

⓫ 显示Windows开始菜单中**文件夹**名称的设定界面。默认是R，如果想要设置为其他名称，则输入名称并单击"下一步"按钮。

▼ 开始菜单的项目（文件夹）名称设定

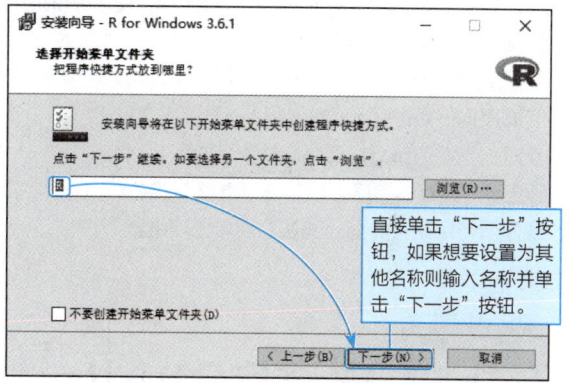

⓬ 显示"选择附加任务"界面。在"**附加快捷方式**"选项区域勾选想要创建的快捷方式，然后单击"下一步"按钮，开始安装。

▼ 附加任务的选择

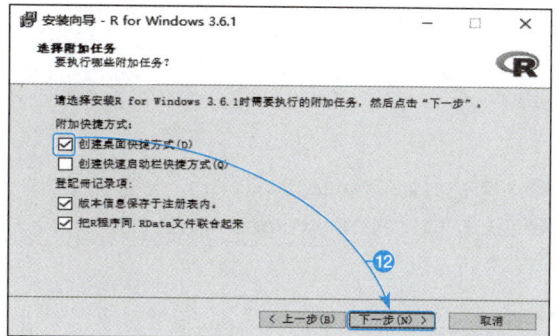

1-1 配置R语言开发环境

⑬ 安装完成之后单击"**结束**"按钮,完成安装。

⑥ 显示确认信息,单击"**同意**"按钮。
⑦ 显示"选择安装位置"界面,直接单击"**继续**"按钮。
⑧ 第一次安装请单击"**安装**"按钮。如果已经安装了老版本的R,会显示"**更新**"按钮,则单击"**更新**"按钮。
⑨ 弹出"认证"对话框,输入Mac中登录的用户名和密码并单击"**OK**"按钮,开始安装。
⑩ 安装完成之后单击"**关闭**"按钮,结束安装。

●安装完成

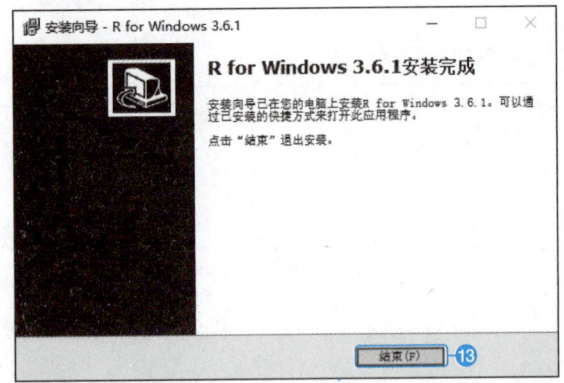

●尝试启动R

在Windows系统中,从"**开始**"菜单中选择R选项来启动,Mac系统则双击"**应用程序**"文件夹中的R图标来启动。

▼启动之后的R

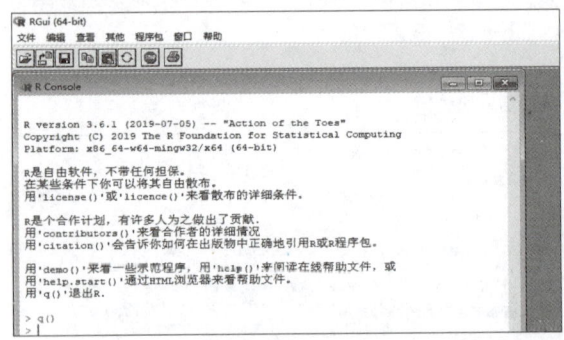

 在步骤⑫中,请保持两个注册项目复选框都是被勾选的状态。

在窗口中输入代码程序便能立即执行。要关闭R,则选择"**文件**"菜单中的"**退出**"选项,出现"**是否保存工作空间映像?**"提示时,单击"**否**"按钮即可。

●在Mac OS上安装

Mac OS中的安装步骤如下。

① 访问https://cran.r-project.org/并单击"**Download R for (Mac) OS X**"链接。
② MacOS X在不同版本系统下可安装的版本会有差异,请根据使用的MacOS X版本单击相应的链接。
③ 双击下载的**pkg**文件来启动安装向导。
④ 显示R的相关信息之后单击"**继续**"按钮。
⑤ 显示使用条款界面,确认之后单击"**继续**"按钮。

秘技 004 安装RStudio

扫码看视频

这里是关键点! RStudio的下载和安装

R完成安装之后,具备了R解释器和R的函数等,R语言开发的核心部分就准备好了。之后,为了使R可以更方便地使用,再安装RStudio,这样开发环境就配置好了。

① 访问RStudio网站https://www.rstudio.com/。
② 单击RStudio的"**Download**"链接。

▼RStudio的网站首页

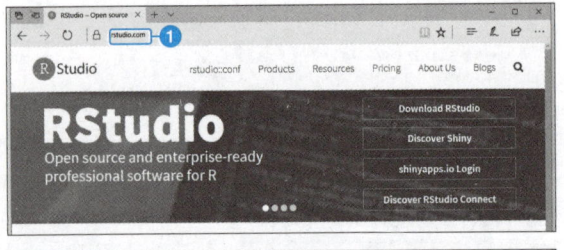

1-1 配置R语言开发环境

❸ 在**RStudio Desktop**界面单击**Free**版的"**DOWNLOAD**"链接。

▼前往下载页面的链接

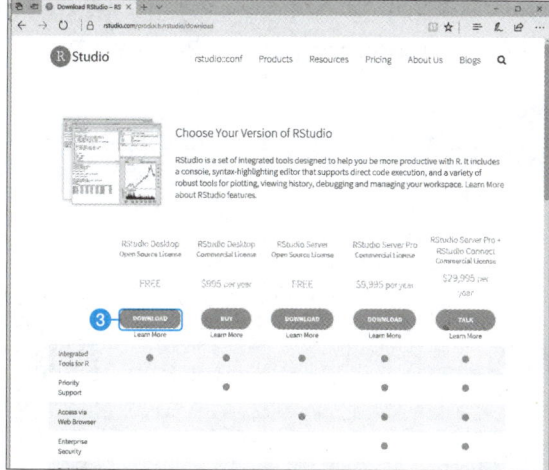

❹ 显示下载的列表，Windows系统单击"**RStudio-1.4.1103.exe**"的链接，Mac OS系统单击"**RStudio- 1.4.1103.dmg**"的链接，然后单击"**运行**"按钮。

▼下载列表

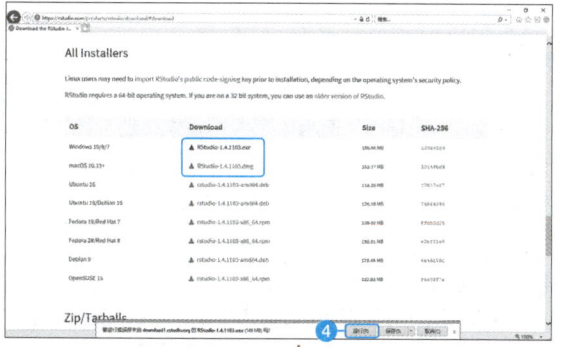

❺ 下载完成之后显示安装向导，单击"**下一步**"按钮。

▼安装向导

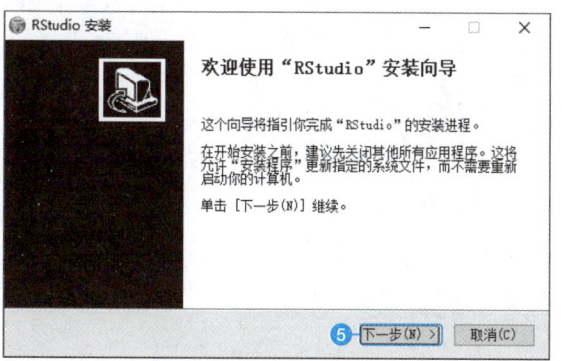

❻ 显示安装位置的文件夹路径，保持默认设置，不需要更改，直接单击"**下一步**"按钮。

▼安装位置的文件夹路径

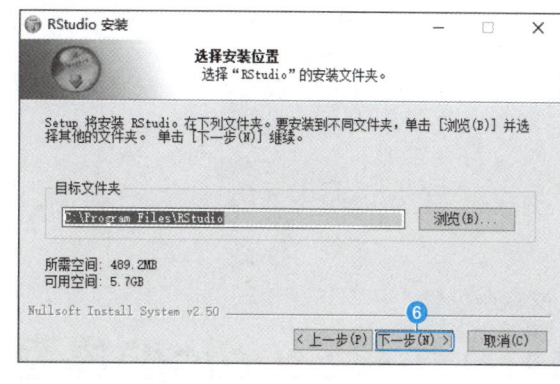

❼ 显示在"开始"菜单的文件夹名称。可以保持原有名称不变，直接单击"**安装**"按钮开始安装。如果想要自己命名，则输入名称，然后单击"**安装**"按钮，就可以开始安装了。

▼安装开始界面

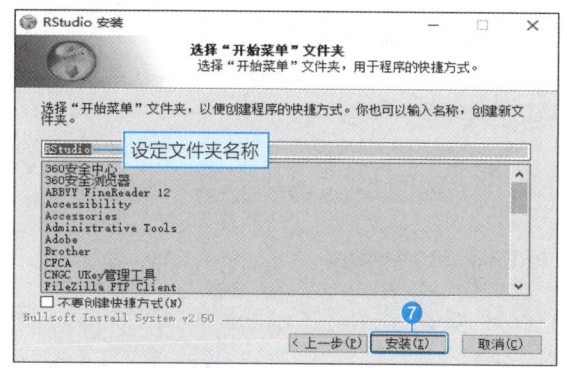

❽ 安装完成后单击"**完成**"按钮，完成安装。

▼安装完成界面

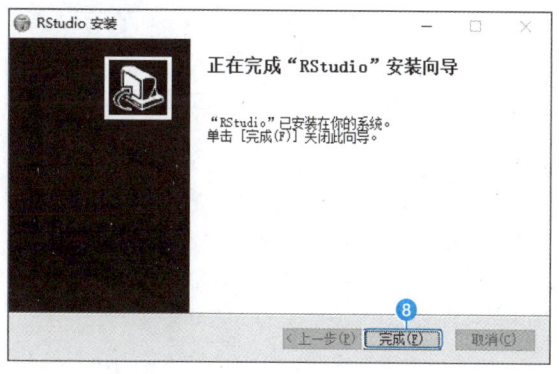

❾ 显示下图的界面，选择安装的R版本（64位还是32位），然后单击"**OK**"按钮。

1-1 配置R语言开发环境

▼选择安装的R版本

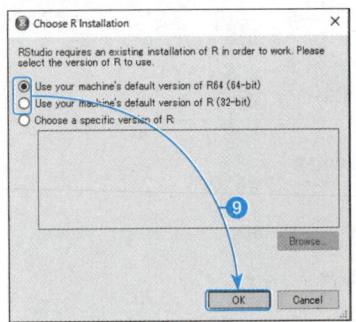

●Mac OS的安装步骤
Mac OS系统的安装步骤如下。

❶ 双击下载的**dmg**文件。
❷ 解压得到文件内容，显示安装向导窗口。将**RStudio**图标拖到**Applications**文件夹，便完成安装了。

> 补充关键点：步骤❾的界面是选择要安装64位版本还是32位版本的R。

秘技 005　RStudio的界面构成

这里是关键点！ RStudio的用户交互界面

扫码看视频

让我们来启动RStudio吧。Windows用户可以双击桌面的快捷方式图标，或者在"**开始**"菜单中选择"**RStudio>RStudio**"命令。

下图是Windows系统下的RStudio界面，Mac系统也是由同样的界面组成。

Mac系统下打开应用程序文件夹中的**RStudio**文件夹，单击**RStudio**图标，便能启动RStudio。

▼RStudio启动后的界面

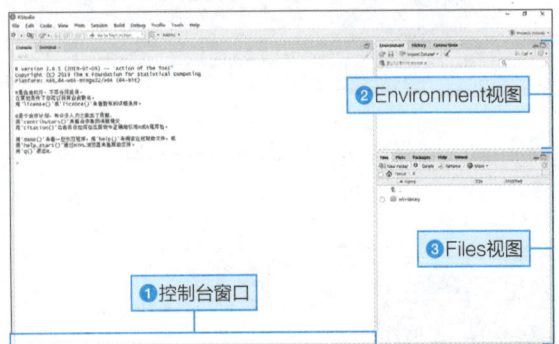

●控制台窗口
显示在界面左侧的就是控制台窗口。在这里输入代码并按下**Enter**键（**return**键）便能立即运行程序，在下一行显示运行结果。该窗口是专为"输入代码➡显示结果"这样的操作来运行程序而准备的。

●Environment视图
界面右上方为**Environment**视图界面，程序中使用到的数据及内容会显示在这里。

●Files视图
界面右下角的**Files**视图会显示设定为**主目录**的文件夹中的内容。在Windows系统中，主目录设定为用户的Document文件夹，用户可根据需要自行更改。从主目录下，可以执行打开文件等操作。

●视图大小的调整
各个视图都可以通过拖动边框来调整大小。用户可以单击标题栏中的"**最小化**"按钮来隐藏视图，单击"**最大化**"按钮来使视图最大化。最小化或者最大化视图后，可以单击"**还原**"按钮还原。

●关闭RStudio
用户可以执行"**File**"菜单中的"**Quit Session**"命令，或者单击界面右上角的"**关闭**"按钮来关闭RStudio。

▼关闭RStudio（Windows）

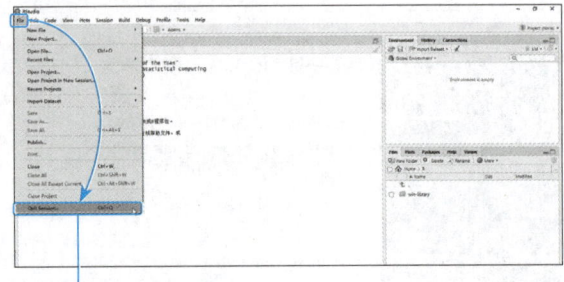

选择File菜单中的Quit Session命令

秘技 006 将RStudio当作计算器来使用

扫码看视频

难易程度

这里是关键点！ 使用控制台执行程序

RStudio启动后，显示在界面左侧的就是**控制台窗口**。在这里输入代码后按下 Enter 键（或 return 键），就能立即运行程序，并在下一行显示运行结果。

让我们试一下简单的加法运算。

首先输入 50+50。

R中的+有加法的意思，输入的代码就是"50加50"的意思。输入后，按下 Enter 键（或者 return 键）即可执行。

▼控制台窗口

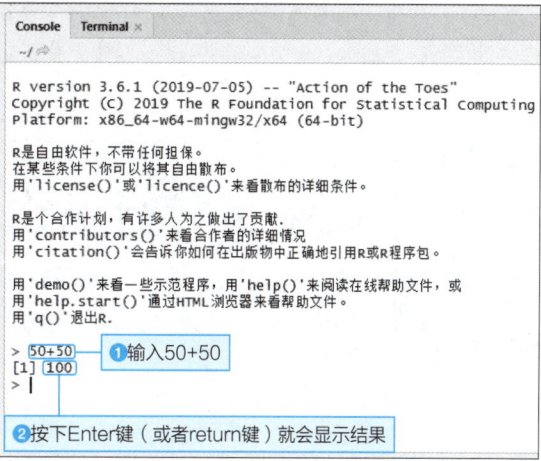

❶输入50+50

❷按下Enter键（或者return键）就会显示结果

R解释器将源码 50+50 翻译成机器语言，计算机能够理解机器语言并得出 100 这个答案。

秘技 007 R语言的"声明"

扫码看视频

难易程度

这里是关键点！ 一个源代码声明

我们将"进行某种处理的一组语句"称为**声明**。

像 100 + 200 这样的算式也是声明。在RStudio的**控制台**窗口输入一句声明并按下 Enter 键，R解释器便能理解声明的内容并输出结果。

很多时候，要进行某项处理，只写一份声明是不够的，需要写多个声明。例如，用R写了统计每天销售额的处理，这就是程序。像这样，作为程序而写的声明统称为**源代码**。声明=源代码，我们一般将一行语句特指为声明。

● 跨多行的声明

如果要执行的操作很复杂，经常会出现一行放不下一句声明的情况。这时，可以在合适的临界处换行。但是，对于像以下的print()这种命令：

```
pri
nt()
```

在单词中间换行是不可以的。由于在有意义的单词中间换行会出现错误，这种情况下要写完这个单词之后再换行。

让我们看一下将算式 1 + 2 + 3 + 4 + 5 分为数行输入的情况。

1-2 执行R语言程序

列表1 控制台运行

```
> 1 + 2 + 3 + 4 + 5          ——— 一个声明
[1] 15

> 1 + 2 +                    ——— 声明的开始
+ 3 +                        ——— 换行
+ 4 +                        ——— 换行
+ 5                          ——— 在声明的结尾按Enter键
[1] 15
```

> 因为这个+号表示声明还没有结束，会自动输出在界面中。

1＋2＋3＋4＋5是一个声明。不管是写作一行还是中途换行都会被当作一个声明来处理。但是，换行必须在+之后。请注意，如果在 1＋2 之后换行，会被认为声明结束并输出3。像 1＋2＋ 这样输入到+，表示声明还没有结束并且换行。

● **单词之间的空格**

像 50＋50 这样在"+"的前后分别输入半角空格的情况，仅仅是为了更方便查看而不是错误。但是，和单词一样，像 ５０+５０ 这样在数字之间加入空格便会出错。

50是一个整体，而 ５ ０ 中的5和0会被当作不同的数字来处理。

秘技 008 控制台分行输出结果

难易程度 ●

> 这里是关键点！ **结果在一行中显示不下时，分数行显示**

输入声明并执行相应的计算，便会显示计算结果，例如输入：

```
50+50
```

显示结果为：

```
[1] 100
```

100前面显示的[1]表示声明的执行结果值的个数。因为这次的结果只有1个，所以显示1。根据不同的处理，也会有像下面这样给表中第一行的10个值分别加上100的情况，这样就会显示10个结果。

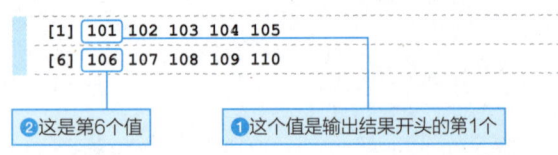

❷ 这是第6个值　　❶ 这个值是输出结果开头的第1个

像这样分两行显示，是因为 **控制台** 窗口的横向大小不够宽，显示不下就在溢出的地方换行显示。表示在换行之后的值是"第几个值"的就是[]中的数字。在这个例子中，是在第6个值106处换行，为了说明这是第6个值，所以显示为[6]。

秘技 009 在源文件中书写代码并执行

难易程度 ●

扫码看视频

> 这里是关键点！ **创建源文件**

要正式地创建分析程序，创建源文件是必需的。在源文件中编写代码并保存后，可以在任何时候作为程序来执行。

源文件是以后缀名为.R的R文件保存的。使用源文件执行程序的步骤如下。

❶ 执行 "**File>New File>R Script**" 命令创建文件。
❷ 使用代码编辑器输入源代码。
❸ 单击 "**Source**" 或者 "**Run**" 按钮来执行程序。

1-2 执行R语言程序

●创建源文件

创建源文件的步骤如下。

❶ 执行"**File>New File>R Script**"命令。
❷ 新建的源文件显示在代码编辑器中，输入源代码。

▼创建源文件

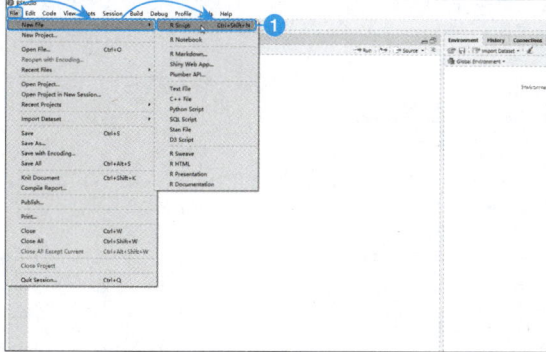

▼输入代码和执行程序

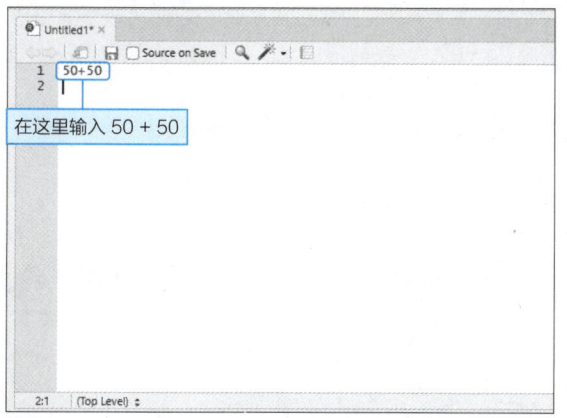

 在像R这样的解释型语言中，将源代码称之为脚本。这时源文件就是脚本文件，源代码和脚本意思相同。

●执行程序

按源代码中描述的样式创建程序后，可以单击代码编辑器工具栏中的"**Source**"或"**Run**"按钮来执行。

- **Source按钮**
  执行源文件中的所有代码。
- **Run按钮**
  仅执行光标所在部分的代码，用于只想执行光标所在的声明的情况。

只想执行特定的声明时，将光标放置在这个声明上并单击"**Run**"按钮；想要执行源文件的所有代码时，单击"**Source**"按钮。

单击代码编辑器工具栏中的"**Source**"按钮，执行结果会输出到控制台。

▼执行程序

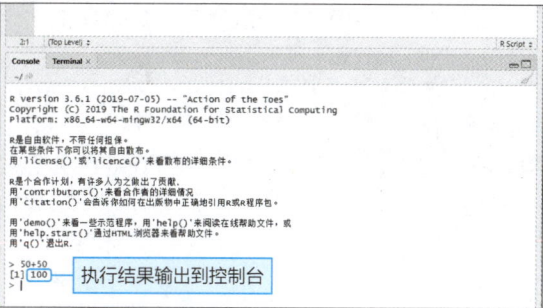

秘技 010 保存R语言程序

这里是关键点！ 源文件的保存

将代码写在源文件中是"为了将源文件作为程序保存"。控制台中输入的代码仅限当时使用，之后要想做同样的操作，需要将同样的代码再写一遍。如果事先保存了源文件，就可以在任何时候调用并做相同的操作。

●保存源文件

设定文件名并保存。

1-2 执行R语言程序

❶ 单击"Save current document"按钮。

▼保存源文件

❷ 选择保存的位置。
❸ 输入文件名并单击**Save**按钮。

▼保存源文件

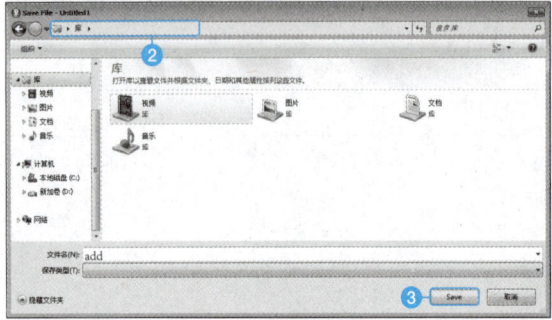

● 关闭源文件

前面的操作将后缀名为.R的FILE-R.R文件进行了保存。关闭文件，操作如下。

▼关闭源文件

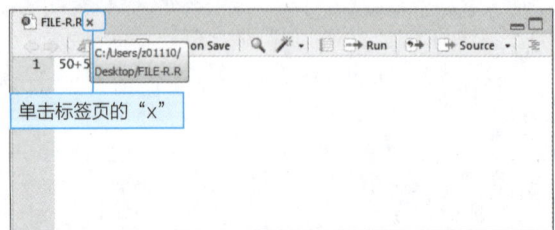

● 打开已保存的源文件

打开已保存的源文件的操作如下。

❶ 执行"File>Open File"命令（或者单击工具栏中的"Open an existing file"按钮）

▼打开已保存的源文件

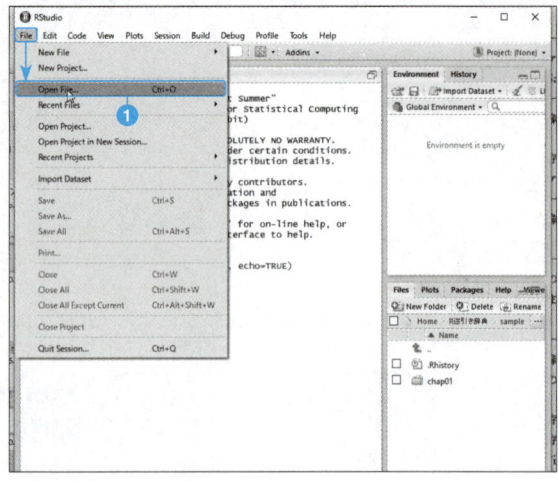

❷ 打开"Open File"对话框，选择已经保存的文件，单击"Open"按钮。

▼打开已保存的源文件

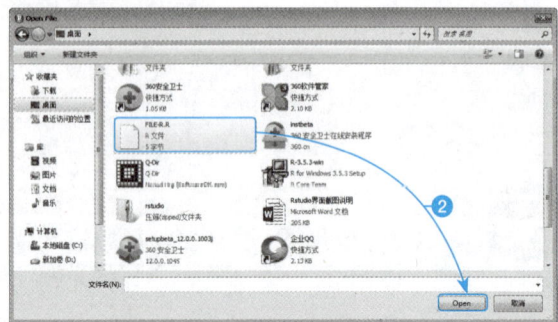

秘技 011 调用之前执行的源代码

扫码看视频

难易程度 ●

> **这里是关键点！** History视图

RStudio界面的右上方有**Environment**和**History**两个标签页，单击这两个标签就会切换视图（窗口）。

其中**History**视图显示在控制台中输入的源代码的历史记录，以及从源文件中执行的源代码的历史记录。

要想将之前执行的代码再执行一次，则从历史记录列表中选择想要执行的代码，单击"**To Console**"按钮就可以执行了。

12

❶ 单击 **History** 标签页，选择想要执行的代码并单击"To Console"按钮。

▼ History 视图

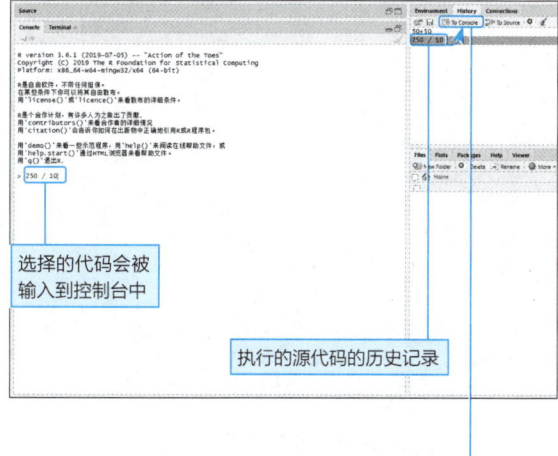

选择的代码会被输入到控制台中

执行的源代码的历史记录

选择想要运行的源代码并单击"To Console"

❷ 然后按下 **Enter** 键（或者 **return** 键），就会输出执行结果。

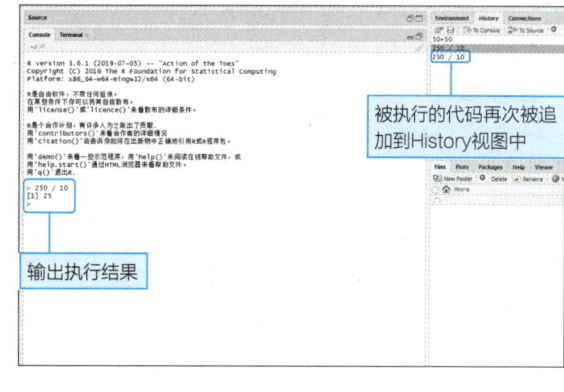

被执行的代码再次被追加到 History 视图中

输出执行结果

● History 视图的组成

▼ History 视图

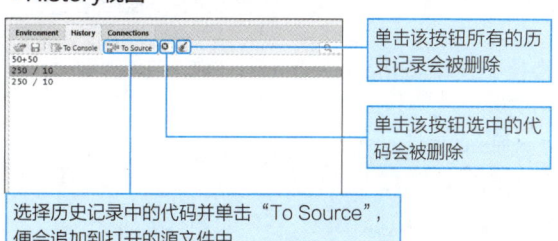

单击该按钮所有的历史记录会被删除

单击该按钮选中的代码会被删除

选择历史记录中的代码并单击"To Source"，便会追加到打开的源文件中

1-3 项目实践

秘技 012 创建程序开发用的文件夹

扫码看视频

难易程度 ●

这里是关键点！ 创建项目

RStudio 可以将创建程序所需要的数据以**项目**的方式保存起来。该项目具有和文件夹相同的含义，但是项目用的文件夹中不仅仅是源文件，还保存着程序生成的图表和分析结果等信息。当然，程序中使用的数据文件也可以保存。

用户可以通过执行"**File>New Project**"命令来创建项目。

❶ 在菜单栏中执行"**File>New Project**"命令。

▼ "File"菜单

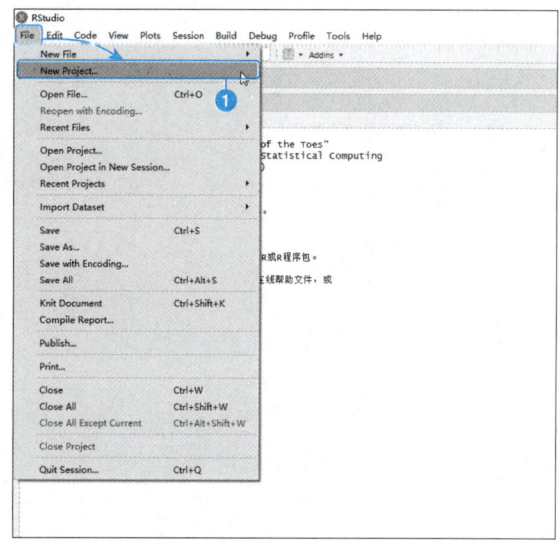

1-3 项目实践

❷ 在打开的对话框中选择 "**New Directory**" 选项。

▼ 选择新的项目

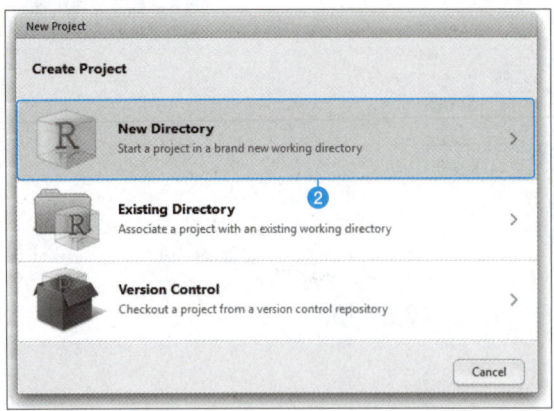

❸ 接着选择 "**Empty Project**" 选项。

▼ 选择空的项目

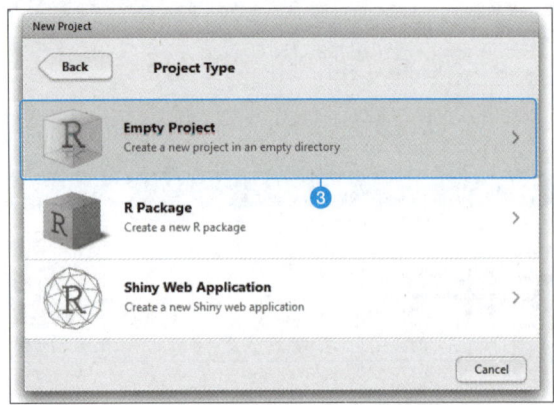

❹ 在 "**Directory Name**" 文本框中输入项目名称。
❺ 单击 "**Browse...**" 按钮。

▼ 设定项目名

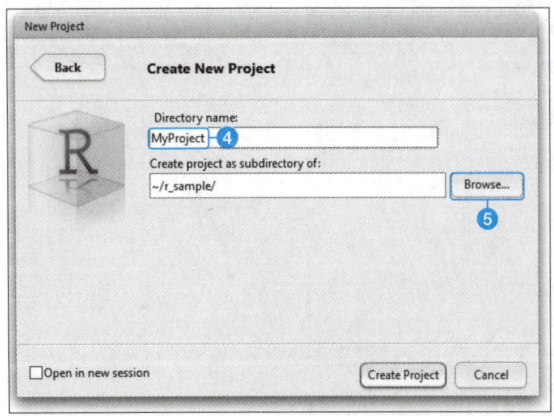

❻ 在打开的对话框中选择项目的保存位置。

❼ 选择要保存的文件夹。

▼ 指定项目保存的位置

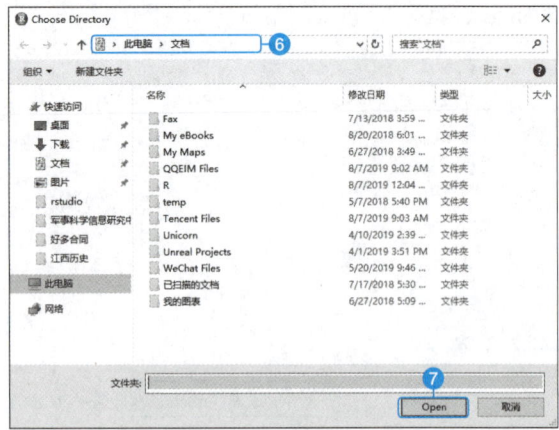

❽ 单击 "**Create Project**" 按钮。

▼ 创建项目

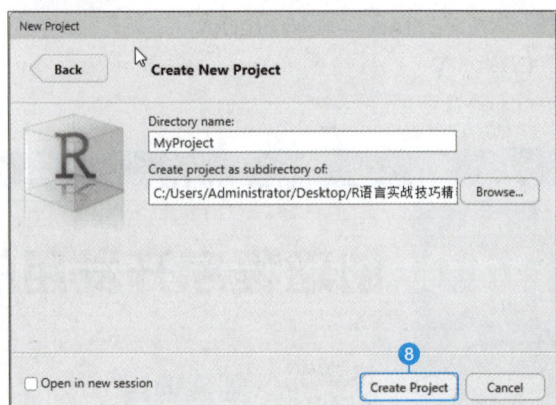

❾ 完成项目的创建。

▼ 创建完成后的项目

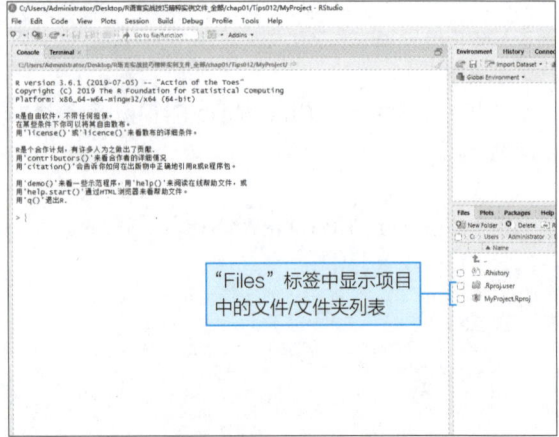

"Files" 标签中显示项目中的文件/文件夹列表

14

● 向项目中添加源文件

创建了与项目同名的文件夹，其中会自动生成后缀名为.Rproj的项目文件和管理项目信息的文件夹。这是RStudio内部使用的文件。

创建项目需要创建源文件并记录源代码，执行"File>New File>R Script"命令，来新建源文件。

创建完成之后，要保存在项目中，则选择"File"菜单中的"Save"命令，或单击工具栏中的"Save current document"按钮，输入文件名并单击"Save"按钮。

▼ 源文件保存在项目中

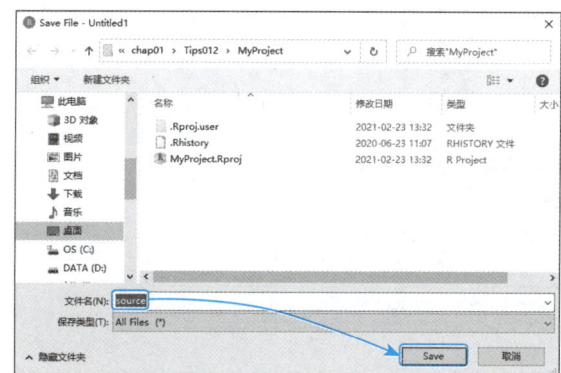

秘技 013 程序的保存、终止和重启

这里是关键点！ 项目的操作

对于项目来说保存源文件是基础，根据情况不同会有不同数量的文件需要保存。用户不仅可以将这些文件分别保存，也可以执行"File>Save all"命令，或单击工具栏中的"Save all open documents"按钮来保存全部文件。

▼ 项目的保存

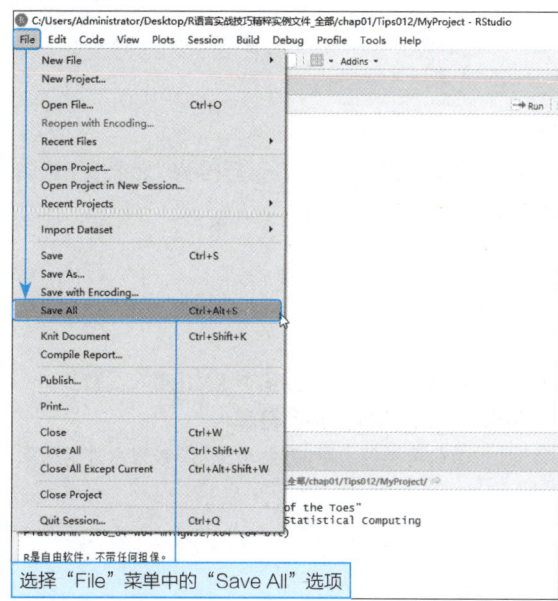

选择"File"菜单中的"Save All"选项

● 关闭项目

关闭项目，执行"File>Close Project"命令即可。在RStudio启动的状态下可以只关闭项目。

▼ 项目的关闭

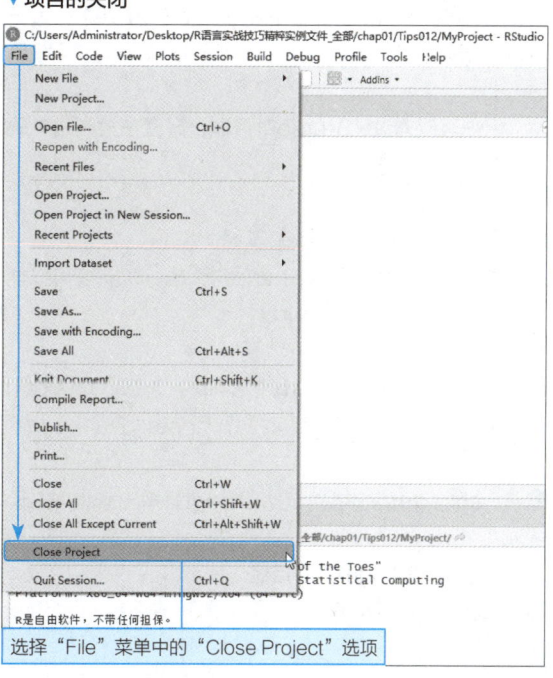

选择"File"菜单中的"Close Project"选项

● 打开项目

可以通过保存项目的文件夹中的"项目名.Rproj"文件，来打开项目。

❶ 执行"File>Open Project"命令。

1-3 项目实践

▼选择"Open Project"选项

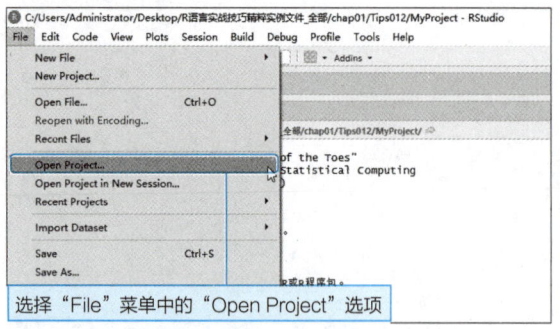

选择"File"菜单中的"Open Project"选项

▼"Open Project"对话框

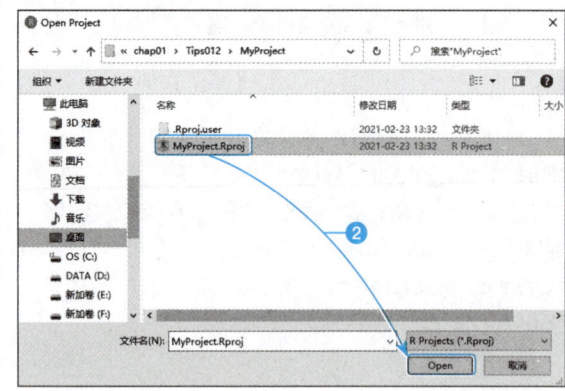

❷打开项目用文件夹，选择"项目名.Rproj"文件，单击**Open**按钮。

秘技 014 安装第三方包

难易程度 ●

这里是关键点！ Install Packages对话框

扫码看视频

R除了可以使用自身的功能（类或者函数）外，还可以使用各种统计处理和图像处理等扩展功能，其安装包免费发布在CRAN（R主体和各种R包的下载网站）上。

用户可以通过RStudio对话框，或者在控制台中输入命令来安装R包。

●通过RStudio对话框来安装

下面介绍如何使用RStudio对话框，来安装可以使字符串更容易操作的stringr包。

❶在RStudio的**"Tools"**菜单中选择**"Install Packages"**选项，即可打开"Install Packages"对话框。

❷在**Packages**文本框中输入**stringr**并单击Install按钮。

▼"Install Packages"对话框

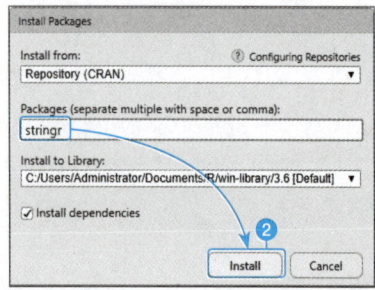

▼安装界面

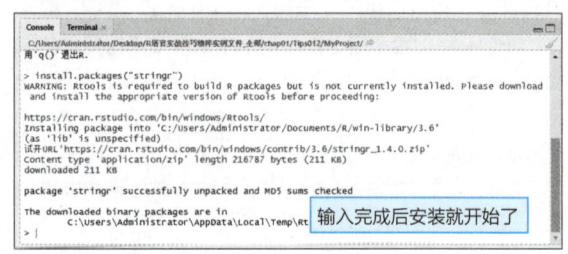

输入完成后安装就开始了

●让R包可以使用

要使用安装好的R包，在运行程序时必须按下面的格式输入来读取stringr包。

列表1 使安装的stringr包可用

```
library("stringr")
```

像这样读取R包，就可以使用包中定义的类和函数了。

• 使用str_c()函数合并字符串

stringr包可用后，可使用str_c()函数来合并字符串。

16

数据操作的秘诀

2-1　向量和数据类型（秘技015～029）
2-2　向量的生成和操作（秘技030～059）
2-3　因子（秘技060～064）
2-4　将向量转换为矩阵/数组（秘技065～066）
2-5　字符串向量（秘技067～088）
2-6　列表（秘技089～098）
2-7　矩阵（秘技099～165）
2-8　数据转换（秘技166～167）
2-9　日期（秘技168～171）

秘技 015 数据命名

难易程度 ●●

这里是关键点！ 向量的使用方法

扫码看视频

使用R来计算 50 + 50 时，代码中包含的50称为"原始数据"。使用R读取保存在文件中的数据来进行某些操作时，经常需要操作这样的原始数据。这时首先使用的就是**向量**。R中还有其他处理数据的机制，但向量是基础中的基础。将某个数据命名后，这个数据便成了向量。直接调用这个向量名称，便可以调用这个数据。

●给要保留的值命名，这个值即为"向量"

要计算购买5个单价100元商品的总金额，运行使用了乘法运算符*的5*100这个声明，得到的结果为500。接着乘以1.08来计算税后金额，此时5*100后控制台输出500后，500这个值就不再保存了。虽然界面中还保留运行记录，但是要将这个值再次用在程序中，就需要给计算得到的结果命名。

列表1 给计算结果命名

```
a <- 100 * 5
```

"<-"是用来命名的符号，该符号右侧是计算式的结果，该符号的头部（左侧）代表命名的名字a。这样计算结果就被保存在计算机的内存中，之后输入a就可以提取计算结果500。

列表2 在控制台中试一下

```
> a <- 100 * 5        输入代码
> a                    输入a并按下Enter键
[1] 500
```

给计算结果命名为a，所以输入a就可以从内存中提取500这个值，这叫作**"参照"**。输入a后就可以参照500这个值。

这里为其取名为a，我们称之为"向量"。当然，b或者number等名字也是可以的，所以不是a这个文字是向量，而是"给某个值命名的构造"是向量。因此，a是**向量名**。

●给相同的值起其他的向量名

输入以下代码，b这个向量也可以参照500。

列表3 给a的值命名为b

```
> a <- 100 * 5
> b <- a              给a的值命名为b
> b
[1] 500               参照a的值
> a
[1] 500               a为500
```

像这样"b <- a"，即"给a的值命名为b"，所以a和b都参照内存中的500。

●再赋值

接着给5这个值重新命名为a，则a参照5而不是500。

列表4 给新的值命名为a（接上文）

```
> a <- 5              给值5重新命名为a
> a
[1] 5                 a的值是5
> b
[1] 500               b的值还是500
```

"a <- 5"是让a参照5，这是重新创建替换向量，叫作**再赋值**。如下所示。

```
a <- 500
```

这叫作"命名"，这里也称为**赋值**。

```
a <- 5
```

这样就是再赋值。

给不同的值起同样的名字，也就是执行再赋值，就会释放之前参照的内存空间并参照新的值所在的内存空间。

●给向量赋值为字符串

使用字符串时必须将字符串整体用双引号括起来，

以表示这部分内容是字符串。例如1就会被作为数字类型（numeric）处理，而"1"则会被作为字符串类型（character）来处理。

> **补充关键点**　在源文件中写同样的代码并执行，结果并不会直接输出在控制台中。这种情况，将计算结果命名为a，然后使用print(a)，便可以一起执行并在控制台中输出500。

列表5　给向量赋值为字符串
```
char <- "向量。"
```

秘技 016　了解数据类型

难易程度 ●●

这里是关键点！　数据类型

在R中，一般将处理的数据按照**数据类型**（或者类型）来进行分类。从数据角度来看，数字123和字符串"R语言"是不同的。数字可以进行加法等计算，但不能对字符串进行计算。而字符串可以按照abcd的顺序进行排序，或从字符串中检索某个文字等。

数据类型就是为了明确根据数据类型（类型）的不同，可以做怎样的处理。

●R的数据类型大致分为三种

R的数据类型是由基本类型的**函数型**、**向量型**、**类类型**构成，其中类类型和向量型是处理数据的类型，函数型是用来操作执行特定处理的源代码的，两种类型从操作数据方面来看性质有些不同。

向量类型根据处理的数据类型不同分为几种类型，这些统称为**基本类型**。向量类型的分类中只有基本类型，所以可以认为向量类型=基本类型。基本类型叫法的由来是为了使实数和字符串等原始数据（也称其为**字面量**）能够被程序处理而进行的分类。当然，都可以使用向量处理。

另一方面，类类型和向量不同，它是使用专有的结构来处理数据的类型，可以处理矩阵、数组和数据框等特殊的数据结构。

▼**R的基本类型**

基本类型的名称	说明
向量类型	可以拥有多个相同操作模式的值，有多个基本类型
类类型	不是向量类型的扩展，是由专有的类定义的类型
函数类型	拥有函数处理的源代码

向量等数据类型都是存放数据的容器。numeric类型的向量是存放实数字面量的容器，character类型是存放字符串的容器。这样的容器统称为**对象**。

▼**R语言的数据类型**

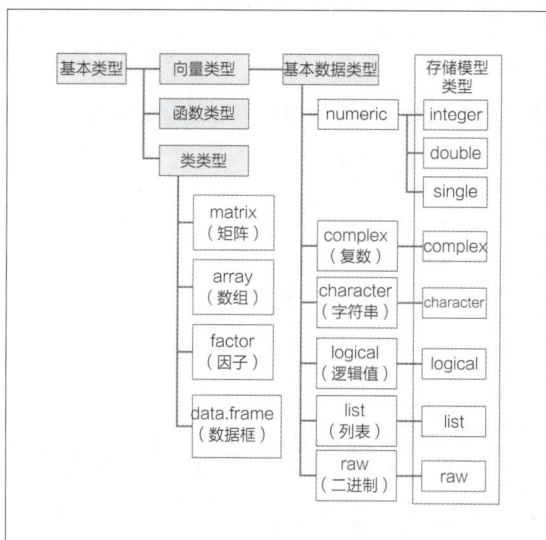

```
num <- 100
```

像这样给num赋值100，就生成了向量num，确保了存储numeric类型所需的内存空间。这个内存空间就是对象，所以下面两行文字的意思是相同的。

生成**numeric**类型的向量
生成**numeric**的（向量）对象

这些操作对象的源代码都是以**类**为单位定义的。类是R中汇集一段源代码的文件，比如numeric类中就包含了处理numeric类型的处理。这些类都包含在**库文件**（R中自带的R的功能集文件）中。除了类类型的matrix，

2-1 向量和数据类型

array、factor、data.frame、numeric、complex和character等基本类型也都定义在各自的numeric类、complex类和character类中，这些类都收录在库文件中。

如果运行之前的"num <- 100"，R的内部会从库中调用定义numeric类的代码来生成numeric类型的对象（向量）。

● **基本数据类型**

表示存储在向量中的值（字面量）的种类。这些类型扩展了向量的结构。虽然列表类型不是字面量，但可以存储多个不同基本类型的数据类型。

▼ 基本类型的种类

基本类型名称	种类	示例
numeric	实数	-1、1、1.23
character	字符串	"R语言"、"汇总表"
logical	逻辑值	TRUE、FALSE
complex	复数	1+1i、1+2i、1+3i
raw	二进制	00 00 00
list	列表	可以包含不同类型的基本类型

● **基本数据类型 ➡ 根据操作模式的类型分类**

基本类型是根据占用的内存大小来设定不同操作模式的类型。

基本类型都是同样的操作模式，只有实数类型的numeric会因为是包含整数值还是小数值而占用不同的内存大小，所以有三种操作模式。

▼ 基本数据类型对应的操作模式的种类

基本类型名称	对应的操作模式类型	内容
numeric	integer	操作整数
	double	操作双精度浮点数
	single	操作单精度浮点数
character	character	操作字符串
logical	logical	操作逻辑值
complex	complex	操作复数
raw	raw	操作二进制数据
list	List	操作不同的基本数据类型的值

● **类（class）类型**

类类型不是扩展向量类型，而是由专有的类定义的类型。虽然向量类型及其包含的numeric等基本类型也是由类定义的，但是使用向量构造定义的**基本数据类型**是单独特殊处理的，所以即使是用类来定义的也不能称之为类类型。

这里操作的类类型是由不使用向量构造的专有类定义的类型，所以可以像下表使用专有的数据结构操作多个值。

▼ 类类型

类类型名称	数据的结构	说明
matrix	矩阵	具有相同模式类型值的二维数据结构
array	数组	具有相同模式类型值的二维以上（多维）的数据结构
factor	因子	将元素转换为整数值来管理。与其他语言的枚举类似，具有即使数据很大也只占用较少内存的特点
data.frame	数据框	可以具有不同模式类型的二维数据结构

秘技 017 查询向量类型

难易程度 ▶

这里是关键点！ **class()函数、mode()函数和typeof()函数**

扫码看视频

给向量赋值字面量，数据类型会根据赋值的字面量自动设定。若赋值数字字面量为100，便是numeric类型。像这样能够自动设定数据类型，即使不注意向量是什么类型，程序也不会报错。

但是，进行汇总合计时，必须确认向量的数据类型。这时可以使用R的**函数**来确认向量是什么数据类型。

● **检测向量的类**

要检测数据型顶点是什么类型，可以使用class()函数查询定义（指定）这个类型的类。

• **class()函数**

返回定义向量类型的类名。

格式	class(向量)
向量	指定想要检测定义的类名的向量

列表1 检测定义了值为1的向量类型是什么类（在控制台中执行）

```
> a <-1               给a赋值1
> class(a)            检测定义向量a的数据类型
[1] "numeric"         由numeric类定义
```

20

●检测基本数据类型

要知道基本数据类型是什么，可以使用mode()函数来检测。

・mode()函数

返回向量的基本数据类型。

格式	mode(向量)
向量	指定想要检测基本数据类型的向量

列表2 检测值为整数1的向量的基本类型是什么（在控制台中执行）

```
> a <- 1 ———————————————— 给a赋值1
> mode(a) ———————————————— 检测向量a的基本数据类型
[1] "numeric" ———————————— 基本数据类型是numeric
```

●检测操作模式

要想更详细地知道基本类型的操作模式，可以使用typeof()函数来检测。

・typeof()函数

返回向量的操作模式。

格式	typeof(向量)
向量	指定想要检测基本操作模式的向量

列表3 检测值为整数1的向量的操作模式是什么（在控制台中执行）

```
> a <- 1 ———————————————— 给a赋值1
> typeof(a) ——————————————— 检测向量a的操作模式
[1] " double " ———————————— 操作模式是double
```

虽然整数1是numeric（实数）类型，但是这个操作模式将其作为double（双精度浮点数）类型来操作。虽然有操作整数的integer，但是为了能够更方便地操作更大范围的值而自动设为double类型。

如前所述，类可以创建数据类型结构等R中关键的结构和功能。同样地，R语言也为数据类型定义了各种类。给向量赋值整数1，确保了内存空间能够存储1，这样一系列的操作是调用numeric这个类来执行的。

但仍有"在什么时候、怎样调用？"这样的疑问，答案是一旦执行代码"a <- 1"，R的系统（R解释器）内部便会调用numeric类。这样处理后向量a便成为具有numeric类型（操作模式是double）的数据类型的向量。

●精确地确定数据类型

使用is.~()函数可以通过返回值是TRUE（真）还是FALSE（假），来判断这个向量是否是指定的数据类型。虽然有mode()函数，还是要使用is.~()函数，是因为要根据返回的结果是TRUE还是FALSE来作不同的处理。例如，如果向量是实数类型，则直接进行计算；如果不是实数，则使用as.numeric()函数将其转换之后再进行计算。列表4中根据结果是TRUE还是FALSE可以进行区分处理。

▼ 检测数据类型的函数

函数	内容
is.numeric()	是否是实数
is.integer()	是否是整数
is.double ()	是否是双精度浮点数
is.character()	是否是字符串
is.logical()	是否是逻辑值
is.list	是否是列表
is.complex ()	是否是复数
is.matrix()	是否是矩阵
is.array()	是否是数组
is.data.frame()	是否是数据框
is.factor()	是否是无序的因子
is.ordered()	是否是有序的因子
is.function()	是否是函数

列表4 检测向量a的数据类型

```
> a <- 1
> is.numeric(a) — 向量a是否是实数类型（numeric）
[1] TRUE ———————— 向量a是numeric
> is.integer(a) — 向量a是否是整数类型（integer）
[1] FALSE ——————— 向量a不是integer
> is.double(a) —— 向量a是否是小数类型（double）
[1] TRUE ———————— 向量a是double
```

2-1 向量和数据类型

秘技 018 指定integer()和double()函数参数来初始化向量

难易程度 ●●

扫码看视频

这里是关键点！ integer()构造函数和double()构造函数

给向量赋值数字字面量后，numeric类型的存储模型就被设定了。但是，如果只给它赋值整数值，可以使用integer()函数使存储模型设为integer。

● **生成类的对象的构造函数**

integer()函数可以生成integer模型的空向量。在R中像向量这样"存储某些值的"总称为**对象**。integer()函数是由integer类定义的函数，用来生成integer对象。

像这样把具有生成类对象的功能函数称为**构造函数**。

● **使用integer()构造函数生成integer模型的向量**

由于后期可以向量中添加任意数量的元素，我们事先生成integer模型的空的（元素个数为0）向量，之后添加元素等使用方法也与此相同。

• **integer()构造函数**

生成integer模型，也就是integer对象的空的向量时，指定参数就可以设定向量的大小。

格式	integer(length = 0)
参数	length = 0　设定向量的大小。省略则为默认值length=0，生成空的向量（大小为0）

列表1 生成integer模型的空向量

```
> int <- integer()          生成integer模型的空向量
> mode(int)
[1] "numeric"               基本数据类型是numeric
> typeof(int)
[1] "integer"               存储模型是integer
> class(int)
[1] "integer"               类是integer
```

● **使用double()构造函数生成double模型的向量**

double()构造函数生成double类的对象，也就是double模型的向量。由于给向量赋值数字字面量便会成为double模型，所以使用这个函数的机会很少，但事先生成double模型的向量也很方便。

• **double()构造函数**

生成double模型的向量。

格式	double(length = 0)
参数	length = 0　设定向量的大小。省略则为默认值length=0，生成空的向量（大小为0）

秘技 019 使用函数明确地生成向量

难易程度 ●●

扫码看视频

这里是关键点！ vector()函数

虽然使用"<-"给向量名赋值字面量就可以生成向量，但是当想要事先生成空的向量等确定的生成向量时，可以使用vector()函数。

● **使用vector()函数生成向量**

vector()函数是生成向量最基本的函数。实际上前面介绍的integer()和double()函数就是在内部执行vector()函数的。

```
int <- integer()         执行 vector("integer")
dbl <- double()          执行 vector("double")
```

• **vector()函数**

指定存储模型并生成向量。

22

格式	vector(mode = "logical",length = 0)	
参数	mode = "logical"	指定存储模型 "logical" "integer" "numeric"（或者是"double"） "complex" "character" "raw"
	length = 0	设定向量的大小。省略则为默认值length=0，生成空的向量（大小为0）

列表1 使用vector()函数生成向量

```
> int <- vector("integer")     ── 生成integer模型的向量
> typeof(int)
[1] "integer"
> num <- vector("numeric")     ── 生成numeric模型的向量
> typeof(num)
[1] "double"
> dbl <- vector("double")      ── 生成double模型的向量
> typeof(dbl)
[1] "double"
> char <- vector("character")
                               ── 生成character模型的向量
> typeof("char")
[1] "character"
```

秘技 020 更改向量的数据类型或操作模式

难易程度 ●●

这里是关键点！ as.~()函数

扫码看视频

生成向量时赋值数字字面量，向量便会成为实数类型（numeric）。但是也有例外，如：

```
num <- 10L
```

在整数值的末尾添加L，便会成为integer模式的构造。

向量的数据类型是由代入什么样的值决定的。代入字符串是character类型，代入数字是numeric类型。例如代入100这个数值，之后将其转换为字符串（数字）"100"，或者转为integer类型等，这些在数据处理中很常见。

● **使用函数转换数据类型**

R中有以下用于数据类型转换的函数。

▼ 转换数据类型的函数一览表

函数名	功能
as.numeric()	转换为实数
as.integer()	转换为整数
as.character()	转换为字符串
as.logical()	转换为逻辑值
as.factor()	转换为无序因子
as.ordered()	转换为有序因子
as.complex()	转换为复数

下面是将作为数字代入向量的字符串，按照字符串➡实数➡整数的顺序进行转换的例子。

列表1 字符串➡实数，实数➡整数的转换

```
> data1 <- "1.23"              ── 将包含小数的值作为字符串赋值
> mode(data1)
[1] "character"                ── 基本数据类型是character类型
> conv1 <- as.numeric(data1)   ── 转换为实数
> mode(conv1)
[1] "numeric"                  ── 转换为numeric类型
> storage.mode(conv1)
[1] "double"                   ── 操作模式是double（双精度浮点数类型）
> conv1
[1] 1.23                       ── 转换为实数后的值
> conv1 <- as.integer(conv1)   ── 将实数转换为整数
> mode(conv1)
[1] "numeric"                  ── 基本数据类型是numeric
> storage.mode(conv1)
[1] "integer"                  ── 操作模式转为integer（整数类型）
> conv1
[1] 1                          ── 转换为整数，所以舍弃了小数部分
```

秘技 021 将多个值代入向量

难易程度 ●●○

这里是关键点！ **c()函数**

扫码看视频

向量和编程语言中的数组具有几乎相同的数据结构，所以可以代入多个值。使用**c()函数**并以逗号（,）来分隔写下数值，就可以让一个向量具有多个值。我们将像这样多个值按照顺序排列的情况称为**序列**。

列表1 使用c()函数给向量赋值多个值

```
> n1 <- c(2, 3, 4)                    代入3个值
> n1
[1] 2 3 4                             输出
> chr1 <- c("早上好","你好","晚上好")   代入3个字符串
> chr1
[1] "早上好" "你好" "晚上好"            输出
```

● 使用c()函数代入

c()函数是在生成向量时进行初始化处理的函数。

秘技 022 删除向量

难易程度 ●●○

这里是关键点！ **rm()函数**

扫码看视频

一旦创建了向量，只要程序不终止，（在内存上）该向量就会一直存在。虽然向量一直存在对程序没什么影响，但在处理大量数据时删除不同的向量会使程序更明了。可以使用**rm()函数**删除向量。

列表1 使用rm()函数删除向量

```
> num <- 500
> char <- "R语言"
> rm(num)                             删除创建的num
```

```
> rm(char)                            删除创建的char
> num                                 调用num试一下
Error: object ' num ' not found
> char                                调用char试一下
Error: object 'char' not found
```

调用删除的向量，会显示object 'num' not found（找不到对象'num'）的警告。

秘技 023 获取向量的长度

难易程度 ●●○

这里是关键点！ **length()函数**

扫码看视频

向量中元素的个数称为向量的长度。向量的长度可以通过**length()函数**来获取。

格式	length(向量)
向量	指定想要获取长度的向量

● length()函数

返回向量的长度。

列表1 获取向量x的长度

```
x <- c(10, 20, 30, 40, 50)
> length(x)
[1] 5                                 向量x的长度是5
```

24

秘技 024 提取向量的元素

难易程度 ●●

> 这里是关键点！ **根据索引提取向量元素**

扫码看视频

代入向量中的值会自动给各个值分配从1开始的连号（索引）。在中括号[]中输入索引值，便可以只提取特定的元素。

▼ 提取向量中特定的元素

```
向量[索引]
```

列表1 只有一个元素的向量

```
> a <- 1
> a                     —— 普通提取
[1] 1
> a[1]                  —— 指定索引并提取
[1] 1
> a[2]                  —— 提取不存在的第2个元素
[1] NA                  —— NA表示没有值（缺失值）
```

列表2 具有多个元素的向量

```
> x <- c(10, 20, 30, 40, 50)
> x[2]                  —— 提取第2个值
[1] 20
```

● 将多个元素一起提取

指定索引的范围，就可以将指定范围内的元素一起提取。

▼ 提取向量中特定范围内的元素

```
向量[开始处的索引:结束处的索引]
```

列表3 将指定范围内的元素一起提取

```
> x <- c(10, 20, 30, 40, 50)
> x[2:4]                —— 提取第2到第4个元素
[1] 20 30 40
```

● 间隔地提取元素

如果括号内部是向量，向量的值会成为索引，所以可以间隔地提取元素。

列表4 使用向量并指定索引提取

```
> x <- c(10, 20, 30, 40, 50)
> x[c(1,3,5)]           —— 提取第1个、第3个和第5个元素
[1] 10 30 50
```

● 提取特定元素以外的元素

将索引的值设为负数，表示除去这个值的意思。

列表5 提取除了指定元素的元素

```
> x <- c(10, 20, 30, 40, 50)
> x[-1]                 —— 提取除了第1个元素以外的元素
[1] 20 30 40 50
> x[c(-1, -3, -5)]
```
提取除了第1个、第3个和第5个元素以外的元素
```
[1] 20 40
```

● 指定值的大小并提取

使用比较运算符＜或者＞提取"比～大的"或者"比～小的"值的元素。

列表6 使用＜或者＞提取元素

```
> x <- c(10, 20, 30, 40, 50)
> x[30 < x]             —— 提取比30大的值
[1] 40 50
> x[30 > x]             —— 提取比30小的值
[1] 10 20
x[10 < x & x < 40]      —— 使用逻辑运算符&指定两个条件
[1] 20 30               —— 提取大于10且小于40的值
```

秘技 025 替换向量的元素

扫码看视频

这里是关键点! 使用索引替换向量的元素

将代入向量的元素替换为其他元素时,操作如下。

▼ 向量[索引]

```
<- 要赋的值
```

列表1 替换向量的元素

```
> x <- c(10, 20, 30, 40, 50)
> x[5] <- 0 ——————————————— 将第5个元素设为0
> x
[1] 10 20 30 40  0 ——————— 替换为0
> x[5] <- "hello" ————————— 将第5个元素设为字符串
> x
[1] "10"  "20"  "30"  "40"  "hello"
```
请注意,元素被替换的同时其他元素也都变成了字符串类型(character类型)

●根据元素替换转换数据类型

向量的数据类型有以下的大小关系,同样也是转换规则。

```
character > complex >
numeric > logical > NULL
```

向量中所有的元素都是同一种数据类型,所以添加不同类型的元素时会根据转换规则统一为最大的数据类型。如上例中将numeric类型向量中的一部分元素转为character类型,其他所有的元素也转为character类型。

秘技 026 删除向量的元素

扫码看视频

这里是关键点! 负数的索引

给向量的索引添加负号使其成为负数的话,对应的元素便会从向量中删除。

列表1 删除向量的第1个元素

```
> vec <- c(10:20)
> vec
 [1] 10 11 12 13 14 15 16 17 18 19 20
> vec <-vec <- vec[-1] ————— 要删除第1个元素,所以指定-1
> vec
 [1] 11 12 13 14 15 16 17 18 19 20
```
第一个元素被删除了

●删除多个元素

要将多个元素一起删除,可以给向量同时指定多个带负号的索引。

列表2 删除多个元素

```
> vec <- c(10:20)
> vec
 [1] 10 11 12 13 14 15 16 17 18 19 20
> vec[c(-1, -2, -5)] ————— 删除第1、第2和第5个元素
 [1] 12 13 15 16 17 18 19 20
```
指定的元素被删除了

2-1 向量和数据类型

秘技 027 将多个向量合并为一个向量

扫码看视频

难易程度 ●●

> 这里是关键点！ 使用c()函数合并向量

向量可以与其他向量合并为一个向量，也可以将其他向量作为元素代入。

●结合向量以生成新的向量

使用**c()函数**将两个以上的向量合并为一个向量，具体如下。

▼向量的合并

```
向量名 <- c(要合并的向量1，要合并的向量2，…)
```

列表1 将多个向量合并为一个向量

```
> x <- c(1, 2, 3); y <- c(4, 5, 6); z <- c(7, 8, 9)
```
使用;分隔可以将多个声明写在一行
```
> join <- c(x, y, z)
```
将向量x、y、z合并为1个向量并赋值给向量a
```
> join
[1] 1 2 3 4 5 6 7 8 9
```

●向向量中合并数据

使用c()函数不仅可以合并向量，也可以合并数据本身。

列表2 向向量中添加新的元素

```
> x <- c(1, 2, 3)
> add <- c(4, 5, 6)
> x <- c(x, add)         向向量x中添加向量add
> x
[1] 1 2 3 4 5 6
> x <- c(x, 7, 8, 9)     向向量x中添加3个元素
```

```
> x
[1] 1 2 3 4 5 6 7 8 9
```

●指定索引并合并

也有指定索引添加元素的方法，如下。

列表3 指定向量的索引并合并

```
> add <- c(99)
> base[length(base) + 1] <- add
```
用length()返回的base元素个数加1来指定添加位置
```
> base
[1] 1 2 3 99
```

这个方法会反复使用for循环导致程序运行速度变慢。一个一个地添加元素并且反复扩展向量会使R的内存管理不能很好地运作。所以更推荐之前介绍的使用c()函数创建新的向量，并将老数据和新数据进行合并的方法。

●扩大向量并在末尾位置添加元素

可以指定索引在向量末尾添加数据。这样会扩大原本的向量至所需的长度，并在空的元素上补上缺失值。

列表4 扩大向量并添加元素

```
> base <- c(1, 2, 3)       元素个数为3
> base[10] <- 99           添加第10个元素
> base
 [1]  1  2  3 NA NA NA NA NA NA 99
```

秘技 028 在指定的位置插入其他向量

扫码看视频

难易程度 ●●

> 这里是关键点！ append()函数

使用append()函数并命名参数after，则可以设定向现有函数中指定的位置添加向量，或者添加数据本身。

• **append()函数**

向向量指定的位置插入向量或者数据，并生成新的向量。

27

2-1 向量和数据类型

格式	append(向量, 要添加的向量, after=索引)	
参数	向量	指定要更改的向量
	要添加的向量	指定要添加的向量，也可以指定数据本身
	after=索引	用索引指定要添加的位置

列表1 在指定的位置插入其他向量

```
> base <- c(1, 2, 3, 4, 5, 6)
> add  <- c(4, 5, 6)
> after <- append(base, add, after=3)
```
　　　　　向base元素"1 2 3 4 5 6"的第3个元素之后插入向量add

```
> after
[1] 1 2 3 4 5 6 4 5 6
```

列表2 在指定的位置添加数据

```
> base <- c(1, 2, 3, 4, 5, 6)
> after <- append(base, 999, after=3)
```
　　　　　在base第3个元素之后插入999

```
> after
[1]   1   2   3 999   4   5   6
```

指定after = 0，则会在向量的头部添加新的元素。

列表3 在向量的头部添加新的元素

```
> base <- c(1, 2, 3, 4, 5, 6)
> add  <- c(4, 5, 6)
> after <- append(base, add, after=0)
```
　　　　　在base的头部插入

```
> after
[1] 4 5 6 1 2 3 4 5 6
```

● 使用append()函数合并两个向量

不指定"after = 索引"就可以合并两个向量。

列表4 合并两个向量

```
> a <- c(1, 2, 3)
> b <- c(4, 5, 6)
> c <- append(a, b)   不指定"after = 索引"
> c
[1] 1 2 3 4 5 6
```

append()函数的执行速度较慢，合并以下的向量时，使用c()函数效率更高。

```
c <- c(a, b)
```

秘技 029 向量元素命名

难易程度 ●●

这里是关键点！ names()函数

扫码看视频

向量的元素使用索引来区分，但也可以使用不同于索引的专有名称来进行管理。可以通过names()函数实现。

▼ 给向量元素命名

```
names(向量) <- c("名称1", "名称2", …)
```

设定了名称属性的向量，可以使用中括号指定名称来提取元素。

▼ 提取设定了名称属性的向量元素

```
向量名[名称]
```

列表1 给向量的元素命名

```
> num <- c(1, 2, 3, 4, 5, 6)
```
　　　　　创建一个有6个元素的向量

```
> names(num) <- c("one", "two", "three", "four",
"five", "six")
```
　　　　　设定元素的名称

```
> num
  one   two three  four  five   six
```

```
                    从头部元素开始依次命名
    1     2     3     4     5     6
> names(num)         names(向量)获取名称
[1] "one"   "two"   "three" "four"  "five"  "six"
> num["one"]         使用中括号获取指定的值
one
  1
> num["two"]
two
  2
```

● 更改名称属性

设定了名称属性的向量随时可以使用names()函数来改名。

列表2 更改名称属性

```
> num <- c(1, 2, 3, 4, 5, 6)
> names(num) <- c("one", "two", "three", "four",
"five", "six")
```
　　　　　设定元素名称

```
> names(num) <- c("一", "二", "三", "四", "五", "六")
```
　　　　　设定新的名称属性

```
> num
一 二 三 四 五 六
1 2 3 4 5 6
```

● 删除名称属性

不需要名称属性时，通过将名称属性设为 NULL（表示空的关键字）的方式，可以将其删除。

▼ 删除向量的名称属性

```
names(向量) <- NULL
```

列表3 删除向量的名称属性（接续上述代码）

```
> names(num) <- NULL        将名称属性设为NULL
> num
[1] 1 2 3 4 5 6             名称属性被删除
```

2-2 向量的生成和操作

秘技 030 自动生成有规律的数值

难易程度 ●●

这里是关键点！ 使用：生成等差数列

扫码看视频

像1、2、3、4、5……这样有规律的整数值可以使用:或者seq()函数简单地生成，即自动生成数学中的**等差数列**。

● 使用:来指定范围生成相差1的连续值

一个一个增加的值可以使用:来指定范围，简单地生成连续的值。

▼ 生成一个一个增加的值

```
向量名 <- 开始值:结束值
```

列表1 生成存储1~10的值的向量

```
> number <- 1 : 10          生成1到10相差1的值
> number
 [1]  1  2  3  4  5  6  7  8  9 10
> number <- 10 : 1          生成10到1相差1的值
> number
 [1] 10  9  8  7  6  5  4  3  2  1
```

秘技 031 自动生成指定大小的等差数列

难易程度 ●●

这里是关键点！ seq.int()函数

扫码看视频

使用seq.int()函数可以指定生成数列时的增减值。

• **seq()函数**

指定增加或者减少的值并生成等差数列。

格式	seq.int(from = 1(开始值), to = 1(结束值), by=1, length.out = NULL, along.with = NULL)	
参数	from = 1	指定开始值，默认值为1
	to = 1	指定结束值，默认值为1
	by = 1	指定增加或者减少的值，默认值是1
	length.out = NULL	指定将指定的范围几等分，默认值是NULL
	along.with = NULL	指定序列（数列）的大小，默认值是NULL

列表1 生成等差数列

```
> prog <- seq.int(from=1, to=5, by=1)
                            生成1到5每次增加1的数列
> prog
[1] 1 2 3 4 5
> prog <- seq.int(1, 5, 1)  from、to、by可以省略
> prog
[1] 1 2 3 4 5
> prog <- seq.int(5)        如果只指定一个参数，则
                            被认为是结束值，生成从
                            1开始到指定的值结束每
> prog                      次增加1的数列
[1] 1 2 3 4 5
> prog <- seq.int(-5)       如果指定负数值，则生成
                            从1开始到指定的值结束
> prog                      每次减少1的数列
[1]  1  0 -1 -2 -3 -4 -5
```

2-2 向量的生成和操作

●生成指定范围的等差数列

指定命名参数length.out。假设设定了开始值和结束值的范围为n，便会生成将这个范围n-1等分的数列。

列表2 指定length.out并生成数列

```
>prog <- seq.int(1,5, length.out=9)
```
生成将1到5以9-1等分的数列

```
> prog
[1] 1.0  1.5  2.0  2.5  3.0  3.5  4.0  4.5  5.0
```

生成从1到5的8等分（9减1）的数列。

```
1.0  1.5  2.0  2.5  3.0  3.5  4.0  4.5  5.0
```

●生成与作为参数的向量大小相同的数列

若为命名参数along.with指定"开始值:结束值"这样的数列，可以生成和这个数列相同大小的数列。

列表3 指定along.with并生成数列

```
> prog <- seq.int(0,10, along.with=1:5)
```
生成0到10 5等分的数列

```
> prog
[1]  0.0  2.5  5.0  7.5  10.0
> prog <- seq.int(10,20, along.with=1:5)
```
生成10到20 5等分的数列

```
> prog
[1] 10.0 12.5 15.0 17.5 20.0
```

指定length.out 1到5范围8等分的数列时，可以使用along.with来完成同样的操作，且更直观、更容易理解，具体如下。

列表4 生成将1到5的范围分为9个的数列

```
> prog <- seq.int(1,5, along.with=1:9)
> prog
[1] 1.0  1.5  2.0  2.5  3.0  3.5  4.0  4.5  5.0
```

秘技 032 生成指定整数模式的数列

难易程度 ●●

这里是关键点！ sequence()函数

扫码看视频

使用sequence()函数，可以指定整数模式并生成数列。

- **sequence()函数**

  使用参数指定的序列生成数列。

格式	sequence(序列)	
参数	序列	指定整数的排列

列表1 重复指定的模式生成数列

```
> sequence(3)
```
生成1到3的数列

```
[1] 1 2 3
> sequence(1:3)
```
指定范围，则重复一个一个增加的数列

```
[1] 1 1 2 1 2 3
```
直到3为止，重复3次

给参数指定向量，可以生成多个模式的数列。

列表2 使用向量生成多个模式的数列

```
> sequence(c(5, 2))
[1] 1 2 3 4 5 1 2
```
到5为止的值 到2为止的值

```
> sequence(c(5, 2, 3))
[1] 1 2 3 4 5 1 2 1 2 3
```
到5为止的值 到2为止的值 到3为止的值

秘技 033 生成指定元素重复次数的序列

这里是关键点！ rep.int()函数

rep.int()函数可以生成类似"10，100，1000"这样任意排列且重复指定次数的数列。

- **rep.int()函数**

使用参数指定的序列生成数列。

格式	rep.int(序列,重复次数)	
参数	序列	指定整数的排列
	重复次数	用整数值来指定序列重复的次数

使用"开始值:结束值"来创建序列，重复序列并生成数列。

列表1 重复指定范围内的序列并生成数列

```
> rep.int(1:3, 3)       重复1，2，3 3次
[1] 1 2 3 1 2 3 1 2 3
```

创建向量并重复元素的排列。

列表2 重复向量的元素并生成数列

```
> seq <- c(10, 100, 1000)
> rep.int(seq, 3)       重复10、100、1000这样的排列3次
[1]   10  100 1000   10  100 1000   10  100 1000
```

秘技 034 生成精确指定元素重复模式的数列

这里是关键点！ rep()函数和rep.int()函数

rep()函数用以指定是整体重复向量的元素还是按元素重复，可以生成任意大小的数列。

- **rep()函数**

指定重复的方式并生成任意大小的数列。

格式	rep(序列,times=次数 [,length.out=数列的大小])	
	rep(序列,each=次数 [,length.out=数列的大小])	
参数	times=次数	指定序列整体重复的次数
	each=次数	指定序列各个元素的重复次数
	length.out=数列的大小	指定生成的数列的大小

●重复序列整体

times指定的次数仅重复整个序列。

列表1 生成重复序列整体的数列

```
> seq <- c(1, 3, 5)          生成当序列采用的向量
> rep(seq, times=3)          重复向量3次生成数列
[1] 1 3 5 1 3 5 1 3 5
> rep(seq, times=3, length.out=8)
                             重复向量3次并将其大小设为8
[1] 1 3 5 1 3 5 1 3         数列的大小（长度）为8
>
```

```
> rep(1:3, times=3)
              如果是连续的值，可以使用"开始值:结束值"
[1] 1 2 3 1 2 3 1 2 3
```

如果是重复序列整体，使用rep.int()函数的速度更快。

列表2 使用rep.int()函数来重复序列

```
> rep.int(c(1, 3, 5), times=3)   重复向量3次生成数列
[1] 1 3 5 1 3 5 1 3 5
> rep.int(1 : 3, times=3)
              如果是连续的值，可以使用"开始值:结束值"
[1] 1 2 3 1 2 3 1 2 3
```

●重复序列的各个元素

each指定的次数仅重复序列的各个元素。

列表3 重复序列的元素并生成数列

```
> rep(c(1, 3, 5), each=3)    重复向量的元素3次并生成数列
[1] 1 1 1 3 3 3 5 5 5
> rep(seq, each =3, length.out=8)   将数列的大小设为8
[1] 1 1 1 3 3 3 5 5          数列的大小（长度）为8
```

2-2 向量的生成和操作

```
>
> rep(1:3, each =3)
```
如果是连续值，可以使用"开始值:结束值"
```
[1] 1 1 1 2 2 2 3 3 3
```

● 指定各个元素重复的反复次数

使用each指定各个元素的重复次数，在此基础上再使用times指定所有元素重复的次数。

列表4 反复处理各个元素的重复
```
> rep(c(1, 3, 5), each=3, times=2)
```
重复向量的元素3次，再将这个重复两次
```
[1] 1 1 1 3 3 3 5 5 5 1 1 1 3 3 3 5 5 5
```

```
> rep(seq, each=3, times=2, length.out=10)
```
将长度缩减为10
```
[1] 1 1 1 3 3 3 5 5 5 1
> rep(seq, each=3, times=2, length.out=20)
```
将长度延长为20
```
[1] 1 1 1 3 3 3 5 5 5 1 1 1 3 3 3 5 5 5 1 1
```

● 指定序列各个元素的重复次数

用其他向量指定向量各个元素的重复次数。

列表5 指定序列各个元素的重复次数
```
> rep(c(1, 10), c(5, 2))
```
使用第2个参数c(5, 2)来指定元素的重复次数
```
[1] 1 1 1 1 1 10 10
```
1重复5次，10重复两次

秘技 035 生成具有随机元素的向量

难易程度 ●●

这里是关键点！ sample()函数

扫码看视频

使用sample()函数可生成具有随机元素的向量。使用该函数，可以从数据中随机提取采样。

● 模拟扔骰子

给sample()函数的第一个参数指定从1到6的序列，给第2个参数指定提取样本的个数。

列表1 模拟扔骰子
```
> sample(1:6, 1)
```
扔一次骰子
```
[1] 6
> sample(1:6, 2)
```
扔两次骰子
```
[1] 6 4
```

● 随机排列向量的元素

给sample()函数的参数只指定向量，就可以将这个向量的元素随机排列。

```
> sample(1:6)
[1] 1 2 5 6 4 3
```

● 执行重置抽样

采样分为将提取的样本不放回继续抽样的**不重置抽样**和将提取的样本放回再继续抽样的**重置抽样**。sample()函数执行的是不重置抽样。

因此，在模拟扔骰子时，骰子的数字是从1到6的，所以当采样的次数大于6时便会出错。这时，将replace设为TRUE，便可以很好地执行重置抽样。

列表2 使用重置抽样模式重复扔10次骰子
```
> sample(1:6, 10, replace = TRUE)
[1] 4 1 2 2 4 6 1 3 1 6
```
从6个数据中提取10个样本

秘技 036 指定采样的条件

难易程度 ●●

这里是关键点！ prob选项

扫码看视频

通过指定sample()函数的**prob选项**，可以设定采样时的抽样条件。下面用扔骰子的实例来尝试一下。

2-2 向量的生成和操作

列表1 使第6面以6倍的概率更容易出现

```
> sample(1:6, 10, replace = TRUE, prob = 1:6)
 [1] 6 6 2 5 4 3 6 4 1 4
```

设定prob = 1:6。这时各个面以1=1倍、2=2倍、3=3倍、4=4倍、5=5倍、6=6倍的概率更容易出现。

● **使特定的数据更容易被提取**

将rep(向量1,向量2)作为参数设定为prob选项的值，向量1指定的概率只能重复向量2的次数。在下面的示例中，我们将骰子1到5的抽样概率设为1/10，只将6设为5/10（所有概率的合计为1）来让6更容易出现。

列表2 只让骰子的第6面更容易出现

```
> sample(1:6, 10, replace = TRUE, prob = rep(c(1/10,
    5/10), c(5, 1)))
 [1] 5 6 3 1 6 3 6 4 5 6
```
只有第6面有5/10的概率出现

秘技 037 获取向量特定元素的位置

难易程度 ●●

这里是关键点！ match()函数

扫码看视频

使用match()函数可以检测向量中特定元素的位置。

● **match()函数**

返回向量中特定元素的位置的索引。

格式	match(要检索的元素,向量)	
参数	要检索的元素	指定向量中要检索的元素
	向量	指定要检索对象的向量

列表1 获取向量特定元素的位置

```
> vec <- c(100, 90, 80, 70, 60, 50, 40, 30, 20, 10)
> match(30, vec)           获取vec中30的位置
[1] 8                       返回索引
> vec[8]                    使用返回的索引来访问元素
[1] 30
> match(5, vec)             指定向量中不存在的值
[1] NA                      返回NA
```

秘技 038 获取向量中最小值或最大值的位置

难易程度 ●●

这里是关键点！ which.min()函数和which.max()函数

扫码看视频

向量中最小值的位置可以通过which.min()函数来获取，最大值的位置可以通过which.max()函数来获取。

列表1 获取向量中最小值或最大值的位置

```
> vec <- c(100, 90, 80, 70, 60, 50, 40, 30, 20, 10)
> which.min(vec)            获取最小值的位置
[1] 10                      返回索引
> vec[10]                   使用返回的索引来访问元素
[1] 10
>
> which.max(vec)            获取最大值的位置
[1] 1                       返回索引
> vec[1]                    使用返回的索引来访问元素
[1] 100
```

秘技 039 从多个向量中获取最小值和最大值

扫码看视频

这里是关键点！ min()函数和max()函数

使用min()函数和max()函数可以得到向量元素的最小值和最大值。不仅限于一个向量，可以从多个向量中找到最小值或最大值。

列表1 获取最小值/最大值

```
> vec1 <- c(100, 90, 80, 70, 60, 50)
> vec2 <- c(40, 30, 20, 10)
> vec3 <- c(500, 1000)
>
> min(vec1)                        vec1的最小值
[1] 50
> min(vec2)                        vec2的最小值
[1] 10
> min(vec3)                        vec3的最小值
[1] 500
> max(vec1)                        vec1的最大值
[1] 100
> max(vec2)                        vec2的最大值
[1] 40
> max(vec3)                        vec3的最大值
[1] 1000
>
> min(vec1, vec2, vec3)            vec1、vec2、vec3的最小值
[1] 10
> max(vec1, vec2, vec3)            vec1、vec2、vec3的最大值
[1] 1000
```

秘技 040 从一对向量中获取相同位置元素的最小值/最大值

扫码看视频

这里是关键点！ pmin()函数和pmax()函数

比较两个向量，在相同位置的元素之间的最小值称为**并列最小值**、最大值称为**并列最大值**。pmin()和pmax()函数在去年和今年按月提取销售额高的或者低的月份等问题时比较常用。

- **pmin()函数**

  获取两个向量的并列最小值。

  | 格式 | pmin(向量1, 向量2) |

- **pmax()函数**

  获取两个向量的并列最大值。

  | 格式 | pmax(向量1, 向量2) |

列表1 获取两个向量的并列最小值和并列最大值

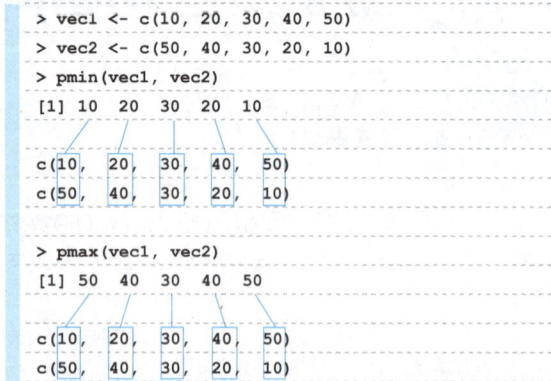

秘技 041 将向量的负数值置为0

难易程度 ●●

这里是关键点！ 使用pmax()函数和0比较，替换使用了条件表达式的元素

扫码看视频

当向量中有正数和负数，要将其中的负数都设为0时，可以使用**pmax()**函数和0相比较来处理。即将向量中的所有元素和0比较，返回最大值，为正数的保持原样，为负数的将其替换为0。

列表1 将向量的负数值都置为0

```
> vec <- c(-1, -2, 3, 4, -5, -6)
> pmax(vec, 0)                    和0比较
[1] 0 0 3 4 0 0                   负数都返回0
>
> vec <- pmax(vec, 0)             将结果代入替换原来的向量
> vec
[1] 0 0 3 4 0 0
```

秘技 042 提取与条件一致的元素

难易程度 ●●

这里是关键点！ 向量[条件表达式]

扫码看视频

在指定向量元素的中括号中写条件表达式，可以提取和条件一致的元素。

列表1 提取向量元素中的负数

```
> vec <- c(-1, -2, -3, 1, 2, 3)
> vec[vec < 0]                    设定条件表达式
[1] -1 -2 -3                      提取一致的元素
```

● 使用条件表达式替换0

使用条件表达式可以简单地将负数值替换为0。

列表2 将负数的元素替换为0

```
> vec <- c(-1, -2, -3, 1, 2, 3)
> vec[vec < 0] <- 0               给和条件表达式一致的元素赋值0
> vec
[1] 0 0 0 1 2 3
```

秘技 043 将向量中包含的所有缺失值NA替换为0

难易程度 ●●

这里是关键点！ is.na()函数

扫码看视频

在R语言中，将缺失值表示为**NA**。此外还有表示空值的NULL、表示不能计算的值（非数字）的NaN、表示无限大的Inf等。我们可以用下表的函数检测有没有包含这些值以外的值。这些函数会检测参数指定的向量中的所有元素，并将结果（TRUE、FALSE的排列）以向量返回。

▼ 检测不是数值元素的函数

函数	说明
is.null()	若有NULL，则返回TRUE
is.na()	若有缺失值，则返回TRUE
is.nan()	若有非数字，则返回TRUE
is.finite()	若有有限值，则返回TRUE
is.infinite()	若有无限Inf，则返回TRUE

2-2 向量的生成和操作

●将向量元素中的缺失值替换为0

将统计数据等读取到向量中时，如果表格中的数据有空白，会将其替换为表示空白的NA（缺失值）。若向量包含缺失值，在执行处理向量的函数时会返回NA（可以通过参数来规避这个问题）。这种情况比较麻烦，可以用以下方法将NA替换为0。

列表1 将向量元素中的缺失值都替换为0

```
> vec <- c(40, 45, NA, NA,55, 60)   ——包含NA的向量
> vec
[1] 40 45 NA NA 55 60
> vec[is.na(vec)] <- 0
        用中括号对所有元素检测NA，若为TRUE，则将NA替换为0
> vec
[1] 40 45  0  0 55 60   ——所有的NA都替换为0
```

秘技 044 使用函数处理向量的所有元素

这里是关键点! ▶ sapply()函数

扫码看视频

前文介绍了在中括号中填写函数调用表达式，可以按顺序给元素应用函数。与此不同的是，sapply()函数可以明确地应用函数。

```
> vec[is.na(vec)]
[1] NA NA    ——提取两个NA
```

使用sapply()函数，可以返回所有元素应用函数后的结果。

• sapply()函数

使用指定的函数处理向量或者列表的所有元素。

格式	sapply(x, FUN, ..., simplify = TRUE)	
参数	X	指定要操作的向量或列表
	FUN	只指定要应用的函数名
	...	根据需要指定对应参数的参数
	simplify = TRUE	结果根据需要返回向量、矩阵或数组，像simplify="array"这样时，结果以向量或矩阵返回

在中括号中填入is.na()函数，可以提取缺失值NA的元素，具体如下。

列表1 在中括号中填入is.na()函数

```
> vec <- c(40, 45, NA, NA,55, 60)
                    ——包含缺失值NA的向量
```

列表2 给sapply()函数的参数指定is.na()

```
> vec <- c(40, 45, NA, NA,55, 60)
                    ——包含缺失值NA的向量
> sapply(X=vec, FUN=is.na)
[1] FALSE FALSE  TRUE  TRUE FALSE FALSE
                    ——返回is.na()的执行结果
```

使用sapply()函数可以将缺失值NA替换为0。这次我们省略参数名，和前面介绍的在中括号中直接指定is.na()函数相比稍显冗长。

列表3 使用sapply()函数将向量元素的NA替换为0

```
> vec[sapply(vec, is.na)] <- 0
> vec
[1] 40 45  0  0 55 60
```

秘技 045 向量是如何运算的

这里是关键点! ▶ 算术运算符

扫码看视频

编程术语中将计算称为**运算**，在R语言中有以下的**算数运算符**。

36

2-2 向量的生成和操作

▼ 算术运算符

运算符	含义	用例	结果
+	和（加法）	3 + 4	7
-	差（减法）	3 - 1	2
*	积（乘法）	3 * 5	15
/	商（除法）	9 / 2	4.5
%%	整数商（整数除法）	9 %% 2	4
%%	取余（除法余数）	9 %% 2	1
^	累乘	2 ^ 4	16

"向量 + 向量"，将向量元素按顺序执行加法。

列表1 向量如何运算

```
> x <- c(1, 2, 3)
> y <- c(3, 2, 1)
> x + y          计算向量x的元素和向量y的元素的并列和
[1] 4 4 4
> x - y          计算向量x的元素和向量y的元素的并列差
[1] -2 0 2
> x * y          计算向量x的元素和向量y的元素的并列积
[1] 3 4 3
>
> x - 1          从所有的元素中减去1
[1] 0 1 2
```

秘技 046 重复相同的运算或批量运算

难易程度 ●●

这里是关键点！ 向量运算的重复

扫码看视频

向量长度（大小）不同时，重复短的一方的元素并使用。利用这个特性可使所有的元素重复相同的处理。

● **对所有元素执行相同的运算**

可以对向量的所有元素执行运算。

列表1 计算税额和含税金额

```
> x <- c(100, 100, 200, 200, 300, 300)    x的元素数为6
> y <- c(0.08, 1.08)                      y的元素数为2
> x * y
[1]   8 108  16 216  24 324
```
重复执行0.08和1.08的乘法

列表2 计算税额和含税金额

```
> price  <- c(1000, 2000, 3000)
> price * 1.08                            乘以税率
[1] 1080 2160 3240
```

秘技 047 理解向量的回收规则

难易程度 ●●

这里是关键点！ 大小不同的向量间的运算规则

在R语言中，执行向量间的运算时，会执行元素间的运算。若两个向量大小相同，则将元素组对，对这一对元素执行运算。

另一方面，若向量大小不同，则从两个向量的头部开始，到短的向量的结尾结束，留下长向量中的未处理元素，然后再回到短向量的头部并"循环"元素，继续从长的向量中取得元素来计算。也就是说，短的向量的元素会循环必要的次数直到长的向量计算结束。

具体示例如下。

```
x <- c(1, 2, 3, 4, 5, 6)
y <- c(1, 2, 3)
```

将这两个向量元素组对表示，如下表所示。

x	y
1	1
2	2
3	3
4	
5	
6	

37

然后执行x+y运算。R循环y的元素1、2、3，x和相对应的y的元素循环组对执行运算，直至x结束。

x	y	x + y
1	1	2
2	2	4
3	3	6
4		5
5		7
6		9

● 对所有元素执行相同运算的结构

对前面的向量的所有元素执行相同的运算，例如：

```
> price <- c(1000, 2000, 3000)
> price * 1.08                    乘以税率
[1] 1080 2160 3240
```

执行运算的元素对以及运算结果如下表所示。

1000	1.08	1080
2000	1.08	2160
3000	1.08	3240

这是在price运算结束前重复循环1.08得到的结果。

秘技 048 计算向量元素的合计值、平均值和中位数

扫码看视频

难易程度 ▶ ●●

这里是关键点！ ▶ sum()函数、mean()函数和median()函数

R中有很多向量专用函数，具有代表性的有计算元素合计的**sum()函数**和计算平均值的**mean()函数**。

列表1 计算合计值、平均值和中位数

```
> vec <- c(40, 45, 50, 55, 60)
> sum(vec)        计算向量元素的合计值
[1] 250
> mean(vec)       计算向量元素的平均值
[1] 50
> median(vec)     计算向量元素的中位数
[1] 50
```

R中有下表用来处理向量元素的函数。参数na.rm= FALSE，表示不处理缺失值NA，如果向量中含有NA，M取值为NA。这时，如果将参数设为na.rm=TRUE，则可以返回忽略NA的结果。

▼ 处理向量元素的函数

函数	说明
sum(向量,na.rm= FALSE)	计算向量元素的总和
mean(向量,na.rm= FALSE)	计算向量元素的平均值
median(向量,na.rm= FALSE)	计算向量元素的中位数
max(向量,na.rm= FALSE)	计算向量元素的最大值
min(向量,na.rm= FALSE)	计算向量元素的最小值
range(向量,na.rm= FALSE)	返回向量元素的最小值和最大值
prod(向量,na.rm= FALSE)	计算向量元素的总积（所有元素的积）
cumsum(向量)	按照顺序计算从头开始的元素的和
cumprod(向量)	按照顺序计算从头开始的元素的积
sort(向量)	将向量元素按升序排列
rev(向量)	将向量元素按降序排列
rank()	计算各个元素在整体中的位次
order()	排序后计算各个元素原来的位置
cor(向量)	计算相关系数
var(向量,na.rm= FALSE)	计算均方差
cov(向量[,向量])	计算协方差
sd(向量,na.rm= FALSE)	计算标准偏差

2-2 向量的生成和操作

秘技 049 创建逻辑向量

难易程度 ●●

这里是关键点！ **logical类型**

扫码看视频

逻辑值的TRUE和FALSE是用来表示"A和B是否相等"等比较运算的结果的值。这些逻辑值的数据类型是logical。

● 创建逻辑向量

logical类型的向量称为**逻辑向量**。

列表1 创建逻辑向量

```
> log <- logical()          ——— 用logical()函数生成空的逻辑向量
> log
logical(0)                  ——— 内容为空
> length(log)
[1] 0                       ——— 向量的大小也为0
> mode(log)
[1] "logical"               ——— 基本数据类型是logical
> typeof(log)
[1] "logical"               ——— 操作模式是logical
>
```

```
> log1 <- vector("logical", 1)  ——— 生成元素数1的逻辑向量
> log1
[1] FALSE                       ——— 初始值是FALSE
> log1 <- TRUE                  ——— 代入TRUE
> log1
[1] TRUE
>
> log2 <- c(0, 1, 2, 3, 4, 5)   ——— 生成实数型的向量
> as.logical(log2)              ——— 转换为logical型
[1] FALSE TRUE TRUE TRUE TRUE TRUE
```

像上面这样，vector()函数生成向量时的初始值是FALSE。

实数0对应逻辑值FALSE，其他都对应TRUE，所以将实数转换为逻辑值时，0之外的都会转为TRUE。如果将字符串或其他对象转换为逻辑值，则会转为NA（缺失值）。

秘技 050 计算逻辑向量

难易程度 ●●

这里是关键点！ **any()函数、which()函数和sum()函数**

扫码看视频

要想知道向量中是否包含TRUE、包含多少个TRUE，可以使用any()函数和which()函数。

● any()函数

向量中只要包含一个TRUE就会返回TRUE。

格式	any(向量)

● which()函数

向量中若包含TRUE，则返回索引。

格式	which(向量1,向量2)

● sum()函数

返回向量元素的合计值。若向量元素是逻辑值，则返回TRUE的个数。

格式	sum(向量)

列表1 计算逻辑向量

```
> log <- 1:10                   ——— 生成具有从1到10十个元素的向量
> log
 [1]  1  2  3  4  5  6  7  8  9 10
> log > 5                       ——— 使用比较运算符获取比5大的值
 [1] FALSE FALSE FALSE FALSE FALSE TRUE TRUE
 TRUE TRUE TRUE
> any(log)                      ——— 是否存在比5大的数
[1] TRUE
> which(log > 5)                ——— 获取比5大的数的索引
[1]  6  7  8  9 10
> which(log > 100)
integer(0)                      ——— 不存在的返回0
> sum(log > 5)                  ——— 比5大的数一共有几个
[1] 5
```

39

秘技 051　改变向量的长度

扫码看视频

这里是关键点！ length(向量) <- 表示长度的整数值

向量的长度（元素个数）可以通过 length(向量) 函数获取，在这个式子的右边代入整数值，可以改变元素的个数。

列表1　改变向量的长度

```
> vec <- 1:5 ————————— 生成具有从1到5的5个元素的向量
> length(vec)
[1] 5 ————————————————— 长度是5
> length(vec) <- 10 ——— 将向量长度扩展为10
> vec
[1] 1 2 3 4 5 NA NA NA NA NA
                    └──扩展的元素中填入NA
> length(vec) <- 6 ———— 向量的长度是6
> vec
[1] 1 2 3 4 5 NA ————— 元素数缩减为6
> length(vec) <- 0 ———— 将长度设为0
> length(vec)
[1] 0 ———————————————— 元素数为0，也就是空的向量
```

若扩展向量长度，则会在元素中填入NA（缺失值）。与此相反，缩减向量长度，则会按顺序从末尾移除元素至指定的长度。

秘技 052　使向量的元素按照升序/降序排列

扫码看视频

这里是关键点！ sort()函数

要将凌乱无序的向量元素进行升序或者降序排列，可以使用sort()函数。

● sort()函数

将向量元素升序或者降序排列。

格式	sort(x, decreasing= FALSE, na.last= NA,…)	
参数	x	指定向量
	Decreasing	指定排列是升序还是降序。FALSE为升序排列，TRUE为降序排序。默认值是FALSE（升序）
	na.last	指定缺失值（NA）的汇集方向。TRUE为将NA汇集在末尾，FALSE为汇集在头部。默认值是 na.last = NA，表示将缺失值删除

列表1　使用sort()函数排列向量元素

```
> vec <- sample(1:10) ——— 随机生成从1到10的10个元素
> vec
[1] 1 10 9 6 3 8 4 7 2 5
> is.unsorted(vec) —————— 检测有没有排序
[1] TRUE ———————————————— 没有排序
> sort(vec) ———————————— 升序排列
[1] 1 2 3 4 5 6 7 8 9 10
> sort(vec,decreasing = TRUE) ——— 降序排序
[1] 10 9 8 7 6 5 4 3 2 1
>
> vec[vec > 5] <- NA ——— 将比5大的元素设为NA
> vec
[1] 1 NA NA NA 3 NA 4 NA 2 5
> sort(vec, na.last = TRUE)
                    └──将NA都汇集在末尾并升序排列
[1] 1 2 3 4 5 NA NA NA NA NA
> sort(vec, na.last = FALSE)
                    └──将NA都汇集在头部并升序排列
[1] NA NA NA NA NA 1 2 3 4 5
> sort(vec) ———————————— 使用默认值 na.last= NA
[1] 1 2 3 4 5 ——————————— 删除NA并升序排列
```

示例中只是输出排序的结果。将排序的结果替换为向量，通过以下形式将结果代入向量中。

```
vec <- sort(vec)
```

秘技 053 根据索引获取排序时的顺序

这里是关键点！ order()函数和sort.list()函数

扫码看视频

使用order()函数，可以返回表示向量元素排列顺序的索引。

列表1 通过索引获取向量元素的排列顺序

```
> vec <- sample(1:10)    随机生成从1到10的10个元素
> vec
 [1]  9  1  3 10  7  4  2  8  5  6
> order(vec)             获取升序排列时的索引
 [1]  2  7  3  6  9 10  5  8  1  4
> sort.list(vec)         sort.list()函数也返回排序结果的索引
 [1]  2  7  3  6  9 10  5  8  1  4
> vec[order(vec)]        使用排序结果的索引来排列元素
 [1]  1  2  3  4  5  6  7  8  9 10
```

秘技 054 检查重复的向量元素

这里是关键点！ duplicated()函数

向量中的元素有没有重复，可以通过duplicated()函数来检测。

• duplicated()函数

从向量元素的开头开始检测，元素已经出现过为TRUE，否则为FALSE，将这些整合为向量返回。

格式 duplicated(要检测的向量)

• which()函数

返回逻辑向量中TRUE的索引。

格式 which(逻辑向量)

列表1 检测向量元素的重复

```
> vec <- c(1:5, 3:7, 5:10)   生成3、4、5、6、7重复的向量
> vec
 [1]  1  2  3  4  5  3  4  5  6  7  5  6  7  8  9 10
> duplicated(vec)
 [1] FALSE FALSE FALSE FALSE FALSE  TRUE  TRUE
 [8]  TRUE FALSE
[10] FALSE  TRUE  TRUE  TRUE FALSE FALSE FALSE
> dup <- duplicated(vec)     检测重复的元素
> dup
 [1] FALSE FALSE FALSE FALSE FALSE  TRUE  TRUE
     TRUE FALSE
[10] FALSE  TRUE  TRUE  TRUE FALSE FALSE FALSE
> which(dup)                 获得TRUE（重复）的元素的索引
[1]  6  7  8 11 12 13
> vec[dup]                   指定TRUE（重复）的元素的索引并获取元素值
[1] 3 4 5 5 6 7
```

秘技 055 获取向量元素的出现次数

这里是关键点！ rle()函数和inverse.rle()函数

扫码看视频

当我们不仅想知道向量元素在什么地方重复，而且想知道重复几次时，可以使用rle()函数。

2-2 向量的生成和操作

• rle()函数
返回向量元素出现次数的列表。

格式	rle(要检测的向量)	
返回值	lengths	出现次数的列表
	values	向量元素的列表

• inverse.rle()函数
inverse.rle()函数是rle()函数的反函数，表示从rle()函数的返回值列表中恢复向量。

格式	inverse.rle(rle()函数的返回值列表)
返回值	从rle()函数返回值列表中生成的向量

列表1 检测向量元素出现的次数

```
> vec <- c(1, 2, 2, 2, 3, 3, 3, 3, 4, 2, 3)   ———生成向量
```

```
> lr <- rle(vec)   ———检测各个元素出现的次数
> lr
Run Length Encoding
  lengths: int [1:6] 1 3 4 1 1 1   ———各个元素出现的次数
  values : num [1:6] 1 2 3 4 2 3   ———出现的元素值
>
> lr$lengths   ———只获得各个元素出现的次数
[1] 1 3 4 1 1 1
> lr$values   ———只获取出现的元素值
[1] 1 2 3 4 2 3
```

inverse.rle()函数是rle()函数的反函数，所以可以从rle()函数的返回值列表中恢复原来的向量。

列表2 从rle()函数的返回值列表中恢复原来的向量

```
> inverse.rle(lr)   ———lr是rle()函数的返回值列表
[1] 1 2 2 2 3 3 3 3 4 2 3   ———恢复为原来的向量
```

秘技 056 删除重复的元素

难易程度 ●●

这里是关键点！ **unique()函数**

扫码看视频

使用unique()函数可以删除向量中重复的元素。

• unique()函数
从向量的元素开头开始检测，如果是已经出现过的元素则将其删除。

格式	unique(要检测的向量[,incomparables= 不包含的值])	
参数	要检测的向量	指定要删除重复元素的向量
	向量	指定例外值，即使指定的值重复了也不会删除

列表1 删除重复的元素

```
> vec <- c(1, 2, 2, 2, 3, 3, 3, 3, 4, 2, 3)
                                    ———生成向量
> unique(vec)   ———删除重复出现的元素
[1] 1 2 3 4
> vec
[1] 1 2 2 2 3 3 3 3 4 2 3
> unique(vec, incomparables = 2)
               ———删除除2以外的重复元素
[1] 1 2 2 2 3 4 2
```

秘技 057 保持原来的向量不变并替换其元素

难易程度 ●●

这里是关键点！ **replace()函数**

扫码看视频

要替换向量的元素如下。

```
向量[索引] <- 替换值
```

若想保留原向量，则可以使用replace()函数获取替换了原向量元素的新向量。

• replace()函数
生成替换了向量元素的新向量。

42

2-2 向量的生成和操作

格式	replace(向量,索引,值)	
参数	向量	指定要替换的向量
	索引	指定替换元素的索引,使用向量可以指定多个元素
	值	指定替换的值

列表1 保持原向量不变并替换其元素

```
> vec <- 1:5                        ── 生成1到5的数列
> new <- replace(vec, 1, 100)       ── 将第一个元素替换为100
> new
[1] 100  2  3  4  5                 ── 第一个元素是100
> vec
[1] 1 2 3 4 5                       ── 原来的向量还是原样
> new <- replace(vec, c(1, 3, 5), 99)
                                     ── 使用向量指定多个替换元素
> new
[1] 99  2 99  4 99                  ── 第1、3、5个元素被替换了
```

秘技 058 比较数值

难易程度

这里是关键点！ 比较运算符和all.equal()函数

扫码看视频

用户可以使用**比较运算符**比较数值。

▼ 比较运算符

运算符	说明
==	等于
!=	不等于
>	大于
<	小于
>=	大于等于
<=	小于等于

列表1

```
> x <- 10;  y <- 10
> x == y         ── x和y是否相等
[1] TRUE
> x != y         ── x和y是否不相等
[1] FALSE
> x > y          ── x比y大吗
[1] FALSE
> x < y          ── x比y小吗
[1] FALSE
```

● 比较包含小数的值

在比较包含小数的值时，由于计算机处理小数结构会出现误差，原本相等的值也会出现不相等（FALSE）的情况。如下面的示例，将0.1累加10次的结果和1比较，结果是FALSE。

列表2 将小数相加后的值和整数比较

```
> x <- 0.1+0.1+0.1+0.1+0.1+0.1+0.1+0.1+0.1+0.1
                                     ── 0.1累加10次
> x
[1] 1                                ── 结果是1
> y <- 1                             ── 生成值为1的向量
> x == y                             ── 是否相等
[1] FALSE
```

计算机内部将0.1累加10次也不会正好为1，而是当作像0.999999999……这样的值来处理，所以用==比较结果为FALSE。

● 判断包含小数的值是否相等时使用all.equal()

我们可以使用**all.equal()函数**来判断包含小数的值是否相等。all.equal()函数判断参数指定的两个值"大致相等"，就返回TRUE。这个"大致相等"的调整可以通过tolerance选项指定，默认如下。

```
.Machine$double.exp ^ 5
```

.Machine是保存使用中的计算机和OS的数值精度的常数列表，比这些值的5次方还要小的则认为是在误差的范围内。简单地说，即使0.1累加10次不是1，这种程度的误差也可以将结果看作是1。

列表3 使用all.equal()函数比较

```
> x <- 0.1+0.1+0.1+0.1+0.1+0.1+0.1+0.1+0.1+0.1
> y <- 1
> all.equal(x, y)     ── 使用all.equal()函数比较
[1] TRUE
```

该例中all.equal()函数返回TRUE，有一个问题，不一致的时候不是返回FALSE，而是返回"消息"，所以使用if语句时会出错，导致程序无法运行。

列表4 all.equal()函数无法在if条件表达式中使用

```
> y <- 1.5            ── 改变y的值
> all.equal(x, y)
```

2-2 向量的生成和操作

```
[1] "Mean relative difference: 0.5"    ← 不一致时返回消息
> if(all.equal(x,y)){}                  ← 尝试一下if语句的条件
Error in if (all.equal(x, y)) { :
  argument is not interpretable as logical  ← 不能返回逻辑值，所以出错
```

这时虽然麻烦，但这种情况下常规的做法是使用**identical()函数**来判断all.equal()函数的结果是不是TRUE。

```
identical (all.equal(x, y),TRUE)
```

如果all.equal()函数的结果为TRUE，则返回TRUE，否则返回FALSE。

列表5 在if条件表达式中使用identical()函数返回all.equal()函数的结果

```
> if(identical(all.equal(x, y), TRUE)){}  ← 像这样便可以执行if语句了
>
```

秘技 059 检查向量元素是否相等

难易程度 ●●

这里是关键点！ all()函数和any()函数

扫码看视频

如果向量的元素只有一个（**原子向量**），便可以使用比较运算符==来判断是否相等。即使有多个元素也可以使用==来判断，这时要从要比较元素的头部按照顺序开始检查。

列表1 判断向量的元素是否相等

```
> x <- 1:5
> y <- 1:5
> x == y
[1] TRUE TRUE TRUE TRUE TRUE   ← 从头部开始的所有元素都相等
> z <- c(1, 2, 3, 1, 1)
> x == z
[1] TRUE TRUE TRUE FALSE FALSE  ← 只有相等的元素返回TRUE
```

本例使用向量返回拥有多个元素的向量之间的比较结果。注意长度不同的向量之间不会进行比较，这时会出错。

●使用if表达式比较时使用all()函数

有多个元素进行比较会使用向量来返回比较结果，所以如果作为if语句的条件会显示警告。这是因为在设定条件表达式时，只会参照比较结果开头的元素。

列表2 在if条件中表达式用==比较向量元素会出现警告

```
> if(x == y){}
NULL
Warning message:
In if (x == y) { :
  the condition has length > 1 and only the first
```

element will be used

指定x == y作为all()函数的参数时，all()函数会用==比较所有的元素，如果都相等，就返回TRUE，否则返回FALSE。

列表3 给if的条件表达式指定all(x == y)

```
> if(all(x == y)){}    ← 使用all()函数就可以顺利执行了
>
```

●只要有一个向量元素相等就返回TRUE

相对all()函数是"所有都相等"返回TRUE，any()函数是"只要有一个相等"就会返回TRUE，只有当所有的元素都不相等时返回FALSE。

列表4 检测向量元素中是否有至少1个相等

```
> x <- c(1, 2, 3)
> y <- c(5, 5, 3)
> x == y
[1] FALSE FALSE TRUE              ← 只有第3个元素相等
> any(x == y)                     ← 使用any()函数检测是否有至少1个元素相等
[1] TRUE
```

> **专栏 R的向量**
>
> R中通过**向量**处理的执行机制，可以使用简单的表示方法实现灵活的处理。R中的**向量**和数学中的向量稍有不同，R中的向量更接近"具有结构的数据集合"。
>
> 通过向量可以实现由实数等构成的数学中的向量或矩阵、数组、列表、数据框、集合、时间序列等具有复杂结构的数据。

2-3 因子

秘技 060 从向量中生成因子

扫码看视频

这里是关键点！ factor()构造函数

R中有 **factor（因子）** 数据类型。因子也称为**因子向量**，所以经常被认为"是向量的一种"，但是却和向量完全不同。R的因子类型是扩展vector功能的character、numeric、complex。vector是由其他的factor类定义的，factor类型属于类类型。

●什么是因子

R的factor（因子）是整数值向量的一种，其真正的值通过对应的水平标签（字符串向量）来间接显示。从结果来看，向量中含有相同值的元素被分在了一组，并且也显著地降低了较大的数据的内存占用。

原则上数据框中的字符串数据都被当作因子来处理。系统生成因子的机会很少，但是因子在统计模型函数中具有重要的作用。

●生成因子

通过factor()构造函数来生成因子。

· factor()构造函数

生成因子。

格式	factor(　x = character() 　[,levels = x的水平值, 　labels = levels, 　exclude = NA, 　ordered = is.ordered(x)])	
参数	x	显示数据的向量
	labels	要更改水平标签时，指定水平标签
	levels	要更改因子水平标签顺序时指定排列顺序
	exclude	创建水平标签时排除的值的向量，转换为和x相同的类型
	ordered	指定水平值是否按照给定的顺序排列

列表1 生成因子

```
> x <- factor(c("A", "B", "C", "D", "E"))
                                          生成因子
> levels(x)                               参照因子的水平标签的排列
[1] "A" "B" "C" "D" "E"
> labels(x)                               参照因子的水平值
[1] "1" "2" "3" "4" "5"
>
> x                                       参照因子的内容
[1] A B C D E                             因子的水平标签
Levels: A B C D E                         因子使用的水平标签
>
> as.integer(x)                           将因子中标签的水平值转换为integer
[1] 1 2 3 4 5
>
> class(x)
[1] "factor"                              类是factor
> mode(x)
[1] "numeric"                             数据类型是numeric
> typeof(x)
[1] "integer"                             操作模式是integer
```

●混乱的因子用语

因子，由于实体和外观的表现不同，通常是个令人容易混淆的概念。因子的元素按照相同的值分组，将各个组的代表值用**水平**这个概念来保存/表现。

但是，"水平"有两个意思，非常容易混淆，所以将其分为**水平标签**和**水平值**两种叫法，水平的显示名称为水平标签，水平的内部值则为水平值。

▼ 因子的对比

水平	R的向量
水平标签	表示水平种类的字符串
水平值	表示水平标签内的整数值

2-3 因子

秘技 061 使用因子将因子分组

难易程度 ●●○

扫码看视频

> **这里是关键点!** 向量的因子化

下面来看个例子,将调查问卷调查者的性别用名称为gender的向量来管理,男性表示为MALE、女性表示为FEMALE、不明表示为UNKNOWN,gender向量就具有了MALE、FEMALE、UNKNOWN等这样的元素。

下面将gender向量转换为因子。

列表1 将向量转换为因子

```
> gender <- c("MALE", "FEMALE", "UNKNOWN", "MALE",
"MALE", "FEMALE")
> fac <- factor(gender)          ← 从向量中生成因子
> fac
[1] MALE FEMALE UNKNOWN MALE MALE FEMALE
Levels: FEMALE MALE UNKNOWN
```

将向量转换为因子,便会执行**映射**。具体就是将向量元素中出现的字符串作为水平标签,从1开始为其分配整数值。

▼ 映射

水平标签	水平值
FEMALE	1
MALE	2
UNKNOWN	3

水平标签是在将向量中出现的字符串升序排列的基础上,根据开头的水平标签分配的水平值。水平值是从1开始的整数值。虽然这里使用了字符串向量,但是如果将数字向量转换为因子,由数字转换为字符串的值可以作为水平标签来使用。

关键点是向量gender的元素根据水平标签进行了分组。我们再次看一下因子fac的内容。

列表2 因子fac的内容

```
> fac
[1] MALE FEMALE UNKNOWN MALE MALE FEMALE
                                          ← 水平标签的排列
Levels: FEMALE MALE UNKNOWN                ← 使用的水平标签
```

水平标签的排列和gender向量相同,唯一不同的是将3个水平标签分为一组。上面的示例为FEMALE分配了水平值1,为MALE分配了水平值2,为UNKNOWN分配了水平值3。可以使用as.integer()函数将因子转换为整数值来查看其实际值。

列表3 获取因子的水平值

```
> as.integer(fac)
[1] 2 1 3 2 2 1          ← 显示MALE FEMALE UNKNOWN MALE MALE FEMALE的排列
```

按照顺序输出相应水平标签的水平值,便是因子的实体。在内部执行水平标签和水平值的映射,从数据上来看是numeric类型的integer模式的向量。

2是MALE的水平值,也就是3个MALE被分到了2这一组中。

秘技 062 指定水平标签和水平值来生成因子

难易程度 ●●○

扫码看视频

> **这里是关键点!** labels选项和levels选项

指定factor()构造函数的**labels**选项和**levels**选项,可以设定各自的水平标签。

列表1 指定各自的水平标签并生成因子

```
>gender <- c("MALE", "FEMALE", "UNKNOWN", "MALE",
"MALE", "FEMALE")
```

2-3 因子

```
> fac <- factor(
gender,
labels=c("man", "woman", "unknown"),   ← 指定水平标签
levels=c("MALE","FEMALE","UNKNOWN"))
                                        ← 指定水平标签的排列顺序
> fac
[1] man    woman  unknown  man  man  woman
Levels: man woman unknown
```

labels选项用来指定各自的水平标签。需要指定的个数仅为要转换为因子的字符串向量的因子个数。

levels选项用来指定水平标签的排列顺序，必须用默认的水平标签来设定。

▼ 指定的水平标签和水平值的对应关系

默认的排列顺序	指定的排列顺序	水平值
FEMALE	man	1
MALE	woman	2
UNKNOWN	unknown	3

秘技 063 按照区间分割数字型向量

难易程度 ●●

这里是关键点！→ cut()函数

扫码看视频

在数据统计时，会将数据整体按照特定的区间来分割并调查各个区间内的数据数量。通过制作频率表或直方图，可以直观地显示数据的整体分布状况。

• cut()函数

将数据整体按指定的区间分割并将其作为因子返回，是生成制作频率表所需源数据的函数。

格式	cut(向量, breaks = 向量[, right = TRUE])
参数	向量1　　指定要分割的向量
	breaks = 向量　指定用于指定分割区间的向量
right = true	right选项用来指定区间中是否包含用来指定区间数值的右侧值（区间是1～5，则为5），默认值是TRUE。区间是1～5，则包含右侧的5，所以实际的区间是1至5或更少。若设为FALSE，区间为1～5，则不包含右侧的值，所以实际区间为1或更多且小于5

● 将数字向量的元素按区间分割

生成具有1到20连续整数值的向量，并将这些元素分割成1～5、6～10、11～15、16～20四个区间。

列表1 将1～20的值分割为4个区间

```
> sec <- 1:20   ← 生成具有1到20连续整数值的向量
> split <- cut(sec, breaks = c(0, 5, 10, 15, 20))
                                ← 分割为5个区间
> split
 [1] (0,5]   (0,5]   (0,5]   (0,5]   (0,5]
                ← 使用水平标签(0,5]将1～5分组
 [6] (5,10]  (5,10]  (5,10]  (5,10]  (5,10]
                ← 使用水平标签(5,10]将6～10分组
[11] (10,15] (10,15] (10,15] (10,15] (10,15]
                ← 使用水平标签(10,15]将11～15分组
[16] (15,20] (15,20] (15,20] (15,20] (15,20]
                ← 使用水平标签(15,20]将15～20分组
Levels: (0,5] (5,10] (10,15] (15,20]
                ← 5个水平标签
```

像这样，按照作为水平标签的因子来将区间分组。

列表2

标签(0,5]　　　1，2，3，4，5分为一组
标签(5,10]　　6，7，8，9，10分为一组
标签(10,15]　11，12，13，14，15分为一组
标签(15,20]　16，17，18，19，20分为一组

之后计算这个标签的个数，就可以知道各个区间中包含的数据个数（度数），可以使用创建表格的**table()函数**实现。

● 获得按区间分割的各个区间的数据个数

我们将各个区间包含的数据个数称为**度数**，使用table()函数可以获取各个区间的度数。

列表3 获取按区间分割的因子的各个区间的数据个数

```
> table(split)
split
 (0,5] (5,10] (10,15] (15,20]
    5      5       5       5
              ← 各个区间的数据个数（度数）
```

各个区间的度数都是5，按此创建的条形图便是直方图。

秘技 064 在区间分割时正确地包含上限/下限数据

扫码看视频

这里是关键点！ include.lowest选项

难易程度 ●●

使用cut()函数分割区间时,可以使用breaks选项设定区间整体的最大值/最小值。

●不对最小值计数时

下面是不对最小值计数的示例。

列表1 不对最小值计数

```
> vec <- 1:1000
> split_1 <- cut(vec, breaks = quantile(vec))
> table(split_1)
split_1
    (1,251]   (251,500]   (500,750] (750,1e+03]
        249         250         250         250
```

使用四分位数分割

数据个数少1

这种情况,参数设为include.lowest = TRUE便包含了缺少的值。

列表2 包含最小值

```
> split_2 <- cut(vec, breaks = quantile(vec),
include.lowest = TRUE)
> table(split_2)
split_2
    [1,251]   (251,500]   (500,750] (750,1e+03]
        250         250         250         250
```

对最小值计数

●不对最大值计数时

下面是不对最大值计数的示例。

列表3 不对最大值计数

```
> vec <- 1:1000
> split_1 <- cut(vec, breaks = quantile(vec), right
 = FALSE)
> table(split_1)
split_1
    [1,251)   [251,500)   [500,750) [750,1e+03)
        250         250         250         249
```

数据个数少1

这种情况,参数设为include.lowest = TRUE便包含了缺少的值。

列表4 包含最大值

```
> split_2 <- cut(vec, breaks = quantile(vec), right
 = FALSE, include.lowest = TRUE)
> table(split_2)
split_2
    [1,251)   [251,500)   [500,750) [750,1e+03]
        250         250         250         250
```

对最大值计数

2-4 将向量转换为矩阵/数组

秘技 065 将向量转换为矩阵

扫码看视频

这里是关键点！ dim()函数

难易程度 ●●

使用dim()函数赋予维度属性后,可以将向量转换为矩阵或者n维数组。

• **dim()函数**

该函数用于为向量设定维度属性并转换为n维数组。

2-4 将向量转换为矩阵/数组

格式	dim(向量) <- c(一维的元素个数, 二维的元素个数[,…n维的元素个数])

例如，给参数指定向量，代入各个维度设定了元素数的向量，这样便会从原本向量的开头元素开始依次设定各个维度的元素。

指定二维便生成由行（一维）和列（二维）构成的二维数组，它的实体是由matrix类定义的矩阵。

指定三维以上则会生成由array类定义的数组。

列表1 将向量转换为2行×3列的二维数组

```
> dice <- c(1, 2, 3, 4, 5, 6)
> dim(dice) <- c(2, 3)          ——— 转换为矩阵
> dice
     [,1] [,2] [,3]
[1,]    1    3    5
[2,]    2    4    6
> class(dice)
[1] "matrix"                     ——— dice转换为了matrix类的矩阵
```

指定了维度属性c(2, 3)，是一维的元素数是2、二维的元素数是3的数组，但实体是matrix类的矩阵，所以从结构上来看是2行×3列。原来的向量元素按照列方向依次填入。

要获取元素，按以下方式使用中括号。

矩阵名[一维索引,二维索引]

列表2 获取二维数组（矩阵）的元素

```
> dice[1,]                      ——— 参照一维的第1个元素（第1行的元素）
[1] 1 3 5
> dice[2,]                      ——— 参照一维的第2个元素（第2行的元素）
[1] 2 4 6
> dice[3,]                      ——— 指定范围外则出错
Error in dice[3, ] : subscript out of bounds
> dice[,1]                      ——— 参照二维的第1个元素（第1列的元素）
[1] 1 2
> dice[,2]                      ——— 参照二维的第2个元素（第2列的元素）
[1] 3 4
> dice[,3]                      ——— 参照二维的第3个元素（第3列的元素）
[1] 5 6
```

将之前的向量dice转换为3行×2列的矩阵，具体操作如下。

列表3 转换为3行×2列的矩阵

```
> dim(dice) <- c(3, 2)
> dice
     [,1] [,2]
[1,]    1    4
[2,]    2    5
[3,]    3    6
```

像这样，给向量赋予维度属性后，值按照列依次排列。要更精确地控制，可以按照后面内容中介绍的矩阵的matrix()函数。

秘技 066 将向量转换为多维数组

扫码看视频

难易程度 ●●

这里是关键点！ 根据dim()函数设定n维属性

像介绍dim()函数格式时，若指定的维度超过2，便可以转为多维数组（array）。

但是，实际使用时最好将其考虑到3个维度。

列表1 将向量转换为三维的数组

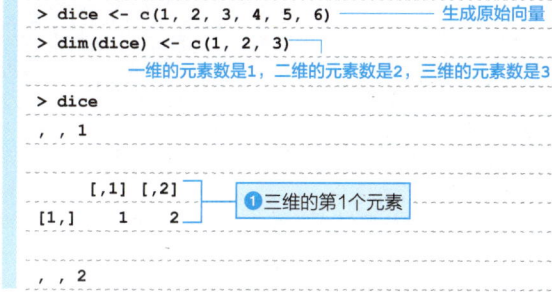

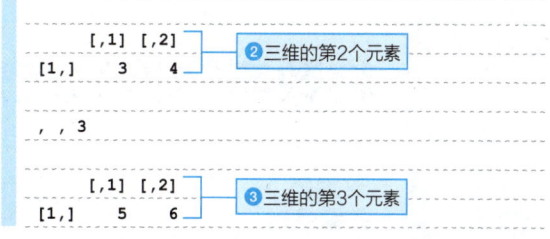

像这样的三维数组是将一维和二维数组作为元素的"数组的数组"。要获取特定的元素，可按以下方式指定。

数组名[一维索引, 二维索引, 三维索引]

列表 2　获取三维数组的元素

```
> dice[1, 1, 1]          指定一维的第1个，二维的第1个，获取三维的第1个元素
[1] 1
> dice[1, 2, 1]          指定一维的第1个，二维的第2个，获取三维的第1个元素
[1] 2
> dice[1, 1, 2]          指定一维的第1个，二维的第1个，获取三维的第2个元素
[1] 3
> dice[1, 2, 3]          指定一维的第1个，二维的第2个，获取三维的第3个元素
[1] 6
```

● 将向量转换为数组后的数据类型

给向量设定维度属性并转换为数组后，数据类型和存储模型不发生变化，但是定义对象的类变成了matrix（矩阵）或array（数组）。将向量转换为二维数组是matrix类型的矩阵，转换为三维数组是array类型的数组。

列表 3　二维数组（实体是矩阵）的情况

```
> dice <- c(1, 2, 3, 4, 5, 6)
> mode(dice)
[1] "numeric"            向量的数据类型是numeric
> typeof(dice)
[1] "double"             向量的存储模型是double
> class(dice)
[1] "numeric"            向量的对象是由numeric类定义的
>
> dim(dice) <- c(2, 3)   将向量转换为二维数组（矩阵）
> mode(dice)
[1] "numeric"            数据类型是numeric
> typeof(dice)
[1] "double"             存储模型是double
> class(dice)
[1] "matrix"             对象是由matrix类定义的矩阵
>
> dim(dice) <- c(1, 2, 3)   将向量转换为三维数组
> class(dice)
[1] "array"              对象是由array类定义的数组
```

2-5　字符串向量

秘技 067　将数字转换为字符串

难易程度：●●

> 这里是关键点！ **as.character()函数**

扫码看视频

用户可以使用**as.character()**函数，将数字转换为字符串。

列表 1　将数字转换为字符串

```
> vec_a <- 1:10                          生成数字向量
> vec_a <- as.character(vec_a)           转换为字符串向量
> vec_a
 [1] "1"  "2"  "3"  "4"  "5"  "6"  "7"  "8"  "9"  "10"
> mode(vec_a)
[1] "character"                          数据类型是character
```

秘技 068　将数字转换为指定格式的字符串

难易程度：●●

> 这里是关键点！ **format()函数**

扫码看视频

要指定格式并将数字转换为字符串，可以使用format()函数。

● **format()函数**

将数字转换为字符串。

2-5 字符串向量

格式	format(x,
	  trim = FALSE,
	  digits = NULL,
	  nsmall = OL,
	  justify = c("left", "right", "centre", "none"),
	  width = NULL,
	  na.encode = TRUE,
	  scientific = NA,
	  big.mark = "",
	  big.interval = 3L,
	  small.mark = "",
	  small.interval = 5L,
	  zero.print = NULL,
	  dropOtrailing = FALSE,…)	

参数	x	指定数字向量
	trim = FALSE	指定是否去除数字前后的空格。默认值的FALSE是不去除空格,所以包含空格
	digits = NULL	指定小数点右侧的位数
	nsmall = OL	指定小数点右侧的最小位数
	justify = c("left", "right", "centre", "none")	左对齐、右对齐和居中
	width = NULL	指定显示宽度
	na.encode = TRUE	指定NA是否对NA(缺失值)编码
	scientific = NA	使用科学记数法时设为TRUE
	big.mark = ""	指定用于分隔整数值的文字或符号
	big.interval = 3L	指定使用big.mark分隔的位数(默认是3)
	small.mark = ""	指定用于分隔小数的文字
	small.interval = 5L	指定使用small.mark分隔的位数(默认是5)
	zero.print = NULL	将0改为其他参数(#等)时指定
	dropOtrailing = FALSE	指定末尾是0延续的话是否将其去掉,TRUE为去掉,FALSE为不去掉

列表 1 将数字转换为字符串

```
> vec <- c(1,10, 100, 1000, 10000)
> format(vec) ———————————————— 不指定任何参数并转换
[1] "    1" "   10" "  100" " 1000" "10000"
                                    因为要凑齐显示宽度,所以添加空格

> format(vec, trim = TRUE) ———————— 不添加空格
[1] "1"     "10"    "100"   "1000"  "10000"
```

列表 2 处理整数值

```
> format(vec, big.mark = ",", trim = TRUE)
                                    每3位使用,分隔
[1] "1"     "10"    "100"   "1,000" "10,000"
> format(vec, big.mark = ",", big.interval = 4L,
  trim = TRUE)                      每4位使用,分隔
[1] "1"     "10"    "100"   "1000"  "1,0000"
```

列表 3 处理小数部分

```
> vec <- c(0, 3.14)
> format(vec, nsmall = 4) ——————— 将小数点以后的显示位数设为4位
[1] "0.0000" "3.1400"
> format(vec, nsmall=1)
                         指定的位数比实际少,则忽略
[1] "0.00" "3.14"
```

列表 4 使用乘方表示

```
> format(2^8, scientific = TRUE) — 使用2的8次方来显示
[1] "2.56e+02" ———————————————— 使用科学记数法显示
```

秘技 069 获取数字显示时的宽度

难易程度 ●●

> 这里是关键点! **format.info()函数**

扫码看视频

数字显示时的显示宽度可以通过**format.info()**函数获得。

• format.info()函数

格式	format.info (x)	
参数	x	指定要获取显示位数的向量或数字字面量
返回值	c(包含小数在内的显示宽度、小数点后的位数、科学记数法时的位数)的形式向量。如果包含小数,则显示宽度为整数部分的位数+小数部分的位数+1(小数点),科学记数法时的指数位数比实际显示的少1位	

列表 1 获取数字的显示宽度

```
> x <- 1234567890
> x
[1] 1234567890
> format.info(x)
[1] 10 0 0 ———————— 整体的显示宽度是10,小数点后的位数是0
> x <- 1234.123
> format.info(x)
[1] 8 3 0 ————————— 整体的显示宽度是8,小数点后的位数是0
> x <- 1234.1234
> x
[1] 1234.123 ———— 包含小数的默认显示宽度是8(位数是7),
> format.info(x)   所以超过8个字符的小数四舍五入
[1] 8 3 0 ————————— 整体的显示宽度是8,小数点后的位数是3
```

列表 2 获取科学记数法时的显示宽度

```
> x <- 0.0000000000001
> format.info(x)
[1] 5 0 1 ————————— 科学记数法时整体的显示宽度是5
```

2-5　字符串向量

```
> x
[1] 1e-13
         由于小数点后的位数过多，即使普通输出也会以科学记数法显示
> format.info(1e+15)
[1] 5 0 1 ——— 1e+15的整体显示宽度是5，指数的位数是2-1=1
> format.info(1e+123)
[1] 6 0 2 ——— 1e+123的整体显示宽度是6，指数的位数是3-1=2
> format.info(1e-12)
[1] 5 0 1 ——— 1e-12的整体显示宽度是5，指数的位数是2-1=1
> format.info(1e-123)
[1] 6 0 2 ——— 1e-123的整体显示宽度是6，指数的位数是3-1=2
```

秘技 070　指定数字的显示位数

扫码看视频

这里是关键点！ options()函数

R中显示数字时的位数是整数、小数加起来的7位，但是使用options()函数并指定digits选项，可以最大扩展到22位。实际使用中能指定到大约15位，再指定更多的位数没有太大意义。

```
> x <- 12.3456789012345 ——— 生成整体有15位的向量
> x                       ——— 默认的整体显示位数是7，
[1] 12.34568              ——— 超过的小数四舍五入
> def <- options(digits = 15)
                将表示范围的最大值设为22，默认值保存为def
> x
[1] 12.3456789012345      ——— 整体以15位显示
> options(def)            ——— 将digits选项设为默认值
> x
[1] 12.34568
```

列表1　扩展显示位数

```
> options("digits") ——— 获取默认显示位数
$digits
[1] 7               ——— 显示宽度是7
```

秘技 071　生成字符串向量

扫码看视频

这里是关键点！ character()函数和vector()函数

存储字符串字面量的字符串向量可以通过character()函数或vector()函数创建，也可以直接给向量赋值字符串，这样便会同时执行字符串向量的生成和初始化（代入初始值）。

• character()函数
生成指定大小的字符串向量。

格式	mat character(n)
参数	n	向量的大小。若省略，则生成大小为0的空字符串

列表1　生成空的字符串向量

```
> vec <- character()  ——— 不指定参数并执行character()函数
> vec
character(0)          ——— 生成空（大小为0）的字符串向量
```

```
> mode(vec)
[1] "character"       ——— 数据类型是character
> length(vec)
[1] 0                 ——— 向量的大小为0
>
> vec <- vector("character")
                      使用vector()函数生成空的字符串向量
> vec
character(0)
> length(vec)
[1] 0                 ——— 向量的大小为0
```

●指定大小并生成字符串向量
character()函数和vector()函数都可以使用参数指定向量的大小，这时向量以空字符串来初始化。

2-5 字符串向量

列表 2 指定大小生成字符串向量

```
> vec <- character(1)          生成大小为1的字符串
> vec
[1] ""                         以元素个数为1、空字符串来完成初始化
> vec <- character(5)          生成大小为5的字符串
> vec
[1] "" "" "" "" ""
                               以元素个数为5、空字符串来完成初始化
>
> vec <- vector("character", 1)
                               使用vector()函数生成大小为1的字符串向量
> vec
[1] ""                         以元素个数为1、空字符串来完成初始化
> vec <- vector("character", 5)
                               使用vector()函数生成大小为5的字符串向量
> vec
[1] "" "" "" "" ""
                               以元素个数为5、空字符串来完成初始化
```

● 使用字符串初始化

若直接给向量赋值字符串，便会同时执行字符串向量的生成和初始化。

列表 3 使用任意字符串来初始化字符串向量

```
> vec <- "Hello"               代入"Hello"
> vec
[1] "Hello"
> vec <- 'Hello'               也可以使用单引号括起来
> vec
[1] "Hello"
>
> vec <- c("Hello", "World!")
                               使用c()函数初始化多个元素
> vec
[1] "Hello"   "World!"         初始化大小为2的字符串向量
```

秘技 072 将包含引号的字符串作为向量元素

扫码看视频

难易程度 ●●

这里是关键点！ \(反斜杠)

若像"one"、"two"、"three"或'one'、'two'、'three'这样将双引号或单引号作为字符串的一部分来使用，可以用不同的引号将其括起来，具体如下。

```
   '"one"'        "'one'"
```

列表 1 将'或者"括起来的字符串原样作为向量的元素

```
> vec <- c("'one'", "'two'", "'three'")
                               将''括起来的字符串作为元素
> vec
[1] "'one'"   "'two'"   "'three'"
                               保持了''括起来的字符串
>
> vec <- c('"one"', '"two"', '"three"')
                               将""括起来的字符串作为元素
> vec
[1] "\"one\""   "\"two\""   "\"three\""
                               保持了""括起来的字符串
```

若将双引号（""）括起来的字符串用单引号（''）括起来，则输出向量时反斜杠（\）也一起显示。但如果指定了向量或者矩阵等name属性或者用于图表的标题时，作为字符串使用时就不会显示反斜杠（\）。

● 用于转义特殊字符的 \

反斜杠（\）是用来转义下一个字符的符号。原本"或者'作为引号来说是有含义的，但反斜杠（\）会取消（转义）这个含义并将其作为字符串来处理。

列表 2 使用反斜杠（\）转义

```
> char <- "\"A"                将"转义
> char
[1] "\"A"                      将"A"作为字符串来处理
```

2-5 字符串向量

秘技 073 自动生成A～Z或a～z的字母、英文月份的名称

难易程度

扫码看视频

这里是关键点！ 常数LETTERS和letters

字母A～Z或a～z可以和数字序列号有相同的使用方法，所以R中分别为A～Z和a～z定义了常数LETTERS和letters。**常数**是指存储了只读值的向量。

列表1 输出LETTERS和letters

```
> LETTERS
 [1] "A" "B" "C" "D" "E" "F" "G" "H" "I" "J" "K"
"L" "M" "N"
[15] "O" "P" "Q" "R" "S" "T" "U" "V" "W" "X" "Y" "Z"
> letters
 [1] "a" "b" "c" "d" "e" "f" "g" "h" "i" "j" "k"
"l" "m" "n"
[15] "o" "p" "q" "r" "s" "t" "u" "v" "w" "x" "y" "z"
```

要使用部分字母，则用中括号指定想要使用的字母的索引即可。

列表2 使用常数LETTERS和letters的部分字母

```
> vec <- LETTERS[1:10]
> vec
 [1] "A" "B" "C" "D" "E" "F" "G" "H" "I" "J"
> vec <- letters[1:10]
> vec
 [1] "a" "b" "c" "d" "e" "f" "g" "h" "i" "j"
```

●自动生成英文月份名

常数month.name为英文月份名，month.abb是其缩写。

列表3 输出month.name和month.abb

```
> month.name
 [1] "January"   "February"  "March"     "April"
 [5] "May"       "June"      "July"      "August"
 [9] "September" "October"   "November"  "December"
> month.abb
 [1] "Jan" "Feb" "Mar" "Apr" "May" "Jun" "Jul" "Aug"
 "Sep"
[10] "Oct" "Nov" "Dec"
> month.name[4:9]
 [1] "April"     "May"       "June"      "July"
 [5] "August"    "September"
```

秘技 074 自动生成有规律的字符串

难易程度

扫码看视频

这里是关键点！ paste()函数和paste0()函数

制作汇总表时会用到像Section1、Section2、Section3……这样的某个词加上连续的值而组成的项目名。这时可以使用paste()函数以"单词 + 连续值"或者"连续值 + 单词"的样式，创建所需个数的名称。

- **paste()函数**

生成用于表格标题等标题用字符串。

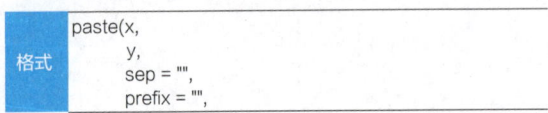

格式	paste(x, y, sep = "", prefix = "", postfix = "", collapse = NULL, character.only = FALSE)	
参数	x	指定基础字符串
	y	指定拼接用的字符串
	sep = ""	指定要在拼接的文字间插入的文字，默认是半角空格
	prefix = ""	指定前缀
	postfix = ""	指定后缀
	collapse = NULL	将文字作为值指定之后，便会将这个文字作为拼接字符，将所有的元素组合并返回大小为1的向量
	character.only = FALSE	设定为TRUE，便认为参数head仅由字符串字面量构成

• paste0()函数

生成用于表格标题等的标题用字符串。除了将paste()函数的sep=""像sep=""一样指定为空字符串之外，和paste()函数是完全相同的。用户不想在拼接的字符之间插入任何字符时，可以不用设定sep便能方便地完成拼接。

拼接字符串时按照拼接的顺序指定字符串。拼接以下的连号时，可以将连续的数值指定为1:10，便会给基础字符串"ID"按照顺序拼接1、2、3等值并生成"ID 1"~"ID 10"总计10个字符串。虽然拼接的值是numeric类型的，但是拼接时会按照类型规则强制转换为character类型。

```
paste("ID", 1:10)
```

列表1 生成""ID" + 连号"的字符串

```
> paste("ID", 1:10)         ← 给"ID"分配1~10的连号
 [1] "ID 1"  "ID 2"  "ID 3"  "ID 4"  "ID 5"
                                          拼接时以空格隔开
 [6] "ID 6"  "ID 7"  "ID 8"  "ID 9"  "ID 10"
> paste("ID", 1:10, sep = "")
                         使用sep选项去除拼接时的空格
 [1] "ID1"  "ID2"  "ID3"  "ID4"  "ID5"
 [6] "ID6"  "ID7"  "ID8"  [9] "ID9"  "ID10"
>
> paste0("ID", 1:10)
                         使用paste0()函数拼接时不会有空格
 [1] "ID1"  "ID2"  "ID3"  "ID4"  "ID5"
 [6] "ID6"  "ID7"  "ID8"  [9] "ID9"  "ID10"
>
> paste0(1:10, "日")
 [1] "1日"  "2日"  "3日"  "4日"  "5日"
 [6] "6日"  "7日"  "8日"  "9日"  "10日"
```

列表2 生成拼接不同字符串的字符串

```
> paste("http://www.example.com/", c("main.html",
"page1.html","page2.html"))
 [1] "http://www.example.com/ main.html"
 [2] "http://www.example.com/ page1.html"
 [3] "http://www.example.com/ page2.html"
```

●添加前缀和后缀

在生成的拼接字符串前后添加某些字符作为前缀或者后缀时，可以使用prefix选项和postfix选项。prefix选项用于指定基础字符串前面的拼接字符，postfix选项用于指定基础字符串之后的拼接字符。

列表3 添加前缀和后缀

```
> paste(prefix="section","ID", 1:10 )
                         前缀在基础字符串之前指定
 [1] "section ID 1"  "section ID 2"  "section ID 3"
 "section ID 4"  "section ID 5"
 [6] "section ID 6"  "section ID 7"  "section ID 8"
 "section ID 9"  "section ID 10"
>
> paste("ID", 1:10, postfix="END")
                         后缀在基础字符串之后指定
 [1] "ID 1 END"  "ID 2 END"  "ID 3 END"  "ID 4 END"
 "ID 5 END"
 [6] "ID 6 END"  "ID 7 END"  "ID 8 END"  "ID 9 END"
 "ID 10 END"
>
> paste0(prefix="section","ID", 1:10, postfix="END")
                         指定前缀和后缀
 [1] "sectionID1END"  "sectionID2END"  "sectionID3END"
 "sectionID4END"
 [5] "sectionID5END"  "sectionID6END"  "sectionID7END"
 "sectionID8END"
 [9] "sectionID9END"  "sectionID10END"
                         因为是paste0()函数，所以没有空格
```

●将生成的字符串合并为一个元素

该功能虽然不常用，但也介绍一下。生成的字符串不是作为向量的各个元素，而是作为一个元素时可以使用collapse选项。指定作为值的字符（包含空白字符），便可以将这个字符插入到生成的字符串之间，合并为一个向量元素。

列表4 将生成的字符串合并为一个元素

```
> paste0("ID", 1:10, collapse = ", ")
 [1] "ID1, ID2, ID3, ID4, ID5, ID6, ID7, ID8, ID9, ID10"
```

●要拼接的字符个数不同时

要拼接的字符串的元素个数不同时，根据元素个数少的一方的元素个数来循环。

列表5 循环"一月""二月""三月"的模式三次

```
> paste(c("一", "二", "三"), rep("月", 9), sep="")
 [1] "一月""二月""三月""一月""二月""三月""一月""二月""三月"
```

列表6 给多个文件名添加后缀名

```
> paste(c("page1", "page2", "page3"), ".txt", sep="")
                         拼接后缀名".txt"
 [1] "page1.txt"  "page2.txt"  "page3.txt"
```

2-5 字符串向量

秘技 075　使用stringr包中str_c()函数生成拼接字符串

难易程度 ●●○

这里是关键点！ stringr包的安装和str_c()函数

扫码看视频

使用stringr包中的**str_c()函数**，可以快速生成字符串。当需要生成大量的字符串时，推荐使用str_c()函数。

● **使用stringr包的RStudio对话框来安装**

使用RStudio对话框来安装stringr包的步骤如下。

① 在RStudio中选择"Tools"菜单中的"Install Packages"选项，即可打开"Install Packages"对话框。
② 在"Packages"文本框中输入stringr，然后单击"Install"按钮。

▼ Install Packages对话框

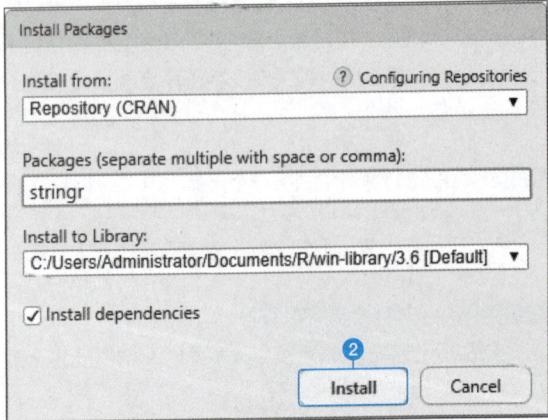

③ 执行安装操作，控制台显示如下。

▼ 控制台

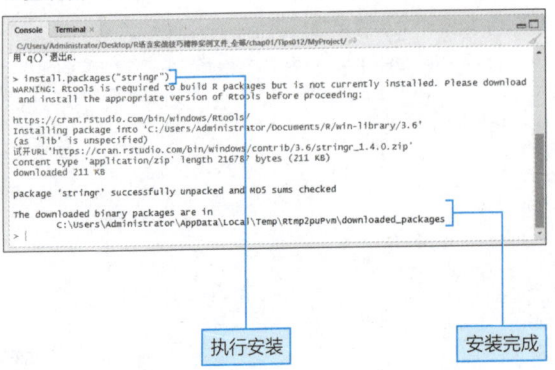

执行安装　　安装完成

● **通过输入命令来安装**

在控制台中输入以下代码即可。

```
options(repos = "https://cran.ism.ac.jp")
install.packages("stringr")   —— 输入完成后安装就开始了
```

● **使stringr包可以使用**

输入以下代码，以读取stringr包。

```
library("stringr")
```

• **使用str_c()函数生成拼接字符串**

读取stringr包的内容后，使用str_c()函数生成拼接字符串。

列表1　使用str_c()函数生成拼接字符串

```
str_c (c("page1", "page2", "page3"), ".txt", sep="")
                                        拼接后缀名".txt"
[1] "page1.txt" "page2.txt" "page3.txt"
```

▼ CRAN的网站（https://cran.r-project.org/）

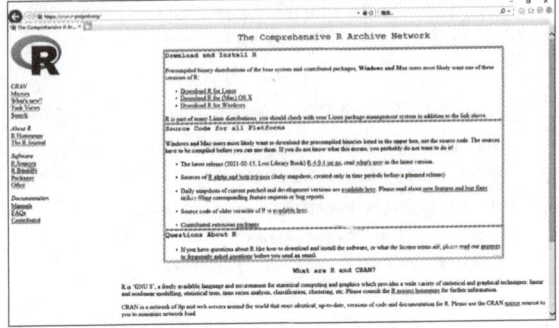

秘技 076 计算字符串的字符数

难易程度 ●●

> 这里是关键点！ **nchar()函数**

扫码看视频

• nchar()函数

返回字符串对象的字符数或字节数。

格式	nchar(x, type = "chars", keepNA = NA)	
参数	x	字符串对象
	type = "chars"	指定计数的基准 ・type = "chars" 　计数字符的个数 ・type = "bytes" 　计数字符串整体的字节数 ・type = "width" 　以半角字符为1字符、全角字符为2字符的方式计数
	keepNA = NA	指定NA（缺失值）的处理 指定为NA或者TRUE，则将NA原样返回； 指定FALSE时，将NA视为字符串，chars、bytes、width均返回2

计数字符串时，默认设定为type = "chars"，所以只需给参数指定字符串向量或字符串对象。

列表1 计数字符串

```
> vec <- "RStudio"
> nchar(vec)
[1] 7                    ←字符个数是7
> vec <- "秀和系统"
> nchar(vec)
[1] 4                    ←字符个数是4
>
> vec <- c("ABC", "一万元")  ←元素个数为2的字符串向量
> nchar(vec)
[1] 3 3                  ←按元素返回每个元素的字符个数
> vec <- c("一万元", "两万元", "三万元")
> nchar(vec)
[1] 3 3 3
```

若给参数指定为keepNA = FALSE，便会将缺失值（NA）作为字符串计数。

列表2 缺失值（NA）的处理

```
> vec <- c(NA, "YES")
> nchar(vec)
[1] NA  3                ←默认NA（缺失值）返回NA
> nchar(vec, keepNA = FALSE)
[1] 2  3                 ←将NA本身作为字符串来计数
```

●获取字符串整体的字节数

若给参数指定为type = "bytes"，可以获取字符串整体的字节数。

列表3 获取字符串的字节数

```
> nchar("RStudio", type = "bytes")
[1] 7
> nchar("统计分析", type = "bytes")
[1] 8
```

Windows使用的字符编码中，汉字以两个字节来显示，所以一个字符计数为两个字节。

●计数字符的宽度

若给参数指定为type = "width"，可以计算字符的宽度。按半角字符为1、全角字符为2进行计数。

列表4 获取整体的字符宽度

```
> nchar("统计分析", type = "width")
[1] 8
> nchar("A分析", type = "width")
[1] 5
```

2-5 字符串向量

秘技 077 检查空字符串

难易程度 ●●

这里是关键点！ **nzchar()函数**

扫码看视频

要判断向量等字符串对象中的内容是否是空字符（""），使用nzchar()函数。

- **nzchar()函数**

  判断字符串对象是不是空的。

格式	nzchar(x, keepNA = FALSE)	
参数	x	字符串对象
	keepNA = FALSE	指定NA（缺失值）的处理 若为FALSE，则将NA作为函数返回值原样返回 若为TRUE，则将NA视为字符串，函数返回值为TRUE

若字符存在，则返回TRUE，否则（如果是空字符""）返回FALSE。对于NA（缺失值）认为有值并返回TRUE。

列表1 判断字符符是否存在

```
> vec <- c("", "YES")
> nzchar(vec)
[1] FALSE  TRUE         第1个元素是空字符
>
> vec <- c(NA, "YES")    第1个元素是缺失值（NA）
> nzchar(vec, keepNA = TRUE)
[1]    NA  TRUE         缺失值原样返回NA
> nzchar(vec, keepNA = FALSE)
                         将keepNA选项设为FALSE
[1]  TRUE  TRUE         缺失值返回TRUE
```

秘技 078 提取指定范围内的字符

难易程度 ●●

这里是关键点！ **substr()函数和str_sub()函数（stringr包）**

扫码看视频

使用substr()函数可以提取或替换字符串。

- **substr()函数**

  提取指定范围内的字符。

格式	substr(x, start, stop)	
参数	x	字符串对象
	start	指定提取范围的起始字符位置的整数值
	stop	指定提取范围的结尾字符位置的整数值

● **提取特定范围的字符**

要从字符串向量中提取字符，不仅对元素个数为1的向量适用，对具有多个元素的向量也适用。

列表1 提取特定范围的字符

```
> vec <- "http://example.com"     将url保存在向量中
> domain <- substr(vec, start = 8, stop = 18)
                                   只提取域名部分
> domain
[1] "example.com"                  提取的域名
```

```
> # 自动提取域的代码
> cut <- "http://"                 要删除的字符串
> url_1 <- "http://example.com"    将url保存在向量中
> domain <- substr(url_1, start = nchar(cut)+1, stop
= nchar(url_1))                    可通用使用
> domain
[1] "example.com"                  提取的域名
```

对具有多个元素的字符串向量，也可以执行同样的处理。这时将处理的结果以向量元素返回。

列表2 从具有多个元素的字符串向量中提取

```
> vec <- c("http://example.com", "http://example.
net", "http://example.org")
> domain <- substr(vec, start = 8, stop = 18)
                                   将元素数为3的向量作为对象
> domain
[1] "example.com" "example.net" "example.org"
                                   提取的字符串以向量元素返回
```

2-5 字符串向量

●使用stringr包的str_sub()函数

stringr包的str_sub()函数的提取处理非常快。

- **str_sub()函数（stringr包）**

  提取指定范围的字符串。

格式	str_sub(x, start, end)	
参数	x	字符串对象
	start	指定提取范围的起始字符位置的整数值
	end	指定提取范围的结尾字符位置的整数值

列表3 使用str_sub()函数提取

```
> library("stringr")
> vec <- c("http://example.com", "http://example.net", "http://example.org")
> domain <- str_sub(vec, start = 8, end = 18)
```
提取第8个字符到第18个字符
```
> domain
[1] "example.com" "example.net" "example.org"
```

秘技 079 替换指定范围内的字符

难易程度 ▶▶

这里是关键点！ substr() <- 字符串

扫码看视频

在**substr()函数**的结果中，若使用"<-"代入，则可以将字符串的特定范围内的字符串替换为其他字符串。

●替换元素数为1的字符串向量

元素个数为1的字符串向量的替换如下。

列表1 替换特定范围内的字符

```
> vec <- "第一主成分"
> substr(vec, start = 2, stop = 2) <- "1"
```
将第2个字符替换为"1"
```
> vec
[1] "第1主成分"
```

请注意，替换字符比指定的范围少时，不会替换多余的字符。

列表2 替换的字符个数比指定范围少时

```
> vec <- "第一主成分"
> substr(vec, start = 3, stop = 5) <- "要素"
> vec
[1] "第一要素分"
```
只替换代入的字符

替换字符的个数过多时，忽略多余的替换字符。

列表3 替换字符的个数过多时

```
> vec <- "第一主成分"
> substr(vec, start = 3, stop = 5) <- "主成分的因素"
> vec
[1] "第一主成分"
```
"的因素"部分容纳不下，所以忽略

●多个元素字符串向量的替换

对字符串向量的所有元素进行替换的示例如下。

列表4 对字符串向量的所有元素替换

```
> vec <- rep("第一主成分", 5)
> substr(vec, start = 2, stop = 2) <- "1"
> vec
[1] "第1主成分" "第1主成分" "第1主成分" "第1主成分" "第1主成分"
```

秘技 080 剪切字符串中指定的部分

难易程度 ▶▶

这里是关键点！ strtrim()函数

扫码看视频

用户可以使用strtrim()函数，去掉特定位置之后的字符串。例如，将"2017年4月的销售额"剪切为"2017年4月"。

- **strtrim()函数**

  从字符串的开头到指定的显示宽度截断。

2-5 字符串向量

格式	strtrim(x, width)	
参数	x	字符串对象
	width	表示从字符串开头开始显示宽度的整数值。将字符串对象x剪切到这里指定的显示宽度。半角字符的显示宽度是1，全角字符的显示宽度是2

列表1 将字符串剪切到指定的显示宽度

```
> vec <- "RStudio"
> strtrim(vec, width = 1)      剪切至显示宽度为1（1个半角字符）
[1] "R"
> vec <- "第一季度"
> strtrim(vec, width = 4)      剪切至显示宽度为4（2个全角字符）
```

```
[1] "第一"
> vec <- "R语言规范"           半角字符和全角字符混合
> strtrim(vec, width = 5)
                               留下1个半角字符，2个全角字符
[1] "R语言"
```

给全角字符指定奇数的显示宽度，则剪切到能被2整除的显示宽度。

列表2 显示宽度为奇数时去掉全角字符剩下的部分

```
> strtrim(vec, width = 3)      将显示宽度设为3
[1] "第"                       留下显示宽度为2并去掉之后的部分
```

秘技 081 在字符串中的指定位置分割字符串

扫码看视频

难易程度 ●●

> 这里是关键点！ **strsplit()函数**

将"2017年的12月"切分为"2017年"和"12月"。这时使用strsplit()函数可以在"的"所在的位置将其分为"2017年"和"12月"这样独立的字符串。

- **strsplit()函数**

在参数split中指定字符所在的位置，分割字符串。切分后的字符串以列表返回。

格式	strsplit(x, split[, fixed = FALSE, perl = FALSE])	
参数	x	字符串对象
	split	指定作为分割时记号的字符或字符串，指定的字符或字符串会被删除 若指定为NULL，则分割每个字符 可以按"split = "字符""的形式来指定，也可以省略"split="而只指定"字符"
	fixed = FALSE	要使用正则表达式中的符号作为字符串检索，则设为TRUE
	perl = FALSE	使用perl语言兼容性的正则表达式时指定为TRUE，默认是FALSE

strsplit()函数以第2个参数指定的字符串为界限分割字符串，结果以列表返回。

列表1 分割字符串

```
> vec <- "当月的销售额"
> strsplit(vec, split = "的")      在"的"的位置分割
[[1]]
[1] "当月" "销售额"
>
> vec <- "本月份的销售额"
> strsplit(vec, split = "份的")
                                   在指定字符串的位置分割
[[1]]
[1] "本月" "销售额"
```

如果字符串向量有多个元素，所有元素都以同样的方式分割。

列表2 分割多个元素

```
> vec <- c("1月的销售额", "2月的销售额", "3月的销售额")
> strsplit(vec, split = "的")
[[1]]
[1] "1月" "销售额"

[[2]]
[1] "2月" "销售额"

[[3]]
[1] "3月" "销售额"
```

stringr包的str_split()函数也可以分割字符串，但是用pattern选项来指定分割位置的。之所以叫pattern这个选项名，是因为不仅可以用字符串，也可以使用正则表达式，选项名也可以省略。

列表3 使用stringr包的str_split()函数

```
> library("stringr")
> str_split(vec, pattern = "的")
[[1]]
```

```
[1] "1月" "销售额"

[[2]]
[1] "2月" "销售额"

[[3]]
[1] "3月" "销售额"
```

●将分割后的字符串列表转为向量

分割之后的字符串以列表返回，但列表使用不方便时，可以使用**unlist()函数**转换为向量。

列表4 以向量的形式获取分割后的字符串

```
> vec <- c("1月的销售额","2月的销售额","3月的销售额")
```

```
> unlist(strsplit(vec, split = "的"))
```
将strsplit()函数的返回值作为unlist()函数的参数

```
[1] "1月" "销售额" "2月" "销售额" "3月" "销售额"
```
以向量的形式获取分割后的字符串

●按1个字符拆分字符串

若将strsplit()函数的第2个参数设为NULL，可以将字符串一个字符一个字符地分割。

列表5 分割每个字符

```
> vec <- "1234567890"
> strsplit(vec, split = NULL)
[[1]]
[1] "1" "2" "3" "4" "5" "6" "7" "8" "9" "0"
```

秘技 082 检索特定的文字并替换

难易程度 ●●

这里是关键点！ sub()函数和gsub()函数

扫码看视频

• sub()函数

检索字符串并替换第一个匹配的字符串。

格式	sub(pattern, replacement, x, [, ignore.case = FALSE, perl = FALSE, fixed = FALSE])	
参数	pattern	指定要替换的字符串
	replacement	指定替换字符串
	x	指定要处理的字符串
	ignore.case = FALSE	若为FALSE，则区分大小写；若为TRUE，则不区分大小写
	perl = FALSE	使用perl语言兼容的正则表达式时指定为TRUE。默认是FALSE
	fixed = FALSE	使用正则表达式中的符号作为字符串检索时设为TRUE

●只替换第一个匹配的字符串

sub()函数可以用于替换第一个匹配的字符串。虽然函数介绍中像"replacement="、"pattern="这样写了选项名，但省略选项名只写参数值也是可以的。

• gsub()函数

gsub()函数可以检索字符串并替换所有匹配的字符串，参数和sub()函数相同。

列表1 替换字符串

```
> vec <- c("1日","2日","3日","4日","5日")
```

```
> sub(pattern = "日", replacement = "th", vec)
```
将"日"替换为"th"

```
[1] "1th" "2th" "3th" "4th" "5th"
>
> vec <- c("1日","2日目","3日目","4日","5日")
```
"日"和"日目"混合

```
> sub(pattern = "日|日目", replacement = "th", vec)
```
使用|（或）将"日"或"日目"替换为"th"

```
[1] "1th" "2th" "3th" "4th" "5th"
```

使用stringr包的str_replace()函数也可以替换字符串，而且处理速度比sub()函数快。

• str_replace()函数（stringr包）

格式	str_replace(string, pattern, replacement)	
参数	string	指定要处理的字符串
	pattern	指定要检索的字符串
	replacement	指定替换的字符串

列表2 使用str_replace()函数替换字符串

```
> library("stringr")
>vec <- c("1日","2日","3日","4日","5日")
> str_replace(string = vec, pattern ="日", replacement = "th")
[1] "1th" "2th" "3th" "4th" "5th"
> str_replace(vec, "日", "th")
```
参数的顺序正确可以省略选项名

```
[1] "1th" "2th" "3th" "4th" "5th"
```

2-5 字符串向量

● **替换所有的匹配字符串**

sub()函数是替换第1个匹配的字符串，即使有其他匹配的字符串也不会替换。要替换所有的匹配字符串，可以使用gsub()函数。

列表3 替换所有的匹配字符串

```
> vec <- "1日:2日:3日:4日:5日"        ── 包含5个"日"的字符串
> sub(pattern = "日", replacement = "th", vec)
                                使用sub()函数将"日"替换为"th"
[1] "1th:2日:3日:4日:5日"
                                只有第1个匹配的"日"被替换为"th"
> gsub(pattern ="日", replacement ="th", vec)
```

```
                                使用gsub()函数将"日"替换为"th"
[1] "1th:2th:3th:4th:5th"        ── 所有的"日"被替换为了"th"
```

stringr包的str_replace_all()函数可以替换所有的匹配字符串。

列表4 使用str_replace_all()函数替换字符串

```
> library("stringr")
> str_replace_all(vec, pattern = "日", replacement
= "th")
[1] "1th:2th:3th:4th:5th"        ── 所有的"日"被替换为"th"
```

秘技 083 替换字符串中前后的字母

难易程度 ●●

这里是关键点！ 使用正则表达式的替换

扫码看视频

替换字符串时可以使用以下正则表达式检索字符串，即可匹配一个大小写字母字符。

```
"[a-zA-Z]"
```

● **去除起始位置的字母**

组合^（开头）和$（结尾）可以检索前后的字母。

```
"^[a-zA-Z]"
```

这个表达式可以匹配1个出现在开头的字母。

现在我们试着用正则表达式匹配到的字符串替换为空字符，以达到删除检索的字符串效果。

列表1 去除开头的1个字母

```
> vec<- paste("ID", 11:20, sep="")
                                生成"ID+连号"的字符串
> vec
 [1] "ID11" "ID12" "ID13" "ID14" "ID15" "ID16" "ID17"
 "ID18" "ID19" "ID20"
> gsub("^[a-zA-Z]", "", vec)
                                使用"^[a-zA-Z]"检索开头的1个字母
 [1] "D11" "D12" "D13" "D14" "D15" "D16" "D17" "D18"
 "D19" "D20"
                                将开头的一个字母替换为""（从结果来看是删除）
```

+表示1次以上的重复。

```
"^[a-zA-Z]+"
```

这样可匹配在头部出现的1个字符以上的字母。

列表2 去除开头的所有字母

```
> gsub("^[a-zA-Z]+", "", vec)
                                去除开头1个字符以上的字母
 [1] "11" "12" "13" "14" "15" "16" "17" "18" "19" "20"
```

列表3 使用stringr包的str_replace_all()函数

```
> library("stringr")
> str_replace_all(vec, pattern = "^[a-zA-Z]+", rep-
lacement = "")
 [1] "11" "12" "13" "14" "15" "16" "17" "18" "19" "20"
```

● **去除末尾的字母**

$表示末尾的意思。

```
"[a-zA-Z]+$"
```

像这样，匹配末尾的1个以上的字母。

列表4 去除字符串末尾的字母

```
> vec <- paste(11:20, "ID", sep="")
                                生成"连号+ID"的字符串
> vec
 [1] "11ID" "12ID" "13ID" "14ID" "15ID" "16ID" "17ID"
 "18ID" "19ID" "20ID"
> gsub("[a-zA-Z]+$", "", vec)        ── 去除末尾的字母
 [1] "11" "12" "13" "14" "15" "16" "17" "18" "19" "20"
```

列表 5 使用stringr包的str_replace_all()函数

```
> vec <- paste(11:20, "ID", sep="")
> str_replace_all(vec, pattern = "[a-zA-Z]+$", replacement = "")
 [1] "11" "12" "13" "14" "15" "16" "17" "18" "19" "20"
```

秘技 084 替换字符串中的前后数字

难易程度 ●●

这里是关键点！ 使用正则表达式替换数字

扫码看视频

用户可以使用正则表达式检索数字，去除字符串开头和结尾的数字。以下的表达式可以匹配1个字符的数字。

```
[0-9]
```

以下的表达式可以匹配末尾1个字符以上的数字。

```
"[0-9]+$"
```

列表 1 去除末尾的数字

```
> vec <- paste("ID", 10:20, sep="")
> vec
 [1] "ID10" "ID11" "ID12" "ID13" "ID14" "ID15" "ID16"
 "ID17" "ID18" "ID19" "ID20"
> gsub("[0-9]+$", "", vec)    — 将末尾的数字替换为空字符
 [1] "ID" "ID" "ID" "ID" "ID" "ID" "ID"
 "ID" "ID"
```

列表 2 使用stringr包的str_replace_all()函数

```
> library("stringr")
> str_replace_all(vec, pattern = "[0-9]+$", replacement = "")
```

```
 [1] "ID" "ID" "ID" "ID" "ID" "ID" "ID" "ID"
 "ID" "ID"
```

以下表达式要匹配开头1个字符以上的数字。

```
"^[0-9]+"
```

列表 3 去除开头的数字

```
> vec <- paste(1:10, "after", sep="")
> vec
 [1] "1after"  "2after"  "3after"  "4after"  "5after"
 [6] "6after"  "7after"  "8after"  "9after"  "10after"
> gsub("^[0-9]+", "", vec)   — 将开头的数字替换为空字符
 [1] "after" "after" "after" "after" "after" "after"
 "after"
 [8] "after" "after" "after"
```

列表 4 使用stringr包的str_replace_all()函数

```
> str_replace_all(vec, pattern = "^[0-9]+", replacement = "")
 [1] "after" "after" "after" "after" "after" "after"
 "after" "after" "after" "after"
```

秘技 085 提取类型一致的元素

难易程度 ●●

这里是关键点！ grep()函数和str_subset()函数（stringr包）

扫码看视频

用户可以使用grep()函数来检测字符串向量中是否包含指定的字符。在第1个参数中指定要检索的字符串或者正则表达式，在第2个参数中指定检索对象的向量，返回包含匹配的字符串、元素的索引和元素本身的向量。

2-5 字符串向量

• grep()函数
检索指定的字符串。

格式	grep(pattern, 　　　x, 　　　[,ignore.case = FALSE, 　　　perl　　　 = FALSE, 　　　value　　 = FALSE, 　　　fixed　　 = FALSE, 　　　invert　　= FALSE] 　　　)
参数	pattern — 指定要检索的字符串或者正则表达式
	x — 指定检索对象的字符串向量
	ignore.case = FALSE — 若为TRUE，则不区分大小写
	perl = FALSE — 使用perl语言兼容的正则表达式时指定为TRUE。默认是FALSE
	value = FALSE — 若为FALSE，则返回字符串向量中匹配元素的索引。若设定为TRUE，则返回匹配的元素本身
	fixed = FALSE — 使用正则表达式中的符号作为字符串检索时设为TRUE
	invert = FALSE — 若设为TRUE，反转返回值，返回不一致的元素索引

●获取包含指定字符串元素的索引
从存储个人名字的向量中获取包含指定字符的元素。

列表1 获取包含指定字符的元素
```
> name <- c("山田一郎","山田进","山本一郎","山本进")
> grep("田", name)          ——获取包含"田"元素的索引
[1] 1 2                     ——第1个和第2个元素符合条件
```

●获取包含指定字符串的元素
指定选项value = TRUE，可以获取包含指定字符串的元素本身。

使用正则表达式的"^"（表示开头）并像"^姓氏"这样来试着获取和姓氏匹配的元素。

列表2 检索特定姓氏的人并提取
```
> grep("田", name, value = TRUE)
                            ——若包含"田"，则将元素整个提取
```
[1] "山田一郎" "山田进"
```
> grep("^山田", name)       ——获取姓氏是"山田"的人的索引
[1] 1 2
> grep("^山田", name, value = TRUE)
                            ——获取姓氏是"山田"的人的姓名
[1] "山田一郎" "山田进"
```

使用正则表达式的"$"（表示末尾）可以指定末尾的字符串并检索。

列表3 指定末尾的字符串并检索
```
> grep("一郎$", name, value = TRUE)
                            ——检索末尾是"一郎"的人
[1] "山田一郎" "山本一郎"
```

●使用stringr包的str_subset()函数来获取
stringr包的str_subset()函数也可以提取和模式匹配的字符串。

• str_subset()函数（stringr包）
检索字符串并提取和模型匹配的字符串，存储在向量中返回。

格式	str_subset(string, pattern)
参数	string — 指定要检索的字符串
	pattern — 指定要检索的字符串

列表4 使用str_subset()函数获取和模型匹配的字符串
```
> name <- c("山田一郎", "山田进", "山本一郎", "山本进")
> library("stringr")
> str_subset(name, pattern = "一郎$")
[1] "山田一郎" "山本一郎"
>
> vec <- c("user@example.com", "http://example.com", "admin@example.net")
> str_subset(string =vec, pattern = "@")
                            ——所有的选项名明确写出来也是可以的
[1] "user@example.com"  "admin@example.net"
```

秘技 086 从字符串中提取前后的数字或者仅提取字符串中的字母

扫码看视频

难易程度 ●●

这里是关键点！ str_extract()函数（stringr包）和str_extract_all()函数（stringr包）

使用stringr包中的str_extract()函数可以仅提取和正则表达式匹配的字符串。

• str_extract()函数（stringr包）
用于提取和模型匹配的字符串，且只提取第1个匹配的字符串。

格式	str_extract(string, pattern[, simplify = FALSE])	
参数	string	字符串对象
	pattern	指定正则表达式
	simplify = FALSE	默认为FALSE，返回字符向量的列表。设为TRUE时，返回字符的矩阵

- **str_extract_all()函数**

  提取和模型匹配的所有字符串，提取的字符串以列表返回。

●提取字符串前后的数字

正则表达式中可按以下方式来匹配一个数字。

```
[0-9]
```

对于开头1个以上的数字，可将表示开头的^放在头部，并在末尾添加+（表示反复），按下述方式来匹配。

```
"^[0-9]+"
```

对于末尾1个以上的数字，添加表示末尾的$，按下述方式来匹配。

```
"[0-9]+$"
```

列表1 提取头部的数字

```
> library("stringr")
> vec <- c("501after ", "502after ", "503after ",
"504after ", "505after")
> str_extract(vec, pattern = "^[0-9]+")
[1] "501" "502" "503" "504" "505"
```

列表2 提取末尾的数字

```
> vec <- c("ID501", "ID502", "ID503", "ID504", "ID505")
> str_extract(vec, pattern = "[0-9]+$")
```
只取出末尾的数字
```
[1] "501" "502" "503" "504" "505
```

●提取字符串前后的字母

使用下述正则表达式匹配1个小写/大写字母。

```
"[a-zA-Z]"
```

分别在前后添加^（开头）和+（反复），可匹配开头1个以上的字母。

```
"^[a-zA-Z]+"
```

以下述组合+（反复）和$（末尾），可匹配末尾1个以上的字母。

```
"[a-zA-Z]+$"
```

列表3 提取开头的字母

```
> vec <- c("ID501", "ID502", "ID503", "ID504", "ID505")
> str_extract(vec, pattern = "^[a-zA-Z]+")
[1] "ID" "ID" "ID" "ID" "ID"
```

列表4 提取末尾的字母

```
> vec <- c("501after", "502after", "503after",
"504after", "505after")
> str_extract(vec, pattern = "[a-zA-Z]+$")
[1] "after" "after" "after" "after" "after"
```

●提取所有和模型匹配的字符串

使用str_extract_all()函数，可以提取所有和模型匹配的字符串。

列表5 提取所有和模型匹配的字符串

```
> vec <- c("1ID501", "2ID502", "3ID503", "4ID504",
"5ID505")
> str_extract_all(vec, pattern = "[0-9]+")
```
结果以列表返回
```
[[1]]
[1] "1"   "501"
```
第1个元素中匹配的字符串
```
[[2]]
[1] "2"   "502"
```
第2个元素中匹配的字符串
```
[[3]]
[1] "3"   "503"
[[4]]
[1] "4"   "504"
```
第3个元素中匹配的字符串
第4个元素中匹配的字符串
```
[[5]]
[1] "5"   "505"
```
第5个元素中匹配的字符串

默认返回值是以列表返回的，如果指定simplify = TRUE，则以矩阵返回。

列表6 使用矩阵获取返回值

```
> str_extract_all(vec, pattern = "[0-9]+", simplify
= TRUE)
     [,1] [,2]
[1,] "1"  "501"
[2,] "2"  "502"
[3,] "3"  "503"
[4,] "4"  "504"
[5,] "5"  "505"
```
以矩阵返回

2-5 字符串向量

秘技 087 判断是否存在与模型相匹配的字符串

难易程度 ●●○

这里是关键点！ str_detect()函数（stringr包）和str_subset()函数（stringr包）

扫码看视频

使用stringr包中的str_detect()函数或者str_subset()函数，可以判断字符串向量中是否包含指定字符的元素。

- **str_detect()函数**

字符串向量中若包含指定字符的元素，则返回TRUE，否则返回FALSE。

格式	str_detect(string, pattern)	
参数	string	字符串对象
	pattern	指定检索的字符串或正则表达式

列表1 以逻辑值获取是否包含指定字符串

```
> vec <- c("user@example.com", "http://example.com", "admin@example.net")
> str_detect(vec, pattern = "@")
[1] TRUE FALSE TRUE
```

秘技 088 创建正则表达式的模型

难易程度 ●●○

这里是关键点！ 正则表达式

正则表达式是由类似"销售额"这样任意的字符串和被称为**元字符**的具有特殊含义的符号组合而成的，元字符的多样性使正则表达式更加灵活和复杂。下面介绍正则表达式创建的基本知识。

● **基本的字符串**

元字符以外的类似"每月销售额"这种单纯的字符串只能单纯地匹配字符串，有没有空格都会严格地检查。另外，单纯的模型不会考虑词义，所以可能会匹配到意料之外的字符串。

▼模型字符

正则表达式	匹配的字符串	匹配不到的字符串
月末	月末的总金额	月[空格]末
	4月的月末	月·末
	在3月末	月计
		yuemo
		这个月的末

● **其中任意一个字符串**

使用元字符|可以像"A或者B"这样匹配多个模型。要一起匹配"销售收益""销售额""营业额"等词义相近的词，或者一起匹配"总计""合计""zongji"

等写法不同的词时很方便。

▼匹配多个模型

正则表达式	匹配的字符串	匹配不到的字符串
总计|合计|zongji	总计	总合计
	合计	总ji
	zongji	总：计

● **锚点**

锚点是指匹配位置的元字符。使用锚点可以指定对象字符串的哪里必须出现匹配模型。可以指定多个位置，但最常用的是开头^和结尾$。

字符串有多行时，一个对象就有多个开头和结尾，大多数的程序会逐行处理字符串，所以用^匹配开头、$匹配结尾通常是没有问题的。

只用纯字符作为正则表达式匹配字符串也没有问题，但是锚点可以限制要匹配的模型是否在头部或者结尾，有效使用可以很好地匹配模型。

▼锚点

正则表达式	匹配的字符串	匹配不到的字符串
^当月	当月的销售额	3月当月
	当月开始	2017年的当月

(续表)

正则表达式	匹配的字符串	匹配不到的字符串
^当月	当月末	"当月"
当月$	3月当月	当月的销售额
	2017年的当月	当月开始
	2017年：当月	当月末

● **其中任意的一个字符**

将多个字符用中括号括起来表示"这些字符之中的任意一个字符"。例如[。、]表示"。"或者"、"中任意一个标点符号。和锚点一样，指定末尾处有标点符号可以缩减检索范围。另外，也有像[？?]这样的用法，可以消除全角/半角的差异。

▼ 匹配其中任意一个字符

正则表达式	匹配的字符串	匹配不到的字符串
这个月[的是]	这个月的	在这个月中
	这个月是	这个月要
	这个月的销售额	这个月末
这个月[～-…：]	这个月～下个月	（这个月）
	这个月-2017年	~这个月
	2017年的这个月…	：这个月
	这个月：下个月	-这个月

● **任意一个字符**

[.]是匹配任意一个字符的元字符。不仅是普通的字符，类似空格、制表符等看不见的字符也能匹配。虽然只有一个字符好像没有什么作用，但是像"..."（匹配任意3个字符）这样连续地使用[.]或者将[.]和之后介绍的重复限定符配合使用，可以创建"任意几个字符"的模型。

▼ 匹配任意3个字符

正则表达式	匹配的字符串	匹配不到的字符串
这个月...	这个月的销售	这个月末的总计
	这个月末总计	这个月开始
	这个月、"空格"计	这个月末

● **反复**

放置表示反复的元字符，表示这之前的字符是连续的，但是只有之前一个字符适用反复。要使一个以上的字符反复，可以用后面介绍的括号将它们括起来后再使用反复的元字符。

+表示一次以上的反复，也就是说，w+可以匹配w、ww、www。

*表示0次以上的反复。"0次以上"是关键点，指即使反复的对象字符一次没有出现也可以匹配到。也就是说，w*不仅能匹配到w、www，还能匹配到"123"、""

（空字符串）或者"合计"。简而言之，某个字符不管有还是没有，不管连续还是不连续，都能匹配。想要限定反复的次数时使用"{m}"，m是表示次数的整数。另外，"{m,n}"表示m次以上、n次以下的反复的范围，也可以像"{m,}"这样省略n。+和{1,}、*和{0,}具有相同的含义。

▼ 指定反复并匹配

正则表达式	匹配的字符串	匹配不到的字符串
月+	月月	月末
	月月年日	月：
		月~
^当月*	当月	8月当月
	当日	：当月
月{3,}	月月月	月月
	年年年月月日日日	月：月的月曜日

● **有还是没有**

使用?表示这之前的一个字符有没有都可以。和反复的元字符相同，使用括号可以用于一个字符以上的模型。

▼ 指定有没有并匹配

正则表达式	匹配的字符串	匹配不到的字符串
完成[。！]?$	完成	完成前
	在月末完成	完成后
	月首次完成。	月的完成！预测
	合计完成！	-完成-

● **结合匹配模型**

使用括号()可以结合一个字符以上的匹配模型，结合后的模型作为一个组受元字符的影响。例如(abc)+，表示匹配有一个以上的"abc"的字符串。使用元字符|可以将多个匹配模型作为候补来指定，|的作用对象范围也可以使用括号来限定。

例如匹配模型"^再见|拜拜|再会$"指定了"^再见""拜拜""再会$"3个候选项，请注意锚点的位置，这时使用括号写成"^(再见|拜拜|再会)$"的形式，候选项便是"^再见$""^拜拜$""^再会$"了。

▼ 结合匹配模式

正则表达式	匹配的字符串	匹配不到的字符串
(当然|dangran)了	这当然了啊	当然的结果
	dangran了啊	当·然
	当然了的结果	dang-ran
(未定)+	未定未定	未：定
	下个月未定了啊	未完成

2-6 列表

秘技 089 使用列表创建地址簿

扫码看视频

这里是关键点！ 列表类型

难易程度 ●●

列表，将数据都集中在一个接一个的序列中，从这一点来看，列表和向量是相同的。但是，除字面量以外，列表还可以将向量或列表作为自己的元素。

R将向量或列表等程序处理的数据称为对象，列表有将R中处理的对象组合为整体来管理的功能。

● 试着使用列表来创建地址簿

列表可以通过list()函数来创建。

• **list()函数**

生成将参数中指定的对象作为元素的列表。

| 格式 | list(元素1,元素2,元素3…) |

只要是R中的对象都可以作为列表的元素，所以直接用字面量，使用c()函数创建的向量，或者list()函数创建的列表都可以作为列表的元素。

这里，我们创建项目并在源文件script.R中书写代码。

列表1 创建顾客的列表（项目为address，源文件为script.R）

```
# 顾客id（向量）
id   <- c(1:3)
# 姓名（列表）
name <- list("秀和太郎",
             "筑地花子",
             "宗田解析")
# 地址（列表）
add  <- list("中央区筑地100-1",
             "中央区筑地本町200",
             "中央区日本桥99")
# 创建列表
add_book <- list("顾客列表",   # 第1个元素（字符串字面量）
                 id,           # 第2个元素（向量）
                 name,         # 第3个元素（列表）
                 add)          # 第4个元素（列表）
```

将列表的第1个元素设为"顾客列表"，作为列表的标题；第2个元素是"顾客ID"的向量；第3个元素是"姓名"列表；第4个元素是"地址"列表。

首先，我们单击代码编辑器中的Source并执行所有的源代码。然后用鼠标选择列表add_book的部分并单击Run按钮，控制台便显示了列表的内容。

列表2 列表add_book的内容

```
> add_book
[[1]]                 ── add_book的第1个元素的内容是character
                        类型的元素个数为1的向量
[1] "顾客列表"

[[2]]                 ── add_book的第2个元素的内容是numeric
                        类型的元素个数为3的向量
[1] 1 2 3

[[3]]                 ── add_book的第3个元素的内容是列表
[[3]][[1]]            ── 列表的第1个元素
[1] "秀和太郎"

[[3]][[2]]            ── 列表的第2个元素
[1] "筑地花子"

[[3]][[3]]            ── 列表的第3个元素
[1] "宗田解析"

[[4]]                 ── add_book的第4个元素的内容是列表
[[4]][[1]]            ── 列表的第1个元素
[1] "中央区筑地100-1"

[[4]][[2]]            ── 列表的第2个元素
[1] "中央区筑地本町200"

[[4]][[3]]            ── 列表的第3个元素
[1] "中央区日本桥99"
```

秘技 090 获取列表的元素

难易程度 ●●

> 这里是关键点！**使用双中括号[[]]获取列表元素**

扫码看视频

列表元素可以通过双中括号[[]]和索引来获取。

▼获取列表元素

```
列表[[索引]]
```

●获取列表元素

试着通过指定[[索引]]，从之前创建的列表add_book中获取元素。

列表1 获取列表元素（项目为address，源文件为script.R）

```
……省略……
list1 <- add_book[[1]]    # 获取列表的第1个元素
list2 <- add_book[[2]]    # 获取列表的第2个元素
list3 <- add_book[[3]]    # 获取列表的第3个元素
list4 <- add_book[[4]]    # 获取列表的第4个元素
```

单击代码编辑器中的Source按钮并执行所有的源代码，或者将光标放在上述代码的第一行并单击4次Run按钮，即可将获取的元素分别代入list1、list2、list3、list4，所以从list1的部分开始按照顺序重复"选择向量名➡单击Run"的操作。用户也可以直接在控制台中输入列表名。

列表2 获取列表元素的结果

```
> list1 ———— 列表的第1个元素（add_book[[1]]）
[1] "顾客列表" ———— 作为列表的标题的character类型的向量

> list2 ———— 列表的第2个元素（add_book[[1]]）
[1] 1 2 3 ———— numeric类型的向量

> list3 ———— 列表的第3个元素是姓名列表（add_book[[3]]）
[[1]]
[1] "秀和太郎"

[[2]]
[1] "筑地花子"

[[3]]
[1] "宗田解析"

> list4 ———— 列表的第4个元素是地址列表（add_book[[4]]）
[[1]]
[1] "中央区筑地100-1"

[[2]]
[1] "中央区筑地本町200"

[[3]]
[1] "中央区日本桥99"
```

秘技 091 从列表元素的向量或列表中获取元素

难易程度 ●●

> 这里是关键点！**根据[[列表元素的索引]][[子元素的索引]]获取**

扫码看视频

当列表的元素具有多个子元素时，以下写法可以从列表元素中获取子元素。

▼从列表元素中获取子元素

```
[[列表元素的索引]][[子元素的索引]]
```

●从列表元素的向量或列表中获取子元素

之前创建的列表cst1_id的第2个元素是存储ID的向量，第3个元素是存储姓名的列表，第4个元素是存储地址的列表。

```
列表[[列表元素的索引]][[子元素的索引]]
```

2-6 列表

以这样的形式，试着从列表中的向量或列表中获取特定的元素。

列表1 获取列表元素中特定的元素（子元素）（项目为address，源文件为script.R）

```
cst1_id <- add_book[[2]][[1]]    #从列表的第2个元素中获取第1个人的id
cst1_name <- add_book[[3]][[1]]  #从列表的第3个元素中获取第1个人的姓名
cst1_add <- add_book[[4]][[1]]   #从列表的第4个元素中获取第1个人的地址
```

列表2 获取列表元素中子元素的结果

```
> cst1_id
[1] 1                 ——第1个人的id
> cst1_name
[1] "秀和太郎"         ——第1个人的姓名
> cst1_add
[1] "中央区筑地100-1"  ——第1个人的地址
```

秘技 092 将列表的元素处理为列表并提取出来

难易程度 ▶●●

这里是关键点！ 根据列表[索引]提取列表元素

扫码看视频

提取列表的元素时，以下书写不是直接提取元素的内容，而是将其存储在列表中再提取。

▼将列表元素作为列表提取

`list[索引]`

● 将列表元素作为列表提取

之前创建的列表add_book的第1、第2个元素是向量，现在我们试着将它们组合为一个向量。

列表1 将列表add_book中的第1、第2个元素作为向量提取（项目为address，源文件为script.R）

```
var1 <- add_book[c(1,2)]    #将列表的第1、第2个元素作为向量提取
```

这里在中括号中通过向量来指定第1个元素和第2个元素，新列表中的第1个元素和第2个元素如下。

列表2 列表var1的内容

```
> var1
[[1]]
[1] "顾客列表"         ——var1的第1个元素是列表add_book的第1个元素

[[2]]
[1] 1 2 3             ——var1的第2个元素是列表add_book的第2个元素
```

秘技 093 将列表转换为向量

难易程度 ▶●●

这里是关键点！ unlist()函数

扫码看视频

当列表的元素是列表时，直接原样以列表提取会有使用不方便的情况，这时使用unlist()函数可以将列表转换为向量。之前创建的列表add_book的第3个元素是存储姓名的列表，下面试着提取时将其转换为向量。

列表1 将以列表取出的元素转为向量（项目为address，源文件为script.R）

```
unlist(add_book[3])    # 将add_book的第3个元素转为向量并提取
```

70

列表2 var2的内容（在控制台中输出）

```
> var2
[1] "秀和太郎" "筑地花子" "宗田解析"
```
　　　　列表元素的列表转为了向量

```
> mode(var2)
[1] "character"
```
　　　　确认类型，由原先的list类型变为了character类型

列表3 转换前add_book的第3个元素

```
[[1]]
[1] "秀和太郎"
[[2]]
[1] "筑地花子"
[[3]]
[1] "宗田解析"
```
— 列表的第1个元素
— 向量
— 列表的第2个元素
— 向量
— 列表的第3个元素
— 向量

秘技 094　更改列表的元素

难易程度 ●●

这里是关键点！ 给列表元素重新赋值

扫码看视频

更改列表的元素时使用赋值运算符"<-"，也就是说再赋值就可以替换元素了。

▼更改列表元素

列表[[索引]] <- 更改的值

▼更改列表元素的子列表

列表[[索引]][[子列表的索引]] <- 更改的值

●更改列表元素

同样以add_book列表为例，第2个元素是存储ID的向量，将它的内容整体替换掉。

列表1 替换列表元素的向量（项目为address，源文件为script.R）

```
add_book[[2]] <- c(100, 200, 300)   # 更改列表的第2个元素
```

列表2 在控制台中输出结果

```
> add_book[[2]]
[1] 100 200 300
```

●更改列表元素的列表

add_book列表的第3个元素是存储姓名的列表，试着替换元素的一部分。

列表3 替换列表元素中子列表的一部分

```
add_book[[3]][[1]] <- "筑地太郎"   # 列表的第3个元素
```
　　　　　　　　　　　　　　　更改子列表的第1个元素

列表4 更改后的列表add_book的第3个元素

```
> add_book[[3]][[1]]
[1] "筑地太郎"
```
— 从"秀和太郎"变为了"筑地太郎"

秘技 095　删除列表的元素

难易程度 ●●

这里是关键点！ 给列表元素赋值NULL

扫码看视频

要删除列表的元素，可以给对象的元素赋值NULL（空）。

▼删除列表元素

列表[[索引]] <- NULL

▼删除列表的子列表

列表[[索引]][[子列表的索引]] <- NULL

删除列表的元素时，是给元素赋值NULL（表示空的值），而不是直接删除。下面从列表add_book的第3个元素的子列表中删除第1个元素，然后删除第3个元素本身。

2-6 列表

列表1 删除列表的子列表元素（项目为address，源文件为script.R）

```
add_book[[3]][[1]] <- NULL   #列表的第3个元素
                             删除子列表的第1个元素
```

列表2 在控制台输出add_book的第3个元素

```
> add_book[[3]]
[[1]]
[1] "筑地花子"
[[2]]              原来3个元素减少到2个元素
[1] "宗田解析"
```

列表3 删除列表的元素

```
add_book[[3]]       <- NULL       # 删除列表的第3个元素
```

列表4 在控制台中输出add_book的第3个元素

```
> add_book[[3]]
[[1]]
[1] "中央区筑地100-1"

[[2]]
[1] "中央区筑地本町200"

[[3]]
[1] "中央区日本桥99"
```

输出的第3个元素是原来的第4个元素，因为第3个元素被删除了，所以第4个元素向前移了1位。

秘技 096 删除列表中的NULL元素

难易程度 ▶ ●●

这里是关键点！ sapply()函数

扫码看视频

我们实际创建一个具有NULL元素的列表，然后以该列表为例删除列表中的NULL元素。

要删除列表元素中的NULL，在中括号中写上**sapply()函数**，通过为相应的NULL分配NULL来从列表中删除NULL。sapply()函数的格式请参考"秘技044 使用函数处理向量的所有元素"。

列表1 删除列表的NULL元素（在控制台中执行）

```
> lst <- list("第1季度", NULL, "第2季度", NULL)
                          创建含有NULL的列表
> lst
[[1]]
[1] "第1季度"

[[2]]
NULL

[[3]]
[1] "第2季度"

[[4]]
NULL

> lst[sapply(lst, is.null)]        确定元素中是否有NULL
[[1]]                              返回NULL元素的列表
NULL

[[2]]
NULL

> lst[sapply(lst, is.null)] <- NULL
                                   删除列表中的NULL元素
> lst
[[1]]
[1] "第1季度"

[[2]]
[1] "第2季度"
```

2-6 列表

秘技 097 将列表元素作为"名称=值"对进行管理

难易程度 ●●

这里是关键点！ 具有命名元素的列表

扫码看视频

将列表的元素通过索引进行管理时，若比较复杂，可以将元素像"名称=值"这样通过元素名来管理。

●创建具有命名元素的列表

元素的名称可以是半角字母或者数字命令，不需要使用括号括起来，直接指定即可。值和通常的列表一样可以是字面量、向量、列表等对象。

▼创建具有命名元素的列表

```
list(元素名1 = 值1,元素名2 = 值2…)
```

这里我们创建add_book2列表，分别给第1个元素、第2个元素、第3个元素命名为id、name和add。

列表1 给列表元素命名（项目为address_2，源文件为script.R）

```
add_book2 <- list(
                id   = c(1:3),
                name = list("秀和太郎","筑地花子","
                            宗田解析"),
                add  = list("中央区筑地100-1",
                            "中央区筑地本町200",
                            "中央区日本桥99")
             )
```

在控制台中输出add_book2并查看，表示名称属性的$符号和各个元素名称一起显示了。

列表2 在控制台中输出命名的列表

```
> add_book2
$id                          —— 元素名id
[1] 1 2 3

$name                        —— 元素名name
$name[[1]]                   —— name的第1个元素
[1] "秀和太郎"
$name[[2]]
[1] "筑地花子"
$name[[3]]
[1] "宗田解析"

$add                         —— 元素名add
$add[[1]]                    —— add的第1个元素
[1] "中央区筑地100-1"
$add[[2]]
[1] "中央区筑地本町200"
$add[[3]]
[1] "中央区日本桥99"
```

●从命名的列表中获取元素

要获取元素，可以在[[]]中写上元素名称，或者在$之后写上元素名称。

▼通过元素名获取列表元素

```
列表[["元素名称"]]
列表$元素名称
```

列表3 获取列表中命名的元素（在控制台中执行）

```
> add_book2[["name"]]        —— 提取命名的列表元素
[[1]]                        —— 原样提取元素的列表
[1] "秀和太郎"

[[2]]
[1] "筑地花子"

[[3]]
[1] "宗田解析"

> add_book2$"name"           —— 使用$指定元素名并提取
[[1]]                        —— 原样提取元素的列表
[1] "秀和太郎"
[[2]]
[1] "筑地花子"
[[3]]
[1] "宗田解析"

> add_book2[["name"]][[1]]   —— 获取name元素的第1个元素
[1] "秀和太郎"                —— 获取元素的character类型的向量
```

当元素是列表时，使用单个中括号来指定索引便可以将元素作为列表提取。

列表4 将子列表元素作为列表提取

```
> add_book2[["name"]][1]
                             —— 将命名列表元素的子元素作为列表提取
[[1]]
[1] "秀和太郎"                —— 元素的向量存储在列表中
```

2-6 列表

秘技 098 给既有的列表元素命名

难易程度 ●●

这里是关键点！ names()函数

扫码看视频

names()函数用于返回向量、列表和矩阵的元素名称。使用该函数，可以给没有命名的列表命名，或者更改已经设定的名称等。

列表1 给没有名称的列表设定名称（项目为address_2，源文件为script2.R）

```
# 创建没有设定名称的列表
person <- list(
                c(1:3),
                c("秀和太郎","筑地花子","宗田解析"),
                c("中央区筑地100-1",
                  "中央区筑地本町200",
                  "中央区日本桥99")
              )
# 给列表元素命名
names(person) <- c("id", "name", "address")
```

列表2 在控制台中输出确认

```
> person
$id ——————————————— 设定了名称
[1] 1 2 3

$name ——————————————— 设定了名称
[1] "秀和太郎" "筑地花子" "宗田解析"

$address ——————————————— 设定了名称
[1] "中央区筑地100-1"  "中央区筑地本町200"
[3] "中央区日本桥99"
```

当列表的元素中包含列表时，对每个列表元素分别使用names()函数设定名称。

列表3 列表元素中包含列表时名称的设定方法（项目为address_2，源文件为script3.R）

```
person_2 <- list(
                  c(1:3),
                  list("秀和太郎","筑地花子","宗田解析"), ——— 第2个元素是列表
                  list("中央区筑地100-1", ——— 第3个元素是列表
                       "中央区筑地本町200",
                       "中央区日本桥99")
                )
# 给列表的元素命名
names(person_2)[[1]] <- c("id")
                              给第1个元素设定名称
names(person_2)[[2]] <- c("name")
                              给第2个元素设定名称
names(person_2)[[3]] <- c("address")
                              给第3个元素设定名称
> person_2
$id ——————————————— 设定了名称
[1] 1 2 3

$name ——————————————— 设定了名称
$name[[1]]
[1] "秀和太郎"

$name[[2]]
[1] "筑地花子"

$name[[3]]
[1] "宗田解析"

$address ——————————————— 设定了名称
$address[[1]]
[1] "中央区筑地100-1"

$address[[2]]
[1] "中央区筑地本町200"

$address[[3]]
[1] "中央区日本桥99"
```

2-7 矩阵

秘技 099 创建矩阵

难易程度 ●●

这里是关键点！ matrix()函数

矩阵是具有**维度**的向量。这里的维度指的是向量的个数，也就是说将多个向量结合为一体时就构成了矩阵。R中统计分析所需的矩阵的计算都是通过矩阵（matrix）类型的对象来执行的。

● 矩阵是"行×列"的汇总表

矩阵（matrix）是由行和列构成的，可以通过matrix()函数生成。

• matrix()函数

通过向量生成矩阵。

格式	matrix(data = NA[,nrow = 1, ncol = 1, byrow = FALSE])	
参数	data	指定要转为矩阵的向量
	nrow = 1	指定行数，默认是1
	ncol = 1	指定列数，默认是1
	byrow = FALSE	TRUE是按向量的行排列，默认是FALSE；按向量的列排列，可以省略

首先，准备以组为矩阵的向量。

列表1 通过向量生成矩阵（在控制台中执行，源代码收录在项目matrix中）

```
> vct1 <- c(1, 2, 3, 4, 5, 6)  # 生成元素个数为6的向量
> mtx1 <- matrix(vct1)          # 生成矩阵
```

● 指定矩阵的行数

显示矩阵的内容，选择矩阵名并单击Run按钮，或者直接在控制台中输入矩阵名并按下Enter键，便可以输出在控制台中。

列表2 查看mtx1的内容（控制台）

```
> mtx1
     [,1]
[1,]    1
[2,]    2
[3,]    3
[4,]    4
[5,]    5
[6,]    6
```

向量vct1成为列的元素，生成了6（行）×1（列）的矩阵。这次我们根据向量试着生成行数为2的矩阵。

列表3 通过向量vct1创建行数为2的矩阵

```
mtx2 <- matrix(vct1, nrow=2)   # 创建行数为2的矩阵
```

列表4 查看mtx2的内容（控制台）

```
> mtx2
     [,1] [,2] [,3]
[1,]    1    3    5
[2,]    2    4    6
```

将向量vct1的（1,2,3,4,5,6）按照（1,2）、（3,4）、（5,6）这样按列方向排列，结果是2（行）×3（列）的矩阵。

● 指定矩阵的列数

将列数指定为2并生成矩阵。

列表5 通过向量vct1创建列数为2的矩阵

```
mtx3 <- matrix(vct1,ncol=2)    # 创建列数为2的矩阵
```

列表6 查看mtx3的内容（控制台）

```
> mtx3
     [,1] [,2]
[1,]    1    4
[2,]    2    5
[3,]    3    6
```

将向量vct1的(1,2,3,4,5,6)按照(1,2,3)、（4,5,6）这样按列方向排列，结果是3（行）×2（列）的矩阵。

● 指定行数和列数

指定行数和列数并生成矩阵。

列表7 通过向量vct1创建2行×2列的矩阵

```
mtx4 <- matrix(vct1, nrow = 2, ncol=2)
                       # 创建2（行）×2（列）的矩阵
```

列表8 查看mtx4的内容（控制台）

```
> mtx4
     [,1] [,2]
[1,]    1    3
```

2-7 矩阵

```
[2,]    2    4
```

向量vct1如下，元素个数为6。

```
vct1 <- c(1, 2, 3, 4, 5, 6)
```

由于要转为2行×2列的矩阵，所以只有第1~4个元素成为矩阵的元素。要使vct1的所有元素都作为矩阵元素，则必须增加行数或者列数。

●使用的数据数量少于矩阵的元素数时

数据数量少于矩阵的元素数时，从头部数据开始再利用（循环）。例如使用下面3个元素生成3行×2列的矩阵。

```
mtx <- matrix(vct1, nrow = 3, ncol=2)
```

从向量头部元素开始按顺序分配到剩余的元素。

列表9

```
> mtx
     [,1] [,2]
[1,]    1    1
[2,]    2    2
[3,]    3    3      ← 从向量头部元素开始按顺序循环
```

秘技 100 将向量元素按照矩阵横向排列

扫码看视频

难易程度 ●●

这里是关键点！ 向量元素在行方向的排列

matrix()函数默认是按列（纵向）来配置向量元素的。虽然是按照数学向量的概念来处理的，但是数学中矩阵（线性代数）的元（指的是矩阵中的数字，与R中的矩阵元素相同）不仅可以纵向排列，还可以横向排列。

当然，统计分析中处理矩阵时也可以将向量按矩阵的横向排列，这时需要将byrow选项设为TRUE。

列表1 将向量vct1的元素横向排列并生成矩阵（在控制台中执行，源代码收录在项目matrix中）

```
> vct1 <- c(1, 2, 3, 4, 5, 6)  # 生成元素个数为6的向量
> # 将行数设定为2并将值横向排列
> mtx5 <- matrix(vct1, nrow=2, byrow = TRUE)
> mtx5
     [,1] [,2] [,3]
[1,]    1    2    3
                       ← 从向量的头部元素开始按顺序横向配置元素
[2,]    4    5    6
```

秘技 101 将矩阵变换为向量

扫码看视频

难易程度 ●●

这里是关键点！ 应用dim()函数的返回值并赋值NULL

在"秘技065 将向量转换为矩阵"中，介绍了如何给向量设定维度并将其转换为矩阵的方法。这里我们反过来将矩阵转换为向量。

因为矩阵中有使向量成为行和列这样二维结构的维度属性，所以为作为dim()函数返回值返回的维度属性赋值NULL以将其删除的话，便可转为向量，具体如下。

```
dim(矩阵) <- NULL
```

这时，按照矩阵的列依次将列的元素分配给向量。

2-7 矩阵

列表1 向量➡矩阵➡转换为向量

```
> vec <- 1:12 ───────────── 创建向量
> vec
 [1]  1  2  3  4  5  6  7  8  9 10 11 12
> dim(vec) <- c(3,4)
              给vec设定维度属性dim(x)= c(3,4)并转为矩阵
> vec
     [,1] [,2] [,3] [,4]
[1,]    1    4    7   10
[2,]    2    5    8   11
[3,]    3    6    9   12
> dim(vec) <- NULL ─────── 删除维度属性
> vec
 [1]  1  2  3  4  5  6  7  8  9 10 11 12
              按矩阵的列依次将元素转为向量元素
```

秘技 102 获取矩阵的大小（行数和列数）

难易程度 ●●

这里是关键点！ **dim()函数的返回值**

扫码看视频

dim()函数的返回值是存储维度属性的向量。通过获取返回值可以知道矩阵的大小。

列表1 获取矩阵的大小（在控制台中执行）

```
> mtx <- matrix(1:12, 3, 4) ── 元素1～12的矩阵
> mtx
     [,1] [,2] [,3] [,4]
[1,]    1    4    7   10
[2,]    2    5    8   11
[3,]    3    6    9   12
> dim(mtx)
[1] 3 4 ── 第1个元素是行数（一维的元素个数），第2个元素是列数（二维的元素个数）
>
> dim(mtx)[1] ──────────── 指定索引仅获取行数
[1] 3
> dim(mtx)[2] ──────────── 指定索引仅获取列数
[1] 4
```

秘技 103 根据列合并多个向量以创建矩阵

难易程度 ●●

这里是关键点！ **cbind()函数**

扫码看视频

实际使用矩阵时会有将多个向量组合为一个矩阵的情况，这时可以使用cbind()函数或者rbind()函数。首先，我们试着使用cbind()函数来创建矩阵。

• cbind()函数

将多个向量根据列合并并生成矩阵。

格式	cbind(…)
参数	…	指定要作为矩阵元素的向量。使用逗号（,）分隔向量名，根据需要指定相应个数的向量

● **将多个向量按列合并生成矩阵**

试着将3个向量按列合并并生成矩阵。

列表1 将3个向量按列合并并生成矩阵（在控制台中执行，源代码收录在项目matrix中）

```
> vct1 <- c(1, 2, 3, 4, 5, 6)
                        生成3个元素个数为6的向量
> vct2 <- c(10, 20, 30, 40, 50, 60)
> vct3 <- c(100, 200, 300, 400, 500, 600)
mtx_c <- cbind (vct1, vct2, vct3)
                        将3个向量按列合并
> mtx_c ──────────────── 查看mtx_c的内容
     vct1 vct2 vct3 ──── 向量名被设为了列名
[1,]    1   10  100
[2,]    2   20  200
[3,]    3   30  300
[4,]    4   40  400
[5,]    5   50  500
[6,]    6   60  600
```

2-7 矩阵

●合并时设定任意的列名

使用cbind()函数合并向量时直接将向量名作为列名，具体如下。

列表2 合并时设定列名

```
> mtx_c <- cbind (c1 = vct1, c2 = vct2, c3 = vct3)
```
————分别设定列名

```
> mtx_c
     c1 c2  c3
[1,]  1 10 100
[2,]  2 20 200
[3,]  3 30 300
[4,]  4 40 400
[5,]  5 50 500
[6,]  6 60 600
```
————设定了列名

秘技 104 根据行合并多个向量以创建矩阵

难易程度 ▶ ●●

这里是关键点！ **rbind()函数**

扫码看视频

rbind()函数可以根据行合并多个向量并生成矩阵。

• **rbind()函数**

将多个向量根据行进行合并并生成矩阵。

格式	rbind(…)
参数	…	指定要作为矩阵元素的向量。使用逗号（,）分隔向量名，根据需要指定相应个数的向量

●将多个向量按行合并生成矩阵

试着将3个向量按行合并并生成矩阵。

列表1 将3个向量按行合并（在控制台中执行，源代码收录在项目matrix中）

```
> vct1 <- c(1, 2, 3, 4, 5, 6)
```
————生成3个元素个数为6的向量
```
> vct2 <- c(10, 20, 30, 40, 50, 60)
> vct3 <- c(100, 200, 300, 400, 500, 600)
> mtx_r <- rbind(vct1, vct2, vct3)
```
————将3个向量按行合并
```
> mtx_r
```
————查看mtx_r的内容

```
     [,1] [,2] [,3] [,4] [,5] [,6]
vct1    1    2    3    4    5    6
vct2   10   20   30   40   50   60
vct3  100  200  300  400  500  600
```
————向量名被设定为行名

●合并时设定任意的行名

使用rbind()函数合并向量时直接将向量名作为行名，具体如下。

列表2 合并时设定行名

```
> mtx_r <- rbind (r1 = vct1, r2 = vct2, r3 = vct3)
```
————分别设定行名
```
> mtx_r
     [,1] [,2] [,3] [,4] [,5] [,6]
r1     1    2    3    4    5    6
r2    10   20   30   40   50   60
r3   100  200  300  400  500  600
```
————设定的行名

秘技 105 创建零矩阵

难易程度 ▶ ●●

这里是关键点！ **matrix()函数和mat.or.vec()函数**

扫码看视频

有时我们需要事先准备好空的矩阵，根据处理的情况来设定元（矩阵的元素），这就是所谓的**零矩阵**。

将mat.or.vec()函数或者**matrix()函数**的data选项设定为0，便可以创建零矩阵。

78

- **mat.or.vec()函数**

  创建零矩阵。

格式	mat.or.vec(nr, nc)
参数	nr　　指定行数
	nc　　指定列数

列表1　通过mat.or.vec()函数创建零矩阵（在控制台执行）

```
> mat.or.vec(nr = 2,nc = 3)      mat.or.vec(2, 3)也可以
     [,1] [,2] [,3]
[1,]   0    0    0
[2,]   0    0    0                2行×3列的零矩阵
```

列表2　通过matrix()函数创建零矩阵（在控制台执行）

```
> matrix(data = 0, nrow = 2, ncol = 3)
                                  matrix(0, 2, 3)返回值是向量
     [,1] [,2] [,3]
[1,]   0    0    0
[2,]   0    0    0                2行×3列的零矩阵
```

秘技 106　在控制台输入矩阵元素

难易程度 ●●

这里是关键点！ **matrix()函数的data=scan选项**

扫码看视频

在使用控制台的工作中创建矩阵时，每次都要创建向量非常麻烦，这时给**matrix()函数**的参数设定data = scan，就可直接在控制台中输入矩阵的元素。

- **直接在控制台输入元素的值来创建矩阵**

列表1

矩阵名<- matrix(data = scan(), nrow = 行数, ncol = 列数)
（排列顺序正确的话可以省略选项名）

输入以上元素并换行，便进入了等待输入的状态，这时可以输入元素的值并以半角空格来分隔。在输入过程中换行，接着输入元素值也是可以的。换行之后什么都不输入，再换行，便会判断为元素输入结束。

- **输入矩阵纵向的元素**

matrix()函数默认是按列来设定元素的，所以我们试着按列来输入元素值。

列表2　在控制台中直接输入列的元素

3行×3列的矩阵（matrix(data=scan(), nrow = 3, ncol = 3)）的简写

```
> mtx <- matrix(scan(), 3, 3)
1: 1 2 3              第1列的元素，以半角空格分隔，输入后换行
4: 4 5 6              第2列的元素，以半角空格分隔，输入后换行
7: 7 8 9              第3列的元素，以半角空格分隔，输入后换行
10:                   这里换行，结束输入
Read 9 items          显示输入了9个元素
> 
> mtx                 显示矩阵的内容
     [,1] [,2] [,3]
[1,]   1    4    7
```

```
[2,]   2    5    8
[3,]   3    6    9
```

每3个元素换行，但像下面这样都在一行中输入再换行也是可以的。

列表3　在一行中输入元素

```
> mtx <- matrix(scan(), 3, 3)
1: 1 2 3 4 5 6 7 8 9
10:                   这里换行，结束输入
Read 9 items
```

- **输入矩阵纵向的元素**

给matrix()函数设定data=scan()时，若设定byrow = TRUE，便可以按行来输入元素。

列表4　在控制台中直接输入行的元素

```
> mtx <- matrix(scan(), 3, 4, byrow = TRUE)
                      设定byrow = TRUE以按行输入
1: 1 2 3 4
5: 5 6 7 8
9: 9 10 11 12
13:                   这里换行，结束输入
Read 12 items
> mtx                 显示矩阵的内容
     [,1] [,2] [,3] [,4]
[1,]   1    2    3    4
[2,]   5    6    7    8
[3,]   9   10   11   12
```

补充关键点　当输入的元素个数多于矩阵设定的元素个数时，会显示警告并舍弃多余的值。

秘技 107 设定矩阵的行名/列名

扫码看视频

这里是关键点！ colnames()函数、rownames()函数和dimnames()函数

在R中，用户可以给矩阵的列、行设定任意的名称。

• colnames()函数

返回矩阵的列名。设定列名时，给colnames()函数的返回值赋值要作为列名的字符串即可。

列表1 设定列名
```
colnames (矩阵) <- c(列名1, 列名2,...)
```

• rownames()函数

返回矩阵的行名。设定行名时，给rownames()函数的返回值赋值要作为行名的字符串即可。

列表2 设定行名
```
rownames (矩阵) <- c(行名1, 行名2,...)
```

●分别设定列名/行名

分别设定矩阵的列名和行名。

列表3 设定矩阵的列名和行名（在控制台执行）
```
> mtx <- matrix(1:9, nrow = 3, ncol = 3)
                                      生成3行×3列的矩阵
> mtx
     [,1] [,2] [,3]
[1,]    1    4    7
[2,]    2    5    8
[3,]    3    6    9
>
> colnames(mtx) <- c("前期","中期","后期")
                        因为是3列，所以设定3个字符串
> mtx
     前期 中期 后期    设定了列名
[1,]    1    4    7
[2,]    2    5    8
[3,]    3    6    9
>
> rownames(mtx) <- c("语文","数学","英语")
                        因为是3行，所以设定3个字符串
> mtx
     前期 中期 后期
语文    1    4    7
数学    2    5    8
英语    3    6    9
                                  设定了列名
```

●将使用paste()函数合并的字符串设为列名/行名

如果是No1、No2……或1日、2日……这样连续的数字和字符串，使用paste()函数会很简单。

列表4 将使用paste()函数合并的字符串设定为名称
```
> colnames(mtx) <- paste("列元素", 1:3, step = "")
                                              设定列名
> mtx
      列元素1 列元素2 列元素3
[1,]        1       4       7
[2,]        2       5       8
[3,]        3       6       9
> rownames(mtx) <- paste("行元素", 1:3, step = "")
                                              设定行名
> mtx
       列元素1 列元素2 列元素3
行元素1       1       4       7
行元素2       2       5       8
行元素3       3       6       9
```

●设定列名/行名
• dimnames()函数

以列表返回矩阵的列名和行名。要设定列名和行名时，给dimnames()函数的返回值赋值列名和行名的列表即可。

列表5 设定列名和行名
```
colnames (矩阵) <- list(c(列名1, 列名2,...),c(行名1,
行名2,...))
```

列表6 将paste()函数合并的字符串作为列表并设定为列名/行名
```
> dimnames(mtx) <- list(paste("行元素", 1:3, sep = ""),
+                       paste("列元素", 1:3, sep = ""))
> mtx
       列元素1 列元素2 列元素3
行元素1       1       4       7
行元素2       2       5       8
行元素3       3       6       9
```

2-7 矩阵

秘技 108 获取矩阵的元素

难易程度 ●●

> 这里是关键点！ **矩阵名[行索引,列索引]**

扫码看视频

从矩阵中提取元素时，用户可以使用矩阵名加中括号的形式指定行和列的索引。

▼ 从矩阵中提取任意行

`矩阵名[行索引,]`

▼ 从矩阵中提取任意列

`矩阵名[,列索引]`

▼ 从矩阵中提取特定的元素

`矩阵名[行索引,列索引]`

● 按列/行提取矩阵的元素

从3行×3列的矩阵中按行或按列提取元素。

列表1 按列/行提取矩阵的元素（在控制台执行）

```
> mtx <- matrix(1:9, nrow = 3, ncol = 3)
                                        ——— 生成3行×3列的矩阵
> mtx
     [,1] [,2] [,3]
[1,]   1    4    7    — 第1行
[2,]   2    5    8    — 第2行
[3,]   3    6    9    — 第3行
      第1列 第2列 第3列
>
> mtx[,1]  ————————— 提取第1列的元素
[1] 1 2 3
> mtx[,2]  ————————— 提取第2列的元素
[1] 4 5 6
> mtx[,3]  ————————— 提取第3列的元素
[1] 7 8 9
>
> mtx[1,]  ————————— 提取第1行的元素
[1] 1 4 7
> mtx[2,]  ————————— 提取第2行的元素
[1] 2 5 8
> mtx[3,]  ————————— 提取第3行的元素
[1] 3 6 9
```

● 提取特定的元素

要提取特定的元素，必须分别指定行索引和列索引。

列表2 提取特定的元素

```
> mtx[1,1]  ———————— 第1行第1列的元素
[1] 1
> mtx[3,1]  ———————— 第3行第1列的元素
[1] 3
> mtx[1,3]  ———————— 第1行第3列的元素
[1] 7
> mtx[3,3]  ———————— 第3行第3列的元素
[1] 9
```

● 使用列名/行名提取

设定列名或者行名时，可以以矩阵名["行名","列名"]的形式提取任意的元素。

列表3 用行名/列名提取元素（在控制台执行）

```
> mtx <- matrix(1:9, nrow = 3, ncol = 3)
> dimnames(mtx) <- list(paste("行元素", 1:3, sep = ""),
+                       paste("列元素", 1:3, sep = "") )
                                        ——— 设定行名/列名
> mtx
       列元素1 列元素2 列元素3
行元素1    1       4       7
行元素2    2       5       8
行元素3    3       6       9
> mtx["行元素1", "列元素1"]
[1] 1
> mtx[1, 1]  ————————— 指定索引也可以提取
[1] 1
```

81

2-7 矩阵

秘技 109 将矩阵元素作为矩阵提取

扫码看视频

这里是关键点！ 指定提取范围

提取元素时，在中括号的[行索引,列索引]中指定范围，就可以将特定的元素以向量或矩阵形式提取。

列表1 将多个元素以向量或矩阵的形式取出（在控制台执行）

```
> mtx <- matrix(1:12, nrow = 3, ncol = 3)
```
3行×3列的矩阵

```
> mtx
     [,1] [,2] [,3]
[1,]    1    4    7
[2,]    2    5    8
[3,]    3    6    9
> mtx[1, 1:2]
```
提取第1行的第1～3列的元素

```
[1] 1 4
```
元素数为2的向量

```
> mtx[1:3, 1:2]
```
提取第1～3行的第1～2列的元素 为3行2列的矩阵
```
     [,1] [,2]
[1,]    1    4
[2,]    2    5
[3,]    3    6
> mtx[2:3, 2:3]
```
提取第2～3行的第2～3列的元素
```
     [,1] [,2]
[1,]    5    8
[2,]    6    9
> mtx[c(1, 3), c(2, 3)]
```
提取第1、3行的第2、3列的元素 为2行2列的矩阵
```
     [,1] [,2]
[1,]    4    7
[2,]    6    9
```

秘技 110 从矩阵中按列提取矩阵

扫码看视频

这里是关键点！ subset()函数

使用subset()函数设定条件可以提取相应的列。

- **subset()函数**

  从矩阵中按列提取元素。

格式	subset(x[,subset, select])	subset(x, subset, select, drop = FALSE,…)
参数	x	指定矩阵
	subset	指定返回TRUE、FALSE的表达式
	select	指定获取对象的列

subset()函数用于设定条件并提取相应列的函数，指定目标矩阵并只设定select选项，就可以按列提取元素。

列表1 从矩阵中按列提取元素（在控制台执行）

```
> mtx <- matrix(1:12, nrow = 3, ncol = 4)
```
3行×4列的矩阵
```
> mtx
     [,1] [,2] [,3] [,4]
[1,]    1    4    7   10
[2,]    2    5    8   11
[3,]    3    6    9   12
```

```
> subset(mtx, select = c(1, 3))
```
提取第1、第3列的元素
```
     [,1] [,2]
[1,]    1    7
[2,]    2    8
[3,]    3    9
> subset(mtx, select = 1:2)
```
提取第1～2列的元素
```
     [,1] [,2]
[1,]    1    4
[2,]    2    5
[3,]    3    6
```

● 提取和条件一致的行

使用subset选项指定条件，提取和条件一致的行。这里我们提取合计值大于25的行的元素。

列表2 提取和条件一致的行（控制台执行）

```
> subset(mtx, subset = rowSums(mtx) > 25)
```
提取合计值大于25的行
```
     [,1] [,2] [,3] [,4]
[1,]    2    5    8   11
[2,]    3    6    9   12
> subset(mtx, subset = rowSums(mtx) > 25, select =
```
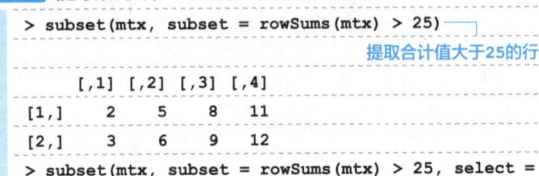

```
1:2)                                     提取的列限制在1～2列              [1,]    2    5
         [,1] [,2]                                                        [2,]    3    6
```

> **专栏 数学中的矩阵**
>
> 线性代数中的矩阵是由数字、符号、表达式等按行和列排列组成的矩形阵列。行数和列数相同的矩阵,矩阵的和可以通过计算两个矩阵中对应元素的和来获得。
>
> 矩阵的积的计算比较复杂,要使两个矩阵能相乘,乘号左侧矩阵的列数必须和乘号右侧矩阵的行数相同。

秘技 111 计算矩阵的列/行的合计值

扫码看视频

这里是关键点! rowSums()函数和colSums()函数

要计算矩阵的列和行的合计值,可以使用rowSums()函数和colSums()函数。

• colSums()函数

计算矩阵每列的合计值。

格式	colSums(x, na.m = FALSE, dims = 1)	
参数	x	目标矩阵
	na.rm = FALSE	指定是否除去缺失值NA、非数值NAN和逻辑值(TRUE、FALSE),设为TRUE表示除去

• rowSums()函数

计算矩阵每行的合计值。

格式	rowSums(x, na.rm = FALSE, dims = 1)	
参数	x	目标矩阵
	na.rm = FALSE	指定是否除去缺失值NA、非数值NAN和逻辑值(TRUE、FALSE),设为TRUE表示除去

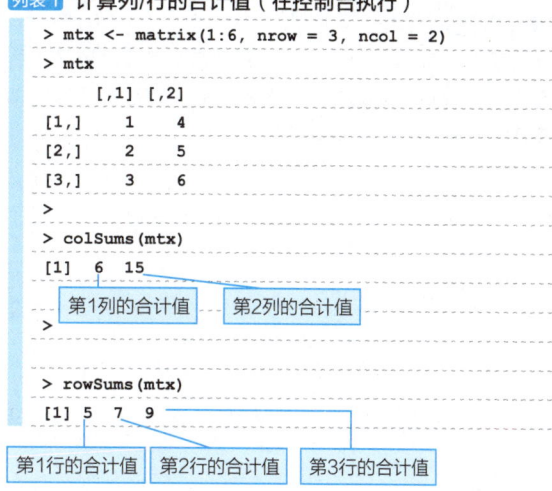

列表1 计算列/行的合计值(在控制台执行)

秘技 112 计算列的分量或行的分量的平均值

扫码看视频

这里是关键点! colMeans()函数和rowMeans()函数

colMeans()函数可以计算矩阵每列的平均值,rowMeans()函数可以计算矩阵每行的平均值。

• colMeans()函数

计算矩阵每列的平均值。

格式	colMeans(x, na.rm = FALSE, dims = 1)	
参数	x	目标矩阵
	na.rm = FALSE	指定是否除去缺失值NA、非数值NAN和逻辑值(TRUE、FALSE),设为TRUE表示除去

• rowMeans()函数

计算矩阵每行的平均值。

2-7 矩阵

格式	rowMeans(x, na.rm = FALSE, dims = 1)	
参数	x	目标矩阵
	na.rm = FALSE	指定是否除去缺失值NA、非数值NAN和逻辑值（TRUE、FALSE），设为TRUE表示除去

列表1 计算矩阵列/行的平均值（在控制台执行）

```
> vct1 <- c(10, 20, 30);  vct2 <- c(100, 200, 300)
> mtx <- cbind (vct1, vct2)
> mtx
     vct1 vct2
[1,]   10  100     ← 3行×2列的矩阵
[2,]   20  200
[3,]   30  300
>
> colMeans(mtx)             ← 计算每列的平均值
vct1 vct2
  20  200
>
> rowMeans(mtx)             ← 计算每行的平均值
[1]  55 110 165
```

秘技 113 了解矩阵的基础知识

难易程度 ●●

这里是关键点！ 数学中的矩阵

扫码看视频

●什么是矩阵

R的矩阵（matrix）是以编程方式来表示数学中所定义的矩阵的。矩阵是通过数的排列，将数进行纵向和横向排列来表现的，具体如下。

$\begin{pmatrix} 1 & 5 \\ 10 & 15 \end{pmatrix}$ ··①

$\begin{pmatrix} 1 & 5 & 7 \\ 8 & 3 & 9 \end{pmatrix}$ ····································②

$\begin{pmatrix} 6 & 8 \\ 4 & 2 \\ 7 & 3 \end{pmatrix}$ ····································③

$\begin{pmatrix} 8 & 1 & 6 \\ 9 & 7 & 5 \\ 4 & 2 & 3 \end{pmatrix}$ ································④

像这样在括号()中排列数字，便组成了矩阵。横向称为行，纵向称为列。行、列排列多少个数值都可以。

①是2行2列的矩阵，②是2行3列的矩阵，③是3行2列的矩阵，④是3行3列的矩阵。

●矩阵的结构

下面来看一下矩阵的结构吧！

- **正方形矩阵**

  行数和列数皆相同的矩阵称为正方形矩阵。①是2行2列的矩阵，④是3行3列的矩阵，它们都是正方形矩阵。

列表1 创建正方形矩阵（在控制台执行）

```
> mtx <- matrix(c(1,5, 10, 15), nrow = 2)
> mtx
     [,1] [,2]
[1,]    1   10
[2,]    5   15
```

●行向量或列向量形式的矩阵

数学中表示一组数字的元素称为**向量**。矩阵中可以有多行和多列，但是向量必须是以下述这样一整行或一整列的一组数字。R中的向量也是以编程方式来表现这样的一组数字的。

$\begin{pmatrix} 5 & 8 & 2 & 6 \end{pmatrix}$ ····································⑤

$\begin{pmatrix} 3 \\ 5 \\ 4 \end{pmatrix}$ ····································⑥

⑤是行向量，但也可以看作是1行4列的矩阵。⑥是列向量，也可以看作是3行1列的矩阵。

列表2 使用R语言生成⑤和⑥的矩阵（在控制台执行）

```
> mtx <- matrix(c(5,8,2,6), nrow = 1)   ← 生成⑤的矩阵
> mtx
     [,1] [,2] [,3] [,4]
[1,]    5    8    2    6
> mtx <- matrix(c(3,5,4), byrow = TRUE)  ← 生成⑥的矩阵
> mtx
     [,1]
[1,]    3
[2,]    5
[3,]    4
```

2-7 矩阵

●矩阵的行和列

下面我们来看一下矩阵的内容。

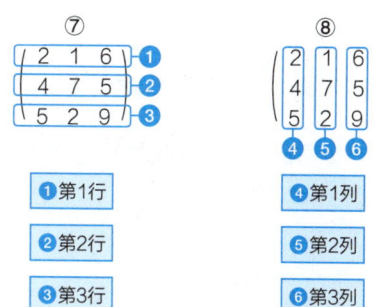

- ❶第1行
- ❷第2行
- ❸第3行
- ❹第1列
- ❺第2列
- ❻第3列

将同样的矩阵按上面所示划分，像⑦这样数行数时，从上到下是第1行、第2行、第3行；像⑧这样数列数时，从左到右是第1列、第2列、第3列。

- **矩阵的内容是元素**

矩阵中的数字称为**元素**，⑦的第1行第3列的6即为矩阵中第1行第3列的元素，以(行，列)的形式表示，具体如下。

> 6是(1，3)元素

在R中，通过以下方式提取元素6。

> 矩阵名(1，3)

秘技 114 获取排列在对角线上的元素

难易程度 ●●

这里是关键点！ 获取"对角元"

扫码看视频

在矩阵中，将对角线上的元素称为**对角元**。对角元是像(1,1)、(2,2)、(3,3)这样行数和列数相同的元素。在下面的向量中，(1,1)元素的2、(2,2)元素的7、(3,3)元素的9即为对角元。

$$\begin{pmatrix} 2 & 1 & 6 \\ 4 & 7 & 5 \\ 5 & 2 & 9 \end{pmatrix}$$

●获取排列在对角线上的"对角元"

使用**diag()函数**可以获取所有的对角元。下面我们实际创建前面的矩阵并获取对角元。

列表1 获取对角元（在控制台执行）

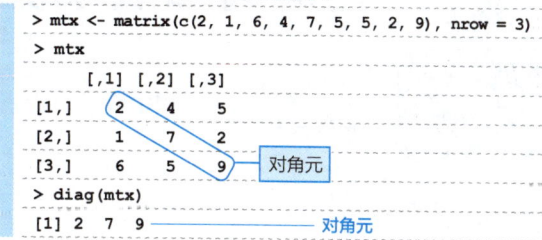

秘技 115 创建对角矩阵

难易程度 ●●

这里是关键点！ 对角元之外都是0的对角矩阵

扫码看视频

在正方形矩阵中，除对角元之外都是0，这样的矩阵即为**对角矩阵**。以下这两个矩阵均为对角矩阵。

$$\begin{pmatrix} 3 & 0 \\ 0 & 5 \end{pmatrix} \quad ①$$

2-7 矩阵

$$\begin{pmatrix} 3 & 0 & 0 \\ 0 & 1 & 0 \\ 0 & 0 & 7 \end{pmatrix} \cdots\cdots ②$$

- **diag()函数**

  根据向量创建矩阵。

格式	diag(x = 1, nrow, ncol) diag(x) <- value	
参数	x = 1	作为对角元的值
	nrow	指定行数，默认是1
	ncol	指定列数，默认是1
	x	设定对角元的矩阵
	value	作为对角元的值

  之前使用的diag()函数将矩阵的对角元作为返回值返回，利用这个特性为其赋值任意的对角元，即可创建矩阵，对此有新建矩阵和给既有的矩阵设定对角元两种使用方法。

  列表1 新建对角矩阵（在控制台执行）

  ```
  > diag(c(3, 5)) ————————————— 创建①的对角矩阵
       [,1] [,2]
  [1,]    3    0
  [2,]    0    5
  >
  > diag(c(3, 1, 7), nrow = 3, ncol =3)
                                     创建②的对角矩阵
  ```

  也可以事先创建零矩阵，再为其设定对角元。

  列表2 创建零矩阵再设定对角元（在控制台执行）

  ```
  > mtx <- matrix(0, nrow = 2, ncol = 2)
                            2列×2行的零矩阵
  > mtx
       [,1] [,2]
  [1,]    0    0
  [2,]    0    0
  > diag(mtx) <- c(3, 5) — 设定对角元以创建①的对角矩阵
  > mtx
       [,1] [,2]
  [1,]    3    0
  [2,]    0    5
  >
  > mtx <- matrix(0, nrow = 3, ncol = 3)
                            3列×3行的零矩阵
  > diag(mtx) <- c(3, 1, 7)
                设定对角元以创建②的对角矩阵
  > mtx
       [,1] [,2] [,3]
  [1,]    3    0    0
  [2,]    0    1    0
  [3,]    0    0    7
  ```

  ```
       [,1] [,2] [,3]    (nrow = 3, ncol =3可以省略)
  [1,]    3    0    0
  [2,]    0    1    0
  [3,]    0    0    7
  ```

秘技 116 矩阵的加法/减法

扫码看视频

▶难易程度 ●●

这里是关键点！ 矩阵的加法和减法

对于下面两个矩阵：

$$A = \begin{pmatrix} 1 & 2 \\ 3 & 4 \end{pmatrix} \qquad B = \begin{pmatrix} 4 & 3 \\ 2 & 1 \end{pmatrix}$$

以A+B来执行A和B的加法，以A-B来执行A和B的减法。矩阵的加法和减法的计算方法是**同一行和同一列对应的元素相加或者相减**。

A和B相加如下：

$$A+B = \begin{pmatrix} 1 & 2 \\ 3 & 4 \end{pmatrix} + \begin{pmatrix} 4 & 3 \\ 2 & 1 \end{pmatrix}$$

$$= \begin{pmatrix} 1+4 & 2+3 \\ 3+2 & 4+1 \end{pmatrix} = \begin{pmatrix} 5 & 5 \\ 5 & 5 \end{pmatrix}$$

另一方面，减法A-B则是：

$$A-B = \begin{pmatrix} 1 & 2 \\ 3 & 4 \end{pmatrix} - \begin{pmatrix} 4 & 3 \\ 2 & 1 \end{pmatrix}$$

$$= \begin{pmatrix} 1-4 & 2-3 \\ 3-2 & 4-1 \end{pmatrix} = \begin{pmatrix} -3 & -1 \\ 1 & 3 \end{pmatrix}$$

将其以R执行来看一下。

列表1 矩阵的加法/减法（在控制台执行）

```
> A <- matrix(1:4, nrow = 2, byrow = TRUE)
```

```
                            创建矩阵A
> A
      [,1] [,2]
[1,]   1    2
[2,]   3    4
> B <- matrix(4:1, nrow = 2, byrow = TRUE)
                            创建矩阵B
> B
      [,1] [,2]
[1,]   4    3
[2,]   2    1
> A + B                     A和B相加
      [,1] [,2]
[1,]   5    5
[2,]   5    5
> A - B                     A和B相减
      [,1] [,2]
[1,]  -3   -1
[2,]   1    3
```

秘技 117　矩阵的常数倍

这里是关键点！ 矩阵常数倍的计算

扫码看视频

将矩阵和某个数相乘称为矩阵的**常数倍**。矩阵和某个数相乘，就是矩阵的所有元素都增加所乘数的倍数。以下矩阵：

$$A=\begin{pmatrix} 1 & 2 \\ 3 & 4 \end{pmatrix}$$

做3的常数倍，结果如下。

$$3A=3\begin{pmatrix} 1 & 2 \\ 3 & 4 \end{pmatrix}=3\begin{pmatrix} 3\times1 & 3\times2 \\ 3\times3 & 3\times4 \end{pmatrix}=\begin{pmatrix} 3 & 6 \\ 9 & 12 \end{pmatrix}$$

列表1 矩阵的常数倍（在控制台执行）

```
> A <- matrix(1:4, nrow = 2, byrow = TRUE)
> A
      [,1] [,2]
[1,]   1    2
[2,]   3    4
> 3 * A                               3倍
      [,1] [,2]
[1,]   3    6
[2,]   9    12
```

另外，所有的元素都是有相同分母的分数时，如下所示将分母作为常数提取到矩阵的外面，可以简化矩阵的表现形式。

$$\begin{pmatrix} \frac{1}{2} & \frac{2}{2} \\ \frac{3}{2} & \frac{4}{2} \end{pmatrix} = \frac{1}{2}\begin{pmatrix} 1 & 2 \\ 3 & 4 \end{pmatrix}$$

列表2 矩阵的常数倍（在控制台执行）

```
> A <- matrix(1:4, nrow = 2, byrow = TRUE)
> A
      [,1] [,2]
[1,]   1    2
[2,]   3    4
> A / 2         = 1/2 (1 2 / 3 4) 的计算
      [,1] [,2]
[1,]   0.5  1
[2,]   1.5  2
```

秘技 118 矩阵的乘法

这里是关键点！ 矩阵的乘积

扫码看视频

矩阵的常数倍是将某个数和矩阵所有的元素相乘，比较简单，而矩阵相乘（积）则是矩阵中所有元素全部按一定的规律相乘。

●(1,2)矩阵和(2,1)矩阵的乘积

两个矩阵乘积的计算是第一个矩阵行中的元素和第二个矩阵列中对应的元素相乘，并将其乘积相加，即第1行和第1列的元素，第2行和第2列的元素相乘并计算其乘积的和。(1,2)矩阵和(2,1)矩阵相乘如下。

$(2\ 3)\begin{pmatrix}4\\5\end{pmatrix} = 2 \times 4 + 3 \times 5 = 23$

(1,3)矩阵和(3,1)矩阵相乘如下。

$(1\ 2\ 3)\begin{pmatrix}4\\5\\6\end{pmatrix} = 1 \times 4 + 2 \times 5 + 3 \times 6 = 32$

列表1 (1,3)矩阵和(3,1)矩阵的乘积（在控制台执行）

```
> A <- matrix(1:3, nrow = 1, byrow = TRUE)
> A
     [,1] [,2] [,3]
[1,]    1    2    3        （1 2 3）的矩阵
> B <- matrix(4:6, ncol = 1)
> B
     [,1]
[1,]    4                   ⎛4⎞
[2,]    5                   ⎜5⎟ 的矩阵
[3,]    6                   ⎝6⎠
> A %*% B                   (1 2 3)⎛4⎞
     [,1]                          ⎜5⎟ 的计算
[1,]   32                          ⎝6⎠
```

●(1,2)矩阵和(2,2)矩阵的乘积

下面是(1,2)矩阵和(2,2)矩阵的乘积。

$(1\ 2)\begin{pmatrix}3 & 4\\5 & 6\end{pmatrix}$

将右侧的矩阵按列分解来计算，即计算：

$(1\ 2)\begin{pmatrix}3\\5\end{pmatrix}$ 和 $(1\ 2)\begin{pmatrix}4\\6\end{pmatrix}$

并将结果以(13 16)排列。

列表2 (1,2)矩阵和(2,2)矩阵的乘积（在控制台执行）

```
> A <- matrix(1:2, nrow = 1, byrow = TRUE)
> A
     [,1] [,2]
[1,]    1    2
> B <- matrix(c(3:4, 5:6), nrow = 2, byrow = TRUE)
> B
     [,1] [,2]
[1,]    3    4
[2,]    5    6
> A %*% B                   (1 2)⎛3 4⎞
     [,1] [,2]                   ⎝5 6⎠ 的计算
[1,]   13   16
```

●(2,2)矩阵和(2,2)矩阵的乘积

要计算(2,2)矩阵和(2,2)矩阵的乘积，以下线框框住的部分相乘是关键点。

$\begin{pmatrix}1 & 2\\3 & 4\end{pmatrix}\begin{pmatrix}5 & 6\\7 & 8\end{pmatrix} =$
$\begin{pmatrix}1\times 5+2\times 7 & 1\times 6+2\times 8\\3\times 5+4\times 7 & 3\times 6+4\times 8\end{pmatrix} = \begin{pmatrix}19 & 22\\43 & 50\end{pmatrix}$

在这个计算中，将左侧的矩阵分为行，右侧的矩阵分为列，行和列组合并相乘，分解如下。

$(1\ 2)\begin{pmatrix}5\\7\end{pmatrix}$ 和 $(1\ 2)\begin{pmatrix}6\\8\end{pmatrix}$

先计算*1和*2并将结果横向排列，然后计算。

$(3\ 4)\begin{pmatrix}5\\7\end{pmatrix}$ 和 $(3\ 4)\begin{pmatrix}6\\8\end{pmatrix}$

计算*3和*4并将结果排在下面一行，这样便形成了(2,2)的矩阵。

列表3 (2,2)矩阵和(2,2)矩阵的乘积（在控制台执行）

```
> A <- matrix(1:4, nrow = 2, byrow = TRUE)
> A
```

```
         [,1] [,2]
[1,]       1    2
[2,]       3    4
> B <- matrix(5:8, nrow = 2, byrow = TRUE)
> B
         [,1] [,2]
[1,]       5    6
[2,]       7    8
> A %*% B
         [,1] [,2]
[1,]      19   22
[2,]      43   50
```

$\begin{pmatrix} 1 & 2 \\ 3 & 4 \end{pmatrix} \begin{pmatrix} 5 & 6 \\ 7 & 8 \end{pmatrix}$ 的计算

像上面这样矩阵的乘积 AB 是 (n,m) 矩阵和 (m,l) 矩阵的乘积，左侧的矩阵 A 的列数 m 和右侧矩阵 B 的行数 m 相等，m 是关键点。另外，(n,m) 矩阵和 (m,l) 矩阵的乘积是 (n,l) 矩阵。

$(n,1)$ 矩阵和 $(1,m)$ 矩阵的乘积，例如，$(3,1)$ 矩阵和 $(1,3)$ 矩阵的乘积如下：

$\begin{pmatrix} 2 \\ 3 \\ 4 \end{pmatrix} \begin{pmatrix} a & b & c \end{pmatrix} = \begin{pmatrix} 2a & 2b & 2c \\ 3a & 3b & 3c \\ 4a & 4b & 4c \end{pmatrix}$

矩阵乘积左侧的矩阵按行、右侧的矩阵按列分开，行元素和列元素各自相乘。

要注意的是，矩阵的乘积 AB 左侧的矩阵 A 的列数和右侧矩阵 B 的行数不相等时是不可以相乘的。$(3,2)$ 矩阵和 $(3,3)$ 矩阵是不能计算乘积的。

查看计算法则，没有加法和减法中的交换律。因为 $AB=BA$ 不一定成立。在下面的例子中，$AB \neq BA$。

$A = \begin{pmatrix} 1 & 0 \\ 0 & 0 \end{pmatrix}$

$B = \begin{pmatrix} 0 & 0 \\ 1 & 0 \end{pmatrix}$

$AB = \begin{pmatrix} 1 & 0 \\ 0 & 0 \end{pmatrix} \begin{pmatrix} 0 & 0 \\ 1 & 0 \end{pmatrix} = \begin{pmatrix} 0 & 0 \\ 0 & 0 \end{pmatrix}$

$BA = \begin{pmatrix} 0 & 0 \\ 1 & 0 \end{pmatrix} \begin{pmatrix} 1 & 0 \\ 0 & 0 \end{pmatrix} = \begin{pmatrix} 0 & 0 \\ 1 & 0 \end{pmatrix}$

另一方面，也有 $AB=BA$ 的情况。

$A = \begin{pmatrix} 2 & 0 \\ 0 & 3 \end{pmatrix}$

$B = \begin{pmatrix} 4 & 0 \\ 0 & 5 \end{pmatrix}$

$AB = \begin{pmatrix} 2 & 0 \\ 0 & 3 \end{pmatrix} \begin{pmatrix} 4 & 0 \\ 0 & 5 \end{pmatrix}$
$= \begin{pmatrix} 2\times4+0\times0 & 2\times0+0\times5 \\ 0\times4+3\times0 & 0\times0+3\times5 \end{pmatrix} = \begin{pmatrix} 8 & 0 \\ 0 & 15 \end{pmatrix}$

$BA = \begin{pmatrix} 4 & 0 \\ 0 & 5 \end{pmatrix} \begin{pmatrix} 2 & 0 \\ 0 & 3 \end{pmatrix}$
$= \begin{pmatrix} 4\times2+0\times0 & 4\times0+0\times3 \\ 0\times2+5\times0 & 0\times0+5\times3 \end{pmatrix} = \begin{pmatrix} 8 & 0 \\ 0 & 15 \end{pmatrix}$

这样 $AB=BA$ 是成立的。但是，因为有像之前 $AB \neq BA$ 的情况，所以交换律不成立。

> **补充关键点** 关于矩阵的和、差、常数倍的计算法则如下。
>
> 结合律 $(A+B)+C=A+(B+C)$
> 交换律 $A+B=B+A$
> 分配律 $k(A+B)=kA+kB$ k 是常数倍时的常数
> 分配律 $(k+l)A=kA+lA$ 将常数乘以 $k+l$ 时

> **补充关键点** 矩阵的乘法计算法则如下。
>
> 结合律 $(AB)C=A(BC)$
> 分配律 $A(BC)=AB+AC$
> 分配律 $(A+B)C=AC+BC$

秘技 119 创建单位矩阵

难易程度 ●●

这里是关键点！ 对角矩阵、零矩阵和单位矩阵

扫码看视频

对角元以外的元素都是0的矩阵为**对角矩阵**，**对角元都是1的正方形矩阵为单位矩阵**，使用 E 来表示单位矩阵。$(3,3)$ 的单位矩阵如下。

$E = \begin{pmatrix} 1 & 0 & 0 \\ 0 & 1 & 0 \\ 0 & 0 & 1 \end{pmatrix}$

2-7 矩阵

单位矩阵可以使用**diag()**函数创建。

列表1 创建3行×3列的单位矩阵（在控制台执行）

```
> diag(1, nrow = 3, ncol =3)
     [,1] [,2] [,3]
[1,]   1    0    0
[2,]   0    1    0
[3,]   0    0    1
```

秘技 120 零矩阵和单位矩阵的乘法法则

难易程度 ●●

扫码看视频

这里是关键点！ AO=0 OA=0 AE=EA=A

所有的元素都是0的矩阵为**零矩阵**，使用O来表示。例如，(2,3)的零矩阵如下。

$$O = \begin{pmatrix} 0 & 0 & 0 \\ 0 & 0 & 0 \end{pmatrix}$$

零矩阵O和单位矩阵E的乘法法则如下。

> AO=O
> OA=O
> AE=EA=A

A是任意的矩阵。零矩阵的乘法法则很好理解，但单位矩阵E的乘法法则是否真的为AE=EA=A呢？让我们实际计算看一下吧。设定任意的矩阵A为：

$$A = \begin{pmatrix} 2 & 3 & 4 \\ 5 & 6 & 7 \\ 8 & 9 & 1 \end{pmatrix}$$

下面计算矩阵A与单位矩阵E的乘积，具体如下。

$$= \begin{pmatrix} 2\times1+3\times0+4\times0 & 2\times0+3\times1+4\times0 & 2\times0+3\times0+4\times1 \\ 5\times1+6\times0+7\times0 & 5\times0+6\times1+7\times0 & 5\times0+6\times0+7\times1 \\ 8\times1+9\times0+1\times0 & 8\times0+9\times1+1\times0 & 8\times0+9\times0+1\times1 \end{pmatrix}$$

$$= \begin{pmatrix} 2 & 3 & 4 \\ 5 & 6 & 7 \\ 8 & 9 & 1 \end{pmatrix} = A$$

AE=A成立。同样地，EA=A也成立。

列表1 确认零矩阵和单位矩阵的乘法法则（在控制台执行）

```
> E <- diag(1, nrow = 3, ncol =3)
> E
     [,1] [,2] [,3]
[1,]   1    0    0
[2,]   0    1    0
[3,]   0    0    1
> A <- matrix(c(2:7, 8, 9, 1), nrow = 3, byrow = TRUE)
> A
     [,1] [,2] [,3]
[1,]   2    3    4
[2,]   5    6    7
[3,]   8    9    1
> A %*% E
     [,1] [,2] [,3]
[1,]   2    3    4      ——— AE=A成立
[2,]   5    6    7
[3,]   8    9    1
```

a为实数时，计算0和1的积时有以下法则。

> $a \cdot 0 = 0 \cdot a = 0$ $a \cdot 1 = 1 \cdot a = a$

和零矩阵O、单位矩阵E的乘法法则相比，零矩阵O相当于0，单位矩阵E相当于实数1。

秘技 121 交换矩阵的行和列

这里是关键点！ 转置矩阵

扫码看视频

将矩阵的行和列交换称为**转置矩阵**。矩阵A如下。

$$A = \begin{pmatrix} 1 & 2 & 3 \\ 4 & 5 & 6 \end{pmatrix}$$

转置矩阵^tA为：

$$^tA = \begin{pmatrix} 1 & 4 \\ 2 & 5 \\ 3 & 6 \end{pmatrix}$$

转置矩阵使用符号t来表示，如^tA。
t()函数可以创建转置矩阵。

列表1 创建转置矩阵（在控制台执行）

```
> A <- matrix(1:6, nrow = 2, byrow = TRUE)
> A
     [,1] [,2] [,3]
[1,]    1    2    3
[2,]    4    5    6
> tA <- t(A)          ———— 将矩阵A转置
> tA
     [,1] [,2]
[1,]    1    4
[2,]    2    5
[3,]    3    6
```

第三个法则是矩阵的乘积的转置等于转置矩阵的乘积。注意乘积的次序替换了。另外，即使A、B不是正方形矩阵，只要可以计算和与积，这个法则就成立。

转置矩阵有如下法则。

$^t(^tA) = A$
$^t(A+B) = {}^tA + {}^tB$
$^t(AB) = {}^tB\,^tA$

秘技 122 矩阵的除法

这里是关键点！ 逆矩阵

扫码看视频

虽然矩阵中没有定义除法，但不是说矩阵就不能做除法运算。1乘以3等于3，要还原到1时"除以3"可以得到1，而乘以1/3也可以得到原来的1。这时，不是除以3，而是乘以1/3。

另外，乘以倒数而不是做除法运算，可以得到和除法相同的结果。倒数是和这个数相乘等于1的数，例如3的倒数是1/3，a/b的倒数是b/a。

单位矩阵相当于自然数1。2行×2列的二维单位矩阵如下。

$$\begin{pmatrix} 1 & 0 \\ 0 & 1 \end{pmatrix}$$

要将某个二维矩阵转换为如上所示的单位矩阵时，和自然数的转换类似，即乘以倒数即可。

这时，当作为矩阵乘以倒数来使用的就是**逆矩阵**。

● 试着创建逆矩阵

逆矩阵的定义如下。

• **逆矩阵的定义**

对于正方形矩阵，满足以下条件。

$AB = E \quad BA = E$

这样的矩阵B若存在，B就称为A的逆矩阵。表示为：

2-7 矩阵

A^{-1}

定义中的E是对角元都是1，其他元素都是0的正方形矩阵（列数和行数相同的矩阵）的单位矩阵。二维矩阵（行数和列数均为2的矩阵）的逆矩阵，可以通过下面的公式获得。

- **求二维矩阵的逆矩阵的公式**

  二维矩阵：

  $A = \begin{pmatrix} a & b \\ c & d \end{pmatrix}$ 的逆矩阵 A^{-1} 表示为

  $A^{-1} = \dfrac{1}{ad-bc} \begin{pmatrix} d & -b \\ -c & a \end{pmatrix}$

下面来看一下逆矩阵的例子。

$A = \begin{pmatrix} 1 & 2 \\ 3 & 4 \end{pmatrix}$ 的逆矩阵乘以 $\begin{pmatrix} 1 & 2 \\ 3 & 4 \end{pmatrix}$ 得到 $\begin{pmatrix} 1 & 0 \\ 0 & 1 \end{pmatrix}$，

所以A的逆矩阵是：

$A^{-1} = \dfrac{1}{ad-bc}\begin{pmatrix} d & -b \\ -c & a \end{pmatrix} =$

$\dfrac{1}{1\times4-2\times3}\begin{pmatrix} 4 & -2 \\ -3 & 1 \end{pmatrix} = -\dfrac{1}{2}\begin{pmatrix} 4 & -2 \\ -3 & 1 \end{pmatrix}$

$= \begin{pmatrix} -2 & 1 \\ 1.5 & -0.5 \end{pmatrix}$

列表1 求逆矩阵（在控制台执行）

```
> A <- matrix(1:4, nrow = 2, byrow = TRUE)
> A
     [,1] [,2]
[1,]    1    2
[2,]    3    4
> A_1 <- solve(A)
> A_1
     [,1] [,2]
[1,] -2.0  1.0
[2,]  1.5 -0.5
```

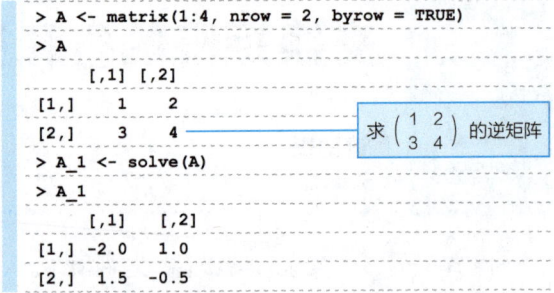

求 $\begin{pmatrix} 1 & 2 \\ 3 & 4 \end{pmatrix}$ 的逆矩阵

让我们实际确认一下逆矩阵的定义公式$AB=E$、$BA=E$吧！B是逆矩阵，所以代入A^{-1}则是：

$A^{-1} = \begin{pmatrix} 1 & 2 \\ 3 & 4 \end{pmatrix}\begin{pmatrix} -2 & 1 \\ 1.5 & -0.5 \end{pmatrix} = \begin{pmatrix} 1\times(-2)+2\times1.5 & 1\times1+2\times(-0.5) \\ 3\times(-2)+4\times1.5 & 3\times1+4\times(-0.5) \end{pmatrix}$

$= \begin{pmatrix} 1 & 0 \\ 0 & 1 \end{pmatrix} = E$

这样A^{-1}确实是逆矩阵。乘法中交换律也成立，所以$A^{-1}A$左右交换位置也可以得到单位矩阵E。

列表2 确认AA^{-1}（在控制台执行）

```
> A %*% A_1
     [,1]      [,2]
[1,]    1  1.110223e-16
[2,]    0  1.000000e+00
```

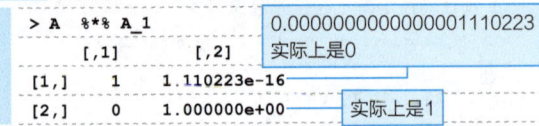

0.00000000000000001110223 实际上是0

实际上是1

由于计算机特有的小数处理机制，会有不是正好为0或1的情况，查看结果，0或1的部分是以科学记数法显示的，但分别看作是0和1。

像这样乘以逆矩阵，相当于"自然数乘以倒数等于1"。也就是说，对于$1\times3=3$，除以乘数3可以得到1，通过逆矩阵也可以实现和上面相同的处理。

> ✎ **专栏** **行列式法则**
>
> 逆矩阵A^{-1}元素分母的公式
>
> 将 $A^{-1} = \dfrac{1}{ad-bc}\begin{pmatrix} d & -b \\ -c & a \end{pmatrix}$ 的$ad-bc$称为二维矩阵A的"行列式"，表示为$|A|$或$detA$。
>
> $A = \begin{pmatrix} a & b \\ c & d \end{pmatrix}$ 时，行列式为 $|A| = \begin{vmatrix} a & b \\ c & d \end{vmatrix} = ad-bc$
>
> 关于行列式有如下法则。
> $|A|\neq0$时，存在A的逆矩阵A^{-1}。
> $|A|=0$时，不存在A的逆矩阵A^{-1}。
> $|AB|=|A||B|$ ← 积的行列式是行列式的积
> $|{}^tA|=|A|$ ← 转置矩阵和原矩阵的行列式相同
> $|E|=1$，$|O|=0$

秘技 123 找到特征值和特征向量

扫码看视频

这里是关键点！ eigen()函数

不为0的 ρ 乘以矩阵 A，长度是原来的 λ 倍，我们将 ρ 称为**特征向量**，将 λ 称为**特征值**。

● 特征值和特征向量的定义

n 阶的正方形矩阵满足以下条件时，

$$A\rho = \lambda\rho$$

将常数 λ 称为特征值，将 n 阶列向量 ρ（$\neq 0$）称为特征向量。

$A\rho$ 的 A 是矩阵，ρ 是列数为1的矩阵，也就是列向量，但是当计算 $A\rho$ 的乘积时，是将 ρ 作为只有1列的向量来计算的。

● 计算 $A = \begin{pmatrix} 2 & 1 \\ 2 & 3 \end{pmatrix}$ 的特征值和特征向量

计算 $A = \begin{pmatrix} 2 & 1 \\ 2 & 3 \end{pmatrix}$ 的特征值和特征向量步骤如下。

在 $A\rho = \lambda\rho$ 中，因为 $A = \begin{pmatrix} 2 & 1 \\ 2 & 3 \end{pmatrix}$，所以对 ρ 和 λ 做以下设定：

$$\rho = \begin{pmatrix} 1 \\ 2 \end{pmatrix}, \quad \lambda = 4$$

$$A\rho = \begin{pmatrix} 2 & 1 \\ 2 & 3 \end{pmatrix}\begin{pmatrix} 1 \\ 2 \end{pmatrix} = \begin{pmatrix} 2\times 1+1\times 2 \\ 2\times 1+3\times 2 \end{pmatrix} = \begin{pmatrix} 4 \\ 8 \end{pmatrix}$$

$$\lambda\rho = 4\begin{pmatrix} 1 \\ 2 \end{pmatrix} = \begin{pmatrix} 4 \\ 8 \end{pmatrix}$$

这样 $A\rho = \lambda\rho$ 成立。接着将 $\rho = \begin{pmatrix} 1 \\ 2 \end{pmatrix}$ 替换为

$$\rho = k\begin{pmatrix} 1 \\ 2 \end{pmatrix} = \begin{pmatrix} k \\ 2k \end{pmatrix}。$$

$$A\rho = \begin{pmatrix} 2 & 1 \\ 2 & 3 \end{pmatrix}\begin{pmatrix} k \\ 2k \end{pmatrix} = \begin{pmatrix} 2\times k+1\times 2k \\ 2\times k+3\times 2k \end{pmatrix} = \begin{pmatrix} 4k \\ 8k \end{pmatrix}$$

$$\lambda\rho = 4\begin{pmatrix} k \\ 2k \end{pmatrix} = \begin{pmatrix} 4k \\ 8k \end{pmatrix}$$

$A\rho = \lambda\rho$ 成立。

像这样，ρ 是特征向量，乘以任意的倍数 κ，$\kappa\rho$ 也是特征向量。

$A\rho = \lambda\rho$ 时，

$$A(\kappa\rho) = \kappa(A\rho) = \kappa(\lambda\rho) = \lambda(\kappa\rho)$$

实际上，特征向量有以下条件。
$A\rho = \lambda\rho$ 如果成立，乘以单位矩阵 E，则：

$$A\rho = \lambda E\rho$$

那么，

$$A\rho - \lambda E\rho = (A - \lambda E)\rho = 0$$

一定成立。
当矩阵 $(A - \lambda E)$ 是非奇异矩阵（没有逆矩阵的矩阵）时，上面式子的左边和右边乘以逆矩阵，如下：

（左边）$(A - \lambda E)^{-1}(A - \lambda E)\rho = \rho$

（右边）$(A - \lambda E)^{-1}\rho = 0$

导出 $\rho = 0$。也就是说，某个 λ 的矩阵是非奇异矩阵的话，这个 λ 不存在特征向量。

这样，使其不是非奇异矩阵的条件为：

$$A - \lambda E = 0$$

是为了使特征向量存在的 λ 的必要条件。将这个式子称为 A 的**特征方程式**。

另外，对于正方形矩阵 A 来说，E 是使：

$$AE = EA = A$$

成立的单位矩阵。二维正方形矩阵是：

$$E = \begin{pmatrix} 1 & 0 \\ 0 & 1 \end{pmatrix}$$

代入到特征方程式 $A-\lambda E=0$ 的左边来计算。

$$A-\lambda E = \begin{pmatrix} 2 & 1 \\ 2 & 3 \end{pmatrix} - \lambda \begin{pmatrix} 1 & 0 \\ 0 & 1 \end{pmatrix} = \begin{pmatrix} 2 & 1 \\ 2 & 3 \end{pmatrix} - \begin{pmatrix} \lambda & 0 \\ 0 & \lambda \end{pmatrix} = \begin{pmatrix} 2-\lambda & 1 \\ 2 & 3-\lambda \end{pmatrix}$$

$$|A-\lambda E| = \begin{vmatrix} 2-\lambda & 1 \\ 2 & 3-\lambda \end{vmatrix} = (2-\lambda)(3-\lambda) - 1 \times 2 = \lambda^2 - 5\lambda + 4 = (\lambda-4)(\lambda-1)$$

$\therefore \lambda = 4, 1$ —— $A = \begin{pmatrix} 2 & 1 \\ 2 & 3 \end{pmatrix}$ 的特征值

根据因式分解的公式
$x^2 + (a+b)x + ab = (x+a)(x+b)$

在计算中用到的 $\lambda^2 - 5\lambda + 4$ 称为 A 的特征多项式，$\lambda^2 - 5\lambda + 4 = 0$ 称为 A 的特征方程式。特征值 λ 是特征方程式的解。结果，A 的特征值是4和1。

接下来求特征值4对应的特征向量。

设：

$(A-\lambda E)p = 0, \quad \lambda = 4, \quad p = \begin{pmatrix} x \\ y \end{pmatrix}$

那么，$(A-\lambda E)p = 0$ 为：

$$\begin{pmatrix} 2-4 & 1 \\ 2 & 3-4 \end{pmatrix} \begin{pmatrix} x \\ y \end{pmatrix} = \begin{pmatrix} 0 \\ 0 \end{pmatrix}$$

$$\therefore \begin{pmatrix} -2 & 1 \\ 2 & -1 \end{pmatrix} \begin{pmatrix} x \\ y \end{pmatrix} = \begin{pmatrix} 0 \\ 0 \end{pmatrix}$$

接着导出下面的联立方程式：

$-2x+y=0, \ 2x-y=0$

第二个式子是第一个式子的-1倍，所以和 $-2x+y=0$ 有相同的值。从这个方程中解出 $x=1, y=2$，所以

$\begin{pmatrix} x \\ y \end{pmatrix} = \begin{pmatrix} 1 \\ 2 \end{pmatrix}$ 是特征值4对应的特征向量。

下面求特征值1对应的特征向量。

设：

$(A-\lambda E)p = 0, \quad \lambda = 1, \quad p = \begin{pmatrix} x \\ y \end{pmatrix}$

那么，$(A-\lambda E)p = 0$ 是：

$$\begin{pmatrix} 2-1 & 1 \\ 2 & 3-1 \end{pmatrix} \begin{pmatrix} x \\ y \end{pmatrix} = \begin{pmatrix} 0 \\ 0 \end{pmatrix}$$

$$\therefore \begin{pmatrix} 1 & 1 \\ 2 & 2 \end{pmatrix} \begin{pmatrix} x \\ y \end{pmatrix} = \begin{pmatrix} 0 \\ 0 \end{pmatrix}$$

接着导出下面的联立方程式：

$x+y=0, \ 2x+2y=0$

第二个式子是第一个式子的2倍，所以和 $x+y=0$ 有相同的值。从这个方程中解出 $x=1, y=-1$，

$\begin{pmatrix} x \\ y \end{pmatrix} = \begin{pmatrix} 1 \\ -1 \end{pmatrix}$ 便是特征值1对应的特征向量。

至此，我们总结如下：

$A = \begin{pmatrix} 2 & 1 \\ 2 & 3 \end{pmatrix}$ 的特征值和特征向量有以下两组：

特征值4和特征向量

$\begin{pmatrix} 1 \\ 2 \end{pmatrix}$

特征值1和特征向量

$\begin{pmatrix} 1 \\ -1 \end{pmatrix}$

R中可以使用eigen()函数来获取特征值和特征向量，返回值是存储特征值和特征向量的对象。

列表1　计算特征值和特征向量

```
> A <- matrix(c(2, 1, 2, 3), nrow = 2, byrow = TRUE)
> A
     [,1] [,2]
[1,]    2    1
[2,]    2    3
> eigen(A)          计算 (2 1; 2 3) 的特征值和特征向量
eigen() decomposition
$values
[1] 4 1

$vectors
           [,1]       [,2]
[1,] -0.4472136 -0.7071068    特征值1的特征向量
[2,] -0.8944272  0.7071068
         特征值4的特征向量
> eigen(A)$val
```

```
[1] 4 1
> eigen(A)$vec
          [,1]        [,2]
[1,] -0.4472136 -0.7071068
[2,] -0.8944272  0.7071068
```

特征向量是以经过正态化处理后的状态显示的。

秘技 124 创建数组

扫码看视频

难易程度 ●●

这里是关键点！ array()函数

数组可以一起管理多个矩阵。虽然二维数组的结构和矩阵相同，但是使用array()函数创建的是array类的对象，所以不能使用矩阵专用的函数。因此，要作为矩阵来处理时，需要使用matrix类的对象的矩阵。

array类型数组的最大特征是可以设定超过二维的维度。

• array()函数

可以生成指定个数的行×列的矩阵，并将其作为一个数组。参数都是通过向量来设定的。

格式	array(data = NA, dim = length(data), dimnames = NULL)	
参数	data	指定要作为数组元素的向量
	dim = length(data)	使用向量设定数组的维度属性（一维的行数、二维的列数、三维的元素个数……）默认data的元素是一维的1行
	dimnames = NULL	指定各个维度的名称，默认是NULL

●创建三维数组

数组的一维是行数，所以只指定一维，则是仅由行构成的一维数组，指定二维，则是行×列的二维数组。三维是二维数组的个数，所以指定三维便会有指定个数的二维数组。

这里我们准备一维数组、二维数组、2行×3列的数组这3个数组，然后用它们来创建三维数组。

列表1 创建三维数组（项目为array，源文件为script.R）

```
# 元素个数为6的向量
vct1 <- c(1, 2, 3, 4, 5, 6)
vct2 <- c(10, 20, 30, 40, 50, 60)
vct3 <- c(100, 200, 300, 400, 500, 600)

# 创建一维数组
array1 <- array(
  vct1,       # 将vct1作为元素
  dim = 6  # 一维时如果省略dim选项，所有元素会合并为1个元素
)
# 一维的元素纵向排列时则是"元素个数×1列"的二维数组
array2 <- array(
  c(vct1),         # 将vct1作为元素
  dim=c(6,1)       # 生成行数为6、列数为1的二维数组
)

# 创建二维数组
array3 <- array(
  c(vct1),         # 将vct1作为元素
  dim=c(2,3)       # 生成行数为2、列数为3的二维数组
)

# 创建三维数组
array4 <- array(
  c(vct1, vct2, vct3),  # 分别将vct1、vct2、vct3转为二维数组
  dim=c(2,3,3)          # 生成3个行数为2、列数为3的二维数组
)
```

列表2 显示array1的内容（控制台）

```
> array1
[1] 1 2 3 4 5 6     —— 一维数组中vec1的6个元素横向排列
> array1[2]         —— 获取第2个元素
[1] 2
> class(array1)
[1] "array"          —— 一维数组的类型是array
> array2
     [,1]
[1,]    1
[2,]    2
[3,]    3
[4,]    4
[5,]    5
[6,]    6
> array2[6]         —— 获取第1列的第6个元素
[1] 6
> class(array2)
[1] "matrix"         —— 类型是matrix
> array3
     [,1] [,2] [,3]
[1,]    1    3    5    ┐
[2,]    2    4    6    ┘ 2行×3列的二维数组中vct1的元素按列排列
```

2-7 矩阵

```
> array3[2,3]              ← 获取行的第2列第3个元素
[1] 6
> class(array3)
[1] "matrix"               ← 二维数组的类型是matrix
> array4
, , 1                      ← 第1个二维数组（三维的第1个元素）

     [,1] [,2] [,3]
[1,]   1    3    5         ← 第1个数组是vct1的元素
[2,]   2    4    6

, , 2                      ← 第2个二维数组（三维的第2个元素）

     [,1] [,2] [,3]
[1,]  10   30   50         ← 第2个数组是vct2的元素
[2,]  20   40   60

, , 3                      ← 第3个二维数组（三维的第3个元素）

     [,1] [,2] [,3]
```

```
[1,]  100  300  500        ← 第3个数组是vct3的元素
[2,]  200  400  600
> array4[1, 2, 3]
                           ← 获取第3个数组（三维的第3个元素）的第1行、第2列的元素
[1] 300
> class(array4)
[1] "array"                ← 三维数组是array类型
```

一维数组是单行的，所以和向量一样横向排列元素。二维数组是由行和列构成的，将向量的元素按照纵向排列。另外，三维数组时，生成三维中指定数量的行×列的二维数组。

如代码中确认的一维数组和三维数组是array类型，只有二维数组是matrix类型。即使用array()函数创建，二维数组也是由matrix类定义的对象。

秘技 125 创建有命名的数组

扫码看视频

▶难易程度
●●

这里是关键点！ **dimnames选项**

使用array()函数创建数组时指定**dimnames选项**，可以为各个维度设定名称。dimnames选项的值是一维（行）、列或列表。

列表1 设定数组各个维度的名称（项目为array，源文件为script2.R）

```
# 元素个数是6的向量
vct1 <- c(1, 2, 3, 4, 5, 6)
vct2 <- c(10, 20, 30, 40, 50, 60)
vct3 <- c(100, 200, 300, 400, 500, 600)

# 创建设定一维、二维、三维的名字的列表
name <- list(paste("ROW", 1:2, sep = ""),   # 一维
                                            （行）的名称
             paste("COL", 1:3, sep = ""),   # 二维
                                            （列）的名称
             paste("TAB", 1:3, sep = ""))   # 三维
                                            （二维数组）的名称

# 设定各个维度的名称并创建三维数组
array.name <- array(
  c(vct1, vct2, vct3),# vct1、vct2、vct3分别为二维数组
  dim=c(2,3,3),       # 准备3个行数为2、列数为3的二维数组
  dimnames = name
)
```

列表2 显示array.name的内容（控制台）

```
> array.name
, , TAB1

     COL1 COL2 COL3
ROW1   1    3    5
ROW2   2    4    6

, , TAB2

     COL1 COL2 COL3
ROW1  10   30   50
ROW2  20   40   60

, , TAB3

     COL1 COL2 COL3
ROW1  100  300  500
ROW2  200  400  600
> array.title["ROW1", "COL1", "TAB3"]
                           ← 获取"TAB3"数组的"ROW1""COL1"元素
[1] 100
```

●**将设定名称的列表的元素按"名称=值"配对**

设定了具有"名称=值"元素的列表，可以分别设定行名、列名、维度名的标题。

2-7 矩阵

列表3 使用"名称=值"形式的列表来设定名称

```
# 将列表元素设为"名称=值"的形式
title <- list(RowName = paste("ROW", 1:2, sep = ""),
              ColName = paste("COL", 1:3, sep = ""),
              TabName = paste("TAB", 1:3, sep = ""),
)

# 设定各个维度的名称并创建三维数组
array.title <- array(
  c(vct1, vct2, vct3),   # 将vct1、vct2、vct3作为
元素的向量
  dim=c(2,3,3),          # 将行数2、列数3、矩阵的
个数3作为元素的向量
  dimnames = title
)
```

列表4 显示array.title的内容（控制台）

```
> array.title
, , TabName = TAB1

        ColName
RowName COL1 COL2 COL3
   ROW1    1    3    5
   ROW2    2    4    6

, , TabName = TAB2

        ColName
RowName COL1 COL2 COL3
   ROW1   10   30   50
   ROW2   20   40   60

, , TabName = TAB3

        ColName
RowName COL1 COL2 COL3
   ROW1  100  300  500
   ROW2  200  400  600
```

使用dimnames()方法在创建数组之后也可以设定名称。

列表5 使用dimnames()方法设定数组各个维度的名称

```
# 设定各个维度的名称并创建三维数组
array.title <- array(
  c(vct1, vct2, vct3),   # 将vct1,vct2,vct3作为元素的
向量
  dim=c(2,3,3)           # 将行数2、列数3、矩阵的个数3
作为元素的向量
)

# 设定名称
dimnames(array.title) <- title
```

> **补充关键点**
> 像源代码中的array.title这样指定数组名时以圆点句号来分隔，R语言中1个名称可以按圆点句号分隔，所以array_title可以写作array.title。

秘技 126 获取数组元素

难易程度 ●●

这里是关键点！ 使用中括号[]获取元素

扫码看视频

要获取数组元素，可以使用中括号和逗号分隔实现，具体如下。

`[一维的索引,二维的索引,三维的索引,……]`

如果是命名的数组，不是索引，可以使用""围住并指定名字。

`["行名（一维）","列名（二维）","二维数组名（三维）"]`

列表1 获取数组元素

```
> array.title              作为目标处理对象的三维数组
  （在秘技125中创建的）
, , TabName = TAB1

        ColName
RowName COL1 COL2 COL3
   ROW1    1    3    5
   ROW2    2    4    6

, , TabName = TAB2

        ColName
RowName COL1 COL2 COL3
   ROW1   10   30   50
   ROW2   20   40   60

, , TabName = TAB3

        ColName
RowName COL1 COL2 COL3
   ROW1  100  300  500
```

2-7 矩阵

```
      ROW2   200   400   600
>
> array.title["ROW1", "COL1", "TAB3"]
```
——第3个二维数组，"ROW1""COL1"的元素
```
[1] 100
>
> array.title[, , "TAB1"]
```
——获取第1个二维数组
```
        ColName
RowName COL1 COL2 COL3
   ROW1    1    3    5
   ROW2    2    4    6

> array.title[, , c("TAB2", "TAB3")]
```
——获取第2个、第3个二维数组
```
, , TabName = TAB2

        ColName
RowName COL1 COL2 COL3
   ROW1   10   30   50
   ROW2   20   40   60


, , TabName = TAB3

        ColName
RowName COL1 COL2 COL3
   ROW1  100  300  500
   ROW2  200  400  600
```

● 使用索引获取元素

数组具有索引，所以即使是命名的数组也可以通过索引来操作。

列表 2 使用索引获取数组元素
```
> array.title[1, 1, 1]
```
——从第1个（三维第1个元素）二维数组中获取1行1列的元素
```
[1] 1
> array.title[1, 1, 2]
```
——从第2个二维数组中获取1行1列的元素
```
[1] 10
> array.title[1, 1, 3]
```
——从第3个二维数组中获取1行1列的元素
```
[1] 100
> array.title[, , 1]
```
——获取第1个数组（三维的第1个元素）
```
        ColName
RowName COL1 COL2 COL3
   ROW1    1    3    5
   ROW2    2    4    6
> array.title[, , 2:3]
```
——获取第2～3个二维数组（三维的第2～3个元素）
```
, , TabName = TAB2

        ColName
RowName COL1 COL2 COL3
   ROW1   10   30   50
   ROW2   20   40   60


, , TabName = TAB3

        ColName
RowName COL1 COL2 COL3
   ROW1  100  300  500
   ROW2  200  400  600
> array.title[1:2, 1, 1]
```
——从第1个二维数组中获取1～2行1列的元素
```
ROW1 ROW2
   1    2
```
←返回值是向量
```
> array.title[1:2, 1, 1:3]
```
——从第3个二维数组中获取二维数组的第1列的元素
```
        TabName
RowName TAB1 TAB2 TAB3
   ROW1    1   10  100
   ROW2    2   20  200
```
——获取各个二维数组的第1列元素
```
> array.title[1:10]
```
——获取一维的第1个元素到第10个元素
```
[1]  1  2  3  4  5  6 10 20 30 40
```
——获取按列数的10个元素

秘技 127 替换获取的元素

扫码看视频

难易程度 ●●

这里是关键点！ 数组[获取元素] <- 替换值

使用索引或名称获取的元素，可以使用赋值运算符 <- 将其替换为其他值。

列表 1 替换数组元素
```
> array.title
```
——作为目标操作对象的三维数组（在秘技125中创建的）
```
, , TabName = TAB1

        ColName
RowName COL1 COL2 COL3
   ROW1    1    3    5
   ROW2    2    4    6


, , TabName = TAB2

        ColName
```

```
RowName COL1 COL2 COL3
   ROW1   10   30   50
   ROW2   20   40   60

, , TabName = TAB3

        ColName
RowName COL1 COL2 COL3
   ROW1  100  300  500
   ROW2  200  400  600

> # 第3个二维数组，将"ROW1""COL1"的元素替换为0
> array.title["ROW1", "COL1", "TAB3"] <- 0
> array.title[, , "TAB3"]
        ColName
RowName COL1 COL2 COL3
   ROW1    0  300  500      ← 被替换为0
   ROW2  200  400  600

> # 将第2个和第3个（三维的第2个元素~第3个元素）数组元素都替换为0
> array.title[, , c("TAB2", "TAB3")] <- 0
> array.title[, , c("TAB2", "TAB3")]
, , TabName = TAB2              ← 三维的第2个元素

        ColName
RowName COL1 COL2 COL3
   ROW1    0    0    0          ← 元素都是0
   ROW2    0    0    0

, , TabName = TAB3              ← 三维的第3个元素
```

```
          ColName
RowName COL1 COL2 COL3
   ROW1    0    0    0          ← 元素都是0
   ROW2    0    0    0

> # 第1~3个二维数组的1~2行，第1列的元素都替换为100
> array.title[1:2, 1, 1:3] <- 100
> array.title
, , TabName = TAB1

        ColName
RowName COL1 COL2 COL3
   ROW1  100    3    5          ← COL1的列是100
   ROW2  100    4    6

, , TabName = TAB2

        ColName
RowName COL1 COL2 COL3
   ROW1  100    0    0          ← COL1的列是100
   ROW2  100    0    0

, , TabName = TAB3

        ColName
RowName COL1 COL2 COL3
   ROW1  100    0    0          ← COL1的列是100
   ROW2  100    0    0
```

秘技 128 获取和条件一致的元素

难易程度 ●●

扫码看视频

这里是关键点！ 在中括号[]中使用比较运算符

在中括号中使用比较运算符，可以仅获取匹配的元素。另外，将获取元素的式子和赋值运算符<-组合，可以替换获取的元素。

●获取和条件一致的元素

使用比较运算符==、!=、<、>、>=和<=，获取匹配的元素。

列表1 获取和条件匹配的元素

```
> array.title              ← 作为目标处理对象的三维数组
  （在秘技125中创建的）
, , TabName = TAB1

        ColName
RowName COL1 COL2 COL3
   ROW1    1    3    5
   ROW2    2    4    6

, , TabName = TAB2

        ColName
RowName COL1 COL2 COL3
   ROW1   10   30   50
   ROW2   20   40   60

, , TabName = TAB3

        ColName
RowName COL1 COL2 COL3
   ROW1  100  300  500
   ROW2  200  400  600

> array.title[array.title > 100]
                           ← 获取所有大于100的元素
[1] 200 300 400 500 600
```

2-7 矩阵

秘技 129 替换和条件一致的元素

扫码看视频

难易程度 ●●

> **这里是关键点!** 数组名[条件获取] <- 替换的值

使用<-给获取的元素赋值，就可以替换这些元素。

列表1 将所有小于指定值的元素替换为0

```
> # array.title是在秘技125中创建的三维数组
> array.title[array.title < 10] <- 0  ───── 将小于10的元素替换为0
> array.title                          ───── 显示替换后的数组
, , TabName = TAB1

       ColName
RowName COL1 COL2 COL3
   ROW1    0    0    0
   ROW2    0    0    0   ───── 小于10的值被替换为0

, , TabName = TAB2

       ColName
RowName COL1 COL2 COL3
   ROW1   10   30   50
   ROW2   20   40   60

, , TabName = TAB3

       ColName
RowName COL1 COL2 COL3
   ROW1  100  300  500
   ROW2  200  400  600
```

秘技 130 计算数组的每个维度

扫码看视频

难易程度 ●●

> **这里是关键点!** apply()函数

使用**apply()函数**可以对数组的行或列应用函数。

格式	apply(X, MARGIN, FUN, …)		
参数	X	指定数组	
	MARGIN	设定函数应用的维度	
		MARGIN = 1	对各行应用函数
		MARGIN = 2	对各列应用函数
		MARGIN = 3	如果是三维数组，对每个二维数组应用函数
		MARGIN = c(1,2)	如果是三维数组，对二维数组的各个元素应用函数。如果将二维数组作为汇总表，便会执行所谓的"合计"
	FUN	指定要应用的函数	
	…	根据需要指定作为选项的参数	

列表1 使用2行×3列×4的三维数组

```
> arr <- array(c(rep(1, 6),
+                rep(2, 6),
+                rep(3, 6),
+                rep(4, 6)),
+              dim = c(2, 3, 4))
> arr
, , 1

     [,1] [,2] [,3]
[1,]    1    1    1
[2,]    1    1    1

, , 2

     [,1] [,2] [,3]
[1,]    2    2    2
[2,]    2    2    2

, , 3

     [,1] [,2] [,3]
[1,]    3    3    3
[2,]    3    3    3

, , 4

     [,1] [,2] [,3]
[1,]    4    4    4
[2,]    4    4    4
```

●计算行的合计

将MARGIN选项设为1时，可以计算各行的合计值。下面计算三维元素中第1～4个二维数组第1行的横向合计和第2行的横向合计。

列表2 计算二维数组每行的合计

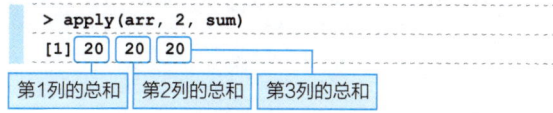

●计算列的合计

将MARGIN选项设为2时，可以计算各列的合计值。下面计算三维元素中第1～4个二维数组第1列、第2列和第3列的纵向合计。

列表3 计算二维数组每列的合计

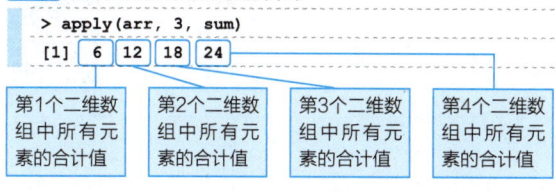

●计算每个二维数组的合计

将MARGIN选项设为3时，可以计算三维数组中每个二维数组的合计值。下面例子中，计算三维数组中第1～4个二维数组各自的合计值。

列表4 计算二维数组元素的合计

```
> apply(arr, 3, sum)
[1]  6 12 18 24
```
第1个二维数组中所有元素的合计值　第2个二维数组中所有元素的合计值　第3个二维数组中所有元素的合计值　第4个二维数组中所有元素的合计值

●计算二维数组中相同位置元素的合计值

将MARGIN选项设为c(1,2)时，为MARGIN=1和MARGIN=2混合的状态，计算二维数组相同位置元素的合计值。重叠二维数组并计算各个元素的"合计"。

列表5 计算相同位置元素的合计值

```
> apply(arr, c(1, 2), sum)
     [,1] [,2] [,3]
[1,]  10   10   10
[2,]  10   10   10
```
2行×3列的各个元素的合计值

●计算每个二维数组的行的合计值

这里使用的数组arr是行数为2、列数为3的二维数组，所以每1行有3列元素。我们将MARGIN选项设为c(1,3)，表示1行3列的元素，分别计算二维数组每行的合计值。

列表6 分别计算二维数组每行的合计值

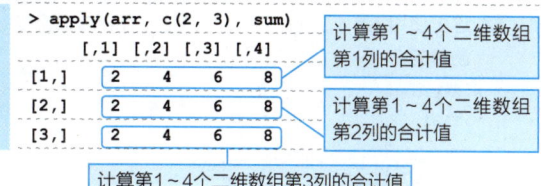

●计算每个二维数组的列的合计值

数组arr中每1列有两行的元素。将MARGIN选项设为c(2,3)，表示2行3列元素 ➡ 1列2行的元素，计算二维数组每列的合计值。

列表7 计算二维数组每列的合计值

```
> apply(arr, c(2, 3), sum)
     [,1] [,2] [,3] [,4]
[1,]   2    4    6    8     计算第1～4个二维数组第1列的合计值
[2,]   2    4    6    8     计算第1～4个二维数组第2列的合计值
[3,]   2    4    6    8
```
计算第1～4个二维数组第3列的合计值

●将数组所有的元素变为原来的10倍

apply()函数有4个参数，除了第1个参数的数组外，其他参数需要在应用函数时指定。像下面这样将应用的函数设定为"*"，第4个参数设为10，则数组的所有元素都会变大10倍。使用""将运算符+、-、*括起来，可以像函数一样将它们应用于数组的元素中。

列表8 将数组的所有元素变大10倍

```
> # 将数组元素变为10倍（横向）
> apply(arr, 1, "*", 10)
     [,1] [,2]        应用在横向，所以每2行1个返回值
 [1,]  10   10
 [2,]  10   10
 [3,]  10   10
 [4,]  20   20
 [5,]  20   20
 [6,]  20   20
 [7,]  30   30
 [8,]  30   30
 [9,]  30   30
[10,]  40   40
[11,]  40   40
[12,]  40   40
> # 将数组元素变为10倍（纵向）
> apply(arr, 2, "*", 10)
     [,1] [,2] [,3]    应用在纵向，所以每3列1个返回值
 [1,]  10   10   10
 [2,]  10   10   10
 [3,]  20   20   20
 [4,]  20   20   20
 [5,]  30   30   30
 [6,]  30   30   30
 [7,]  40   40   40
 [8,]  40   40   40
```

2-7 矩阵

秘技 131　将多维数组集成为二维数组

难易程度 ●●

这里是关键点！ ftable()函数

扫码看视频

使用**ftable()**函数可以将多维数组合并为一个二维数组。这时，最后的维度数会设定为列数，其余维度的元素组合为行。三维数组时，三维的元素数设定成列数，二维数组每行的元素纵向排列。

列表1 这里使用2行×3列×3的三维数组（在秘技125中创建的）

```
> array.name
, , TAB1

     COL1 COL2 COL3
ROW1    1    3    5
ROW2    2    4    6

, , TAB2

     COL1 COL2 COL3
ROW1   10   30   50
ROW2   20   40   60

, , TAB3

     COL1 COL2 COL3
ROW1  100  300  500
ROW2  200  400  600

> # 集成为二维数组
> ftable(array.name)
            TAB1 TAB2 TAB3

ROW1 CAL1      1   10  100
     CAL2      3   30  300
     CAL3      5   50  500
ROW2 CAL1      2   20  200
     CAL2      4   40  400
     CAL3      6   60  600
```

秘技 132　转置数组

难易程度 ●●

这里是关键点！ aperm()函数

扫码看视频

使用aperm()函数可以转置（行和列互换）数组。

- **aperm()函数**

  转置数组元素。

格式	aperm(a, perm, …)	
参数	a	指定目标对象数组
	perm	指定转置后各个维度的排列

三维数组时，可以根据perm选项的值来转置，具体如下。

c(1,2,3) 因为一维～三维的排列相同，所以保持原来的排列不变。

c(2,1,3) 因为是二维、一维、三维的顺序，所以行和列交换。

列表1 转置数组

```
> # 秘技125中创建的数组
> array.title
, , TabName = TAB1

        ColName
RowName  CAL1 CAL2 CAL3
   ROW1     1    3    5
   ROW2     2    4    6

, , TabName = TAB2

        ColName
RowName  CAL1 CAL2 CAL3
   ROW1    10   30   50
   ROW2    20   40   60

, , TabName = TAB3
```

2-7 矩阵

```
            ColName
RowName CAL1 CAL2 CAL3
    ROW1  100  300  500
    ROW2  200  400  600
> # perm选项设定为c(2, 1, 3)并交换行和列
> aperm(array.title, c(2, 1, 3))
, , TabName = TAB1

            RowName
ColName ROW1 ROW2
    CAL1   1    2
    CAL2   3    4
    CAL3   5    6

, , TabName = TAB2

            RowName
ColName ROW1 ROW2
    CAL1  10   20
    CAL2  30   40
    CAL3  50   60

, , TabName = TAB3

            RowName
ColName ROW1 ROW2
    CAL1 100  200
    CAL2 300  400
    CAL3 500  600
```

● 按列/行拆分汇总表

三维数组时,通过将一维移动到三维可以生成行的汇总表,将二维移动到三维可以生成列的汇总表。

列表 2 生成行和列的汇总表

```
> # 生成列的汇总表
> aperm(array.title, c(1, 3, 2))
, , ColName = CAL1          ———— 原数组第1列

            TabName
RowName TAB1 TAB2 TAB3
    ROW1   1   10  100
    ROW2   2   20  200

, , ColName = CAL2          ———— 原数组第2列

            TabName
RowName TAB1 TAB2 TAB3
    ROW1   3   30  300
    ROW2   4   40  400

, , ColName = CAL3          ———— 原数组第3列

            TabName
RowName TAB1 TAB2 TAB3
    ROW1   5   50  500
    ROW2   6   60  600

> # 生成行的汇总表
> aperm(array.title, c(2, 3, 1))
, , RowName = ROW1          ———— 原数组第1行

            TabName
ColName TAB1 TAB2 TAB3
    CAL1   1   10  100
    CAL2   3   30  300
    CAL3   5   50  500

, , RowName = ROW2          ———— 原数组第2行

            TabName
ColName TAB1 TAB2 TAB3
    CAL1   2   20  200
    CAL2   4   40  400
    CAL3   6   60  600
```

秘技 133 什么是数据框

难易程度 ●●

这里是关键点! 数据框概要

数据框同样是使用频率非常高的数据结构。数据框是由行和列构成的,所以和列表类似,但是具有作为汇总表的专用功能。在R中使用由Excel创建的汇总表或各种数据文件时,要读取到数据框中再使用。

● 创建数据框

数据框的列是由列表构成的。将列表作为列并将其横向排列,然后生成表格形式的就是数据框。

▼ 数据框概要

· 数据框的列是具有向量的列表。
· 数据框的列的数据类型是向量类型。数字类型的向量原样作为数据,而字符串类型的向量则要先转换为因子(factor)。

2-7 矩阵

- 数据框的列的长度都相等。
- 数据框的列可以命名（必须）。

用户可以使用data.frame()函数创建数据框。

• data.frame()函数

创建数据框。

格式	data.frame(…, 　　　　row.names = NULL, 　　　　check.rows = FALSE, 　　　　check.names = TRUE, 　　　　fix.empty.names = TRUE, 　　　　stringsAsFactors = default.stringsAsFactor())	
参数	…	指定作为数据框的列数据来读取的向量。可以使用"列名=向量"的形式来设定列名
	row.names = NULL	设定行名，默认是NULL
	ncol = 1	设定列数，默认是1
	check.rows = FALSE	设为TRUE时，检查行的长度和行名的一贯性
	check.names = TRUE	检查数据框中使用的名称逻辑上是否有效，是否重复的内容
	fix.empty.names = TRUE	没有设定数据框的列名时，自动设置列名
	stringsAsFactors = default.stringsAsFactor()	为控制数据大小，是字符数据时转换为因子（factor）。设为FALSE，则不会转换为因子

● 获取数据

- **获取列**
- 数据框$列名
  在$之后指定列名并获取列元素。
- 数据框[[列的索引]]
  使用双中括号[[]]指定索引，获取列元素。
- 数据框[,列的索引]
  按矩阵形式在逗号之后指定列的索引，获取列元素。
- 数据框[列的索引]
  以列表形式指定列的数据，则可以以列表获取数据框的行元素。虽然数据结构是列表，但实体是数据框（data.frame）类型的对象。也就是说，每列以数据框获取。
- 数据框[行索引,]
  以矩阵形式在逗号之前指定索引，行元素存储在数据库中并获取。

- **获取特定的元素**
- 数据框[行的索引,列的索引]
  以矩阵形式，按照列的索引的顺序指定，可以仅获取特定的元素。

秘技 134 使用列数据创建数据框

难易程度 ●●

扫码看视频

这里是关键点！ data.frame(向量1,向量2,…)

准备两个向量作为数据框的列数据，这里将代码写在源文件中。

列表1 准备数据框用的两个向量（项目为data_frame，源文件为script.R）

```
# 用于数据框的向量
branch <- c( "初台店", "幡谷店", "吉祥寺店",
             "笹冢店", "明大前店")
sales  <- c( 2024, 2164, 6465, 2186, 2348 )
```

将这两个向量作为列并创建数据框。

列表2 创建数据框

```
# 创建数据框
df <- data.frame(branch, sales)
```

执行以上源代码，即可创建名为df的数据框。单击Environment视图中的df，则在界面中显示数据框的内容。可以确定设定了作为列名的向量名。

▼ 数据框 df

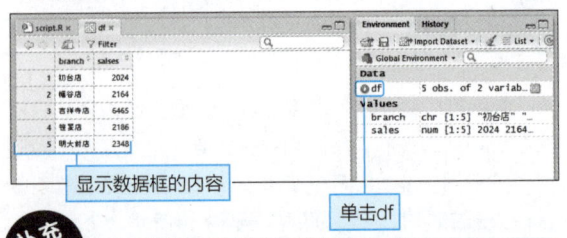

显示数据框的内容　　单击df

补充关键点 将多个向量转为数据框时，若向量的大小（长度）不同，会出错。但是，如果各个向量的大小是某整数的倍数，则较小的向量的元素会根据最大的向量的元素个数来循环。

秘技 135　使用列数据创建并命名数据框

难易程度 ●●

扫码看视频

这里是关键点! → data.frame(列名1=向量1,列名2=向量2,…)

将向量作为列数据创建数据框，向量名会被原样地设定为列名。以下形式，则可以设定任意的列名。

```
data.frame(列名1=向量1,列名2=向量2,…)
```

列表1 设定列名并创建数据框（项目为data_frame，源文件为script2.R）

```
# 用于数据框的向量
branch <- c( "初台店", "幡谷店", "吉祥寺店",
             "笹家店", "明大前店")
sales  <- c( 2024, 2164, 6465, 2186, 2348 )
# 设定列名并创建数据框
df_n <- data.frame(br=branch, sal=sales)
```

单击Run按钮，执行源代码，在控制台中确认df_n。

列表2 在控制台中确认

```
> df_n
       br    sal
1   初台店   2024
2   幡谷店   2164
3   吉祥寺店  6465
4   笹家店   2186
5   明大前店  2348
```

打开项目之后，想打开任意源文件，可以在"File"菜单中选择Open选项，在打开的Open File对话框中选择要打开的源文件并单击"Open"按钮。

另外，也可以通过RStudio界面右下角File标签中的项目，用文件夹来打开源文件。

秘技 136　使用行数据创建数据框

难易程度 ●●

扫码看视频

这里是关键点! → rbind(数据框,数据框,…)

从存储在列数据中的向量创建数据框很容易，如果是以行单位来考虑会怎么样呢？数据框是列单位的结构，所以将行方向（横向）排列的数据生成数据框相对来说比较麻烦。

最简单的方法是将1行的数据作为数据框，这样可以使用rbind()函数合并创建为1个数据框。

• **rbind()函数**

将向量、矩阵或者数据框设为参数，按行合并。

列表1 将按行生成的数据框合并（项目为data_frame，源文件为script3.R）

```
# 1行的数据框
branch1 <- data.frame(br="初台店", sal=2024)
```

```
branch2 <- data.frame(br="幡谷店", sal=2164)
# 合并数据框
sales <- rbind(branch1, branch2)
```

branch1、branch2都是只有1行结构的数据框。虽然分别给列元素命名了，但将其用rbind()函数合并时，如果没有列名则会报错。设定列名并保持横向的排列，便可以合并相同的列。

列表2 在控制台中确认创建的数据框

```
> sales
      br    sal
1  初台店   2024
2  幡谷店   2164
```

秘技 137 使用存储在行数据中的列表创建数据框

难易程度 ●●

扫码看视频

> **这里是关键点！** rbind(列表元素,列表元素,…)，do.call(rbind, 数据框的列表)

如果需要一行一行地管理数据框的行数据，比起分开管理，将列表统一管理更方便。

例如，有3个1行的数据框，可以准备branch_lst列表管理数据框。

列表1 使用列表管理1行的数据框（项目为data_frame，源文件为script4.R）

```
# 1行数据框的列表
branch_lst <- list(
  data.frame(br="吉祥寺店", sal=6465),
  data.frame(br="笹家店",   sal=2186),
  data.frame(br="明大前店", sal=2348)
)
```

单击Run按钮，执行源代码，在控制台中确认。

列表2 存储在列表中的1行的数据框（控制台）

```
> branch_lst[[1]]           列表的第1个元素
     br   sal
1 吉祥寺店 6465
> branch_lst[[2]]           列表的第2个元素
    br   sal
1 笹家店 2186
> branch_lst[[3]]           列表的第3个元素
     br   sal
1 明大前店 2348
```

● 合并列表的数据框

rbind()函数可以合并向量、矩阵和数据框，所以可以将任意行的数据框合并为数据框。

列表3 合并列表的行单位的数据框来创建数据框

```
# 用branch_lst的第1、第2个元素来创建数据框
b_lst <- rbind(branch_lst[[1]], branch_lst[[2]])
```

单击Run按钮执行源代码后，在控制台中查看b_lst的内容。

列表4 创建的数据框（控制台）

```
> b_lst
     br   sal
1 吉祥寺店 6465
2 笹家店  2186
```

● 将列表所有的数据框合并为1个

接下来我们合并列表的所有行单位的数据框。使用do.call()函数，列表所有的元素会展开为函数的参数，利用这一点实现合并操作。

• do.call()函数

将列表元素作为函数参数来展开，作为指定的函数的参数来使用。

格式	do.call(what, args)	
参数	what	指定使用展开的参数的函数
	args	指定作为参数展开的列表

do.call(rbind, branch_lst)等同于rbind(列表的第1个元素,第2个元素,第3个元素)。下面就让我们实际来试一下吧。

列表5 将branch_lst的所有行单位的数据框合并为1个

```
# 将branch_lst所有的数据框合并为1个
b_lst_all <- do.call(rbind, branch_lst)
```

单击Run按钮，执行源代码，在控制台中确认。

列表6 合并后的数据框（控制台）

```
> b_lst_all
     br   sal
1 吉祥寺店 6465     branch_lst所有的行单位数据框合并了
2 笹家店  2186
3 明大前店 2348
```

我们可以在秘技136创建的数据框sales中添加这里创建合并的b_lst_all。

列表7 在秘技136创建的数据框sales中添加b_lst_all

```
# 在sales中添加branch_lst的所有元素
sales_all <- rbind(sales, b_lst_all)
```

单击Run按钮执行源代码，在控制台中确认。

列表8 在控制台中确认

```
> sales_all
```

```
    br    sal                        3  吉祥寺店   6465
1  初台店   2024                    4  笹家店    2186
2  幡谷店   2164                    5  明大前店   2348
```

> **专栏 data.frame类**
>
> 数据框是**data.frame**类的对象，是由多个具有相同长度的命名向量生成的列表，可以将数字型向量或字符型向量、因子等不同类型的数据合并在一起。
>
> 虽然数据框和矩阵看似都是二维数组，但不同的是数据框中的行和列有标签，并且可以通过标签来操作，而且每列可以有不同的数据类型，可以像数据库的表一样处理。但是，数据框的表是以行为单位的，而数据框是以列为单位构成的，所以列数据是1个单位（记录）。

秘技 138 按位置获取数据框的1列

扫码看视频

这里是关键点! [[索引]]，[索引]，[,索引]

●使用列表形式的[[]]来获取列
① 数据框[[列的索引]]

获取数据框的列的"元素"。列元素为向量时，作为向量和因子（factor）时作为因子获取。

●使用单个中括号[]来获取列
② 数据框[列的索引]

只有1列则作为"数据框"获取。

●使用矩阵形式的[,]获取元素
③ 数据框[,列索引]

获取1列时，和使用列表形式的[[]]相同，也是获取"元素"。

列表 1 样本数据（项目为df_operation，源文件为script.R）
```
# 都道府县的地形（单位：平方千米）（由总务省调查）
r1 <- data.frame(pref="北海道", 山地=40842, 丘陵=12024,
高地=15364, 洼地=9794, 管辖水域=5367)
r2 <- data.frame(pref="青森县", 山地=4868, 丘陵=1570,
高地=1831, 洼地=1237, 管辖水域=118)
r3 <- data.frame(pref="岩手县", 山地=11021, 丘陵=2089,
高地=881, 洼地=1261, 管辖水域=11)
r4 <- data.frame(pref="宫城县", 山地=2158, 丘陵=2673,
高地=652, 洼地=1757, 管辖水域=23)
r5 <- data.frame(pref="秋田县", 山地=6755, 丘陵=1629,
高地=710, 洼地=2453, 管辖水域=84)
r6 <- data.frame(pref="山形县", 山地=6307, 丘陵=841,
高地=776, 洼地=1393, 管辖水域=2)
r7 <- data.frame(pref="福岛县", 山地=10389, 丘陵=702,
高地=1114, 洼地=1437, 管辖水域=129)
```

```
df <- rbind(r1, r2, r3, r4, r5, r6, r7)
```

列表 2 在控制台显示
```
> df
   Pref     山地    丘陵    高地   洼地  管辖水域
1  北海道   40842  12024  15364  9794    5367
2  青森县    4868   1570   1831  1237     118
3  岩手县   11021   2089    881  1261      11
4  宫城县    2158   2673    652  1757      23
5  秋田县    6755   1629    710  2453      84
6  山形县    6307    841    776  1393       2
7  福岛县   10389    702   1114  1437     129
```

●使用①的方法获取

使用列表形式的双中括号获取1列的"元素"，第1列的数据是字符串，所以不会将向量转为因子。

列表 3 使用双中括号获取1列（执行script.R后在控制台输入）
```
> df[[1]]                    ← 使用双中括号指定索引并获取列数据
[1] 北海道 青森县 岩手县 宫城县 秋田县 山形县 福岛县
Levels: 北海道 青森县 岩手县 宫城县 秋田县 山形县 福岛县
```
列元素的因子原样获取

●使用②的方法获取

使用单中括号将1列以"数据框"提取。

列表 4 使用单中括号获取1列
```
> df[1]
```

2-7 矩阵

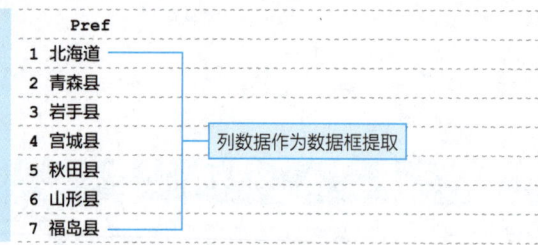
列数据作为数据框提取

● 使用③的方法获取

使用矩阵形式的[,]获取1列。使用列表形式的[[]]和①是相同的结果。

列表5 使用矩阵形式的[,]获取1列（控制台）

```
> df[,1]
[1] 北海道 青森县 岩手县 宫城县 秋田县 山形县 福岛县
Levels: 北海道 青森县 岩手县 宫城县 秋田县 山形县 福岛县
```
列元素的因子原样提取

秘技 139 按位置获取数据框的多个列

扫码看视频

难易程度 ●●

这里是关键点！ [c(索引1,索引2,…)]，[,索引]，[,c(索引1,索引2,…)]

使用向量可以一起提取多个列。写法有两种，都是将目标列作为数据框提取的，具体如下。

① 数据框[c(列索引1,列索引2,…)]
   指定向量并将多个列作为"数据框"提取。
② 数据框[,c(列索引1,列索引2,…)]
   指定向量将多个列作为"数据框"提取，和①的结果相同。

● 使用①的方法提取

使用向量指定将多个列作为"数据框"提取。

数据框[c(列索引1,列索引2,…)]

通过下面的方式，也可以提取连续的列。

数据框[开始索引:结束索引]

列表1 将多个列作为"数据框"提取（控制台）

```
> df
> # 都道府县的地形（单位：平方千米）（由总务省调查）
> df
  Pref    山地   丘陵   高地   洼地  管辖水域
1 北海道  40842  12024  15364   9794   5367
2 青森县   4868   1570   1831   1237    118
3 岩手县  11021   2089    881   1261     11
4 宫城县   2158   2673    652   1757     23
5 秋田县   6755   1629    710   2453     84
6 山形县   6307    841    776   1393      2
7 福岛县  10389    702   1114   1437    129
>
> df[c(1, 5, 6)]        设定多个列
  Pref    洼地  管辖水域
1 北海道   9794    5367
2 青森县   1237     118
3 岩手县   1261      11
4 宫城县   1757      23
5 秋田县   2453      84
6 山形县   1393       2
7 福岛县   1437     129
```

● 使用②的方法提取

使用矩阵形式的[,]并使用向量，可以提取连续的列，和①有相同的结果，具体如下。

数据框[,c(列索引1,列索引2,…)]

数据框[,开始索引:结束索引]

列表2 将多个列作为"数据框"提取（控制台）

```
> df[, c(1:2, 5)]      指定第1~2列和第5列
  Pref    山地    洼地
1 北海道  40842    9794
2 青森县   4868    1237
3 岩手县  11021    1261
4 宫城县   2158    1757
5 秋田县   6755    2453
6 山形县   6307    1393
7 福岛县  10389    1437
```

秘技 140 按位置移除数据框的列

扫码看视频

这里是关键点！ [-列索引]，[c(-列索引1,-列索引2,…)]

在列的索引之前加上减号-，可以从数据框中将这一列移除。

列表1 样本数据（项目为df_operation，源文件为script.R）

```
> # 都道府县的地形（由总务省调查）
> df
    Pref    山地    丘陵    高地    洼地    管辖水域
1   北海道   40842   12024   15364   9794    5367
2   青森县   4868    1570    1831    1237    118
3   岩手县   11021   2089    881     1261    11
4   宫城县   2158    2673    652     1757    23
5   秋田县   6755    1629    710     2453    84
6   山形县   6307    841     776     1393    2
7   福岛县   10389   702     1114    1437    129
```

●移除1列

从数据框中提取列时，如果要移除特定的1列，可以按以下形式指定。

[-列索引]

或者

[,-列索引]

列表2 移除指定的1列

```
> # 移除第1列
> df[-1]          ———— 也是同样的结果
```

```
    山地    丘陵    高地    洼地    管辖水域
1   40842   12024   15364   9794    5367
2   4868    1570    1831    1237    118
3   11021   2089    881     1261    11
4   2158    2673    652     1757    23
5   6755    1629    710     2453    84
6   6307    841     776     1393    2
7   10389   702     1114    1437    129
```

●移除多个列

移除多个列时，可以按以下形式指定。

[c(-列索引1,-列索引2,…)]

或者

[,c(-列索引1,-列索引2,…)]

列表3 移除指定的列

```
> df[c(-1, -3:-4)]    ———— 移除第1列、第3~4列
                           （df[,c(-1,-3:-4)]也是同样的结果）
    山地    洼地    管辖水域
1   40842   9794    5367
2   4868    1237    118
3   11021   1261    11
4   2158    1757    23
5   6755    2453    84
6   6307    1393    2
7   10389   1437    129
```

秘技 141 按名称获取数据框的1列

扫码看视频

这里是关键点！ $列名,[["列名"]]，["列名"],[,"列名"]

要从数据框中获取指定名称的列，可使用以下方法。

●$列名，或使用列表形式的[[]]获取列的"元素"

①数据框$列名

②数据框[["列名"]]

2-7 矩阵

提取数据框的列的"元素"。列元素是向量时作为向量获取，是因子（factor）时作为因子获取。

- **使用①的$列名、②的[["列名"]]获取**

  使用列表形式的双中括号[["列名"]]获取1列的元素。

●使用单中括号将1列作为"数据框"提取
③数据框["列名"]

仅将1列作为"数据框"提取。

●使用矩阵形式的[,]获取1列
④数据框[,"列名"]

提取1列时，和使用列表形式[[]]的②结果相同，同样也是提取"元素"。

列表1 使用$列名、[["列名"]]仅提取1列（控制台）

```
> # 都道府县的地形（由总务省调查）
> df
   Pref   山地    丘陵    高地   洼地  管辖水域
1 北海道  40842  12024  15364  9794    5367
2 青森县   4868   1570   1831  1237     118
3 岩手县  11021   2089    881  1261      11
4 宫城县   2158   2673    652  1757      23
5 秋田县   6755   1629    710  2453      84
6 山形县   6307    841    776  1393       2
7 福岛县  10389    702   1114  1437     129
>
> df$Pref ─────── 使用$列名提取
```

```
 [1] 北海道 青森县 岩手县 宫城县 秋田县 山形县 福岛县
Levels: 北海道 青森县 岩手县 宫城县 秋田县 山形县 福岛县
>
> df[["Pref"]] ─────── 使用双中括号并指定列名获取
 [1] 北海道 青森县 岩手县 宫城县 秋田县 山形县 福岛县
Levels: 北海道 青森县 岩手县 宫城县 秋田县 山形县 福岛县
```
列元素的因子

- **使用③的["列名"]获取**

  使用单中括号仅将1列作为"数据框"获取。

列表2 使用["列名"]获取1列

```
> df["Pref"]
   Pref
1 北海道
2 青森县
3 岩手县
4 宫城县
5 秋田县
6 山形县
7 福岛县
```
列的数据作为数据框被提取出来了

- **使用④的[,"列名"]获取**

  使用矩阵形式的[,"列名"]提取1列。和使用列表形式的[["列名"]]的②是相同的结果。

列表3 使用列形式的[,"列名"]提取1列（控制台）

```
> df[, "Pref"]
 [1] 北海道 青森县 岩手县 宫城县 秋田县 山形县 福岛县
Levels: 北海道 青森县 岩手县 宫城县 秋田县 山形县 福岛县
```

秘技 142　按名称获取数据框的多个列

扫码看视频

这里是关键点！ [c("列名1","列名2",…)]，[,c("列名1","列名2",…)]

要从数据框中指定列名并提取，有如下方法。

●使用$列名，或列表形式的[[]]提取1列的"元素"
①数据框$列名
②数据框[["列名"]]

获取数据框的列的"元素"。列元素是向量时作为向量提取，是因子（factor）时作为因子提取。

●使用单中括号将1列作为"数据框"提取
③数据框["列名"]

仅将1列作为"数据框"提取。

●使用矩阵形式的[,]提取1列
④数据框[,"列名"]

提取1列时，和使用列表形式的[[]]的②结果相同，同样也是提取"元素"。

- **使用①的$列名、②的[["列名"]]提取**

  使用列表形式的双中括号[["列名"]]提取1列的"元素"。

列表1 指定多个列名并作为"数据框"提取（控制台）

```
> # 都道府县的地形（由总务省调查）
> df
  Pref      山地    丘陵    高地   洼地  管辖水域
1 北海道   40842  12024  15364  9794    5367
2 青森县    4868   1570   1831  1237     118
3 岩手县   11021   2089    881  1261      11
4 宫城县    2158   2673    652  1757      23
5 秋田县    6755   1629    710  2453      84
6 山形县    6307    841    776  1393       2
7 福岛县   10389    702   1114  1437     129
>
> df[c("Pref", "洼地")]         ———— 指定多个列
  Pref     洼地
1 北海道   9794
2 青森县   1237
3 岩手县   1261
4 宫城县   1757
5 秋田县   2453
6 山形县   1393
7 福岛县   1437
```

- 使用⑤[,c("列名1","列名2",…)]提取

  使用向量指定多个列名，作为"数据框"提取，和③是相同的结果。

列表2 将多个列作为"数据框"提取（控制台）

```
> df[, c("Pref","丘陵","洼地","管辖水域")]
  Pref     丘陵   洼地  管辖水域
1 北海道  12024  9794    5367
2 青森县   1570  1237     118
3 岩手县   2089  1261      11
4 宫城县   2673  1757      23
5 秋田县   1629  2453      84
6 山形县    841  1393       2
7 福岛县    702  1437     129
```

秘技 143 按名称移除数据框的列

扫码看视频

难易程度 ●●

这里是关键点！ subset(数据框,select=-列名)

要指定位置移除列，可以在列索引之前加上减号，如果要用列名来移除，可以使用 **subset()** 函数按如下格式书写。

`subset(数据框, select = -要移除的列名)`

subset()函数原本是用来获取数据框中任意的行或者列的，在select选项中设定的列名前加上减号，则返回移除了这个列的数据框。

列表1 使用列名移除列后获取（控制台）

```
> # 都道府县的地形（由总务省调查）
> df
  Pref      山地    丘陵    高地   洼地  管辖水域
1 北海道   40842  12024  15364  9794    5367
2 青森县    4868   1570   1831  1237     118
3 岩手县   11021   2089    881  1261      11
4 宫城县    2158   2673    652  1757      23
5 秋田县    6755   1629    710  2453      84
6 山形县    6307    841    776  1393       2
7 福岛县   10389    702   1114  1437     129
>
> subset(df, select=-山地)        ———— 移除山地这一列
  Pref     丘陵    高地   洼地  管辖水域
1 北海道  12024  15364  9794    5367
2 青森县   1570   1831  1237     118
3 岩手县   2089    881  1261      11
4 宫城县   2673    652  1757      23
5 秋田县   1629    710  2453      84
6 山形县    841    776  1393       2
7 福岛县    702   1114  1437     129
> subset(df, select=c(-Pref, -丘陵, -洼地))
                                      ———— 移除Pref、丘陵、洼地列
   山地    高地  管辖水域
1 40842  15364    5367
2  4868   1831     118
3 11021    881      11
4  2158    652      23
5  6755    710      84
6  6307    776       2
7 10389   1114     129
```

2-7 矩阵

秘技 144 按位置获取数据框的行

扫码看视频

这里是关键点！ [行索引,]，[c(行索引1,行索引2,…),]

数据框的行可以通过矩阵形式指定并提取，提取的行是数据框。

▼ 提取1行

[行索引,]

▼ 提取多行

[c(行索引1,行索引2,…),]

▼ 提取连续的行

[开始索引:结束索引,]

列表1 将数据框的行作为"数据框"提取（控制台）

```
> # 都道府县的地形（由总务省调查）
> df
   Pref     山地   丘陵   高地   洼地  管辖水域
1  北海道  40842  12024  15364   9794   5367
2  青森县   4868   1570   1831   1237    118
3  岩手县  11021   2089    881   1261     11
4  宫城县   2158   2673    652   1757     23
5  秋田县   6755   1629    710   2453     84
6  山形县   6307    841    776   1393      2
7  福岛县  10389    702   1114   1437    129
>
> df[1,]                                    仅提取1行
   Pref     山地   丘陵   高地   洼地  管辖水域
> df[c(1, 6:7),]                       使用向量提取多行
   Pref     山地   丘陵   高地   洼地  管辖水域
1  北海道  40842  12024  15364   9794   5367
6  山形县   6307    841    776   1393      2
7  福岛县  10389    702   1114   1437    129
```

秘技 145 按位置移除数据框的行

扫码看视频

这里是关键点！ [-行索引,]，[c(-行索引1,-行索引2,…),]

和列一样，在行的索引前加上减号，可以移除这行再从数据框中提取。

▼ 移除1行

[-行索引,]

▼ 移除多行

[c(-行索引1,-行索引2,…),]

▼ 移除连续的行

[-开始索引:-结束索引,]

列表1 按位置移除数据框的行（控制台）

```
> # 都道府县的地形（由总务省调查）
> df
   Pref     山地   丘陵   高地   洼地  管辖水域
1  北海道  40842  12024  15364   9794   5367
2  青森县   4868   1570   1831   1237    118
3  岩手县  11021   2089    881   1261     11
4  宫城县   2158   2673    652   1757     23
5  秋田县   6755   1629    710   2453     84
6  山形县   6307    841    776   1393      2
7  福岛县  10389    702   1114   1437    129
>
> df[-1,]                                   移除第1行
   Pref     山地   丘陵   高地   洼地  管辖水域
2  青森县   4868   1570   1831   1237    118
3  岩手县  11021   2089    881   1261     11
4  宫城县   2158   2673    652   1757     23
5  秋田县   6755   1629    710   2453     84
6  山形县   6307    841    776   1393      2
7  福岛县  10389    702   1114   1437    129
> df[c(-1,-5:-7),]                    移除第1行和第5～7行
   Pref     山地   丘陵   高地   洼地  管辖水域
2  青森县   4868   1570   1831   1237    118
3  岩手县  11021   2089    881   1261     11
4  宫城县   2158   2673    652   1757     23
```

秘技 146 设定/更改数据框的列名或行名

扫码看视频

> **这里是关键点！** colnames(数据框) <- 列名，rownames(数据框) <- 行名

创建数据框时，除非有特殊说明的会自动设定适当的列名或行名，否则可以使用colnames()函数或rownames()函数为这些列名或者行名设定各自的名称。

• colnames()函数

返回数据框的列名，命名列名时如下。

```
colnames(数据框) <- 作为列名的字符串对象
```

• rownames()函数

返回数据框的行名，命名行名时如下。

```
rownames(数据框) <- 作为行名的字符串对象
```

列表1 设定列名/行名的数据框（项目为df_operation，源文件为script2.R）

```
#茨城县、栃木县、群马县、埼玉县、千叶县、东京都、神奈川县的地形数据
mt  <- c(1444, 3388, 4887, 1230,  388,  848,  895)
hi  <- c( 436,  615,  224,  232, 1575,  164,  415)
up  <- c(2270, 1637,  654,  900, 1670,  629,  451)
low <- c(1647,  752,  585, 1414, 1452,  274,  575)
inw <- c( 290,   13,   13,   20,   42,  246,   55)
blockB <- data.frame(mt, hi, up, low, inw)
```

列表2 执行源代码后，显示数据框（控制台）

```
> blockB
   mt   hi   up  low inw
1 1444  436 2270 1647 290
2 3388  615 1637  752  13
3 4887  224  654  585  13
4 1230  232  900 1414  20
5  388 1575 1670 1452  42
6  848  164  629  274 246
7  895  415  451  575  55
```

设定列名/行名。

列表3 设定列名/行名（源文件为script2.R）

```
# 设定列名
colnames(blockB) <- c(
  "山地","丘陵","高地","洼地","管辖水域等")
# 设定行名
rownames(blockB) <- c("茨城县","栃木县","群马县",
  "埼玉县","千叶县","东京都","神奈川县")
```

列表4 源代码执行后，显示数据框（控制台）

```
> blockB
```

	山地	丘陵	高地	洼地	管辖水域等
茨城县	1444	436	2270	1647	290
栃木县	3388	615	1637	752	13
群马县	4887	224	654	585	13
埼玉县	1230	232	900	1414	20
千叶县	388	1575	1670	1452	42
东京都	848	164	629	274	246
神奈川县	895	415	451	575	55

秘技 147 按指定的位置获取数据框的特定范围

扫码看视频

> **这里是关键点！** [行索引,列索引]

使用矩阵形式的中括号指定行索引和列索引，即可提取数据框特定范围内的数据。

列表1 提取数据框中特定范围内的数据（控制台）

```
> # 关东圈的地形（由总务省调查）
> blockB
```

	山地	丘陵	高地	洼地	管辖水域等
茨城县	1444	436	2270	1647	290
栃木县	3388	615	1637	752	13
群马县	4887	224	654	585	13
埼玉县	1230	232	900	1414	20
千叶县	388	1575	1670	1452	42
东京都	848	164	629	274	246

2-7 矩阵

```
            神奈川县   895    415    451    575     55
> # 提取第1行的第1~4列的数据
> blockB[1, 1:4]
          山地   丘陵  高地   洼地
茨城县    1444   436   2270  1647
> # 提取第1~7行的第1列的数据
> blockB[1:7,1]
[1] 1444 3388 4887 1230  388  848  895
```

数据框

```
> # 取出第5~7行的第1列、第5列的数据
> blockB[5:7, c(1, 5)]
          山地   管辖水域等
千叶县    388    42
东京都    848    246
神奈川县  895    55
```

仅指定1列，则返回向量

数据框

秘技 148　指定条件并获取数据框的列

难易程度：●●○

扫码看视频

这里是关键点！ → subset(数据框, subset=条件, select=取出列)

仅提取特定的列时，可以使用subset()函数。除了指定要提取的列，还可以对列设定条件表达式，仅提取满足条件的列元素。

• subset()函数

从数据框创建矩阵。

格式	subset(x, subset, select)	subset(x, subset, select, drop = FALSE, …)
参数	x	指定要作为矩阵的向量
	subset	列元素的提取条件（逻辑表达式）
	select	指定选择的列

列表1　提取满足指定条件的列数据（控制台）

```
> # 关东圈的地形（由总务省调查）
> blockB
```

	山地	丘陵	高地	洼地	管辖水域等
茨城县	1444	436	2270	1647	290
栃木县	3388	615	1637	752	13
群马县	4887	224	654	585	13
埼玉县	1230	232	900	1414	20
千叶县	388	1575	1670	1452	42
东京都	848	164	629	274	246
神奈川县	895	415	451	575	55>

```
> # 仅提取丘陵的数据
> subset(blockB, select = 丘陵)
          丘陵
茨城县    436
栃木县    615
群马县    224
埼玉县    232
千叶县    1575
东京都    164
神奈川县  415
> # 仅提取丘陵和洼地的数据
> subset(blockB, select = c(丘陵,洼地))
          丘陵   洼地
茨城县    436    1647
栃木县    615    752
群马县    224    585
埼玉县    232    1414
千叶县    1575   1452
东京都    164    274
神奈川县  415    575
> # 仅提取水域等超过100的数据
> subset(blockB, select = c(山地, 丘陵), subset
 = 管辖水域等 > 100)
          山地   丘陵
茨城县    1444   436
东京都    848    164
```

秘技 149　使用编辑器编辑数据框

难易程度：●○○

扫码看视频

这里是关键点！ → edit()函数

R语言中配备了编辑数据框的编辑器，虽然使用中文的文本会乱码，但是用来修改英语文本和数字，则是非常方便的工具。

❶ 在控制台输入"tmp <- edit(数据框名)",因为只写 edit(数据框名)无法保存编辑的内容,所以要将编辑后的内容赋值给tmp(变量名,可以是任意的名字)。这里使用了R中自带的样本数据stackloss。

❸ 编辑的内容保存在tmp中,所以输入tmp便可以显示数据框的内容。

❷ 启动编辑器,编辑单元格,编辑完成后关闭编辑器的界面。

秘技 150 去除数据框中的缺失值NA

这里是关键点! na.omit(数据框)

扫码看视频

▶难易程度

若数据框中包含NA(缺失值),汇总统计计算不能很好地执行。这时,使用**na.omit()函数**可以将NA值去除,注意是将含有NA值的整行都删除。请特别注意,如果被删除的行中包含有用的信息,这些信息也会一起被删除。

列表1 从数据框中删除缺失值NA(控制台)

```
> # R中附带的样本数据airquality
> airquality
  Ozone Solar.R Wind Temp Month Day
1    41     190  7.4   67     5   1
2    36     118  8.0   72     5   2
3    12     149 12.6   74     5   3
4    18     313 11.5   62     5   4
```

2-7 矩阵

```
5      NA     NA 14.3  56   5    5 ── 包含NA值的行
6      28     NA 14.9  66   5    6 ── 包含NA值的行
7      23    299  8.6  65   5    7
8      19     99 13.8  59   5    8
10     NA    194  8.6  69   5   10 ── 包含NA值的行
11      7     NA  6.9  74   5   11 ── 包含NA值的行

……有153行，所以之后的省略……

> clean <- na.omit(airquality)
                              将含有NA值的行删除并赋值给clean
> clean
    Ozone Solar.R Wind Temp Month Day
1      41    190  7.4   67    5    1
```

```
2      36    118  8.0   72    5    2
3      12    149 12.6   74    5    3
4      18    313 11.5   62    5    4
7      23    299  8.6   65    5    7
                              包含NA值的5～6行被删除了
8      19     99 13.8   59    5    8
9       8     19 20.1   61    5    9
12     16    256  9.7   69    5   12
                              包含NA值的10～11行被删除了
13     11    290  9.2   66    5   13
14     14    274 10.9   68    5   14
15     18     65 13.2   58    5   15

……之后省略……
```

秘技 151 向数据框中添加列

扫码看视频

难易程度 ●●

> 这里是关键点！ **cbind(数据框, 添加的列)**

对数据框使用cbind()函数，可以在既有的数据框中添加新的列。

• cbind()函数

将既有的数据框和其他数据框按"列单位"合并。

| 格式 | cbind(既有的数据框, 按列添加的数据框) |

下面是将要添加列的数据框的示例。

列表1 创建数据框（项目为df_operation，源文件为script3.R）

```
# 新泻县、富山县、石川县、福井县的地形数据
mt  <- c(8142, 2733, 2048, 3021)
hi  <- c(1161, 331, 1277, 101)
up  <- c(491, 196, 199, 119)
low <- c(2775, 987, 656, 932)

# 创建数据框
blockC <- data.frame(mt, hi, up, low)

# 设定列名
colnames(blockC) <- c("山地","丘陵","高地","洼地")

# 设定行名
rownames(blockC) <- c("新泻县","富山县","石川县","福井县")
```

列表2 执行源代码后，在控制台输出

```
> blockC
         山地   丘陵  高地  洼地
新泻县   8142   1161   491  2775
富山县   2733    331   196   987
石川县   2048   1277   199   656
福井县   3021    101   119   932
```

创建添加的列数据inw，将其作为数据框并使用cbind()函数合并。将inw作为数据框时按"管辖水域等=inw"这样设定名称，会被作为列名来使用。

列表3 合并新的列（源文件为script3.R）

```
# 添加的列数据
inw <- c(8, 5, 0, 8)

# 设定添加的列的名称并作为数据框合并
blockC <- cbind(blockC, data.frame(管辖水域等=inw))
                                    设定列名
```

列表4 执行源代码后，在控制台输出

```
> blockC
         山地   丘陵  高地  洼地  管辖水域等
新泻县   8142   1161   491  2775          8
富山县   2733    331   196   987          5
石川县   2048   1277   199   656          0
福井县   3021    101   119   932          8
                                       添加的列
```

秘技 152 向数据框中添加行

难易程度 ●●

> 这里是关键点！ **rbind(数据框, 添加的行)**

扫码看视频

对数据框使用rbind()函数，可以给既有的数据框添加新的行。"秘技136 使用行数据创建数据框"中也使用了该函数，这里我们从添加行的角度来看。

• rbind()函数

将既有的数据框和其他数据框按"行单位"合并。

格式	rbind(既有的数据框, 按行添加的数据框)

添加行用的数据框的示例如下。

列表1 添加行用的数据框

```
# 新潟县、富山县、石川县、福井县的地形数据
> blockC
         山地   丘陵   高地   洼地   管辖水域等
新潟县   8142   1161   491   2775          8
富山县   2733    331   196    987          5
石川县   2048   1277   199    656          0
福井县   3021    101   119    932          8
```

列表2 将新的行作为数据框创建并添加（项目为df_operation，源文件为script4.R）

```
# 创建添加到数据框的行
r <- data.frame(山地=3820, 丘陵=26, 高地=22,
    洼地=9794, 管辖水域等=58)
# 向blockC中添加新建的行数据r
blockC <- rbind(blockC, 山梨县=r)   ← 设定行名
```

列表3 执行源代码后在控制台输出

```
> blockC
         山地   丘陵   高地   洼地   管辖水域等
新潟县   8142   1161   491   2775          8
富山县   2733    331   196    987          5
石川县   2048   1277   199    656          0
福井县   3021    101   119    932          8
山梨县   3820     26    22   9794         58
```
↑ 添加的行数据

秘技 153 在行方向上合并两个数据框

难易程度 ●●

> 这里是关键点！ **rbind(数据框, 数据框)**

扫码看视频

rbind()函数用于横向合并数据框，cbind()函数用于纵向合并数据框。至此，我们了解了很多关于行或者列的添加合并方法，现在从数据框间的合并的角度来了解rbind()函数的使用方法。

● 数据框间按"行方向"合并

rbind()函数用于按照行为单位合并数据框，类似将行"堆叠起来"，所以数据框在纵向扩张。

列表1 将数据框以"行方向"来合并（blockB、blockC的源代码在项目df_operation、源文件script2.R和script3.R中）

```
> blockB
         山地   丘陵   高地   洼地   管辖水域等
茨城县   1444    436   2270  1647        290
栃木县   3388    615   1637   752         13
群马县   4887    224    654   585         13
埼玉县   1230    232    900  1414         20
千叶县    388   1575   1670  1452         42
东京都    848    164    629   274        246
神奈川县  895    415    451   575         55
> blockC
         山地   丘陵   高地   洼地   管辖水域等
新潟县   8142   1161    491  2775          8
富山县   2733    331    196   987          5
石川县   2048   1277    199   656          0
福井县   3021    101    119   932          8
山梨县   3820     26     22  9794         58
> # 将blockB和blockC按行方向合并
> blockBC <- rbind(blockB, blockC)
```

```
> blockBC
       山地   丘陵   高地   洼地  管辖水域等
茨城县  1444   436   2270  1647      290
栃木县  3388   615   1637   752       13
群马县  4887   224    654   585       13
埼玉县  1230   232    900  1414       20
千叶县   388  1575   1670  1452       42
东京都   848   164    629   274      246
神奈川县 895   415    451   575       55
新潟县  8142  1161    491  2775        8
富山县  2733   331    196   987        5
石川县  2048  1277    199   656        0
福井县  3021   101    119   932        8
山梨县  3820    26     22  9794       58
```

秘技 154　在列方向上合并两个数据框

扫码看视频

难易程度 ●●

这里是关键点！ cbind(数据框, 数据框)

●在"列方向"合并数据框

cbind()函数按照列方向来合并数据框，类似"排列列使横向变长"，所以数据框在横向扩张。

列表1 数据框间按"列方向"合并（项目为df_operation，源文件为script5.R）

```
# 都道府县的地形1
pref1 <- c(Pref="北海道", 山地=40842, 丘陵=12024,
高地=15364, 洼地=9794, 管辖水域=5367)
pref2 <- c(Pref="青森县", 山地=4868, 丘陵=1570,
高地=1831, 洼地=1237, 管辖水域=118)
pref3 <- c(Pref="岩手县", 山地=11021, 丘陵=2089,
高地=881, 洼地=1261, 管辖水域=11)
df1 <- data.frame(pref1, pref2, pref3)
# 都道府县的地形2
pref4 <- c(Pref="宫城县", 山地=2158, 丘陵=2673,
高地=652, 洼地=1757, 管辖水域=23)
pref5 <- c(Pref="秋田县", 山地=6755, 丘陵=1629,
高地=710, 洼地=2453, 管辖水域=84)
pref6 <- c(Pref="山形县", 山地=6307, 丘陵=841,
高地=776, 洼地=1393, 管辖水域=2)
df2 <- data.frame(pref4, pref5, pref6)

# 在列方向合并数据框
df1df2 <- cbind(df1, df2)
```

源代码执行后生成了合并数据框df1和df2的df1df2。

列表2 在控制台确认

```
> df1
          pref1   pref2   pref3
Pref      北海道  青森县  岩手县
山地      40842   4868    11021
丘陵      12024   1570     2089
高地      15364   1831      881
洼地       9794   1237     1261
管辖水域   5367    118       11

> df2
          pref4   pref5   pref6
Pref      宫城县  秋田县  山形县
山地       2158   6755     6307
丘陵       2673   1629      841
高地        652    710      776
洼地       1757   2453     1393
管辖水域     23     84        2

> df1df2
          pref1   pref2   pref3   pref4   pref5   pref6
Pref      北海道  青森县  岩手县  宫城县  秋田县  山形县
山地      40842   4868    11021   2158    6755    6307
丘陵      12024   1570     2089   2673    1629     841
高地      15364   1831      881    652     710     776
洼地       9794   1237     1261   1757    2453    1393
管辖水域   5367    118       11     23      84       2
```
在列方向上合并了

秘技 155 将数据框按共通的列合并

难易程度 ●●

这里是关键点！ merge(数据框, 数据框, by="列名")

扫码看视频

使用merge()函数可以匹配并合并数据框间相同的列。

• merge()函数

将多个向量按"列单位"合并并创建矩阵。

格式	merge(x, y, by = NULL, by.x = NULL, by.y = NULL, sort = TRUE)
参数	x	指定数据框
	y	指定数据框
	by = NULL	匹配的列x、y有相同的列名时，指定要匹配的列名
	by.x = NULL	匹配的列名不同时，指定要匹配的x的列名
	by.y = NULL	匹配的列名不同时，指定要匹配的y的列名
	sort = TRUE	设为TRUE时，根据匹配的列排序（升序排序）。设为FALSE时不排序

merge()函数有两个数据框，示例如下。

列表1 作为合并对象的数据框（项目为df_operation，源文件为script6.R）

```
# 都道府县的地形1（陆地）
lnd_2 <- data.frame(Pref="青森县", 山地=4868,
丘陵=1570, 高地=1831, 洼地=1237)
lnd_3 <- data.frame(Pref="岩手县", 山地=11021,
丘陵=2089, 高地=881, 洼地=1261)
lnd_4 <- data.frame(Pref="宫城县", 山地=2158,
丘陵=2673, 高地=652, 洼地=1757)
lnd_5 <- data.frame(Pref="秋田县", 山地=6755,
丘陵=1629, 高地=710, 洼地=2453)
lnd_6 <- data.frame(Pref="山形县", 山地=6307,
丘陵=841, 高地=776, 洼地=1393)
df_land <- rbind(lnd_2, lnd_3, lnd_4, lnd_5, lnd_6)

# 都道府县的地形2（水域）
lnd_2_iw <- data.frame(Pref="岩手县", 管辖水域=11)
lnd_3_iw <- data.frame(Pref="宫城县", 管辖水域=23)
lnd_4_iw <- data.frame(Pref="青森县", 管辖水域=118)
df_iw <- rbind(lnd_2_iw, lnd_3_iw, lnd_4_iw)
```

列表2 执行源代码，在控制台中输出创建的数据框

```
> df_land
    Pref    山地   丘陵  高地  洼地
1 青森县   4868  1570 1831 1237
2 岩手县  11021  2089  881 1261
3 宫城县   2158  2673  652 1757
4 秋田县   6755  1629  710 2453
5 山形县   6307   841  776 1393
> df_iw
    Pref   管辖水域
1 岩手县         11
2 宫城县         23
3 青森县        118
```

像df_land和df_iw有相同的列Pref，两个数据框的Pref相同的话就可以按列方向（横向）合并。

列表3 将df_land和df_iw按列Pref合并

```
> df_merge <- merge(df_land, df_iw, by="Pref", sort
= FALSE)
> df_merge
    Pref    山地   丘陵  高地  洼地 管辖水域
1 青森县   4868  1570 1831 1237     118
2 岩手县  11021  2089  881 1261      11
3 宫城县   2158  2673  652 1757      23
```

按以下方式，便可以按列Pref合并。因为设定了sort = FALSE，所以保持了第1个参数的df_land的Pref列的排列顺序。

```
merge(df_land, df_iw,
by="Pref", sort = FALSE)
```

因为匹配了青森县、岩手县和宫城县，所以生成了合并了第1个参数df_land中的"管辖水域"列的数据框。df_land的秋田县、山形县因为不匹配所以移除了，从结果来说，青森县、岩手县、宫城县中合并了"管辖水域"这1列。

秘技 156 将不同列上的内容合并

扫码看视频

> **这里是关键点！** merge(数据框,数据框,by.x="列名", by.y="列名")

按照相同的列合并两个数据框时，会有列元素相同但是列名不同的情况。

下面两个数据框有存储县名的列，但是设定了"Pref"和"县名"两个不同的列名。

列表1 想要合并的两个数据框（在控制台中显示）（源代码在项目df_operation和源文件script7.R中）

```
> df_l
   Pref   山地    丘陵   高地   洼地
1  青森县  4868   1570   1831   1237
2  岩手县  11021  2089   881    1261
3  宫城县  2158   2673   652    1757
4  秋田县  6755   1629   710    2453
5  山形县  6307   841    776    1393
> df_iw
   县名   管辖水域
1  岩手县     11
2  宫城县     23
3  青森县    118
```

这种情况下，使用merge()函数的by.x、by.y选项分别指定列名。

列表2 指定不同的列名合并df_land和df_iw（在控制台执行）

```
> df_mg <- merge(df_land, df_iw, by.x="Pref", by.y="县名", sort = FALSE)
> df_mg
   Pref   山地    丘陵   高地   洼地   管辖水域
1  青森县  4868   1570   1831   1237    118
2  岩手县  11021  2089   881    1261     11
3  宫城县  2158   2673   652    1757     23
```

秘技 157 处理数据框的列

扫码看视频

> **这里是关键点！** transform(数据框, 列名=式)

有时会有将数据框的单位从"元"变为"千元"，或者将"英尺"变为"米"等需要转换数据单位的情况，此时使用**transform()函数**可以快速执行数据框的转换处理。

R中收录了整合车速和其停车距离的数据框cars，我们以此为例来说明。

列表1 将"英里"和"英尺"转换为"千米"和"米"（在控制台执行）（源代码在项目df_operation和源文件script8.R中）

```
> # 使用head()函数输出cars的头部数据
> head(cars)
  speed dist
1   4    2
2   4   10
3   7    4
4   7   22
5   8   16
6   9   10
> # 将"英里"乘以1.609倍换算为"千米"
> # 将"英尺"乘以0.3048倍换算为"米"
> cars_tr <- transform(cars, speed = speed * 1.609, dist = dist * 0.3048)
> # 输出换算后的数据框的开头
> head(cars_tr)
  speed   dist
1  6.436  0.6096
2  6.436  3.0480
3 11.263  1.2192
4 11.263  6.7056
5 12.872  4.8768
6 14.481  3.0480
```

秘技 158 计算数据框每列的合计值

扫码看视频

这里是关键点！ colSums(数据框)

使用colSums()函数可以计算数据框每列的合计值。

• colSums()函数（使用数据框时）
计算"列单位"的合计值。

格式	colSums(x[行索引,列索引],na.rm = FALSE)	
参数	x[行索引,列索引]	指定数据框中要计算的行和列，省略时对所有的列分别计算合计值
	na.rm=FALSE	要移除缺失值NA时设定为TRUE

使用多种形式来计算列的合计值时，可以按照下面的形式来指定特定的列。

[, 列索引]

反之，移除特定的列时，可以在索引值前面加上减号，具体如下。

[, -列索引]

列表1 计算数据框每列的合计值（在控制台执行）（源代码在项目df_operation和源文件script9.R中）

```
> # 都道府县的地形（陆地）（script6.R中创建的）
> df_land
    Pref  山地  丘陵 高地  洼地
1  青森县  4868  1570 1831 1237
2  岩手县 11021  2089  881 1261
3  宫城县  2158  2673  652 1757
4  秋田县  6755  1629  710 2453
5  山形县  6307   841  776 1393
> # 移除第1列的县名并计算各列的合计值
> colSums(df_land[, -1])
  山地  丘陵  高地  洼地
 31109  8802  4850  8101
> # 计算第2列和第3列的合计值
> colSums(df_land[, 2:3])
  山地  丘陵
 31109  8802
> # 纽约大气状况观察值的第1列和第2列的合计值
> colSums(airquality[, 1:2])
 Ozone Solar.R
    NA     NA          ← 列中包含NA值，所以结果是NA
> # 移除NA值后计算
> colSums(airquality[, 1:2], na.rm = TRUE)
 Ozone Solar.R
  4887   27146         ← 移除NA值后的结果
```

秘技 159 计算数据框每行的合计值

扫码看视频

这里是关键点！ rowSums(数据框)

rowSums()函数可以计算数据框每行的合计值。

• rowSums()函数（用于数据框时）
计算"行单位"的合计值。

格式	rowSums(x[行索引,列索引], na.rm = FALSE)	
参数	x[行索引,列索引]	指定数据框中要计算的行和列，省略时计算所有的行各自的合计值
	na.rm = FALSE	要移除缺失值NA时设定为TRUE

我们使用多种形式来计算行的合计值，按以下形式来指定特定的行。

[行索引,]

反之，移除特定的行时，可以像下面这样在索引值前加上减号。

[-行索引,]

要移除特定的列时，按以下方式指定。

2-7 矩阵

```
[, -列索引]
```

列表1 计算数据框每行的合计值（在控制台执行）（源代码在项目df_operaiton和源文件script10.R中）

```
> # 都道府县的地形（陆地）（script6.R中创建的）
> df_land
  Pref  山地  丘陵 高地 洼地
1 青森县  4868  1570 1831 1237
2 岩手县 11021  2089  881 1261
3 宫城县  2158  2673  652 1757
4 秋田县  6755  1629  710 2453
5 山形县  6307   841  776 1393
```

```
> # 移除第1列的县名后计算各行的合计值
> rowSums(df_land[, -1])
[1]  9506 15252  7240 11547  9317
```
第1行~第5行各自的山地、丘陵、高地、洼地的合计

```
> # 计算第1行和第3行的合计值
> rowSums(df_land[c(1,3), -1])
   1    3
9506 7240
```
青森县和宫城县各自的山地、丘陵、高地、洼地的合计

秘技 160　对数据框的每列应用函数

扫码看视频

难易程度 ●●

这里是关键点！ apply(数据框,2,函数名)

apply()函数的第2个参数设为2，可以对数据框的每列应用函数，格式如下。

```
apply(数据框,2,函数名)
```

列表1 给数据框的每列应用函数（在控制台执行）（源代码在项目df_operation和源文件script11.R中）

```
> # 都道府县的地形（陆地）（script6.R 中创建的）
> df_land
  Pref  山地  丘陵 高地 洼地
1 青森县  4868  1570 1831 1237
2 岩手县 11021  2089  881 1261
3 宫城县  2158  2673  652 1757
4 秋田县  6755  1629  710 2453
5 山形县  6307   841  776 1393
```

```
> # 移除第1列并计算每列的平均值
> apply(df_land[,-1], 2, mean)
```
应用计算平均值的mean()函数

```
  山地   丘陵   高地   洼地
6221.8 1760.4  970.0 1620.2
```

```
> # 移除第1列并计算每列的最大值
> apply(df_land[,-1], 2, max)
```
应用计算最大值的max()函数

```
 山地  丘陵  高地  洼地
11021  2673  1831  2453
```

```
> # 移除第1列并计算每列的最小值
> apply(df_land[,-1], 2, min)
```
应用计算最小值的min()函数

```
山地 丘陵 高地 洼地
2158  841  652 1237
```

```
> # 移除第1列并计算每列的合计值
> apply(df_land[,-1], 2, sum)
```
应用计算合计值的sum()函数，在处理上和colSum()相同

```
 山地 丘陵 高地 洼地
31109 8802 4850 8101
```

秘技 161　对数据框的每行应用函数

扫码看视频

难易程度 ●●

这里是关键点！ apply(数据框,1,函数名)

将apply()函数的第2个参数设为1，可以对数据框的每行应用函数，格式如下。

```
apply(数据框,1,函数名)
```

列表1 对数据框的每行应用函数（在控制台执行）（源代码在项目df_operation和源文件script12.R中）

```
> # 都道府县的地形（陆地）（script6.R中创建的）
> df_land
  Pref    山地   丘陵  高地  洼地
1 青森县   4868  1570  1831  1237
2 岩手县  11021  2089   881  1261
3 宫城县   2158  2673   652  1757
4 秋田县   6755  1629   710  2453
5 山形县   6307   841   776  1393

> # 移除第1列并计算每行的平均值
> apply(df_land[,-1], 1, mean)
[1] 2376.50 3813.00 1810.00 2886.75 2329.25

> # 移除第1列并计算每行的最大值
> apply(df_land[,-1], 1, max)
[1] 4868 11021 2673 6755 6307

> # 移除第1列并计算每行的最小值
> apply(df_land[,-1], 1, min)
[1] 1237 881 652 710 776

> # 移除第1列并计算每行的合计值
> apply(df_land[,-1], 1, sum)
[1] 9506 15252 7240 11547 9317
```

秘技 162 对数据框排序

难易程度 ●●

这里是关键点！ 数据框[order(数据框$列名),]

扫码看视频

将矩阵形式[,]的行索引的部分用于order()函数，可以根据数据框特定列的值以行为单位排序。

• order()函数

按指定的列对数据框的行进行排序。

格式	order(…, decreasing = FALSE)	
参数	…	指定要排序的列。指定多个列，就可以按照列的顺序设定优先级
	decreasing = FALSE	设为FALSE是升序，设为TRUE是降序

可以在[,]行索引的地方设置order()函数，写法如下。

```
数据框[order(数据框$列名),]
```

"数据框$列名"可以用逗号分隔以指定多个列。这时按照指定的顺序设定优先级，有相同的值的数据会根据下一个列的值来排序。

列表1 将数据框升序、降序排序（源代码在项目df_operation和源文件script13.R中）

```
> # 都道府县的地形（陆地）（script5.R中创建的）
> blockBC
         山地   丘陵   高地   洼地  管辖水域等
茨城县   1444    436   2270   1647       290
栃木县   3388    615   1637    752        13
群马县   4887    224    654    585        13
埼玉县   1230    232    900   1414        20
千叶县    388   1575   1670   1452        42
东京都    848    164    629    274       246
神奈川县  895    415    451    575        55
新潟县   8142   1161    491   2775         8
富山县   2733    331    196    987         5
石川县   2048   1277    199    656         0
福井县   3021    101    119    932         8
山梨县   3820     26     22   9794        58

> # 按山地面积由小到大（升序）排序
> blockBC[order(blockBC$山地, blockBC$丘陵),]
         山地   丘陵   高地   洼地  管辖水域等
千叶县    388   1575   1670   1452        42
东京都    848    164    629    274       246
神奈川县  895    415    451    575        55
埼玉县   1230    232    900   1414        20
茨城县   1444    436   2270   1647       290
石川县   2048   1277    199    656         0
富山县   2733    331    196    987         5
福井县   3021    101    119    932         8
栃木县   3388    615   1637    752        13
山梨县   3820     26     22   9794        58
群马县   4887    224    654    585        13
新潟县   8142   1161    491   2775         8

> # 按山地面积由大到小（降序）排序
> blockBC[order(blockBC$山地, blockBC$丘陵,
decreasing = TRUE),]
         山地   丘陵   高地   洼地  管辖水域等
新潟县   8142   1161    491   2775         8
群马县   4887    224    654    585        13
山梨县   3820     26     22   9794        58
栃木县   3388    615   1637    752        13
```

2-7 矩阵

福井县	3021	101	119	932	8	埼玉县	1230	232	900	1414	20
富山县	2733	331	196	987	5	神奈川县	895	415	451	575	55
石川县	2048	1277	199	656	0	东京都	848	164	629	274	246
茨城县	1444	436	2270	1647	290	千叶县	388	1575	1670	1452	42

秘技 163 将长格式数据框转换为宽格式

扫码看视频

难易程度 ··

> **这里是关键点!** reshape(data, v.names=NULL,timevar="time", dvar="id",direction,)

为了方便汇总,一列上会有排列多种类型的值的情况,下面的数据框即符合这种情况。

列表1 创建长格式数据框(项目为df_operation,源文件为script14.R)

```
> # 都道府县的地形(陆地)(script6.R中创建的)
# 第1列
co1 <- c("长野", "岐阜", "静冈")
# 第2列
co2 <- c("山地", "山地", "山地",
         "丘陵", "丘陵", "丘陵",
         "高地", "高地", "高地",
         "洼地", "洼地", "洼地"
         )
# 第3列
co3 <- c(11543, 8258, 5650,  # 山地
         101,   933,   443,   # 丘陵
         1171,  208,   325,   # 高地
         751,   1174,  1155  # 洼地
         )
# 创建长格式的数据框
blockD_height <- data.frame(县名=co1, 形状=co2, 面积=co3)
```

列表2 在控制台中输出数据框blockD_height

```
> blockD_height
   县名 形状    面积
1  长野 山地  11543
2  岐阜 山地   8258
3  静冈 山地   5650
4  长野 丘陵    101
5  岐阜 丘陵    933
6  静冈 丘陵    443
7  长野 高地   1171
8  岐阜 高地    208
9  静冈 高地    325
10 长野 洼地    751
11 岐阜 洼地   1174
12 静冈 洼地   1155
```

大多数统计函数都是以将相同项目的值处理为1列为前提的,如上面所示实例,这样的结果会对数据分析造成困扰。

这时,可以使用reshape()函数将长格式数据框转为宽格式,以作为每个项目的列。

• **reshape()函数**
用于重建数据框。

格式	reshape(data, v.names = NULL, timevar = "time", idvar = "id", direction,)	
参数	data	指定数据框
	v.names = NULL	指定观察值的列
	timevar = "time",	指定表示观察时间的列
	idvar = "id"	指定识别个体的列
	direction	设为wide则转换为宽格式,设为long则转换为长格式

我们试着将之前长格式的数据框blockD_height转换为宽格式。

列表3 将长格式数据框转换为宽格式(script14.R)

```
# 转换为宽格式数据框
blockD_width <- reshape(blockD_height,
                        v.names  = "面积",
                        idvar    = "县名",
                        timevar  = "形状",
                        direction = "wide")
```

执行源代码,在控制台输出blockD_width。

列表4 在控制台输出blockD_width

```
> blockD_width
  县名 面积.山地 面积.丘陵 面积.高地 面积.洼地
1 长野     11543       101      1171       751
2 岐阜      8258       933       208      1174
3 静冈      5650       443       325      1155
```

reshape()函数将v.name选项中指定列中的字符串判断为变量名(数据的项目名),生成每个变量名的列

并横向排列。这时，将v.names中指定的列名和timevar中指定的列（变量名=项目名）组合起来并设定为类似"面积.山地""面积.丘陵"这样的列名。

再应用一次reshape()函数，便会还原为原来的长格式，这时会自动设定行名。

列表5 将宽格式还原为原来的长格式

```
> # 将宽格式还原
> reshape(blockD_width)
         县名    形状    面积
长野.山地  长野   山地   11543
岐阜.山地  岐阜   山地    8258
静冈.山地  静冈   山地    5650
长野.丘陵  长野   丘陵     101
岐阜.丘陵  岐阜   丘陵     933
静冈.丘陵  静冈   丘陵     443
长野.高地  长野   高地    1171
岐阜.高地  岐阜   高地     208
静冈.高地  静冈   高地     325
长野.洼地  长野   洼地     751
岐阜.洼地  岐阜   洼地    1174
静冈.洼地  静冈   洼地    1155
```

秘技 164 按照水平分解或合并数据框的列

扫码看视频

这里是关键点！ unstack(数据框,fomula=列名~列名)

数据框的列数据是字符串时作为**因子（factor）**来管理的。利用这一点可以按水平来分解数据框的列，格式如下。

- **unstack()函数**
  按照水平分解数据框的列时的格式。

格式	unstack(x, fomula)	
参数	x	指定数据框
	fomula	像"列名~列名"这样指定模型表达式时，按照~的右边指定的水平来分解左边的列

下面的数据框blockD_height的列"形状"中设定了"山地""丘陵""高地""洼地"4个水平，按照这个水平创建列并分配"面积"的数据。

列表1 按照水平分解数据框的列（控制台）（收录在项目df_operation、源文件script15.R中）

```
# 长格式的数据框（在script14.R中创建的）
> blockD_height
     县名    形状    面积
1    长野   山地   11543
2    岐阜   山地    8258
3    静冈   山地    5650
4    长野   丘陵     101
5    岐阜   丘陵     933
6    静冈   丘陵     443
7    长野   高地    1171
8    岐阜   高地     208
9    静冈   高地     325
10   长野   洼地     751
11   岐阜   洼地    1174
12   静冈   洼地    1155

> # 将blockD_height按照"面积""地形"的顺序排列
> # 按列"地形"创建列
> # 分配"面积"的数据
> uns <- unstack(blockD_height[, 3:2], fomula
= 面积 ~ 地形)

> uns
    洼地   丘陵    山地   高地
1    751   101  11543  1171
2   1174   933   8258   208
3   1155   443   5650   325

# 使用stack()函数可以还原
stack(uns)
    values   ind
1     751   洼地
2    1174   洼地
3    1155   洼地
4     101   丘陵
5     933   丘陵
6     443   丘陵
7   11543   山地
8    8258   山地
9    5650   山地
10   1171   高地
11    208   高地
12    325   高地
```

2-7 矩阵

秘技 165 使用条件表达式拆分数据框

扫码看视频

难易程度 ●●

这里是关键点！ split(数据框,水平列或条件表达式)

split()函数可以使用数据框的水平或条件表达式拆分，拆分后以列表返回。

- **split()函数**

  从向量创建矩阵。

格式	split(x, f)	
参数	x	指定转为矩阵的向量
	f	指定包含因子的列，则按照因子的水平拆分数据框。指定条件表达式，则拆分为结果为FALSE和TRUE的两个列表

R的样本数据中有将3个种类的鸢尾花（Iris setosa、versicolor和virginica）各自的50个花萼的长度和宽度、花瓣的长度和宽度（厘米）的测量结果整理在150行×150列的数据框中的数据，下面我们就使用该样本数据进行拆分处理。

列表1 按照因子和条件表达式拆分数据框（收录在项目 df_operation、源文件script16.R中）

```
> # 3个种类的鸢尾花（Iris setosa, versicolor,
  virginica）
> # 各自50个花萼的长度和宽度
> # 花瓣的长度和宽度（厘米）的测量结果的开头部分
> head(iris)
  Sepal.Length Sepal.Width Petal.Length Petal.Width Species
1          5.1         3.5          1.4         0.2  setosa
2          4.9         3.0          1.4         0.2  setosa
3          4.7         3.2          1.3         0.2  setosa
4          4.6         3.1          1.5         0.2  setosa
5          5.0         3.6          1.4         0.2  setosa
6          5.4         3.9          1.7         0.4  setosa

> # 按Species（品种）拆分
> # 不取出Species列
> irs_spec1 <- split(iris[-5], iris[5])

> # 输出irs_spec1
> irs_spec1
```

```
$setosa
  Sepal.Length Sepal.Width Petal.Length Petal.Width
1          5.1         3.5          1.4         0.2
2          4.9         3.0          1.4         0.2
3          4.7         3.2          1.3         0.2
...以下省略...

$versicolor
   Sepal.Length Sepal.Width Petal.Length Petal.Width
51          7.0         3.2          4.7         1.4
52          6.4         3.2          4.5         1.5
53          6.9         3.1          4.9         1.5
...以下省略...

$virginica
    Sepal.Length Sepal.Width Petal.Length Petal.Width
101          6.3         3.3          6.0         2.5
102          5.8         2.7          5.1         1.9
103          7.1         3.0          5.9         2.1
...以下省略...

> # 取出Sepal.Length大于6厘米的数据
> irs_spec2 <- split(iris[-5], iris$Sepal.Length > 6)

> irs_spec2
$`FALSE`                    ——小于6厘米的数据
  Sepal.Length Sepal.Width Petal.Length Petal.Width
1          5.1         3.5          1.4         0.2
2          4.9         3.0          1.4         0.2
3          4.7         3.2          1.3         0.2
4          4.6         3.1          1.5         0.2
5          5.0         3.6          1.4         0.2
...以下省略...

$`TRUE`                     ——大于6厘米的数据
   Sepal.Length Sepal.Width Petal.Length Petal.Width
51          7.0         3.2          4.7         1.4
52          6.4         3.2          4.5         1.5
53          6.9         3.1          4.9         1.5
55          6.5         2.8          4.6         1.5
57          6.3         3.3          4.7         1.6
…以下省略…
```

秘技 166 将向量转换为另一种数据类型

难易程度 ★★

这里是关键点！ character、logical、complex、double、integer 的转换

扫码看视频

如下所示的函数可以用于将向量中使用的数据类型进行转换操作。

转换函数	说明
as.character(x)	将x转换为character
as.complex(x)	将x转换为complex
as.numeric(x)	将x转换为numeric
as.logical(x)	将x转换为logical
as.double(x)	将x转换为double
as.integer(x)	将x转换为integer

无论是1个元素的向量还是多个元素的向量都可以应用转换函数。若转换失败，返回缺失值NA的同时显示警告。

列表1 转换示例

```
> # 将字符串转换为numeric
> as.numeric("3.14")
[1] 3.14

> # 将字符串转换为double
> # 实质上和as.numeric("3.14")相同
> as.double("3.14")
[1] 3.14

> # 将字符串转换为integer
> as.integer(3.14)
[1] 3

> # 将实数转换为字符串
> as.character(123)
[1] "123"

> # 不能转换为实数时则为NA
> as.numeric("num")
[1] NA
Warning message:
NAs introduced by coercion

> # 将logical转换为numeric
> as.numeric(TRUE)
[1] 1
> as.numeric(FALSE)
[1] 0

> # 具有多个元素的向量
> as.numeric(c("1", "2", "3", "3.14", "100.001"))
[1]   1.000   2.000   3.000   3.140 100.001
> as.numeric(c("1", "2", "3", "3.14", "abc"))
[1] 1.00 2.00 3.00 3.14   NA
Warning message:
NAs introduced by coercion
```

秘技 167 将结构化数据类型转换为另一个结构化数据

难易程度 ★★

这里是关键点！ 转为结构化数据类型的转换函数

下面的函数将参数中的x分别转换为数据框、列表、矩阵、向量等结构化数据类型。

- as.data.frame(x)
- as.list(x)
- as.matrix(x)
- as.vector(x)

● 转换向量

向量可以进行以下转换。

▼向量

转换	转换方法
向量➡列表	as.list(向量)
向量➡1列的矩阵	as.matrix(向量)或者cbind(向量)
向量➡1行的矩阵	rbind(向量)

2-9 日期

(续表)

矩阵

转换	转换方法
向量➡n行×m列的矩阵	matrix(向量,nrow=n,ncol=m)
向量➡1列的数据框	as.data.frame(向量)
向量➡1行的数据框	as.data.frame(rbind(向量))

●转换列表

将列表转换为向量时,如果列表中都是相同的数据类型,则可以顺利转换,包含字符串和数字时,转换为字符串。列表中包含子列表时,会导致不可预期的结果,所以通常不转换。

▼**列表**

转换	转换方法
列表➡向量	unlist(列表)
列表➡1列的矩阵	as.matrix(列表)
列表➡1行的矩阵	as.matrix(rbind(列表))
列表➡n行×m列的矩阵	matrix(列表,nrow=n,ncol=m)
列表(列元素)➡1列的数据框	as.data.frame(列元素的列表)
列表(行元素)➡1行的数据框	as.data.frame(行元素的列表)

●矩阵的转换

在矩阵所有的元素都是相同的数据类型的前提下,可以执行以下转换。

矩阵

转换	转换方法
矩阵➡向量	as.vector(矩阵)
矩阵➡列表	as.list(矩阵)
矩阵➡数据框	as.data.frame(矩阵)

●数据框的转换

将数据框转换为列表时,因为数据框的列是由列构成的,所以会出现去除了data.frame属性的列表。

将数据框转换为矩阵时,数据框所有元素都是数字,则转换为数字矩阵;所有元素都是字符串,则转换为字符串矩阵。如果元素是字符串和数字,或者因子的混合,则将所有的值转换为字符串并生成字符串矩阵。

▼**数据框**

转换	转换方法
数据框的n行➡向量	数据框[n,]
数据框的m列➡向量	数据框[,m]或者数据框[[m]]
数据框➡列表	as.list(数据框)
数据框➡矩阵	as.matrix(数据框)

2-9 日期

秘技 168 获取当前日期

难易程度 ●●

> 这里是关键点! **Sys.Date()函数**

扫码看视频

Sys.Date()函数用于返回当前的时间,其实体是存储从系统时间中获取的数据的Date对象。

列表1 获取当前的日期和时间

```
> # 现在的日期
> Sys.Date()
[1] "2020-07-23"

> # Sys.Date()返回Date对象
```

```
> class(Sys.Date())
[1] "Date"
```

补充关键点 Date对象

Date类的对象将系统时间以1970-01-01之后的天数表示。

秘技 169　将日期数据转换为字符串

难易程度 ●●

这里是关键点！ format(Sys.Date())，as.character(Sys.Date())，format(Sys.Date(), format="指定格式的字符串")

扫码看视频

Sys.Date()函数获取的日期数据是Date类型，所以作为字符串来使用时，需要使用**format()**函数或者**as.character()**函数将Sys.Date()函数的返回值转换为character类型。

列表1 将Date对象转换为character类型（收录在项目Date、源文件script2.R中）

```
> # 将Date对象转换为字符串
> format(Sys.Date())
[1] "2020-07-23"

> # as.character()函数也可以转换
> as.character(Sys.Date())
[1] "2020-07-23"
```

● 设定日期的格式

format()函数的format选项可以指定以下的格式。

▼ 设定日期格式的格式字符

格式	说明
%Y	表示公元年份的4位数字
%y	表示公元年份后2位的数字
%m	表示月份的2位数字
%b	表示月份的2位数字
%B	表示月份的2位数字+"月"
%d	表示日期的2位数字

列表2 将Date对象转换为字符串时设定日期的格式

```
> # 将格式设定为"4位的年/2位的月/2位的日"
> format(Sys.Date(), format="%Y/%m/%d")
[1] "2020/07/23"

> # 将格式设定为"2位的年/2位的"月""
> format(Sys.Date(), format="%y/%b")
[1] "20/7月"
```

秘技 170　将字符串转换为日期数据

难易程度 ●●

这里是关键点！ ("表示日期的字符串")

扫码看视频

字符串表示的日期可以用**as.Date()**函数转换为Date对象，但是转换的字符串必须是ISO 8601标准中规定的格式，具体如下。

```
yyyy-mm-dd
```

列表1 将表示日期的yyyy-mm-dd格式的字符串转换为Date对象（在项目Date、源文件script3.R中）

```
> # 将字符串日期转换为Date对象
> as.Date("2017-11-04")
[1] "2017-11-04"

> # 转换后为Date类的对象
> class(as.Date("2017-11-04"))
[1] "Date"
```

如果字符串对应格式字符的写法，使用format选项也可以转换为Date对象，具体如下。

列表2 使用format选项将日期转换为Date对象

```
> # 将不同排列的日期转换为yyyy-mm-dd格式
> as.Date("12月/31/17", format="%B/%d/%Y")
[1] "2017-12-31"
```

2-9 日期

秘技 171 创建连续的日期数据

难易程度 ●●

这里是关键点！ seq(from=开始日, to=结束日)

扫码看视频

使用seq()函数可以指定开始日和结束日，可以生成连续的日期数据。

- **创建日期数据时seq()函数的格式**

  返回值是Date类型的对象。

  格式　seq(from=开始日, to=结束日, by=增量, length.out=天数)

●**创建1个月的日期**

首先是生成1个月的日期。

列表1 生成从2018-01-01到2018-01-31的日期（收录在项目Date、源文件script4.R中）

```
> # 开始日
> start <- as.Date("2018-01-01")

> # 结束日
> end <- as.Date("2018-01-31")

> # 生成从开始日到结束日的以1天为增量的日期
> days <- seq(from=start, to=end, by=1)

> # 输出
> days
 [1] "2018-01-01" "2018-01-02" "2018-01-03"
 "2018-01-04"
 [5] "2018-01-05" "2018-01-06" "2018-01-07"
 "2018-01-08"
 [9] "2018-01-09" "2018-01-10" "2018-01-11"
 "2018-01-12"
[13] "2018-01-13" "2018-01-14" "2018-01-15"
 "2018-01-16"
[17] "2018-01-17" "2018-01-18" "2018-01-19"
 "2018-01-20"
[21] "2018-01-21" "2018-01-22" "2018-01-23"
 "2018-01-24"
[25] "2018-01-25" "2018-01-26" "2018-01-27"
 "2018-01-28"
[29] "2018-01-29" "2018-01-30" "2018-01-31"

> # 取出第1个日期
> days[1]
[1] "2018-01-01"
```

```
> # 生成日期数据并转为向量
> days <- as.character(seq(from=start, to=end, by=1))
```

●**生成1周的日期**

给seq()函数的天数设定为length.out=7，可以生成1周的日期。

列表2 设定length.out=7

```
> # 1周的日期
> seq(from=start, by=1, length.out=7)
[1] "2018-01-01" "2018-01-02" "2018-01-03"
 "2018-01-04"
[5] "2018-01-05" "2018-01-06" "2018-01-07"
```

●**自动生成每月、每个季度、每年的第一天**

seq()函数的by选项可以使用日（days）、周（weeks）、月（months）、年（years）来灵活地设定。

列表3 生成每月、每季度、每年的第一天

```
> # 1年各个月的第一天
> start <- as.Date("2018-04-01")
> seq(from=start, by="month", length.out=12)
 [1] "2018-04-01" "2018-05-01" "2018-06-01"
 "2018-07-01"
 [5] "2018-08-01" "2018-09-01" "2018-10-01"
 "2018-11-01"
 [9] "2018-12-01" "2019-01-01" "2019-02-01"
 "2019-03-01"

> # 1年各季度的第一天（注：日本的计时方式）
> seq(from=start, by="3 month", length.out=4)
[1] "2018-04-01" "2018-07-01" "2018-10-01"
 "2019-01-01"

> # 10年间每个年度的第一天（注：日本的计时方式）
> seq(from=start, by="year", length.out=10)
 [1] "2018-04-01" "2019-04-01" "2020-04-01"
 "2021-04-01"
 [5] "2022-04-01" "2023-04-01" "2024-04-01"
 "2025-04-01"
 [9] "2026-04-01" "2027-04-01"
```

文件操作的秘诀

3-1　操作文本文件（秘技172~180）

3-2　读取Excel数据（秘技181~182）

3-1 操作文本文件

秘技 172　显示制表符分隔的文本文件数据

难易程度 ▶▶

扫码看视频

> **这里是关键点！** Open File菜单

统计分析中使用的数据是以制表符分隔的文本文件，或者是以逗号分隔的CSV格式文件。在RStudio中，可以读取这些文件并显示在专门的视图中。

● **读取制表符分隔的文本文件**

将数据以制表符分隔输入的"各店铺销售额_utf8.txt"文件，保存在项目用文件夹load_file中。从文件名称可以知道，文件中的字符编码是UTF-8，所以RStudio可以直接读取，具体步骤如下。

❶ 在RStudio中打开项目load_file，在"**File**"菜单，在菜单列表中选择"**Open File**"选项，打开"**Open File**"对话框。

▼ 选择"Open File"选项

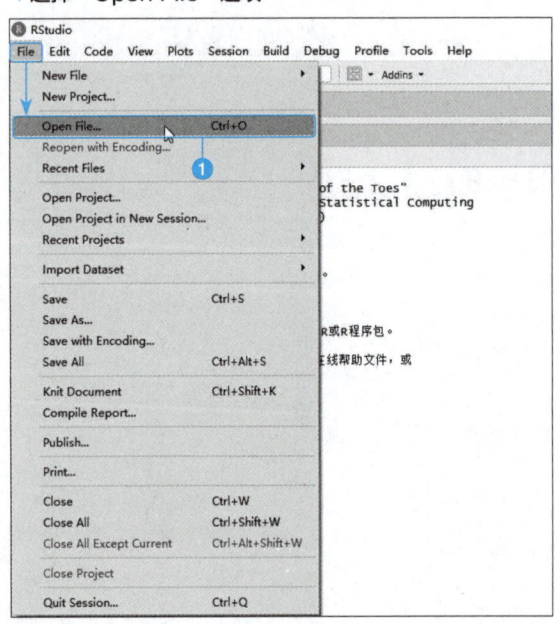

❷ 在打开的对话框中选择"各店铺销售额_utf8.txt"文件，单击**Open**按钮。

▼ 选择文件

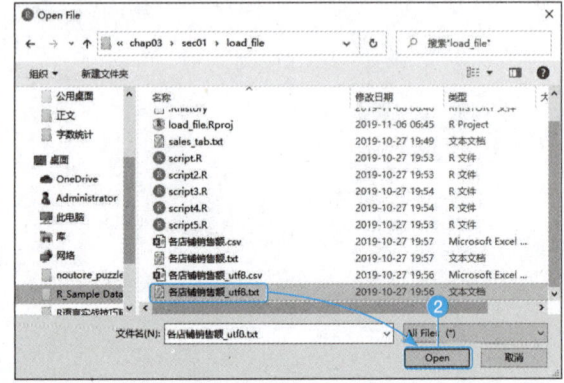

❸ 此时，文件的内容显示在了专用的视图中。

▼ 显示文件内容

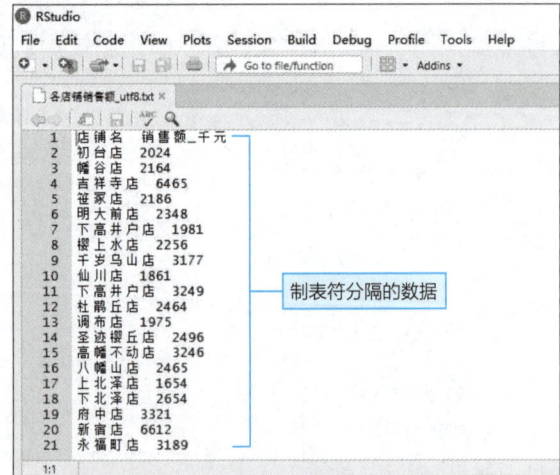

制表符分隔的数据

秘技 173 显示CSV文件的数据

这里是关键点！ Open File对话框

CSV格式文件是将数据以逗号分隔保存的文件。项目用文件夹load_file中保存着"各店铺销售额_utf8.csv"文件。该文件的字符编码是UTF-8，所以RStudio可以直接读取，步骤如下。

❶ 单击"File"菜单，选择"Open File"选项。
❷ 在打开的"Open File"对话框中选择"各店铺销售额_utf8.csv"文件，单击"Open"按钮。

❸ 文件的内容显示在专用的视图中。

▼ 选择文件

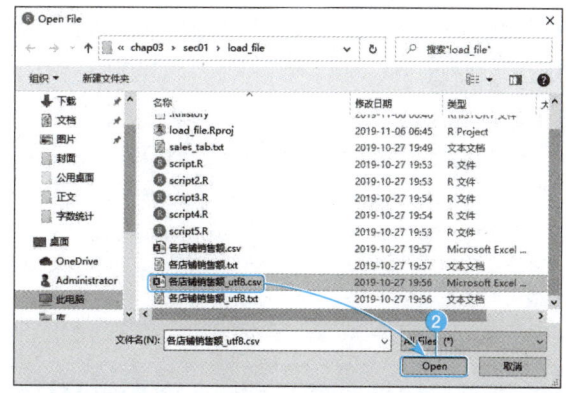

▼ 显示文件内容

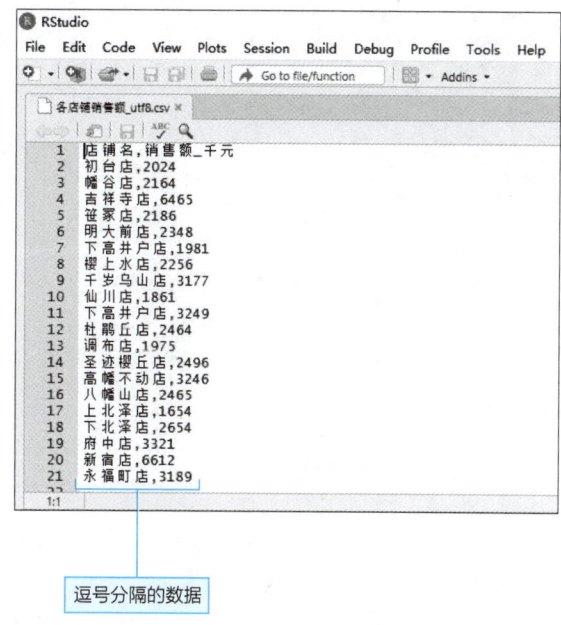

逗号分隔的数据

秘技 174 解决视图中的乱码

这里是关键点！ 设定字符编码后再次读取文件

如果读取的文件的字符编码和RStudio中设定的字符编码不同，便会显示乱码。

打开"各店铺销售额_utf8.csv"时显示乱码了，如右图所示，原因是RStudio的文字编码不是UTF-8（这里的编码是CP936）。

▼ 乱码的状态

3-1 操作文本文件

此时设定正确的字符编码并再次读取文件，便可以消除乱码。

❶ 单击"File"菜单，选择"Reopen with Encoding"选项。

▼ RStudio的"File"菜单

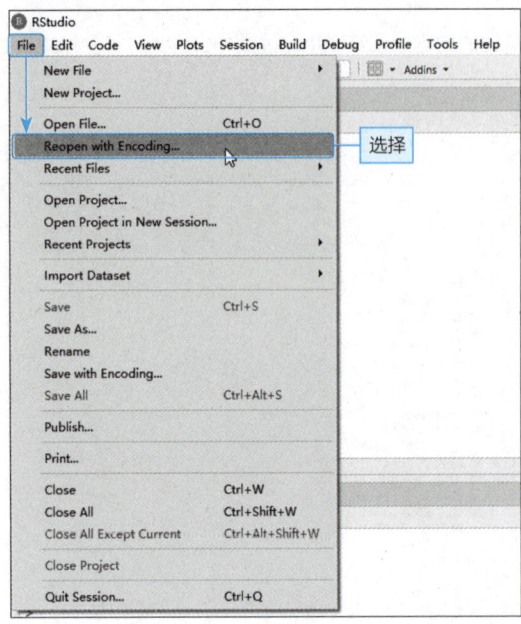

▼ 设定编码（切换字符编码）

❷ 显示"Choose Encoding"对话框，选择"UTF-8"选项并单击"OK"按钮。

❸ 文本正常显示了。

▼ 字符编码一致的状态

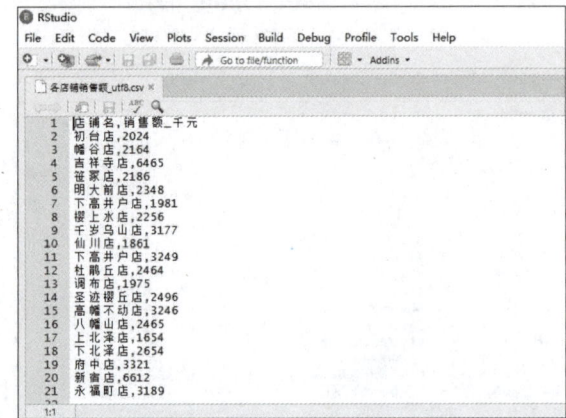

专栏　源代码（注释部分）的乱码

除像上面实例介绍的打开含有非英文的文本文件时显示乱码的情况，打开含有非英文注释的源文件时也可能显示乱码，如UTF-8编码保存的源文件用其他编码打开时，注释中的非英文便会显示为乱码。

RStudio的标准编码方式之前统一为UTF-8，但最新的RStudio中使用了OS标准的编码方式，因此Windows系统RStudio的编码方式是**CP936**。

需要注意的是，使用CP936编码方式的新版本的Rstudio，打开之前使用UTF-8编码方式的RStudio创建的源文件时，便会显示乱码，所以请按照上面实例中介绍的切换为与文件匹配的字符编码的操作来打开文件，这样就能正常显示了。

秘技 175　将制表符分隔的文本文件读入数据框

扫码看视频

难易程度 ●●

> 这里是关键点！　**read.table(文件名)**

当作数据使用的文件有以逗号分隔的CSV格式文件和以制表符分隔的文本文件时，使用read.table()函数可以将外部文件的数据读入数据框中。

3-1 操作文本文件

- **read.table()**

将以逗号分隔的CSV格式文件和以制表符分隔的文本文件的内容展开到数据框中。

格式	read.table(file[, header = FALSE, 　　　　　sep = "", 　　　　　quote = "\"'", 　　　　　dec = ".", 　　　　　numerals = c("allow.loss", "warn.loss", "no.loss"), 　　　　　row.names, 　　　　　col.names, 　　　　　as.is = !stringsAsFactors, 　　　　　na.strings = "NA", 　　　　　colClasses = NA, 　　　　　nrows = -1, 　　　　　skip = 0, 　　　　　check.names = TRUE, 　　　　　fill = !blank.lines.skip, 　　　　　strip.white = FALSE, 　　　　　blank.lines.skip = TRUE, 　　　　　comment.char = "#", 　　　　　allowEscapes = FALSE, 　　　　　flush = FALSE, 　　　　　stringsAsFactors = default.stringsAsFactors(), 　　　　　fileEncoding = "", 　　　　　encoding = "unknown", 　　　　　text, 　　　　　skipNul = FALSE] 　　　　)		
参数	file	设定读取到数据框的文件
	sep = ""	指定数据间的分隔符。csv文件时设为sep=","。如果是制表符分隔的文件,则不需要指定
	row.names=NULL	设定行名。可以使用"row.names=字符串向量"将任意的字符串设定为行名 如果读入的文件中设定了行名,需要使用以下任一方法给数据框设定作为行名的列 ・row.names="列名" ・row.names=1(列的序号)
	col.names	设定列名
	nrow = -1	设定读取到第几行。默认是-1,所以到最后一行为止,也就是读取到文件的最后一行
	header = FALSE	指定"文件的第1行是否是列名"。如果文件的第1行是列名,则设为TRUE(或T),这样列名就直接成为数据框的列名
	skip = 0	如果文件的开头有不要读取的行则指定。设为"skip = 1",则不会读开始的第1行,从第2行开始读取
	fileEncoding = ""	设定字符编码。R中UTF-8是标准编码方式,所以UTF-8之外的编码方式的文件需要指定编码方式,否则会导致非英文乱码。Windows中的标准编码是Shift-JIS的扩展CP936,所以在Windows中创建的文件需要指定fileEncoding="CP936"

在读取文件之前,先将"load_file"设为工作目录,具体操作为:单击窗口右下方的More(齿轮标志),在下拉列表中选择"Set As Working Directory"选项即可。

下面是以制表符分隔的文本文件。

▼各店铺销售额.txt

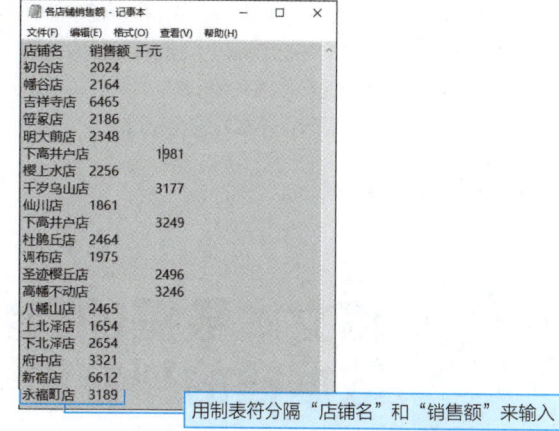

用制表符分隔"店铺名"和"销售额"来输入

我们试着将这个文件读取到数据框中。

列表1 将以制表符分隔的文本文件读取到数据框中(项目为load_file,源文件为script.R)

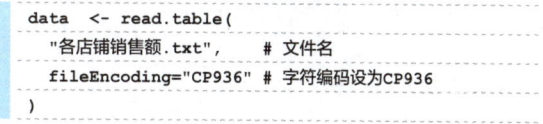

单击"**Source**"执行源代码,将以制表符分隔的文本文件的数据读取到数据框data中,单击显示在Environment视图中的data确认内容。

▼读到数据框data的数据

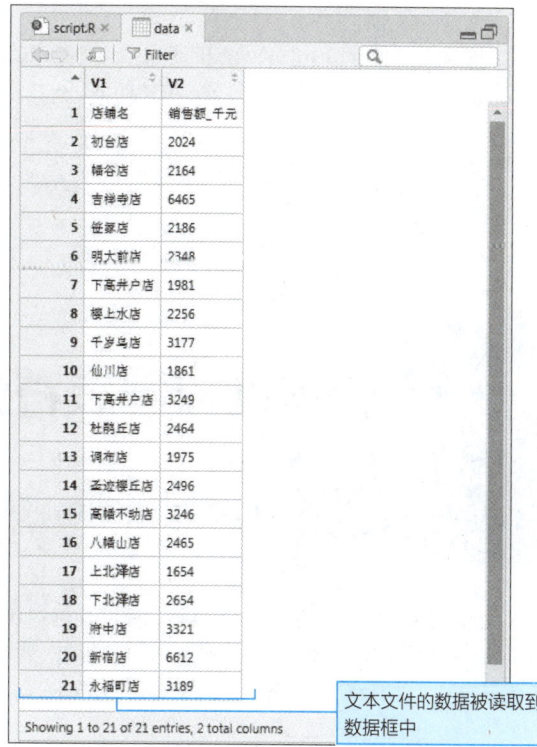

文本文件的数据被读取到数据框中

3-1 操作文本文件

●指定fileEncoding选项

因为Windows标准的字符编码是Shift_JIS的扩展CP936，所以只要不特别指定编码，便会以CP936编码来保存。而RStudio的标准字符编码是UTF-8，所以直接读取会显示乱码。因此，按如下所示设置：

```
fileEncoding="CP936"
```

将其设为read.table()函数的参数，这样文本数据会转换为CP936编码，就不会出现乱码了。

另外，即使是以UTF-8编码保存的文本数据，偶尔也会有乱码的情况，所以UTF-8编码的文件最好也按如下所示方式设定。

```
fileEncoding="UTF-8"
```

秘技 176 将文本数据的列名称作为数据框的列名称

难易程度 ●●

这里是关键点！ read.table()函数的选项 header=TRUE

扫码看视频

虽然上一个秘技中读取的文本文件第1行是列名，但是读取到数据框时设定了其他的列名。

▼文本数据的列名没有生效

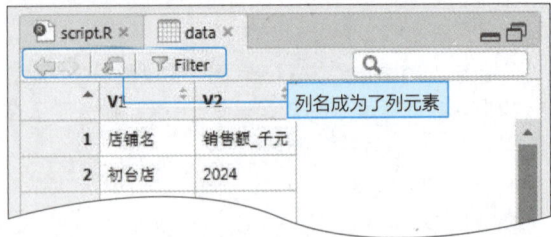

此时按指定read.table()函数的选项，文本数据的第1行便可以设定为数据框的列名了，具体如下。

```
header=TRUE
```

列表1 将以制表符分隔的文本文件的第1行作为列名并读取到数据框中（项目为load_file，源文件为script2.R）

```
data_title <- read.table(
    "各店铺销售额.txt"     # 文件名
    header=TRUE,           # 将第1行设为列名
    fileEncoding="CP936"   # 字符编码设为CP936
)
```

单击"Source"按钮执行源代码，单击显示在Environment视图中的"data_title"确认其内容。

▼读取到数据框data_title中的数据

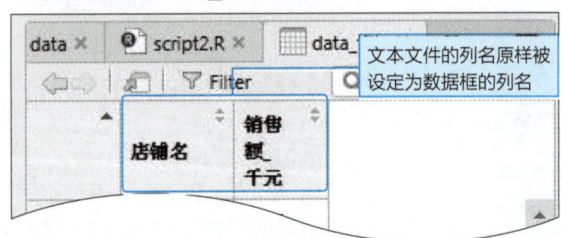

秘技 177 轻松读取制表符分隔的数据文件

难易程度 ●●

这里是关键点！ read.delim("文件名",)

扫码看视频

read.delim()函数是读取制表符分隔的文件的专用函数，参数的组成基本和read.table()函数相同，第1行表示列名，以下为默认设置，不需要重新设定。

```
header=TRUE
```

如果不需要有列名，需要反过来设置为header=

FALSE。虽然没发现这个函数有什么优点，姑且先将其作为制表符分隔的专用函数来介绍。

列表1 将制表符分隔的文件读取到数据框中（项目为load_file，源文件为script3.R）

```
data2 <- read.delim(
                    "各店铺销售额.txt"           # 文件名
                    fileEncoding="CP936"       # 字符编码设为CP936
                    )
```

执行源代码，和上一个秘技一样，同样会读取到数据框中。

秘技 178 将CSV格式文件读取到数据框

扫码看视频

这里是关键点！ read.table("文件名", sep=",")

下面是以逗号分隔的CSV格式文件。

▼ 各店铺销售额.csv

指定表示观察时间的列

对于逗号分隔的CSV格式文件，要将read.table()函数的选项按以下格式设定。

```
sep = ","
```

列表1 将逗号分隔的CSV格式文件读取到数据框中（项目为load_file，源文件为script4.R）

```
df_comma <- read.table("各店铺销售额.csv",    # 文件名
                       sep = ",",              # 指定逗号分隔
                       header=TRUE,            # 指定第1行为列名
                       fileEncoding="CP936"    # 字符编码设为CP936
                       )
```

单击"**Source**"按钮执行源代码，将逗号分隔的CSV格式文件读取到数据框df_comma中。单击显示在Environment视图中的df_comma确认其内容。

▼ 读取到数据框df_comma中的数据

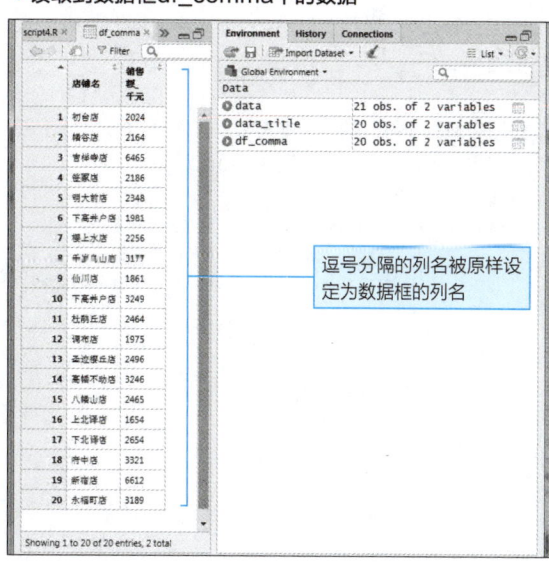

逗号分隔的列名被原样设定为数据框的列名

秘技 179 轻松读取CSV格式文件

扫码看视频

这里是关键点！ read.csv("文件名")

read.csv() 函数是读取CSV文件的专用函数，参数的组成和read.table()函数基本相同，但因为是CSV文件专用函数，所以表示逗号分隔并且第1行是列名，被默认设定好了，不需要重新设定，具体如下。

```
sep = ",",
header=TRUE
```

列表1 将CSV文件读取到数据框中（项目为load_file，源文件为script5.R）

```
df_comma2 <- read.csv( # 将 "各店铺销售额.csv" 代入到df_comma2中
            "各店铺销售额.csv",    # 文件名
            fileEncoding="CP936"  # 字符编码设为CP936
            )
```

执行源代码，和上一个秘技一样会读取到数据框中。

秘技 180 将制表符分隔的文件写入逗号分隔的CSV文件中

扫码看视频

这里是关键点！ write.table()

使用 **write.table()** 函数，可以将数据框的数据作为制表符分隔的文本文件或逗号分隔的CSV文件保存。

这里我们将既有的制表符分隔的文件读取到数据框，并试着将其保存为逗号分隔的CSV文件。

列表1 读取制表符分隔的文本文件并另存为CSV文件（项目为WriteFile，源文件为script.R）

```
# 读取制表符分隔的文件
sales <- read.delim(
         "sales_tab.txt",      # 文件名
         fileEncoding="CP936"  # 字符编码设为CP936
         )
```

运行源代码，这时sales的内容如下。

列表2 数据框sales（控制台）

```
> sales
      店铺名      销售额_千元
1     初台店         2024
2     幡谷店         2164
3     吉祥寺店       6465
4     笹冢店         2186
5     明大前店       2348
6     下高井户店     1981
7     樱上水店       2256
8     千岁乌山店     3177
9     仙川店         1861
10    下高井户店     3249
11    杜鹃丘店       2464
12    调布店         1975
13    圣迹樱丘店     2496
14    高幡不动店     3246
15    八幡山店       2465
16    上北泽店       1654
17    下北泽店       2654
18    府中店         3321
19    新宿店         6612
20    永福町店       3189
```

将这些数据保存在逗号分隔的CSV文件中。

列表3 将数据保存在CSV文件中（源文件script.R的继续）

```
# 将制表符转换为逗号并另存为csv文件
write.table(
    sales,
    file = "sales_csv.csv",
    sep = ",",              # 指定逗号分隔
    fileEncoding="CP936"    # 字符编码设为CP936
    )
```

3-2 读取Excel数据

执行源代码后,执行"File"菜单的"Open File"命令,选择sales_csv.csv,显示后如下图所示。可以看到字符串被引号(双引号)括起来了,并且添加了行号。

下面使引号和行号无效,并再次将数据框sales保存在CSV文件中。

▼ 查看数据框中的数据

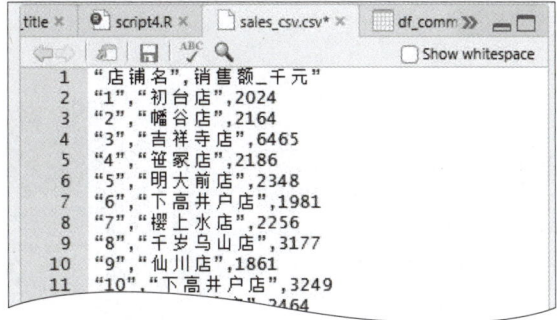

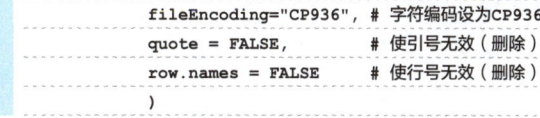

```
fileEncoding="CP936",   # 字符编码设为CP936
quote = FALSE,           # 使引号无效(删除)
row.names = FALSE        # 使行号无效(删除)
)
```

执行源代码后,执行"File"菜单的"Open File"命令,选择sales_csv.csv选项并显示。

▼ 再次保存后的CSV文件

引号和行号被删除

列表 4　删除引号和行号(源文件script.R的继续)

```
# 删除引号和行号并保存
write.table(
          sales,
          file = "sales_csv.csv",
          sep = ",",              # 指定逗号分隔
```

3-2 读取Excel数据

秘技 181　通过剪贴板读取Excel数据

扫码看视频

这里是关键点！ `read.table("clipboard")`

R中有直接读取Excel数据的扩展功能,但读取之前需要先将Excel数据转换为逗号分隔的CSV文件或制表符分隔的文本文件。

另外,如果只是临时使用Excel工作簿的数据,可以将数据整体复制并粘贴到数据框中。

❶ 选择Excel工作簿中需要的单元格并复制。
❷ 在R的源文件中写入 data <- read.table("clipboard") 并执行。
❸ Excel数据即被复制到数据框中。

▼ Excel工作簿

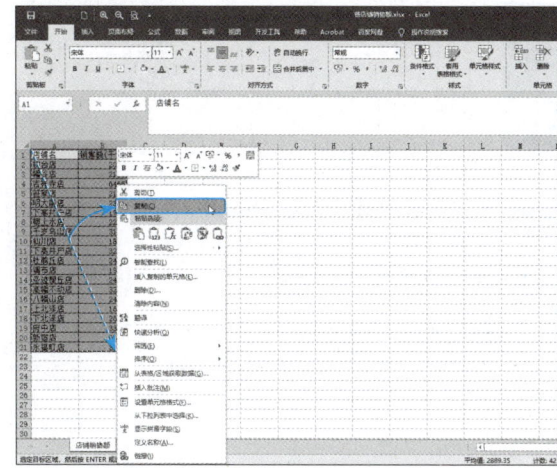

3-2 读取Excel数据

▼ 复制Excel数据并创建的数据框

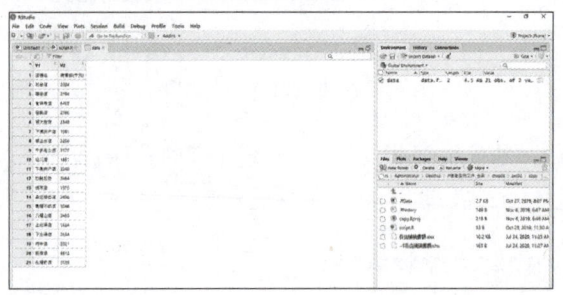

列表1 将剪贴板中的数据读取到数据框中的代码（项目为copy，源文件为script.R）

```
data <- read.table("clipboard")   # 创建数据框data
```

秘技 182 直接读取Excel文件

扫码看视频

难易程度 ●●○

这里是关键点！ **readxl包**

R中没有读取Excel格式文件的函数，需要使用外部包。**readxl包**是只收录了读取Excel格式文件函数的简单的包，使用这个包便可以在R中读取Excel格式的文件。由于该操作是在R中处理的，所以计算机中不需要安装Excel应用程序。

关于包的安装方法在"秘技075 使用stingr包中str_c()函数生成拼接字符串"中已经介绍过，请参考相关操作安装readxl包。

下面使用read_excel()函数将保存在项目ReadExcel文件夹下的Excel文件"各店铺销售额.xlsx"读取到数据框中。

• read_excel()函数

将Excel文件读取到数据框中。

格式	read_excel(path, sheet=1, col_names=TRUE, col_types=NULL, na="", skip=0)	subset(x, subset, select, drop = FALSE, …)

列表1 读取Excel文件（项目为ReadExcel，源文件为script.R）

```
# 使readxl可用
library(readxl)
# 将Excel文件读取到数据框中
tmp <- read_excel("各店铺销售额.xlsx")
```

执行源代码并将tmp的内容输出到控制台。

列表2 读取了Excel文件内容的tmp的内容

```
> tmp
# A tibble: 20 x 2
   店铺名       `销售额 （千元）`
   <chr>              <dbl>
 1 初台店              2024
 2 幡谷店              2164
 3 吉祥寺店            6465
 4 笹冢店              2186
 5 明大前店            2348
 6 下高井户店          1981
 7 樱上水店            2256
 8 千岁乌山店          3177
 9 仙川店              1861
10 下高井户店          3249
11 杜鹃丘店            2464
12 调布店              1975
13 圣迹樱丘店          2496
14 高幡不动店          3246
15 八幡山店            2465
16 上北泽店            1654
17 下北泽店            2654
18 府中店              3321
19 新宿店              6612
20 永福町店            3189
```

Excel文件虽然被读取到了数据框中，但严格来说不是data.frame类的对象，而是data.frame类扩展的tbl_df类的对象。

第4章
秘技183~202

基本编程的秘诀

4-1 程序的控制（秘技183~193）
4-2 创建函数（秘技194~202）

秘技 183 用if语句划分处理

难易程度 ●●

这里是关键点! if(条件表达式){处理…}

if语句的作用是执行条件分支,即根据某个处理的结果切换到不同的处理分支。

●if语句的写法

if语句整体可以看作一个语句,所以多行源代码是一个整体。我们把这种为了某个目的而作为一个整体的源代码称为代码块。if语句的代码块如下。

• **if语句**

```
if (条件表达式) {
    条件表达式为TRUE时执行的处理
}
```

●if语句中必须的条件表达式

if语句是"如果~是TRUE",便执行下一行{}中的代码。"如果~是TRUE"这个条件表达式写在if之后的()中。例如,下述写法,A和B相等时是TRUE,不相等时是FALSE。结果是TRUE,执行{}括起来的代码块。是FALSE则不执行代码块,并结束if语句的处理。

"A和B是否相等"这个条件是"if(A == B)"

条件表达式可以是由下面的比较运算符组成的。

▼if语句的结构

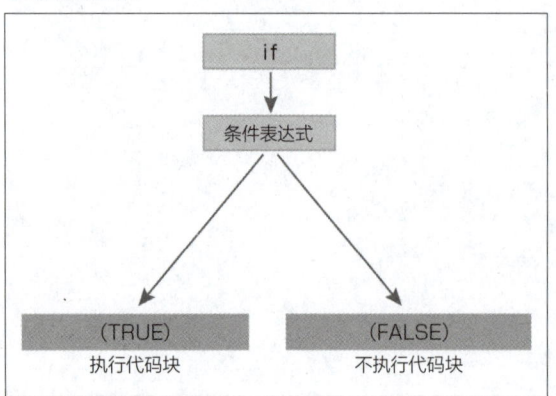

▼logical类型的TRUE和FALSE

值	说明
1	表示真
0	表示假

▼创建条件表达式的"比较运算符"

比较运算符	内容	例子	内容
==	等于	a == b	如果a和b的值相等则为TRUE,否则为FALSE
!==	不等于	a !== b	如果a和b的值不相等则为TRUE,否则为FALSE
>	大于	a > b	如果a的值大于b则为TRUE,否则为FALSE
<	小于	a < b	如果a的值小于b则为TRUE,否则为FALSE
>=	大于等于	a >= b	如果a的值大于等于b则为TRUE,否则为FALSE
<=	小于等于	a <= b	如果a的值小于等于b则为TRUE,否则为FALSE

这些比较运算符如果符合表达式则返回TRUE,否则返回FALSE。如果if语句的条件表达式是TRUE,则执行下一行的代码,这称为**条件表达式成立**。

• **检测NULL、NA、NaN**

除了比较值,还有检测NULL(空值)、NA(缺失值)、NaN(非数字)的函数。

• **is.null()函数**

如果()中指定的值是NULL,则返回TRUE,否则返回FALSE。

• **is.na()**

如果()中指定的值是NA,则返回TRUE,否则返回FALSE。

• **is.nan()函数**

如果()中指定的值是NaN,则返回TRUE,否则返回FALSE。

秘技 184　出现负数时，将其转换为正数

扫码看视频

这里是关键点！ `if(num < 0){num <- num * -1}`

作为if语句的用例，使用**scan()函数**接收从键盘输入的值，如果是负数，则将其转换为正数。

列表1 如果num的值是负数，则将其转换为正数（项目为ifstatement，源文件为script.R）

```
num <- scan()          # 将键盘输入的值赋值给num
if(num < 0){           # num是否为负数
    num <- num * -1    # 乘以-1变为正数
}
print(num)             # 输出num
```

单击代码编辑器的"**Source**"按钮，执行代码。

列表2 执行程序（控制台）

```
> num <- scan()
1: -5                  ——— 输入负数并按Enter键
2:                     ——— 再按一次Enter键（结束输入）
> if(num < 0){         ——— 执行第2行之后的代码
+     num <- num * -1
+ }
> print(num)           # 输出num
5                      ——— 输入的值被转换为正数
```

查看结果，可以确认输入-5时转换为了5。

 print()函数是标准输出（输出到控制台）函数。

秘技 185　执行if语句中的else语句

扫码看视频

这里是关键点！ `if(条件表达式1){ } else if(条件表达式2){ }`

上一个秘技是"如果是负数则转换为正数"的处理。这里我们介绍"如果是正数则转换为负数"的逆处理。

●给if语句加上其他条件else if语句

给if语句加上else if语句，可以给"如果条件1"加上"如果条件2"的模式，就可以像"如果是A，执行B""如果是C，执行D"这样创建更多的条件以对应各种模式。

- **else if语句**

```
if (条件表达式1) {
    条件表达式1为TRUE时执行的处理
} else if (条件表达式2) {
    条件表达式2为TRUE时执行的处理
}
```

下面是"如果是负数，则转换为正数；如果是正数，则转换为负数"的处理。

列表1 如果是负数则转换为正数，如果是正数则转换为负数（项目为ifstatement，源文件为script2.R）

```
num <- scan()            # 将键盘输入的值赋值给num
if(num < 0) {            # num的值是否为负数
    num <- num * -1      # 乘以-1变为正数
} else if(num > 0) {     # num是否为正数
    num <- num * -1      # 乘以-1变为负数
}
```

单击代码编辑器的"**Source**"按钮，执行代码。

列表2 执行程序（控制台）

```
> num <- scan()          # 将键盘输入的值赋值给num
1: 3.14                  ——— 输入正数后按下Enter键
2:                       ——— 再一次按下Enter键
Read 1 item

> if(num < 0) {          # num是否为负数
                         ——— 第2行之后的代码被执行了
```

```
+   num <- num * -1      # 乘以-1变为正数
+ } else if(num > 0) {   # num是否是正数
+   num <- num * -1      # 乘以-1变为负数
.... [TRUNCATED]
```

```
> print(num)             # 输出num
-3.14 ——————— 输入的正数转换为负数
```

秘技 186 执行在不满足所有条件时的处理

扫码看视频

▶难易程度 ●●

> 这里是
> 关键点！
>
> if (条件表达式1){ }
> else if (条件表达式2){ }   else (条件表达式2){ }

接着上一个秘技，这次进行"如果不是实数就转换为实数"的处理。

列表1 如果是整数则执行正和负的转换，除此之外则转换为整数（项目为ifstatement，源文件为script3.R）

```
num <- scan()                    # 将键盘输入的值赋值给num
if(num %% 1 == 0 & num < 0){     # num是否是整数并且是负数
    num <- num * -1              # 乘以-1变为正数
} else if (num %% 1 == 0 & num > 0) {
                                 # num是否是整数并且是正数
    num <- num * -1              # 乘以-1变为负数
} else {                         # 不满足任何条件时
    num <- as.integer(num)       # 转换为整数类型（integer）
}
print(num)                       # 输出num
```

●执行哪一个条件都不满足时的else处理

else语句执行任一个条件都不满足（不成立）时的处理。

● else语句

```
if (条件表达式1) {
    条件表达式1为TRUE时执行的处理
} else if (条件表达式2) {
    条件表达式2为TRUE时执行的处理
} else {
    任一个条件都不为TRUE时执行的处理
}
```

对键盘输入的数字执行以下3段处理。

- 如果是整数并且是负数就转换为正数
- 如果是整数并且是正数就转换为负数
- 其他（包含小数）情况就转换为整数

单击代码编辑器的 **"Source"** 按钮，执行代码。

列表2 执行程序（控制台）

```
> num <- scan()                  # 将键盘输入的值赋值给num
1: 3.14 ——————— 输入包含小数的值并按下Enter键
2: ——————————— 再次按下Enter结束输入
Read 1 item

> if(num %% 1 == 0 & num < 0){   # num是否是整数并且是负数
+     num <- num * -1            # 乘以-1变为正数
+ } else if (num %% 1 == 0 .... [TRUNCATED]

> print(num)                     # 输出num
3 ——————— 舍弃小数部分使其变为整数
```

4-1 程序的控制

秘技 187 重复执行相同的处理

难易程度 ●●

这里是关键点！ for语句

扫码看视频

假设需要反复执行同样的处理，可以反复写相同的代码，但是这样非常麻烦并且效率低下。因此，就有了专为这种情况而设置的**循环处理结构**。

●重复执行指定次数的处理

for语句可以重复执行指定次数的处理。

- **for语句的格式**

```
for (向量 in 可迭代的选项) {
    要重复的处理
}
```

"可迭代的选项"中，**迭代**（iterate）是指重复处理。例如，以下这个向量中有3个值，是可迭代的对象。

```
c(1, 2, 3)
```

这样写，便可以执行以下处理。

```
for (i in c(1, 2, 3)) {
    # 某些处理
}
```

- **重复处理第1次**

将向量的第1个元素1赋值给i，执行块中第1次的处理。

- **重复处理第2次**

回到for的开头，将向量的第2个元素2赋值给i，执行块中第2次的处理。

- **重复处理第3次**

回到for的开头，将向量的第3个元素3赋值给i，执行块中第3次的处理。

- **之后的处理**

回到for的开头，但是已经没有可以赋值给i的向量元素了，所以在这里结束。

●使用for语句显示向量的所有字符串

下面的程序，将存储在向量中所有的消息都输出在控制台中。

列表1 输出向量的所有字符串（项目为roop，源文件为script.R）

```
for (word in c("进程阻塞！",
               "再无法继续运算！",
               "异常终止...")
) {
    print(word)
}
```

列表2 执行结果（控制台）

```
> for (word in c("进程阻塞！",
+                "再无法继续运算！",
+                "异常终止...")
+ ) {
+     print(word)
+ }
[1] "进程阻塞！"         ——— for的第1次处理
[1] "再无法继续运算！"   ——— for的第2次处理
[1] "异常终止..."        ——— for的第3次处理
```

秘技 188 使"将文件读取到数据框"到"代入向量"自动化

难易程度 ●●

这里是关键点！ assign()函数和sprintf()函数

扫码看视频

作为for的使用实例，我们试着将文件读取到数据框之后，使用for语句的处理将数据框中所有的列数据赋值给向量。至于向量的命名问题，可以在for循环处理中动态生成。

145

4-1 程序的控制

读取文件生成了以下数据框。使用for按照列数生成x1、x2……这样的向量名并赋值列的数据。

列表1 将文件读取到了数据框中（项目为for，源文件为script.R）

```
> data
  学生    文化课    实习    记忆训练
1   A       66       56       37
2   B       70       55       45
3   C       52       48       54
4   D       55       55       50
5   E       73       60       62
6   F       62       62       54
7   G       75       40       60
```

列表2 使用for循环动态生成向量名并给其赋值数据框的列数据（项目为for，源文件为script.R）

```
data <- read.table(          # 将"稳定度.txt"赋值给data
    "稳定度.txt",             # 要读取的以制表符分隔的文本文件
    header=TRUE,             # 设定第1行为列名
    fileEncoding="CP936"     # 字符编码设为CP936
)

j <- length(data[1,])        # 获取列数

for(i in c(1:j)) {
    assign(
        sprintf("x%d", i),   # 生成x加上序号的名称
        data[,i]             # 从数据框的第1列开始赋值
    )
}
```

• assign()函数

将值赋值给指定名称的向量。

格式	assign(x, value)	
参数	x	向量的名称
	value	赋值给向量的值

• sprintf()函数

将格式化字符串和其他的字符串组合后的字符串作为向量返回。

格式	sprintf(fmt, 组合元素)	
引数	fmt	格式字符串。使用表示整数的%d写成x%d，则"组合元素"便会填入%d的部分 例如，sprintf(x%d, 1) 便会创建x1这个字符串，返回赋值了这个字符串的向量
	组合元素	传递给fmt的值，可以设定整数、实数、字符串、逻辑值

试着单击"**Source**"按钮来执行程序，因为数据框的列数是3，所以x1、x2、x3应该分别被赋值各个列的数据。

列表3 在控制台确认

```
> x1
[1] A B C D E F G          ——— 数据框第1列的数据
Levels: A B C D E F G
> x2
[1] 66 70 52 55 73 62 75   ——— 数据框第2列的数据
> x3
[1] 56 55 48 55 60 62 40   ——— 数据框第3列的数据
> x4
[1] 37 45 54 50 62 54 60   ——— 数据框第4列的数据
```

使用R分析时经常从外部文件的数据框中按列获取数据，这时就可以使用这里创建的for语句，无论有多少列都可以处理，非常方便。

秘技 189 中断/结束循环

扫码看视频

难易程度 ●●

这里是关键点！ while(条件) { if(条件){ break } }

while执行和for类似的处理。

• while语句

```
while(条件表达式) {
    重复处理
}
```

while的特征是只要条件成立（TRUE），就重复处理。所以，"虽然不知道重复次数，但条件成立期间重复执行处理"时使用很方便。

代码如下。

```
while(TRUE) {
    print("Hello")
}
```

因为条件是成立的（TRUE），所以"Hello"会连续不断地输出，称为**无限循环**。要避免这种无限循环，需要在while中抓住"在某个时间点停止循环的时机"，一般是使用if语句实现的。一旦if捕捉到时机后就使用break

中断循环，这称为**跳出循环**。break的功能是不执行之后的重复并跳出循环，在for语句中也是相同的用法。

● 中断、结束while、for循环

- next
  跳过之后的处理，回到代码块的头部。

- break
  跳出循环。

我们来看一个例子，当num的值小于10时执行循环，在中途当值为8时跳出循环。

列表1 **在条件成立的时候跳出while循环（项目为roop，源代码为script2.R）**

```
num <- 1                      # 使用1初始化num
while(num < 10) {             # 如果num小于10重复处理
  cat(num, "次:")             # 输出num
  num <- num + 1              # num加1
  if(num < 5) {
    cat("num < 3: num = ", num, ">>next\n")
    next                      # 如果num比3大则跳过之后的处理
  } else if(num == 8) {
    cat("num == ",num, ": >>break")
    break                     # 如果num为8则跳出循环
  }
  cat("Not established: num = ", num, "\n")
}
```

单击代码编辑器的"**Source**"按钮，以执行代码。

列表2 **控制台（运行的结果）**

```
1 次:num < 3: num =  2 >> next
2 次:num < 3: num =  3 >> next
3 次:num < 3: num =  4 >> next
4 次:Not established: num =  5
5 次:Not established: num =  6
6 次:Not established: num =  7
7 次:num ==  8 : >> break
```

if(num < 5)期间因为next跳过了之后的处理，所以下述代码虽然没有执行，但num在大于5和成为7为止也重复执行了。这之后，num==8时由break跳出循环。

```
cat("Not established: num = ", num, "\n")
```

 cat()函数是标准输出（输出到控制台）函数，可以按逗号分隔来输出多个向量或者字符串。在输出中要换行时，可以在参数的末尾添加换行符"\n"。

秘技 190 按照顺序传递参数并执行函数

扫码看视频

难易程度 ●●

这里是关键点！ **do.call**("函数名",参数列表)

合并列表的元素并转为矩阵或者数据框时，能合并的元素个数为2，所以不能一次合并多个元素。

但是，使用**do.call()函数**则可以按照顺序给合并函数传递参数，所以可以一次合并多个元素。

▼do.call()函数的格式

| 格式 | do.call(函数名, 参数列表) |

列表1 **合并多个列表元素并转换为矩阵或数据框（在控制台执行）（项目为function，源文件为script.R）**

```
> # 创建列表
> lst <- list(lst_d1 = 1:5, lst_d2 = 6:10, lst_d3 = 11:15)
>
> # 输出
> print(lst)
$lst_d1
[1] 1 2 3 4 5

$lst_d2
[1] 6 7 8 9 10

$lst_d3
[1] 11 12 13 14 15

> # 使用cbind()函数将列表作为矩阵的列
> mtx_c <- do.call(cbind, lst)
```

4-1 程序的控制

```
> # 输出
> print(mtx_c)
     lst_d1 lst_d2 lst_d3
[1,]      1      6     11
[2,]      2      7     12
[3,]      3      8     13
[4,]      4      9     14
[5,]      5     10     15

> # 使用rbind()函数将列表作为矩阵的行
> mtx_r <- do.call(rbind, lst)

> # 输出
> print(mtx_r)
       [,1] [,2] [,3] [,4] [,5]
lst_d1    1    2    3    4    5
lst_d2    6    7    8    9   10
lst_d3   11   12   13   14   15

> # 将列表作为数据框的列
> df_lst <- do.call(data.frame, lst)

> # 输出
> print(df_lst)
  lst_d1 lst_d2 lst_d3
1      1      6     11
2      2      7     12
3      3      8     13
4      4      9     14
5      5     10     15
```

秘技 191 循环获取数据框名称并将其合并

扫码看视频

难易程度 ●●

这里是关键点！ do.call(rbind, lappy(ls(pattern = "检索名称"),get))

通常是按以下的方式指定数据框名称并合并。

列表1 将列表的多个元素按照列或行方向合并并生成矩阵（在控制台执行）（项目为function，源文件为script2.R）

```
> dt1 <- data.frame(d1 = 1:5,   d2 = 6:10)
                 # 2列的数据框
> dt2 <- data.frame(d1 = 11:15, d2 = 16:20)
                 # 2列的数据框
> dt3 <- data.frame(d1 = 21:25, d2 = 26:30)
                 # 2列的数据框
> print(dt1) # 输出
  d1 d2
1  1  6
2  2  7
3  3  8
4  4  9
5  5 10
> print(dt2) # 输出
  d1 d2
1 11 16
2 12 17
3 13 18
4 14 19
5 15 20
> print(dt3) # 输出
  d1 d2
1 21 26
2 22 27
3 23 28
4 24 29
5 25 30
> df_namebind <- rbind(dt1, dt2, dt3)
                 # 指定名称按行方向合并
> print(dt_namebind)     # 输出
   d1 d2
1   1  6
2   2  7
3   3  8
4   4  9
5   5 10
6  11 16
7  12 17
8  13 18
9  14 19
10 15 20
11 21 26
12 22 27
13 23 28
14 24 29
15 25 30
```

试着不指定数据框名并自动获取。

首先，将do.call()函数的第1个参数设为rbind()函数并按行方向合并。第2个参数是lapply()函数。

将lapply()函数的第1个参数设为ls()函数，从程序已创建的对象名中获取所有和"dt"匹配的名称。第2个参数是get()函数。根据这个lapply()函数返回和"dt"匹配的dt1、dt2、dt3这3个数据框对象。

这些数据框是do.call()函数的第1个参数，作为rbind()函数的参数依次执行，合并为1个数据框。

- **lapply()函数**

将第1个参数中指定的参数列表（向量或者列表）依次传递给第2个参数的函数并执行处理，结果以列表返回。

格式	lapply(X, FUN)	
参数	X	向量或者列表
	FUN	指定根据参数个数循环执行的函数

- **ls()函数**

从程序中生成的对象的名称中获取和正则表达式匹配的名称并以向量返回。

格式	ls(pattern)	
参数	pattern	正则表达式

列表2 自动获取数据框名称，按行方向合并为1个数据框（接着上一个控制台）

```
> dt_autobind <-do.call(
+                       # **do.call()的第1个参数，按行方向合并
+                       rbind,
+                       # **do.call()的第2个参数
+                       # 与"dt"匹配的数据框名
+                       # 获取dt1、dt2、dt3
+                       lapply(
+                              # 从生成的对象中
+                              # 检索和"dt"匹配的名称
+                              ls(pattern = "dt"),
+                              # 应用get()函数
+                              get
+                       )
```

```
+                )
> print(dt_autobind)  # 输出
   d1 d2
1   1  6
2   2  7
3   3  8
4   4  9
5   5 10
6  11 16
7  12 17
8  13 18
9  14 19
10 15 20
11 21 26
12 22 27
13 23 28
14 24 29
15 25 30
```

列表3 自动获取数据框名，按列方向合并为1个数据框（接着上一个控制台）

```
> c_bind <-do.call(cbind,  # 按列方向合并
+                  lapply(
+                         ls(pattern = "dt"),
+                         # 检索和"dt"匹配的名称
+                         get
+                  )
+           )
> print(c_bind)
  d1 d2 d1 d2 d1 d2
1  1  6 11 16 21 26
2  2  7 12 17 22 27
3  3  8 13 18 23 28
4  4  9 14 19 24 29
5  5 10 15 20 25 30
```

秘技 192 通过将函数指定为函数参数来计算向量的元素

扫码看视频

▶难易程度

这里是关键点！ Map("函数名", 向量, 向量)

将Map()函数的第1个参数设为函数，给第2、第3个参数设定两个向量，则可以依次给向量各个对应的元素应用函数。像这样给参数设定函数并以各种模式重复处理的函数称为**高阶函数**。下面是Map()函数的第1个参数设为+运算符，第2、第3个参数设为向量的例子。

列表1 将Map()函数的第1个参数设为+运算符并计算向量元素的和（在交互式shell中执行）（项目为function，源文件为script3.R）

```
> Map("+", c(1, 2, 3), c(10, 20, 30))
                          计算两个向量元素各自的和
[[1]]
[1] 11

[[2]]
```

```
[1] 22

[[3]]
[1] 33

> Map("sum", c(1, 2, 3), c(10, 20, 30))
                                         sum()函数也是同样的结果
[[1]]
[1] 11

[[2]]
[1] 22

[[3]]
[1] 33

> Map("+", c(1), c(10, 20, 30))
[[1]]
[1] 11

[[2]]
[1] 21

[[3]]
[1] 31
```

若将第2个参数设为单独的值，将会与第3个元素的向量的各个元素相加求和

秘技 193 通过将函数指定为函数参数来计算卷积

扫码看视频

难易程度 ▶ ●●

这里是关键点！ 高阶函数

Reduce()是**高阶函数**，将其第1个参数设定为函数，则会对第2个参数之后的数据计算**卷积**。

下面是将Reduce()函数的第1个参数设为+运算符、第2个参数设为向量的例子。

列表1 Reduce()函数的第1个参数是+运算符，第2个参数是向量（在交互式shell中执行）（项目为function，源文件为script4.R）

```
> # 1+2=3 → 3+3=6
> Reduce("+", c(1, 2, 3))
[1] 6

# 设置accumulate = TRUE会显示计算过程
> Reduce("+", c(1, 2, 3), accumulate = TRUE)
[1] 1 3 6
```

在这个例子中，+运算符依次应用于向量c(1, 2, 3)的元素。第1个1保持原样，之后是1+2=3，结果是3+3=6，依此类推。

下面我们来看一下设定两个向量的情况。

列表2 Reduce()函数的第1个参数是+运算符，第2、第3个参数是向量

```
# 6+10=16、6+20=26、6+30=36
> Reduce("+", c(1, 2, 3), c(10, 20, 30))
[1] 16 26 36
```

这时，Reduce("+", c(1, 2, 3))的结果6分别和c(10, 20, 30)的各个元素相加。以下设定sum()函数则会计算Reduce("+", c(1, 2, 3))的结果6和c(10, 20, 30)的和的合计值。

列表3 Reduce()函数的第1个参数是sum()函数，第2、第3个参数是向量

```
> Reduce("sum", c(1, 2, 3), c(10, 20, 30))
[1] 66
```

4-2 创建函数

秘技 194 函数的3种类型和创建方法

难易程度 ●●

这里是关键点！ function对象

如果总是做一个固定的处理，可以将处理的代码整合并命名以便之后调用。

● 创建原始的"函数"

按照处理的顺序写下代码，如果仅在当前环境使用是可以的，如果还想将当前处理用于其他场景，写相同的代码效率非常低，而且也很麻烦。

因此，将一系列的处理作为一个代码块并为其命名来管理的便是**函数**。函数是命名的代码块，所以可以写在源文件的任何地方。但是，在同一个源文件中调用时，需要写在执行调用的代码之前（顶行）。

- 函数的3种类型
- 仅执行处理的函数

写下函数名()便可调用的函数，仅执行函数中定义的处理。

- 接收某个值并执行处理的函数

设定参数并调用的函数，函数通过**形参**（parameter）来接收参数，并用其来执行处理。

- 将处理结果返回给调用源的函数

将函数的处理结果返回给调用源的函数，分为不需要参数类型和需要接收参数类型两种。

● 函数的创建方法

创建（定义）函数的基本语法如下。

- 函数的定义

```
函数名 <- function(){
  # 在这里写处理
}
```

使用<-将**function()函数**以下的内容赋值给函数名，function()是创建函数的函数。实际上函数也是数据类型的一种，可以将其为function类型的数据。也就是function类的对象。

调用function()函数并在{}中写处理代码，便会直接成为函数对象。之后使用<-执行赋值处理，便可以给函数对象命名，也就是设定函数名。之后写下函数名()，就可以调用函数并执行处理。

秘技 195 定义仅执行处理的函数

难易程度 ●●

扫码看视频

这里是关键点！ 函数名<- function(){处理…}

仅执行处理的函数，即仅执行写在调用的函数中的处理。作为例子，我们来定义一个在控制台中输出事先设定好的字符串的函数。

列表1 调用便会输出字符串的函数（控制台）（收录在项目MyFunction、源代码script.R中）

```
> show <- function() {         # 定义仅执行处理的函数
+   print(
+     "'Original Function'")
+ }
> show()                       # 调用函数
[1] "'Original Function'"      ← 函数的执行结果
```

151

秘技 196 定义一个接收参数的函数

扫码看视频

这里是关键点！ 函数名<- function(参数的列表){处理…}

我们可以从函数的调用源接收某个值并对其进行处理。通常把传递给函数的值称为**参数**，在函数名之后的()中写上参数便可以将其传递给函数。

另外，函数中也有接收参数的结构，称为**形参**。

- **定义接收参数并执行处理的函数**

```
函数名<- function(形参){
  # 处理
}
```

设定某个名称作为形参，1个半角字母或者单词都可以。设定两个以上的参数时可以使用逗号（,）来分隔。

列表1 接收两个参数的函数（控制台）（收录在项目MyFunction、源代码script2.R中）

```
> Msg <- function(word1, word2) {
                           # 使用两个形参接收参数的函数
+     print(word1)         # 输出形参word1的值
+     print(word2)         # 输出形参word2的值
```

```
> Msg("欢迎来到", "R的世界")    # 调用函数
[1] "欢迎来到"
[1] "R的世界"
```

调用函数时按照书写的顺序给形参传递参数。

列表2 调用函数时实参传递给形参的情况

```
Msg( "欢迎来到", "R的世界" )    ← 调用函数

Msg <- function( word1 , word2 ) {
   print(word1)
   print(word2)
}
```

如果按照""R的世界","欢迎来到""这样将顺序反过来，调用函数的输出结果如下。

```
> Msg ( "R的世界","欢迎来到")    ← 调用函数
[1] "R的世界"
[1] "欢迎来到"
```

秘技 197 定义一个有返回值的函数

扫码看视频

这里是关键点！ 函数名<- function(形参) {return(返回值)}

调用创建向量的c()函数或者创建数据框的data.frame()函数，会将向量或者数据框作为处理结果返回。我们将这个返回的元素称为**返回值**，c()函数是创建向量并将其作为返回值返回的函数。

虽然不使用return()函数而仅仅要作为返回值的内容也是可以的，但这样会使代码难以理解，而写在return()函数中可以让人清楚地知道"这个就是返回值"。

返回值可以直接设定为字符串或者数字等字面量，但大多数情况是设为函数内使用的对象名。

给处理结果命名并用return()函数将其返回，是最为常见的做法。

- **定义接收参数并有返回值的函数**

```
函数名 <- function(形参) {
  处理…
  return(返回值)
}
```

列表1 接收参数并有返回值的函数（收录在项目MyFunction、源代码script3.R中）

```
> taxin <- function(val) {
+     tax_in <- val * 1.08    # 给参数val乘以1.08
+     return(tax_in)          # 作为返回值返回
+ }
```

```
> cat("输入金额")
输入金额
> val <- scan()              # 将键盘输入的值赋值给num
1: 1500                      ← 输入后按Enter键
2:                           ← 什么都不做并按下Enter键
Read 1 item

> tax_in <- taxin(val)       # 调用函数
> cat("含税金额:", tax_in)   # 输出函数的返回值
含税金额: 1620
```

调用有返回值的函数时,准备好用返回值来赋值,这样便能像下面流程一样返回返回值。

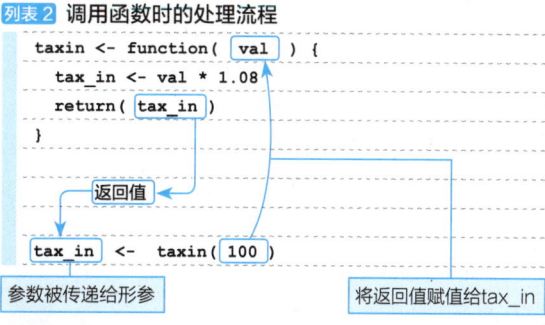

列表2 调用函数时的处理流程

补充关键点 调用有返回值的函数时,即使不准备代入返回值的变量,函数也不会出错。像这样不准备变量而调用有返回值的函数,可以在调用其他函数时,将函数的返回值设为参数。写下有返回值的函数的调用表达式来作为函数的参数,这个返回值便会作为参数被使用。

秘技 198 使创建的函数可由另一个程序执行

难易程度 ●●○

这里是关键点! source("文件名", encoding="字符编码")

将创建的函数保存在专用的源文件中,便可以在其他项目中调用了。执行函数的定义代码就可以调用函数,但使用source()函数读取文件,可以不执行函数的定义代码也能使用函数。

• source()函数

读取指定的源文件。

格式	source("文件名", encoding="字符编码")	
参数	"文件名"	设定读取文件的带后缀名的全称。文件不在当前目录时,需要指定表示文件位置的路径
	encoding = "字符编码"	设定要读取的文件中使用的字符编码。RStudio中创建的源文件字符编码是UTF-8,所以一般设为该形式。如果读取的文件中使用了非英文(注释等),不设定字符编码会显示警告

●创建将文件读取到数据框的函数

在秘技175中,创建了将制表符分隔的文本文件读取到数据框的处理,这里将它作为函数使其能够在其他源文件或项目中使用。创建源文件load_file.R,写下以下代码并保存。

列表1 将读取文件到数据框中的函数保存到源文件load_file.R中

```
# 读取文件到数据框中的函数
load.file <- function(path) {
  data <- read.table(    # 读取文件并创建数据框
    path,                # 接收的文件名
    header=TRUE,         # 第1行设为列名
    fileEncoding="CP936" # 字符编码设为CP936
  )
  return(data)           # 将创建的数据框作为返回值返回
}
```

创建源文件script.R,并写下以下的代码。

列表2 执行load_file.R的load.file()函数(script.R)

```
source("load_file.R", encoding="CP936")
                    # 读取load_file.R

data <- load.file("各店铺销售额.txt")
                    # 调用load.file()函数
```

4-2 创建函数

▼数据框data

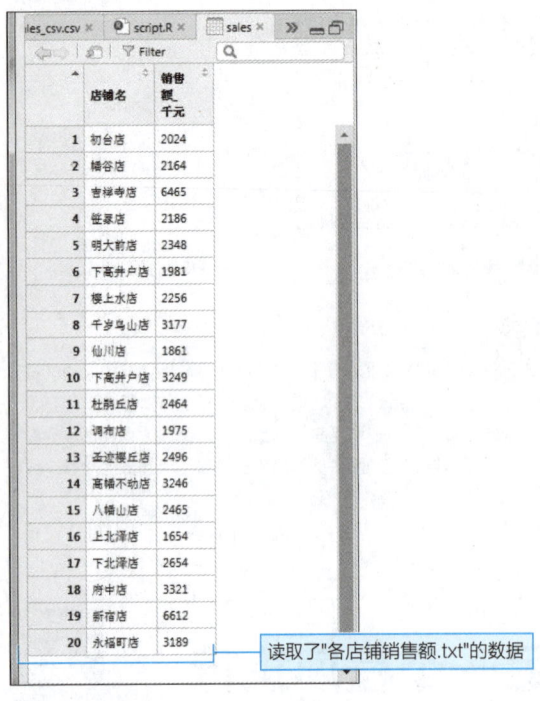

读取了"各店铺销售额.txt"的数据

单击 **"Source"** 按钮并执行程序，将各店铺销售额数据读取到数据框data中。另外，单击显示在Environment视图中的 **"data"** 按钮，会显示数据框的内容。

单击记载函数源代码的 **"Run"** 按钮并执行，可以调用相同项目下其他源文件中的函数。但是，若使用load.file()函数读取源文件，则可以省略该步骤。

使用load.file()函数读取这里创建的load_file.R时，其他项目中的程序也可以使用load.file()函数。这时，如果将load.file.R复制到项目用文件夹下，可以使指定的路径更简单。

 函数名为load.file()，中间的圆点句号仅仅是作为分隔符使用。像这样使用分隔符构成的名称更容易理解。

秘技 199 为函数的参数设定默认值

扫码看视频

难易程度 ●●

> 这里是关键点！ **function(参数名=默认值[,…]){}**

下述形式可以给函数参数设定**默认值**（初始值）。像这样设定了默认值，在调用函数时如果省略参数就会使用默认值。

```
参数名=值
```

列表1 设定函数参数的默认值（收录在项目MyFunction、源代码script4.R中）

```
> # 给函数的参数设定默认值
> multiply <-function(x = 1, y = 2){
+   mt = (x + y) * 10
+   return(mt)
+ }
> multiply()                    # 省略参数并调用
[1] 30
```
使用形参x、y的默认值

```
> multiply(x = 100)             # 只用名称设定第1个参数
[1] 1020
```
给形参x传递值，形参y则使用默认值

```
> multiply(100)                 # 只设定第1个参数
[1] 1020
```
按照参数的排列顺序给形参x传递值，形参y则使用默认值

```
> multiply(y = 100, x = 200)   # 用名称设定第1、第2个参数
[1] 3000
```
按照参数的设定将值传递给了形参x、y

```
> multiply(100, 200)            # 设定第1、第2个参数
[1] 3000
```
按照参数的排列顺序给形参x、y传递值

```
> formals(multiply)             # 输出函数的形参
$x
[1] 1                           默认值

$y
[1] 2                           默认值
```

 使用formals(函数名)，即可返回函数的形参和默认值的列表。

秘技 200 如果未传递参数，则显示错误消息

扫码看视频

难易程度 ●●

> 这里是关键点！ **if(missing(形参))stop("消息")**

函数中设定了形参，如果在不设定实参的情况下调用，则会显示提示错误的消息。这时，使用**missing()**函数来检测传递了参数（FALSE）还是没有传递参数（TRUE），如果结果为TRUE，则使用stop()函数终止函数自身的处理并输出任意的消息。

列表1 不设定参数的情况下调用具有形参的函数时的处理

```
> # 具有1个形参的函数
> check1 <-function(x){
+     mt = x * 10
+     return(mt)
+ }

> # 不设定参数并调用
> check1()
Error in check1() : argument "x" is missing, with no default
```

列表2 不设定参数时显示任意消息的函数（项目为MyFunction，源代码为script5.R）

```
# 不设定参数时显示任意消息
check1 <-function(x){
    # 没有给x传值则为TRUE
    if(missing(x))
        # 终止函数的执行并显示消息
        stop("请设定参数")
    mt = x * 10
    return(mt)
}
```

单击"**Source**"按钮，执行函数的定义代码，从控制台中调用函数。

列表3 在控制台中调用

```
> # 不设定参数调用
> check1()
Error in check1() : 请设定参数
Called from: check1()
Error during wrapup: regular expression is invalid UTF-8
Browse[1]>              ← 这里按Esc键
```

不设参数调用函数，则会显示设定的消息。由于发生了错误，所以程序停止了，这时请按Esc键终止处理。
　　程序停止是因为stop()函数停止了处理。在**Debug**菜单中依次选择"**On Error>Message Only**"选项，再次不设参数调用函数，没有停止调试且仅显示信息。

秘技 201 捕获错误并进行处理

扫码看视频

难易程度 ●●

> 这里是关键点！ **tryCatch(# 可能发生错误的处理)**

tryCatch()函数用于捕捉错误的发生并对其进行处理。

▼tryCatch()函数
```
tryCatch(
    捕捉错误的处理，
    finally = 一定执行的处理
)
```

使用这个函数时，将处理错误的部分和一定执行的处理分开写。

列表1 使用tryCatch()函数划分处理（收录在项目MyFunction，源代码script7.R中）

```
check.try_f <-function(x){
    tryCatch(
        # 不给x传值则为TRUE
        if(missing(x)){
            print("请设定参数")    # 显示消息
```

155

```
    x = 0                    # 将形参设为0
  },
  # 以下代码一定会被执行
  finally = {
    mt = x * 10
    return(mt)
  }
 )
}
```

执行函数的定义代码，使用控制台调用check.try_f()函数。

列表2 在控制台不设参数调用check.try2()函数

```
> # 不设参数调用
> check.try_f()
[1] "请设定参数"
[1] 0
```

```
> # 设定参数并调用
> check.try_f(1)
[1] 10
```

列表3 使用控制台调用check.try1()函数

```
> # 不设定参数并调用
> check.try1()
Error in try(if (missing(x)) stop("请设定参数")) :
  请设定参数
Error in check.try1() : object 'mt' not found
```

不传参数时，执行下述代码，显示消息并将中断处理，但因为是在try()函数的代码块中，所以没有中断并继续执行之后的处理。

```
stop("请设定参数")
```

秘技 202 即使发生错误，也尽量不要停止程序

扫码看视频

难易程度 ●●

这里是关键点！ try(可能发生错误的处理)

在上个秘技中我们检测函数的形参，没有传值就让其显示消息。但是，出错时**stop()函数**显示消息并停止程序。这时，如果想要显示错误消息并且不停止程序，可以使用**try()函数**。

▼try()函数（1行处理的情况）

```
try(
  # 可能发生错误的处理
)
```

▼try()函数（多行处理的情况）

```
try(
  {
    # 可能发生错误的处理1
    # 可能发生错误的处理2
    ...
  }
)
```

try()函数将可能发生错误的处理作为参数写在函数里面。处理多个语句时，使用{}括起来，这样try()函数中便放入了执行处理的代码块。在程序执行过程中如果发生错误，程序可以不用停止并跳出这个处理。

列表1 使用try()函数改写秘技201中创建的函数（项目为MyFunction，源代码为script6.R）

```
# 将可能发生异常的处理作为try()函数代码块
check.try1 <-function(x){
  try({
    # 不给x传值则为TRUE
    if(missing(x)) {
      # 停止执行函数并显示消息
      stop("请设定参数")
    }
    mt = x * 10
    return(mt)
  })
}
```

单击代码编辑器的"**Source**"或"**Run**"按钮，执行函数的定义代码，使用控制台不设参数调用check.try1()函数。

列表2 使用控制台不设参数调用check.try1()函数

```
> check.try1()
Error in try({ : 请设定参数
```

但是，这样使用stop()函数基本就没有意义了，所以我们将stop()函数改为print()函数来仅显示消息。顺便使用return()函数返回NULL并结束函数自身的处理。

列表3 try()函数代码块中发生错误时使用return()函数结束函数（script6.R）

```
# 将可能发生异常的处理作为try()函数代码块
check.try2 <-function(x){
  try({
    # 没有给x传值则为TRUE
    if(missing(x)){
      print("请设定参数")      # 显示消息
      return()                 # 返回NULL结束处理
    }
    # 发生错误时不会执行以下代码
    mt = x * 10
    return(mt)
  })
}
```

执行函数的定义代码，使用控制台不设参数调用check.try2()函数。

列表4 使用控制台不设参数调用check.try2()函数

```
> check.try2()
[1] "请设定参数"     ———— 使用print()函数输出的消息
NULL                 ———— 函数返回的值
```

发生错误时显示消息，使用return()函数返回NULL结束函数，使R解释器不显示错误消息。

读书笔记

第5章
秘技203~235

基本的描述统计学

5-1 描述统计量（秘技203~212）

5-2 顺序统计量（秘技213~215）

5-3 多列的计算（秘技216~226）

5-4 直方图（秘技227~235）

5-1 描述统计量

秘技 203 计算数据的平均值

难易程度 ••

扫码看视频

> 这里是关键点！ **mean(数据)**

描述统计是把握数据的倾向和特性的统计方法。在描述统计中，把用一个词表示数据的值称为**代表值**。代表值中最常用的是**平均**。

- **平均的计算方法**

  x的平均是像$\bar{x}$这样在x的上方加一条横线来表示的，用数学式表示如下。

计算平均的公式

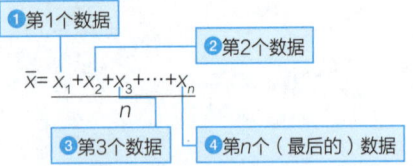

❶第1个数据　❷第2个数据　❸第3个数据　❹第n个（最后的）数据

$$\bar{x} = \frac{x_1 + x_2 + x_3 + \cdots + x_n}{n}$$

- **mean()函数**

  该函数用于计算数字数据框、数字向量和日期的平均值。对于数据框返回存储了各列平均值的命名向量，如果trim选项设定了除0外的数字，可以从数据的前后去除指定的比例并计算切尾均值（trimmed mean）。包含NA值时如果不设定na.rm=TRUE，那么结果也是NA。

格式	mean(x, trim = 0, na.rm = FALSE, …)	
参数	x	数据框、数字向量等对象
	trim	设定计算切尾均值时从x的前后去除的比例（0到0.5）。这之外的值当作是0或0.5中较近的值
	na.rm	逻辑值，在计算之前去除NA值

整理了某Web网站1个月间访问状况的数据文件access.csv，读取其数据并计算每天的平均访问量。

列表1 计算平均访问量（项目为DescripStatistic1，源代码为script.R）

```
> tbl <- read.csv("access.csv",   # 逗号分隔的csv文件
+                  row.names=1,    # 将第1行设为列名
+                  encoding = "CP936")  # 将access.
csv读取到tbl

> head(tbl)                        # 显示开头的数据
   访问量
1    354
2    351
3    344
4    362
5    327
6    349

> m <- mean(tbl$访问量)            # 将访问量的平均值赋值

> print(m)                         # 在控制台输出
[1] 347.3667
```

显示了347.3667，这是30天内访问量的平均值。

秘技 204 去除"离群值"并计算平均值

难易程度 ••

扫码看视频

> 这里是关键点！ **切尾均值**

平均值有容易受与其他数据相比差异较大的数据影响的特性。我们将这种与其他数据相比明显过大或者过小的值称为**离群值**。如果数据中有离群值，那么平均值便会被这个值拉着上下浮动，所以这时使用叫作**切尾均值**的统计方法，也就是除去数据整体的上限和下限的数据来计算平均值。

• mean()函数的trim选项

使用mean()函数的trim选项，可以从数据的上限和下限中去除一定比例的数据来计算平均值。

格式	mean(目标数据, trim=去除的比例)
去除的比例	指定要从计算平均值的对象中去除的比例。去除的数据个数由"数据的个数×去除的比例×2"决定

去除的数据个数是由相对于整体数据个数的比例决定的。

• 从上限和下限中去除的数据个数和比例的关系

$$\frac{\text{去除的个数}}{\text{数据的个数}} = \text{去除的数据的比例}$$

要从10个数据的上限和下限各去除1个时，因为1 ÷ 10 = 0.1，所以将去除比例设为0.1。

▼ 从10个数据的上限和下限各去除1个

$$\frac{1}{10} = 0.1 \text{（去除的比例）}$$

从11个数据的上限和下限各去除两个时为2/11=0.1818⋯，但是结果会将小数点1位后的数字去除，所以去除小数点1位后为0.2。实例使用的数据是20个店铺1年间的销售额。

列表1 20个店铺1年内的销售额（项目为DescripStatistic1，源代码为script2.R）

```
> # 将"各店铺销售额.txt"作为数据框赋值给data
> sales_dt <- read.table(
+     "各店铺销售额.txt",     # 以制表符分隔的文本文件
+     header=TRUE,
+     fileEncoding="CP936"   # Windows专有的字符编码
+ )

> print(sales_dt)                              # 输出
      店铺名         销售额_千元
1     初台店         2024
2     幡谷店         2164
3     吉祥寺店       6465 ———— 离群值
4     笹冢店         2186
5     明大前店       2348
6     下高井户店     1981
7     樱上水店       2256
8     千岁乌山店     3177
9     仙川店         1861
10    下高井户店     3249
11    杜鹃丘店       2464
12    调布店         1975
13    圣迹樱丘店     2496
14    高幡不动店     3246
15    八幡山店       2465
16    上北泽店       1654
17    下北泽店       2654
18    府中店         3321
19    新宿店         6612 ———— 离群值
20    永福町店       3189

> norm_mean = mean(sales_dt$"销售额_千元")    # 计算平均值

> print(norm_mean)                            # 输出
[1] 2889.35
```

从数据列表中可以看出数据中有两个值是离群值，平均值会被这两个数据拉大，因此要计算去除的比例：

$$\frac{2}{20} = 0.1$$

使用trim选项，将去除比例设为0.1，但此时会将下限的两个数据也去除，为了保留下限的两个数据不被去除，所以需要为下限添加虚拟数据，即给数据框data添加两行"店铺名"为dummy、"销售额_千元"为0的数据。包含这两个数据并执行mean()函数，从结果来看只是删除了上限的两条数据计算的切尾均值。

列表2 仅去除上限两条数据计算切尾均值

```
> # 使下限值不被去除
> # 添加两条销售额为0的虚拟数据
> sales_dt = rbind(
+     sales_dt,
+     data.frame(店铺名="dummy", 销售额_千元=0), # 1行的数据
+     data.frame(店铺名="dummy",  ....[TRUNCATED]

> print(sales_dt)                              # 输出
      店铺名         销售额_千元
1     初台店         2024
2     幡谷店         2164
3     吉祥寺店       6465
4     笹冢店         2186
5     明大前店       2348
6     下高井户店     1981
7     樱上水店       2256
8     千岁乌山店     3177
9     仙川店         1861
10    下高井户店     3249
11    杜鹃丘店       2464
12    调布店         1975
13    圣迹樱丘店     2496
14    高幡不动店     3246
15    八幡山店       2465
16    上北泽店       1654
17    下北泽店       2654
18    府中店         3321
19    新宿店         6612
```

5-1 描述统计量

```
20      永福町店              3189
21      dummy                 0      ← 虚拟数据
22      dummy                 0      ← 虚拟数据

> # 实际上仅去除上限的两条数据并计算平均值
> trim = mean(
+   sales_dt$"销售额_千元",    # 将销售额列作为对象
+   trim = 0.1                # 从上限和下限中去除10%
+ )
> print(trim)                 # 输出
[1] 2483.889
```

执行代码，trim的值为2483.889。因为从原来平均值为2889的数据中去除了离群值（新宿店和吉祥寺店），所以切尾均值大约为2484（千元）。除上限两条数据之外的销售额大约都是在2000到4000之间，所以比起单纯的平均值更能代表整体。

> **补充关键点**
> 只要是比数据的最小值还要小的值都可以作为虚拟数据，但为了更容易让人知道这是虚拟数据，最好还是将其设为0。

秘技 205 计算平均比率

难易程度 ●●

这里是关键点！ 几何平均

对于资金按投资利率增加或减少的投资，是一个按乘法或比率变化的变动。这种情况下，如果要查看平均变化率，则无法仅通过计算总和的平均值来掌握平均变化趋势，我们可以计算**几何平均**。

● **计算股票收益率的平均值**

下面的数据是3年间的股票收益率，在此基础上我们计算其平均收益率。

▼ 股票的收益率

第1年	第2年	第3年
+20%	-30%	+10%

• **几何平均**

几何平均是对于按照乘法或者比率变化的变动，要查看其平均变化率时使用的平均。

n 个数据 $x_1, x_2, x_3, \cdots x_n$

几何平均 $= (x_1, x_2, x_3, \cdots x_n)^{\frac{1}{n}}$

单纯地计算平均值，公式如下：

$$\frac{20\% + (-30\%) + 10\%}{3} = 0\%$$

这是收益率的平均，不是平均收益率。我们要计算的不是收益率的平均，而是1年间的平均收益率时，需要使用复利的概念不断地乘以每年的比率（rate）来计

算平均，这就是几何平均。

以上面的例子来说，算式如下。

$$\left\{\left(1+\frac{20}{100}\right) \times \left(1-\frac{30}{100}\right) \times \left(1+\frac{10}{100}\right)\right\}^{\frac{1}{3}}$$
$$= 0.973996\cdots$$

所以平均收益率是-2.6%，值如下。

0.973996-1=-0.026004

向量元素的积可以使用prod()函数计算，下面我们来看一下该函数的语法。

• **prod()函数**
计算参数中设定的值的积。

格式	pord(数据[,数据,…])

• **length()函数**
获取向量的长度（元素的个数）。

格式	length(向量)

列表1 获取+20%、-30%、+10%的平均收益率（项目为DescripStatistic1，源代码为script3.R）

```
> # 3年间的收益率
> rate <- c(
+   1+(20/100),    # +20%
+   1-(30/100),    # -30%
```

```
+     1+(10/100)            # +10%
+ )
> x <- prod(rate)^(1/length(rate))   # 计算收益率的几
```
何平均

```
> cat("平均收益率", x - 1)            # 输出
平均收益率 -0.02600366
```

秘技 206 获得去时/返程的平均值

扫码看视频

这里是关键点！ 调和平均

东京和大阪（假设单程500km）往返的平均时速如下。

去	平均时速110km
回	平均时速90km

计算东京⇔大阪往返的平均时速时，单纯计算平均值如下。

$$\frac{110\text{km}(去)+90\text{km}(回)}{2小时}=\frac{100\text{km}}{小时}$$

因为是去路的时速和返程时速的平均，所以是"时速的平均"。如果要计算往返的平均时速，我们假设东京⇔大阪间的距离是500km，所以时间如下：

$$去路花费的时间=\frac{500}{110}小时$$

$$返程花费的时间=\frac{500}{90}小时$$

也就是说，往返500km × 2所花的时间为：

$$\frac{500}{110}+\frac{500}{90}$$

所以去时（a）和返程（b）的平均时速可以通过

$$\frac{距离（单程）\times 2}{\frac{距离}{a}+\frac{距离}{b}}$$

计算得到。

$$往返的平均时速=\frac{500\times 2}{\frac{500}{110}+\frac{500}{90}}=\frac{2}{\frac{1}{110}+\frac{1}{90}}=\frac{99\text{km}}{小时}$$

像这样，数据倒数的平均数的倒数便是**调和平均**。

- **调和平均的计算公式**

n 条数据 $x_1, x_2, x_3, \cdots x_n$

$$调和平均=\frac{n}{\frac{1}{x_1}+\frac{1}{x_2}+\cdots+\frac{1}{x_n}}$$

我们试着用R来计算。

列表1 计算调和平均（项目为DescripStatistic1，源代码为script4.R）

```
> speed <- c(110, 90)                # 往返的速度
> hm = length(speed)/sum(1/speed)    # 计算2÷((1÷110)
+(1÷90))
> cat("平均速度", hm, "km")          # 输出
平均速度 99 km
```

5-1 描述统计量

秘技 207 计算具有不同参数的平均值的平均

难易程度 ●●

> 这里是关键点！ 加权平均

扫码看视频

A班和B班的测试结果如下。

	A班级	B班级
考试的平均分	70	90
班级的人数	20	30

A班的平均分是70，B班的平均分是90，单纯地计算两个班级的平均分为：

$$\frac{70+90}{2} = 80 \text{ 分}$$

如果要计算"20人加上30人总计50人的平均值"，单纯地计算各组平均值的平均会得出不正确的值。这种情况下，可以将各组的人数作为权重使用加权平均。

- **加权平均（在双变量的情况下）**

对于两个数字 x_1、x_2 的**加权平均**（加入了重要度的平均）给各个变量加入了"权重"的公式如下：

$$\frac{w_1 x_1 + w_2 x_2}{w_1 + w_2}$$

w_1 表示 x_1 的权重（重要度），w_2 表示 x_2 的权重。计算上例中平均分的加权平均，则为：

$$\frac{20 \times 70 + 30 \times 90}{20 + 30} = \frac{4100}{50} = 82 \text{ 分}$$

"B班的平均分高并且人数多" ➡ "优秀的人较多"，考虑到这一点，相比单纯的平均，加权平均的分数更高。

- **weighted.mean()函数**

计算数字向量的带权重的平均值。

格式	weighted.mean(x, w, na.rm = FALSE)	
参数	x	数字向量
	start	相同权重的数字向量
	na.rm = FALSE	设为TRUE，则去除NA值后再计算

列表1 计算加权平均（项目为DescripStatistic1，源代码为script5.R）

```
> point.mean <- c(70, 90)        # A班和B班的平均分
> weight.num <- c(20, 30)        # A班和B班的人数（权重）
> weighted.mean(point.mean, weight.num) # 计算加权平均
[1] 82
```

秘技 208 从不同参数的多个平均值中计算平均值

难易程度 ●●

> 这里是关键点！ 多个变量的加权平均

扫码看视频

某店铺中有以下商品的库存：

	商品A	商品B	商品C
价格	200	100	80
库存	10	5	20

库存商品的平均价格可以像下面这样，使用加权平均计算得到。

- **加权平均（3个变量以上的情况）**

对于3个变量以上 x_1、x_2、……x_n 的情况，加权平均（加入了重要度的平均）如下。

$$\frac{w_1 x_1 + w_2 x_2 + \cdots + w_n x_n}{w_1 + w_2 + \cdots + w_n}$$

列表1 计算多个变量的加权平均（项目为DescripStatistic1，源代码为script6.R）

```
> p <- c(200, 100, 60)           # 价格
> weight.q <- c(10, 5, 20)       # 库存
> weighted.mean(p, weight.q)     # 计算加权平均
[1] 105.7143                     ← 现在店铺中库存商品的平均价格
```

5-1 描述统计量

秘技 209 计算距数据平均值的距离"偏差"

扫码看视频

难易程度 ●●

> **这里是关键点！** 偏差 = 目标值 − 平均值

为了了解"这个数据与数据整体的中心差多少"时，可以使用**偏差**这个统计量。各个数据与整体的中心差多少，以具体的数字表示这个差值是1还是2的就是偏差。

●计算偏差

将整理了某汽车经销商30个店铺的车型A、车型B的销售辆数的"销售辆数.txt"读取到数据框中，计算车型A的偏差。

▼偏差的计算公式

偏差 = 目标值 − 平均值

虽然叫数据的中心，但这里的数据的中心为平均值。计算偏差时平均值就是中心。

列表1 将"销售台数.txt"读取到数据框（项目为Descrip-Statistic2，源代码为script.R）

```
> data <- read.table(    # 将制表符分隔的数据赋值给数据框
+     "销售台数.txt",
+     header=TRUE,        # 将第1行设为列名
+     fileEncoding="CP936" # 将字符编码设为Windows标准
+ )
> print(data)
```

	店铺名	车型A	车型A
1	dealer_1	51	82
2	dealer_2	63	78
3	dealer_3	63	80
4	dealer_4	90	76
……中间省略……			
29	dealer_29	78	78
30	dealer_30	69	84

列表2 计算车型A的偏差（script.R）

```
> mean_A = mean(data$车型A)    # 计算车型A的平均值
> num_A <- data$车型A          # 将车型A的销售辆数赋值给向量
> dev_A <- num_A - mean_A      # 计算车型A的偏差
> cat("偏差: ",dev_A)          # 输出
偏差: -19 -7 -7 20 -22 2 -22 -1 17 17 14 5 8 11
-13 17 5 -13 -22 -13 -1 11 -16 20 8 -4 -4 2 8 -1

> me_B = mean(data$车型B)      # 计算车型B的平均值
> num_B <- data$车型B          # 将车型B的销售辆数赋值给向量
> dev_B <- num_B - me_B        # 计算车型B的偏差
> cat("偏差: ",dev_B, "\n")    # 输出
偏差: 2 -2 0 -4 2 6 0 6 0 -3 2 0 -6 6 -10 0 4 2
-4 2 -6 -2 -2 -6 2 0 0 9 -2 4
```

我们能看出车型A的偏差的绝对值较大，数据从平均值中分散开来。与此相对，车型B的偏差的绝对值较小，数据集中在平均值周围。

秘技 210 通过平均偏差平方来计算方差

扫码看视频

难易程度 ●●

> **这里是关键点！** sum(偏差²)/数据个数

秘技209中计算车型A偏差的绝对值大的值较多，波动较小的车型B则是偏差的绝对值小的值较多。下面我们来计算"销售辆数 − 平均值"的平均值。

列表1 首先计算车型A的偏差的合计值

```
(-19)+(-7)+(-7)+20+(-22)+2+(-22)+(-1)+17+17+14+5+8+11
+(-13)+17+5+(-13)+(-22)+(-13)+(-1)+11+(-16)+20+
8+(-4)+(-4)+2+8+(-1) = 0
```

像这样用"销售辆数 − 平均值"得到的偏差中有正数和负数，互相抵消，所有值相加结果为0，没有任何意义。因此，采用"偏差值平方后相加"的方法来计算。

●偏差平方的平均值为方差

将(销售辆数 − 平均值)²称为**偏差平方**，计算偏差平方的平均值可以知道整体是否分布在平均值的周围，这就是**方差**，用 σ^2 表示。

5-1 描述统计量

- **计算方差 σ^2 的公式**

n 个数据： $\{x_1, x_2, x_3, \cdots, x_n\}$
n 个数据的平均： $\bar{x}$

$$\text{方差 } \sigma^2 = \frac{(x_1-\bar{x})^2 + (x_2-\bar{x})^2 + (x_3-\bar{x})^2 + \cdots + (x_n-\bar{x})^2}{n(\text{数据的个数})}$$

●根据偏差计算方差

计算方差，可以通过数字了解到数据整体与平均值相差多少。以前面秘技209中计算得到的偏差为基础计算其方差，将两种车型的偏差平方的总和除以数据个数，便能得到方差。

列表2 分别计算车型A和车型B的偏差（项目为Descripa-Sttistic2，源代码为script.R）

```
> # 计算车型A的方差
> dspr_A <- sum(dev_A^2) / length(data$车型A)
> cat("方差: ", dspr_A, "\n")
方差:  168.8

> # 车型B
> dspr_B <- sum(dev_B^2) / length(data$车型B)
> cat("方差: ", dspr_B, "\n")
方差:  17
```

车型A的方差是168.8，车型B的方差为17。从方差可以知道车型A的销售辆数较为分散，而车型B的销售辆数在平均值的周围。

秘技 211 计算无偏方差

难易程度 ●●

扫码看视频

这里是关键点！ var(计算无偏方差的数字向量)

在统计学中，将调查的目标对象称为**总体**。从中取出的一部分数据是**抽样**（或者是**采样**），取出的数据是**标本**（或者是**样本**），标本的个数是**标本的大小**（或者是**样本的大小**）。

假设有某所小学6年级同学的身高和体重数据，这可以认为是从"全国的6年级"这个总体中取出的样本。样本数据的背后一定有总体，经常通过推测总体来了解数据的原貌是统计的基本思路。

●样本数据的平均值和总体的平均值相比有减少的趋势

汇总数据，也就意味着从总体中抽取样本，但是当我们计算样本的方差平均值时，会有小于总体方差的平均值这个特性。因此，为了消除样本方差的平均和总体方差的偏差，用**无偏方差**替代样本方差的值。无偏方差使用Unbiased variance的首字母，用符号u^2表示（在某些文献中表示为s^2）。

无偏方差的计算公式中，从作为分母的样本个数（数据的个数）中减去1。这样做是为了对偏差的平方和作除法时值不会太小。

●一次计算出无偏方差的var()函数

R中的var()函数可以计算无偏方差。虽然计算方差时需要分别计算偏差平方和与平均值，但是使用var()函数只要设定存储数据的向量，便能计算这些值的无偏方差。因为在统计中使用的不是方差而是无偏方差，所以R中只有计算无偏方差的函数。

- **var()函数**

  计算无偏方差。

格式	var(要计算无偏方差的数字向量)

  将记录了30个汽车销售商的车型A和车型B的销售数据"销售台数.txt"，读取到数据框中并计算无偏方差。

列表1 计算车型A和车型B的无偏方差（项目为Descrip-Statistic2，源文件为script2.R）

```
> # 读取数据
> data <- read.table("销售台数.txt", header=TRUE,
fileEncoding="CP936"
```

- **无偏方差的计算公式**

$$\text{无偏方差 } u^2 = \frac{(x_1-\bar{x})^2 + (x_2-\bar{x})^2 + \cdots + (x_n-\bar{x})^2}{n-1}$$

（n是样本个数，$\bar{x}$是样本平均）

```
> # 计算车型A的无偏方差
> var_A <- var(data$车型A)

> cat("无偏方差: ", var_A, "\n")
无偏方差:  174.6207

> # 计算车型B的无偏方差
> var_B <- var(data$车型B)

> cat("无偏方差: ", var_B, "\n")
无偏方差:  17.58621
```

之前计算的方差：
车型A为168.8
车型B为17
相对的，这次的无偏方差为：
车型A为174.6207
车型B为17.58621

秘技 212 计算标准偏差

这里是关键点！ 将偏差值的单位转换为原来数据的单位并计算标准偏差

扫码看视频

计算方差时，因为偏差是平方，所以原来的单位也改变了。上一秘技的30个汽车经销商店铺的销售辆数中，数据的单位是台，但是平均值的差（偏差）的平方后得到的方差的单位就不是台了。虽然方差作为表示平均值周围的波动情况的值很方便，但是有以下问题。

· **方差的两个问题**
· 值变得更大。
· 单位变为"原来的单位^2"。

因此，给方差添加根号（√）计算平方根，将偏差平方还原，这样得到的值称为**标准偏差**。我们用σ来表示标准偏差。

· **标准偏差**
通过计算偏离平均值的程度（偏差平方）的平均值（方差）的平方根，使单位和原本数据的单位保持一致。

标准偏差（σ）= $\sqrt{方差(σ^2)}$

但是，统计中使用的是无偏方差，所以我们使用从无偏方差中计算得到的样本标准偏差（u）。

样本标准偏差（u）= $\sqrt{无偏方差(u^2)}$

样本标准偏差（u）可以使用sd()函数计算得到，只需将参数设为目标数字向量，便可以直接计算样本标准偏差。

· **sd()函数**
计算样本标准偏差（u）。

格式 sd(要计算样本标准偏差的数字向量)

将读取记录了30个汽车经销商店铺车型A和车型B的"销售台数.txt"数据读取到数据框中，计算样本标准偏差。

列表1 计算车型A和车型B的标准方差（项目为Descrip-Static2，源文件为script3.R）

```
> # 读取数据
> data <- read.table("销售台数.txt", header=TRUE,
fileEncoding="CP936")

> # 计算车型A的样本标准偏差
> sd_A <- sd(data$车型A)

> cat("样本标准偏差: ", sd_A, "\n")
样本标准偏差:  13.21441

> # 计算车型B的样本标准偏差
> sd_B <- sd(data$车型B)

> cat("样本标准偏差: ", sd_B, "\n")
样本标准偏差:  4.193591
```

秘技 213 计算最大值/最小值

难易程度 ●●

扫码看视频

这里是关键点！ max()，min()，pmax()，pmin()，pmax.int()，pmin.int()

max()函数和min()函数分别用于计算数据的最大值和最小值。pmax()和pmin()函数分别计算并列数据的最大值和最小值。

- **计算最大值/最小值的函数**

格式	max(…, na.rm = FALSE) min(…, na.rm = FALSE) pmax(…, na.rm = FALSE) pmin(…, na.rm = FALSE)	
参数	…	数字或者字符串
	na.rm = FALSE	设为TRUE，则去除缺失值后再处理
返回值	min()、max()返回长度为1的向量 pmin()、pmax()返回输入的向量中最大长度相同长度的向量。如果输入值都是整数或者逻辑值则是整数，如果都是实数则是实数，除此之外都是字符串	

列表1 使用max()和min()函数获取最大值/最小值（项目为OrderStatistic，源代码为script.R）

```
> x <- 1:10              # 长度为10的向量

> y <- 11:20             # 长度为10的向量

> z <- 11:15             # 长度为5的向量

> max(x)                 # 最大值
[1] 10
> min(x)                 # 最小值
[1] 1

> c(min(x), max(x))      # 通过向量获取最大值和最小值
[1] 1 10

> max(x, y)              # x和y的最大值
[1] 20

> min(x, y)              # x和y的最小值
[1] 1
```

列表2 矩阵的最大值/最小值

```
> mtx <- matrix(1:9, 3,3)   # 3行×3列的矩阵

> # 将矩阵看作是向量，并将所有的元素作为对象
> c(min(mtx), max(mtx))
[1] 1 9
```

列表3 使用pmax()和pmin()函数比较并列元素

```
> # 1:10的排列各加上0.5后的排列，# 加上0.9后的排列
> # 从头部开始依次比较
> pmax(x, x + 0.5, x + 0.9)
 [1]  1.9  2.9  3.9  4.9  5.9  6.9  7.9  8.9  9.9 10.9

> pmin(x, x + 0.5, x + 0.9)
 [1]  1  2  3  4  5  6  7  8  9 10

> #长度不相同时按照循环规则对齐最长的长度
> a <- pmax(x, y)

> print(a)            # a[10]是 max(x[10],y[5])
 [1] 11 12 13 14 15 16 17 18 19 20

> b <- pmin(x, y)

> print(b)            # b[10]是 min(x[10],y[5])
 [1]  1  2  3  4  5  6  7  8  9 10
```

列表4 包含字符串时的最大值/最小值

```
> # 按照字典顺序的最大/最小
> max(c("a", "b", "c", "d", "e", "f", "g"))  # 按字母顺序的最大
[1] "g"

> min(c("a", "b", "c", "d", "e", "f", "g"))  # 按字母顺序的最小
[1] "a"

> max(c(letters[1:10], LETTERS[1:10]))       # 大写字母比小写字母大
[1] "J"

> min(c(letters[1:10], LETTERS[1:10]))       # 小写字母比大写字母小
[1] "a"

> # 数字和字符串混合时字符（串）比数字大
> max(c(10000,"a","bc"))
[1] "bc"

> min(c(10000,"a","bc"))
[1] "10000"
```

秘技 214 从多个数据中计算最大值/最小值

这里是关键点！ range(对象,对象,…)

扫码看视频

range()函数用于从参数的所有元素中获取最大值和最小值，并以向量返回。

• range()函数

格式	range(…, na.rm = FALSE, finite = FALSE)	
参数	…	任意个数的数字，或者字符串对象
	na.rm = FALSE	设为TRUE，则去除缺失值后再处理
	finite = FALSE	设为TRUE，则去除不是有限的值inf、-inf后再处理

列表1 使用range()函数获取最大值/最小值

```
> # 获取并列元素的最大值/最小值
> range(1:10)
[1]  1 10

> # 多个向量的最大值/最小值
> range(c(1:10), c(11:20), c(11:30))
[1]  1 30

> # 多个矩阵的最大值/最小值
> range(matrix(c(1:9), 3, 3),
+       matrix(c(10:18), 3, 3),
+       matrix(c(11:22), 4, 3)
+ )
[1]  1 22
```

秘技 215 找到数据的"中心"值

这里是关键点！ median(数据)

扫码看视频

在数据整体中心的值称为**中位数**，即将数据按顺序排列，正好在正中心的值。

●数据正中心的值和平均值不同

如果计算平均值是想知道整体正中偏上还是偏下，那么比起平均值，获取数据正排序时在中间的值则更准确。这个数称为中位数或者median。

• median()函数

从数据中获取中位数。

列表1 在控制台中执行median()函数

```
> median(c(1,2,3,4,5,6,7,8,9))
[1] 5 ————————————————— 中位数是5
```

将9条数据按从小到大的顺序排列，从前开始数和从后开始数都是第5个，在中间位置的5便是9条数据的中位数。

列表2 数据的个数是奇数的情况

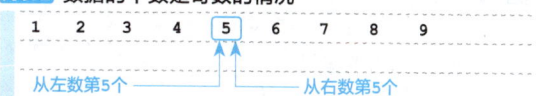

数据个数是奇数很容易找到，但数据个数是偶数时，因为没有正好在中间位置的数据，所以计算在数据整体正中间的两个数据的平均值。

像下面这样的排列，没有正好在中间位置的数据，所以正中间的40和50的平均值45是中位数。

列表3 数据的个数是偶数的情况

15　20　25　30　40　50　55　60　65　70

列表4 使用median()函数计算中位数

```
> mm = c(15, 20, 25, 30, 40, 50, 55, 60, 65, 70)
> median(mm)
[1] 45 ————————————————— 中位数
```

5-3 多列的计算

●找到在整体销售额中间位置的店铺

从制表符分隔的文本文件"各店铺销售额.txt"的销售额中,计算出平均值和中位数并比较。

列表5 从"各店铺销售额.txt"中计算销售额的中位数(项目为OrderStatistic,源代码为script3.R)

```
> # 将"各店铺销售额.txt"作为数据框赋值给data
> sales <- read.table("各店铺销售额.txt", header=TRUE,
  fileEncoding="CP936")

> mean <- mean(sales$销售额_千元)       # 计算平均值
> medi <- median(sales$销售额_千元)     # 计算中位数

> cat("平均值", mean)                   # 输出
平均值 2889.35
> cat("中位数", medi)                   # 输出
中位数 2464.5
```

和平均值相比,中位数的值更小。和之前计算得到的切尾均值相比如下。

▼从"各店铺销售额"了解到的数据

平均值	2889.35
去除上限2条得到的平均值	2483.889
中位数	2464.5

从上述数据中我们可以看出,切尾均值和中位数的值比较相近。当平均值和中位数相差比较大时,很有可能是存在离群值,所以中位数也是判断是否有离群值的一种手段。

- **使用平均值、中位数、切尾均值时的标准**
- **平均值**
  如果数据中没有极端值则有效。
- **中位数**
  数据中极端值较多时,能得到比平均值更稳定的结果。
- **切尾均值**
  不管数据的分布如何,能得到虽然不是最好,但是是最合适的代表值。

5-3 多列的计算

秘技 216 概括数据

▶难易程度 ●●

这里是关键点! summary(数据框)

扫码看视频

在统计中,汇总数据(观测数据)的项目称为**变量**。为了了解一个变量的数据分布状况而进行的分析称为**单变量统计**。

单变量统计中的代表有平均值、中位数等。summary()函数可以将数据框各列的值汇总输出。

- **summary()函数的输出内容**

输出	内容	说明
Min.	最小值	数据中最小的值
1st Qu.	第1四分位数	低位数据(比中位数小的一边)的中位数
Median	中位数	在数据整体正中间的值。数据升序或者倒序排列,正好在中间的数据
Mean	平均值	所有数据相加并除以数据个数后的值
3rd Qu.	第3四分位数	高位数据(比中位数大的一边)的中位数
Max.	最大值	数据中最大的值
NA's	缺失值	数据中的缺失值的个数

后文中"第1四分位数"以"第一数"简称,"第3四分位数"以"第三数"简称。

对R中附带的样本airquality执行summary()函数看一下结果。

- **airquality**
  统计了纽约1973年5月到9月每天的大气状况观测数据的数据集,包含6个变量154例。

- [Ozone]罗斯福岛13:00~15:00的平均臭氧量(单位:ppb)。
- [Solar.R]中央公园08:00~12:00频率为4000~7700埃的日照量(单位:兰利,cal/cm^2)。
- [Wind]拉瓜迪亚机场每天07:00~10:00的平均风速(单位:英里/小时)。
- [Temp]华氏温度。
- [Month][Day]月和日。

列表1 使用summary()函数概括数据（项目为Summary，源代码为script.R）

```
> # 显示airquality的开头
> head(airquality)
  Ozone Solar.R Wind Temp Month Day
1    41     190  7.4   67     5   1
2    36     118  8.0   72     5   2
3    12     149 12.6   74     5   3
4    18     313 11.5   62     5   4
5    NA      NA 14.3   56     5   5
6    28      NA 14.9   66     5   6

> # 输出数据的摘要
> summary(airquality)
     Ozone           Solar.R           Wind             Temp           Month            Day
 Min.   :  1.00   Min.   :  7.0   Min.   : 1.700   Min.   :56.00   Min.   :5.000   Min.   : 1.0
 1st Qu.: 18.00   1st Qu.:115.8   1st Qu.: 7.400   1st Qu.:72.00   1st Qu.:6.000   1st Qu.: 8.0
 Median : 31.50   Median :205.0   Median : 9.700   Median :79.00   Median :7.000   Median :16.0
 Mean   : 42.13   Mean   :185.9   Mean   : 9.958   Mean   :77.88   Mean   :6.993   Mean   :15.8
 3rd Qu.: 63.25   3rd Qu.:258.8   3rd Qu.:11.500   3rd Qu.:85.00   3rd Qu.:8.000   3rd Qu.:23.0
 Max.   :168.00   Max.   :334.0   Max.   :20.700   Max.   :97.00   Max.   :9.000   Max.   :31.0
 NA's   :37       NA's   :7

> # 只概括特定的列
> summary(airquality[c(1:2, 4)])
     Ozone           Solar.R           Temp
 Min.   :  1.00   Min.   :  7.0   Min.   :56.00
 1st Qu.: 18.00   1st Qu.:115.8   1st Qu.:72.00
 Median : 31.50   Median :205.0   Median :79.00
 Mean   : 42.13   Mean   :185.9   Mean   :77.88
 3rd Qu.: 63.25   3rd Qu.:258.8   3rd Qu.:85.00
 Max.   :168.00   Max.   :334.0   Max.   :97.00
 NA's   :37       NA's   :7

> # 只概括Ozone列
> summary(airquality$Ozone)
   Min. 1st Qu.  Median    Mean 3rd Qu.    Max.    NA's
   1.00   18.00   31.50   42.13   63.25  168.00      37
```

秘技 217 创建一个以易于理解的方式显示 summary()结果的函数

难易程度 ● ●

扫码看视频

这里是关键点！ 使用数据框["列名"]获取

创建一个以易于理解的方式显示summary()结果的函数。

列表1 将数据的摘要带上标题输出的函数（项目为Summary，源代码为script2.R）

```
# 将数据的摘要带上标题输出的函数
showSummary <- function(data) {
  smm = summary(data)
  cat("最小值", smm["Min."] ,"\n")
  cat("第一数", smm["1st Qu."],"\n")
  cat("中位数", smm["Median"],"\n")
  cat("平均值", smm["Mean"],"\n")
  cat("第三数", smm["3rd Qu."],"\n")
  cat("最大值", smm["Max."],"\n")
}
```

执行源代码后，在控制台调用。

5-3 多列的计算

列表2 执行showSummary()函数

```
> # 指定airquality的Ozone列并调用showSummary()
> showSummary(airquality$Ozone)
最小值 1
第一数 18
中位数 31.5
平均值 42.12931
第三数 63.25
最大值 168
```

秘技 218 返回输入数据的五数概括

扫码看视频

> 这里是关键点！ **fivenum(数据)**

要指定特定的数据并概括数据时，使用**五数概括**非常方便。

fivenum()函数

返回输入数据的五数概括（最小值、第一数、中位数、第三数、最大值）。

格式	fivenum(x, na.rm = TRUE)	
参数	x	字符串对象
	na.rm	设为TRUE时，去除NA值和NaN值再处理

列表1 使用fivenum()函数输出五数概括（项目为Summary，源代码为script3.R）

```
> # 输出airquality的Ozone的五数概括
> fivenum(airquality$Ozone)
[1]    1.0   18.0   31.5   63.5  168.0
```

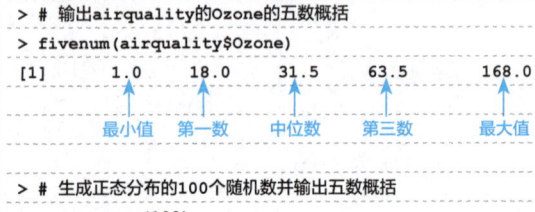

```
> # 生成正态分布的100个随机数并输出五数概括
> x <- rnorm(100)

> fivenum(x)
[1] -2.161436439 -0.777354866 -0.005536205
     0.681491247  2.564772331
```

秘技 219 计算多列的基本统计量

扫码看视频

> 这里是关键点！ **sapply(数据框的列, 函数名)**

对数据框的多个列计算平均值或者中位数等基本统计量时，使用sapply()函数。

sapply()函数

计算基本统计量。

格式	sapply(X, FUN[, …, simplify = TRUE, USE.NAMES = TRUE])	
参数	X	设定数据框的列或者列表、向量
	FUN	设定对列应用的函数
	…	根据需要设定应用函数的参数

使用R中附带的样本airquality，并计算各列的合计和平均。

airquality（R中附带的样本）

统计了纽约1973年5月到9月的每天的大气状况观测数据的数据集，包含6个变量154例。

- [Ozone]罗斯福岛13:00~15:00的平均臭氧量（单位：ppb）。
- [Solar.R]中央公园08:00~12:00频率为4000~7700埃的日照量（单位：兰利，cal/cm²）。
- [Wind]拉瓜迪亚机场每天07:00~10:00的平均风速（单位：英里/小时）。
- [Temp]华氏温度。
- [Month][Day]月和日。

5-3 多列的计算

列表1 计算数据框多个列的合计值和平均值（项目为Summary，源代码为script4.R）

```
> sapply(airquality[c(1, 3)],sum)
                    # 第1列、第3列各自的合计值
  Ozone    Wind
     NA  1523.5

> sapply(airquality[c(1, 3)], sum, na.rm = TRUE)
                    # 第1列、第3列各自的合计值
  Ozone    Wind
 4887.0  1523.5

> sapply(airquality[1:4],mean, na.rm = TRUE)
                    # 1~4列各自的平均值（去除NA）
    Ozone    Solar.R       Wind       Temp
 42.129310 185.931507   9.957516  77.882353
```

计算无偏方差和标准偏差，无偏方差用数字来表示数据的分布状况，标准偏差是无偏方差的平方根。

列表2 计算多个列的无偏方差和标准偏差

```
> sapply(airquality[1:4],var, na.rm = TRUE)
                    # 1~4列的无偏偏差
     Ozone    Solar.R       Wind       Temp
 1088.20052 8110.51941   12.41154   89.59133

> sapply(airquality[1:4],sd, na.rm = TRUE)
                    # 1~4列的标准偏差
    Ozone    Solar.R       Wind       Temp
 32.987885  90.058422   3.523001   9.465270
```

秘技 220 使用专用函数计算合计值/平均值

难易程度 ●●

扫码看视频

这里是关键点！ colSums()函数和colMeans()函数

在R语言中，**colSums()** 函数与 **colMeans()** 函数专门计算数据框各列的合计值和平均值的函数。当然，因为是专用函数，所以不需要像sapply()一样用参数设定函数名。

- **colSums()函数**
  计算指定的列的合计值。

- **colMeans()函数**
  计算指定的列的平均值。

列表1 使用colSums()函数和colMeans()函数计算airquality的列的合计值和平均值（项目为Summary，源代码为script5.R）

```
> sapply (airquality[1:4],sum,  na.rm = TRUE)
                    # 1~4列各自的合计值
  Ozone  Solar.R     Wind     Temp
 4887.0  27146.0   1523.5  11916.0

> colSums (airquality[1:4],na.rm = TRUE)
                    # 使用colSums()计算
  Ozone  Solar.R     Wind     Temp
 4887.0  27146.0   1523.5  11916.0

> sapply  (airquality[1:4],mean, na.rm = TRUE)
                    # 1~4列各自的平均值
    Ozone    Solar.R       Wind       Temp
 42.129310 185.931507   9.957516  77.002353

> colMeans(airquality[1:4],na.rm = TRUE)
                    # 使用colMeans()计算
    Ozone    Solar.R       Wind       Temp
 42.129310 185.931507   9.957516  77.882353
```

秘技 221 按组计算特定列的基本统计量

扫码看视频

这里是关键点！ tapply(目标列, 基准列, 应用的函数)

根据数据的内容将各行值分组。

例如，R附带的airquality（大气状况观测数据）中有月和日的列。

列表1 airquality的开头部分

```
> head(airquality)
  Ozone Solar.R Wind Temp Month Day
1    41     190  7.4   67     5   1
2    36     118  8.0   72     5   2
3    12     149 12.6   74     5   3
4    18     313 11.5   62     5   4
5    NA      NA 14.3   56     5   5
6    28      NA 14.9   66     5   6
```

观测从5月开始到9月结束，要对任意的列按照月来合计。这时，可以使用tapply()函数来合计。

tapply()函数

对特定的列分组并应用函数。

格式	tapply(X, INDEX, FUN = NULL, [⋯, default = NA, simplify = TRUE])	
参数	X	指定合计目标的向量
	INDICES	设定登记了要分组数据的列元素（因子或向量）。不能直接指定列本身（数据框）
	FUN = NULL	设定要应用的函数
	⋯	根据需要设定函数的参数

以airquality的Month列的数据为基准，计算Ozone（臭氧量）的平均值。

列表2 计算airquality的Ozone列的每月合计（项目为Summary，源代码为script6.R）

```
# 按月份计算airquality的Ozone列的平均值
ozn_month <- tapply(
            # 将计算目标的列作为向量来设定
            # 必须是airquality[,1]或airquality$Ozone
```

```
            # 作为分组基准的列
            # 数据框、向量都可以
            airquality$Month,
            # 应用的函数
            mean,
            na.rm = TRUE
            )

print(ozn_month) # 输出
```

执行后输出如下。

列表3 计算airquality的结果

```
> print(ozn_month)                      # 输出
       5        6        7        8        9
23.61538 29.44444 59.11538 59.96154 31.44828
```

列表4 计算中位数、最大值和最小值

```
# 将airquality的Ozone列按月份分组并计算中位数
> tapply(airquality$Ozone, airquality$Month,
median, na.rm = TRUE)
 5  6  7  8  9
18 23 60 52 23
# 将airquality的Ozone列按月份分组并计算最大值/最小值
> tapply(airquality$Ozone, airquality$Month,
range, na.rm = TRUE)
$`5`
[1]   1 115

$`6`
[1] 12 71

$`7`
[1]   7 135

$`8`
[1]   9 168

$`9`
[1]  7 96
```

5-3 多列的计算

秘技 222 按组计算多个列的基本统计量

难易程度 ●●

这里是关键点！ sapply(目标列,tapply,基准列,tapply应用的函数)

扫码看视频

针对1列时，可以使用tapply()函数设定基准列并分组处理，但是针对以下的多个列执行便会出错。

列表1 使用tapply()函数不能处理多个列

```
> tapply(airquality[1:4], airquality$Month, median,
na.rm = TRUE)
Error in tapply(airquality[1:4], airquality$Month,
median, na.rm = TRUE) :
```

参数的长度必须相同，这时将sapply()函数的参数设为tapply()函数便能顺利执行。

- **给sapply()函数的参数设定tapply()函数以处理多个列**

列表2 对多个列进行处理的操作

```
months_data <- sapply(
        # 目标对象的多个列
        数据框名[索引或列名],
        # 设定tapply()函数作为应用的函数
        tapply,
        #设定作为分组基准的列（tapply()函数的参数）
        数据框名[索引或列名],
        # 设定应用的函数（tapply()函数的参数）
        函数名,
        )
```

虽然稍微有点复杂，但这是因为要通过sapply()函数对多个列执行tapply()函数。在tapply()函数中设定分组的基准列和要执行处理的函数，sapply()函数便会对多个列执行分组和应用函数。

将R附带的airquality（大气状况观测数据）的Ozone列、Temp列、Wind列按月分组并计算平均值。

列表3 将airquality的Ozone、Solar.R、Wind、Temp列按月分组并计算平均值（项目为Summary，源文件为script7.R）

```
# 将tapply()函数设为sapply()函数的参数
# 对多个列执行分组计算
months_data <- sapply(
    airquality[1:4],    # 计算目标的多个列
    tapply,             # 设定tapply()函数作为应用的函数
    airquality[5],
    # 设定分组的基准列作为tapply()函数的参数
    mean,
    # 设定mean()函数作为tapply()函数的参数
    na.rm = TRUE    # 忽略NA
    )
```

执行源代码，输出如下。

列表4 将结果输出到控制台

```
> print(months_data) # 输出
    Ozone   Solar.R     Wind      Temp
5 23.61538 181.2963 11.622581 65.54839
6 29.44444 190.1667 10.266667 79.10000
7 59.11538 216.4839  8.941935 83.90323
8 59.96154 171.8571  8.793548 83.96774
9 31.44828 167.4333 10.180000 76.90000
```

下面的秘技中介绍的by()函数也可以执行同样的处理，但sapply()函数和tapply()函数组合的处理结果显示更简单。

秘技 223 对多个列进行分组来应用数据框专用函数

难易程度 ●●

这里是关键点！ by(计算目标的列,作为分组基准的列,colMeans等)

扫码看视频

对于数据框有colMeans()函数和colSum()函数等专门用于列处理函数，要将这些函数应用于分组的列时则使用by()函数。

- **by()函数**
对根据因子分类的数据框应用函数。

175

5-3 多列的计算

格式	by(data, INDICES, FUN, …, simplify = TRUE)	
参数	data	设定要合计的目标的列
	INDICES	设定登记了要分组的数据的列或者列元素
	FUN	设定要应用的函数
	…	根据需要设定应用函数的参数

将R附带的airquality（大气状况观测数据）的Ozone列、Temp列、Wind列按月分组并计算平均值和合计值。

列表1 将airquality的Ozone、Solar.R、Wind、Temp列按月分组并计算平均值和合计值（项目为Summary，源文件为script8.R）

```
# 计算每月的平均值
month_mean <- by(
            airquality[1:4],    # 计算目标的列
            airquality$Month,   # 作为分组基准的列
            colMeans,           # 计算平均值
            na.rm = TRUE        # 忽略NA
            )

# 计算每月的合计值
month_sum <- by(
            airquality[1:4],    # 计算目标的列
            airquality$Month,   # 作为分组基准的列
            colSums,            # 计算合计值
            na.rm = TRUE        # 忽略NA
            )
```

执行源代码，输出如下。

列表2 将结果输出到控制台

```
> print(month_mean)    # 每月的平均值
airquality$Month: 5
   Ozone    Solar.R      Wind       Temp
23.61538 181.29630  11.62258   65.54839
------------------------------------------------
airquality$Month: 6
   Ozone    Solar.R      Wind       Temp
29.44444 190.16667  10.26667   79.10000
------------------------------------------------
airquality$Month: 7
   Ozone    Solar.R      Wind       Temp
59.115385 216.483871  8.941935  83.903226
------------------------------------------------
airquality$Month: 8
   Ozone    Solar.R      Wind       Temp
59.961538 171.857143  8.793548  83.967742
------------------------------------------------
airquality$Month: 9
   Ozone    Solar.R      Wind       Temp
31.44828 167.43333  10.18000  76.90000

> print(month_sum)     # 每月的合计值
airquality$Month: 5
 Ozone Solar.R    Wind    Temp
 614.0  4895.0   360.3  2032.0
------------------------------------------------
airquality$Month: 6
 Ozone Solar.R    Wind    Temp
  265    5705     308    2373
------------------------------------------------
airquality$Month: 7
 Ozone Solar.R    Wind    Temp
1537.0  6711.0   277.2  2601.0
------------------------------------------------
airquality$Month: 8
 Ozone Solar.R    Wind    Temp
1559.0  4812.0   272.6  2603.0
------------------------------------------------
airquality$Month: 9
 Ozone Solar.R    Wind    Temp
 912.0  5023.0   305.4  2307.0
```

秘技 224 对多列进行分组并统计

难易程度 ●●○

这里是关键点！ tapply(数据框的列, 基准列的列表, 应用的函数)

扫码看视频

airquality（R附带的样本）中有6列×154行的大气状况观测数据的数据集。

列表1 airquality开头部分的数据

```
> head(airquality) # 输出开头部分
  Ozone Solar.R Wind Temp Month Day
1    41     190  7.4   67     5   1
2    36     118  8.0   72     5   2
3    12     149 12.6   74     5   3
4    18     313 11.5   62     5   4
5    NA      NA 14.3   56     5   5
6    28      NA 14.9   66     5   6
```

将这个数据按照以下两个基准分组，统计如下：

- 月份为5、6、7、8、9。
- 风速中位数以下为TRUE，比中位数大为FALSE。

5-3 多列的计算

列表2 将Ozone列按月份和风速的low/high来统计

```
       wind
month     low      high
    5 27.45455 20.80000     ── Ozone在5月风速为low/high
    6 24.00000 32.16667        时各自的平均值
    7 68.57895 33.42857
    8 74.23529 33.00000
    9 47.50000 20.11765
```

月份是5～9的整数值，所以直接作为分组的基准使用。问题是风速，我们可以根据是中位数以下还是比中位数大将风速因子化。

列表3 将wind列分为low和high因子（项目为Summary，源文件为script9.R）

```
# 创建将风速在中位数以下和比中位数大分别作为TRUE/FALSE的
水平标签的因子
wind_fact <- factor(
    airquality$Wind <=        # 中位数以下为TRUE，比中
位数大为FALSE
      median(airquality$Wind),  # 创建向量
    levels = c(TRUE, FALSE),    # 设定水平标签
    labels = c("low", "high")   # 设定因子水平标签的排列
顺序
)
```

组成因子的向量是中位数以下的为TRUE，除此之外为FALSE的logical类型的向量。

列表4 组成因子wind_fact的logical类型的向量

```
> airquality$Wind <= median(airquality$Wind)
 [1]  TRUE  TRUE FALSE FALSE FALSE FALSE  TRUE FALSE
FALSE  TRUE
[11]  TRUE  TRUE  TRUE FALSE FALSE FALSE FALSE FALSE
FALSE  TRUE
……以下省略……
```

以下创建的因子wind_fact的内容，是将TRUE作为low、FALSE作为high元素的排列。

换言之，这是用来表示Wind列中风速是在中位数以下还是比中位数大的数据。

列表5 因子wind_fact的内容

```
> wind_fact
 [1] low  low  high high high high low  high high low
[11] low  low  low  high high high high high high low
```

将因子wind_fact和Month列作为列表并作为分组基准的列来设定，就可以按月份、风速的low/high来分组了。

●计算有效数据数

使用**tapply()**函数统计各月份、各风速的low/high中，除NA值之外的有效数据有多少个。

列表6 计算Ozone的测量值中各个月份风速的low/high中，除NA值之外的有效数据个数

```
tapply(
  # 对Ozone列应用函数
  airquality$Ozone,
  # 使用列表设定分组基准
  list(month = airquality$Month,  # 列表的第1个元素是
观测月份
       wind = wind_fact),         # 列表的第2个元素是
风速的low/high（因子）
  function(x){                    # 应用的匿名函数
    sum(!is.na(x))                # 计算NA之外的合计值
  })
```

这里统计分组后的数据中除NA值之外数据的个数。

匿名函数是没有名称只有定义的函数。tapply()中应用的函数是匿名函数。

列表7 匿名函数

```
function( x ){
  sum(!is.na(x))       # 计算除NA值之外数据的合计
}
```

tapply()函数分组的Ozone列传递给了参数

执行源代码，控制台中输出如下。

列表8 Ozone的测量值中各月份风速的low/high中，除NA值之外的有效数据个数

```
       wind
month low high
    5  11  15    ── Ozone在5月中的风速low/high
    6   3   6       的各自的有效数据个数
    7  19   7
    8  17   9
    9  12  17
```

●计算平均值

使用tapply()函数统计月份、风速的low/high各自的平均值。

列表9 计算Ozone的测量值中月份、风速low/high各自的平均值

```
tapply(
  # 给Ozone列应用函数
  airquality$Ozone,
  # 使用列表设定分组的基准
```

5-3 多列的计算

```
        list(month = airquality$Month,   # 列表的第1个
元素是观测月份
             wind = wind_fact),          # 列表的第2个元素是
风速的low/high（因子）
        mean,                            # 应用mean()函数
        na.rm = TRUE                     # 忽略NA
    )
```

执行源代码，控制台中输出如下。

列表 10 Ozone的月份、风速的low/high各自的平均值

```
       wind
month       low      high
    5  27.45455  20.80000 ── Ozone在5月中风速为low/high
                              的各自的平均值
    6  24.00000  32.16667
    7  68.57895  33.42857
    8  74.23529  33.00000
    9  47.50000  20.11765
```

● 计算标准偏差

统计月份、风速的low/high各自的标准偏差。

列表 11 计算Ozone的测量值中月份、风速low/high各自的标准偏差

```
tapply(
    # 对Ozone列应用函数
    airquality$Ozone,
    # 使用列表设定分组基准
    list(month = airquality$Month,   # 列表的第1个元素是
观测月份
         wind = wind_fact),          # 列表的第2个元素是
风速的low/high（因子）
    sd,                              # 应用sd()函数
    na.rm = TRUE                     # 忽略NA
)
```

执行源代码，控制台中输出如下。

列表 12 Ozone的月份、风速的low/high各自的标准偏差

```
       wind
month        low       high
    5  32.206719  11.001299
    6   4.582576  22.256834
    7  29.950544  20.630537
    8  39.159177  24.556058
    9  29.432511   9.733206
```

秘技 225 当分组合计有多个基准列时，结果将垂直排列

难易程度 ●●

扫码看视频

这里是关键点！ aggregate(数据框的列,作为基准列的列表,应用的函数)

当作为分组基准的列增加时，结果显示的列数会增加，表的结构也会更复杂。这种情况下，使用**aggregate()函数**，分组的数据不是横向，而是纵向垂直排列，使结果更易查看。aggregate()函数的格式和tapply()函数基本相同，所以将秘技 224中创建的源码中的函数名tapply()改为aggregate()就可以了。

列表 1 计算Ozone的月份、风速的low/high各自的平均值
（项目为Summary，源文件为script10.R）

```
# 创建将风速在中位数以下和比中位数大分别作为TRUE/FALSE的
水平标签的因子
wind_fact <- factor(
    airquality$Wind <=        # 中位数以下为TRUE,
比中位数大为FALSE
        median(airquality$Wind),  # 创建向量
    levels = c(TRUE, FALSE),      # 设定水平标签
    labels = c("low", "high")     # 设定因子水平标签的排
列顺序
)
```

```
# 计算Ozone的测量值中月份、风速low/high各自的平均值
aggregate(
    # 对Ozone列应用函数
    airquality$Ozone,
    # 使用列表设定分组基准
    list(month = airquality$Month,   # 列表的第1个元素是
观测月份
         wind = wind_fact),          # 列表的第2个元素是
风速的low/high（因子）
    mean,                            # 应用mean()函数
    na.rm = TRUE                     # 忽略NA
)
```

执行源代码，控制台中输出如下。

列表 2 Ozone的月份、风速的low/high各自的平均值

```
   month wind         x
1      5  low  27.45455 ──── 5月的风速为low时的臭氧量
2      6  low  24.00000
3      7  low  68.57895
4      8  low  74.23529
```

5	9	low	47.50000		8	7	high 33.42857
6	5	high	20.80000	← 5月的风速为high时的臭氧量	9	8	high 33.00000
7	6	high	32.16667		10	9	high 20.11765

秘技 226 将数据框整个分组并合计

▶难易程度 ●●

扫码看视频

> 这里是关键点！ **aggregate(数据框,基准列的列表,应用的函数)**

aggregate() 函数可以直接将数据框设定为统计目标。直接设定数据框，可以将数据框中所有的数据分组并统计。

R附带的样本airquality中有月和日的数据，月的列作为分组的基准来使用，所以不需要统计进去。这种情况下，将去除了不需要的列的数据框设为参数便可以。

列表1 计算airquality的月份、风速的low/high各自的平均值

```
# 创建将风速在中位数以下和比中位数大分别设为TRUE/FALSE的
  水平标签的因子
wind_fact <- factor(
    airquality$Wind <=       # 中位数以下的为TRUE,
                             比中位数大为FALSE
        median(airquality$Wind),    # 创建向量
    levels = c(TRUE, FALSE),        # 设定水平标签
    labels = c("low", "high")       # 设定因子水平标签的排
                                      列顺序
)

# airquality的月份、风速low/high各自的平均值
aggregate(
    # 对Ozone的列应用函数
    airquality[c(-5, -6)],   # 去除Month和Day的列
```

```
    # 使用列表设定分组基准
    list(month = airquality$Month,  # 列表的第1个元素是
                                      观测月份
         wind = wind_fact),         # 列表的第2个元素是
                                      风速的low/high（因子）
    mean,                           # 应用mean()函数
    na.rm = TRUE                    # 忽略NA
)
```

执行源代码，控制台中输出如下。

列表2 airquality的月份、风速的low/high各自的平均值

	month	wind	Ozone	Solar.R	Wind	Temp
1	5	low	27.45455	175.0909	8.353846	67.38462
2	6	low	24.00000	172.7500	7.625000	79.37500
3	7	low	68.57895	221.2857	7.223810	84.47619
4	8	low	74.23529	177.3750	6.768421	86.42105
5	9	low	47.50000	175.3333	6.816667	81.91667
6	5	high	20.80000	185.5625	13.983333	64.22222
7	6	high	32.16667	210.0714	13.285714	78.78571
8	7	high	33.42857	206.4000	12.550000	82.70000
9	8	high	33.00000	164.5000	12.000000	80.08333
10	9	high	20.11765	162.1667	12.422222	73.55556

5-4 直方图

秘技 227 创建频数分布表

▶难易程度 ●●

扫码看视频

> 这里是关键点！ **hist(数字向量,plot = FALSE)**

频数分布 是调查数据分布状况的方法之一，将从最小值附近到最大值附近的区间按被称为 **组** 的区间来等分，频数分布则表示划分后各组的数据个数（频数），而将这些统计在表中则被称为 **频数分布表**。

根据频数分布表创建的图表称为 **直方图**。创建直方图可以一目了然地看到数据的分布情况，以及数据集中的位置。

5-4 直方图

●将操作都交由函数并创建频数分布表

要获取频数分布,首先需要决定组的范围,我们将其称为**组距**。例如100～300的分布范围,可以将组距设为10并以10为增量获取频数。

R的hist()函数根据参数中设定的数据(在内部)创建频数分布表,并基于此创建直方图。因为组距也由其自己的算法确定,因此仅需要指定要分析的数据即可,非常方便。

- **hist()函数**

不创建直方图,仅创建频数分布表时的格式。

格式	hist(数字向量, plot = FALSE)
	hist(数字向量, plot = FALSE)
返回值	具有以下元素的histogram类的对象,其实体是命名的列表
	Breaks:表示组的界限的n+1个值
	counts:组中的数据个数(频数)
	density:每组的频数
	mids:组的中位数
	xnames:x的名称字符串
	equidist:逻辑值,表示breaks的间隔都相等

实际使用时为参数设定的选项有很多,这些在学习直方图时再介绍。

这里我们根据以逗号分隔的CSV文件access.csv中保存的"30天内的访问量"来创建频数分布表。

列表1 获取30天内访问状况数据中各组的频数分布(项目为Histogram,源代码为script.R)

```
> # 将access.csv赋值给tbl
> tbl <- read.csv("access.csv",     # 以逗号分隔的
csv文件
+                 row.names=1,      # 第1行是列名
+                 encoding = "CP936") # 将access.
csv读取到tbl中

> # 显示开头的数据
> head(tbl)
  访问量
1    354
2    351
3    344
4    362
5    327
6    349

> # 自动设定组并创建频数分布表
> freq <- hist(
+              tbl$访问量,      # 将"访问量"列作为对象
+              plot = FALSE)   # 仅创建频数分布
+ )

> freq$breaks                # 组的界限
 [1] 300 310 320 330 340 350 360 370 380 390
> freq$mids                  # 组的中位数
 [1] 305 315 325 335 345 355 365 375 385
> freq$density               # 频率
 [1] 0.003333333 0.003333333 0.013333333 0.016666667
 0.016666667
 [6] 0.023333333 0.016666667 0.003333333 0.003333333
> freq$counts                # 每个组的频数
 [1] 1 1 4 5 5 7 5 1 1
> freq$density               # 每个组的频率
 [1] 0.003333333 0.003333333 0.013333333 0.016666667
 0.016666667
 [6] 0.023333333 0.016666667 0.003333333 0.003333333
```

hist()函数将频数分布的相关分析结果以列表返回(实体是histogram类的对象),所以可以指定名称获取值。

●组距

查看组的界限值,可以知道300～390的范围按增量为10、组距为10划分。设为"下限值为300,组距为10"并获取各组中包含的数据个数(频数),如果hist()函数的默认值right=TRUE,各组值的范围如下。

列表2 组的范围

组的界限值	
300	—— 因为组距为10,所以这里是301～310
310	—— 这里是311～320
320	—— 这里是321～330
.	
.	

为300时,按照"300<组中的值<=310"处理,为左开右闭的区间。

查看各组的频数,可以发现350~360间的频数最多(频数为7)。

●频率

频率表示组中包含的数据个数(频数)占数据总数的比例。

- **频率的计算公式**

$$频率 = \frac{目标组的频数}{总频数}$$

5-4 直方图

秘技 228 创建频率分布表

难易程度 ●●

> 这里是关键点！ **cumsum(hist函数的返回值$density)**

扫码看视频

在创建的**频率分布表**中，表示组中包含的频数和频率，还有累计频率。累计频率是当前组的频数加上到该组为止的频率。

● 计算累计频率

cumu_freq()函数可以计算累计频率。

• **cumu_freq()函数**

计算参数中元素的累计。如果参数中设定的值是包含多个值的向量，那么从头部元素开始依次计算累计，并返回这些值。

根据保存在逗号分隔的CSV文件access.csv中的"30天内的访问情况"数据，创建频率分布表。

| 格式 | cumu_freq(数字向量) |

列表1 创建频率分布表（项目为Histogram，源代码为 script2.R）

```
> # 将access.csv赋值给tbl
> tbl <- read.csv("access.csv", row.names=1,
encoding = "CP936")
> # 获取频数分布表
> freq <- hist(tbl$访问量,plot = FALSE)
```

```
> # 计算累计频率
> freqtable <- data.frame(
+   "组值"= hst$mids,         # 组的中位数
+   "频数"= hst$counts,       # 频数列
+   "频率"= hst$density,      # 每组的频率
+   "累计频率"= cumsum(freq$density) # 每组的累计频率
+ )

> print(freqtable)           # 输出频率分布表
  组值 频数 频率        累计频率
1  305    1 0.003333333 0.003333333
2  315    1 0.003333333 0.006666667
3  325    4 0.013333333 0.020000000
4  335    5 0.016666667 0.036666667
5  345    5 0.016666667 0.053333333
6  355    7 0.023333333 0.076666667
7  365    5 0.016666667 0.093333333
8  375    1 0.003333333 0.096666667
9  385    1 0.003333333 0.100000000
```

频率直接相加为1。由于频率是数据整体频率为1时的比率，因此将所有频率相加得到的整体比率的和为1。

组值345的累计频率是0.533…，表示访问量在345以下的天数大约占了整体的一半。

秘技 229 快速获取每个类别的频数

难易程度 ●●

> 这里是关键点！ **table(数据框$列名)，table(数据框[列的索引])**

扫码看视频

将数据框特定的列按照类别划分时，使用table()函数可以计算每个类别的频数。

• **table()函数**

计算类别内数据的个数（频数）。

| 格式 | table(数据框$列名) |
| | table(数据框[列的索引]) |

R的样本用数据框中有基于3个条件（类别）来测量植物收成（干燥重量）的PlantGrowth。weight列是重量，group列是水平的因子。

列表1 R的样本数据PlantGrowth（项目为Frequency，源代码为script.R）

```
> PlantGrowth
  weight group
1   4.17  ctrl
```

181

5-4 直方图

```
2    5.58   ctrl
3    5.18   ctrl
4    6.11   ctrl
5    4.50   ctrl
6    4.61   ctrl
7    5.17   ctrl
8    4.53   ctrl
9    5.33   ctrl
10   5.14   ctrl
11   4.81   trt1
12   4.17   trt1
13   4.41   trt1
14   3.59   trt1
15   5.87   trt1
16   3.83   trt1
17   6.03   trt1
18   4.89   trt1
19   4.32   trt1
20   4.69   trt1
21   6.31   trt2
```

```
22   5.12   trt2
23   5.54   trt2
24   5.50   trt2
25   5.37   trt2
26   5.29   trt2
27   4.92   trt2
28   6.15   trt2
29   5.80   trt2
30   5.26   trt2
```

group列分为ctrl、trt1、trt2这3个类别,计算各类别的数据个数(频数)。

列表2 计算group列的类别ctrl、trt1、trt2各自的频数

```
> table(PlantGrowth$group)    # group列的类别ctrl、
                                trt1、trt2的频数

ctrl trt1 trt2
 10   10   10                   ← ctrl、trt1、trt2中数据的频数
```

秘技 230 对连续值进行分类以创建频数分布表

扫码看视频

难易程度 ●●

这里是关键点! cut (转换为因子的数字向量,表示分割点的向量)

对于没有分类的连续值,可以使用cut()函数将其分组并获取频数分布。

将0~199的范围分为4个类别,以此来划分纽约5月到9月每天的大气状况观测数据airquality的臭氧量,并计算每月各个类别中的频数。

列表1 对连续值进行分类以创建频数分布表(项目为Frequency,源代码为script2.R)

```
> table(airquality$Month)

 5  6  7  8  9
31 30 31 31 30
> ozone <- cut(
+     airquality$Ozone,           # 将臭氧量按类别划分
+     breaks = seq(0, 200, by = 50), # 0~49、
50~99、100~149、150~199
+     include.lowest=TRUE,         # 区间的值含下限值
+     right = FALSE                # 区间的值不含上限值
+ )
> table(airquality$Month)        # 每月臭氧量的观察
值的个数

 5  6  7  8  9
31 30 31 31 30
> table(airquality$Month, ozone)  # 分为4组的臭氧量的频数分布
   ozone
    [0,50) [50,100) [100,150) [150,200)
```

● cut()函数

分割数字向量的值,并根据其所在的区间对值进行编码。

格式	cut(x,
	    breaks,
	    labels = NULL,
	    include.lowest = FALSE,
	    right = TRUE,
	    dig.lab = 3,
	    ordered_result = FALSE)

参数	x : 设定要转换为因子的数字向量
	breaks : 设定表示分割点的向量
	labels =NULL : 设定分配给各个类别的标签,不设定的则分配连续的整数值
	include.lowest=FALSE : 设为FALSE时,类别中不包含breaks的值 设为TRUE,则包含在类别中 设为right=FALSE时,必须设定include.lowest=TRUE
	right = TRUE : 将区间设为左开右闭的区间 FALSE时,区间是左闭右开
	dig.lab = 3 : labels = NULL时,设定被分配的整数的位数
	ordered_result =FALSE : 创建有序的因子

5	25	0	1	0
6	8	1	0	0
7	10	14	2	0
8	13	9	3	1
9	25	4	0	0

使用seq(0, 200, by = 50)创建下述的排列（序列），作为breaks的值。

```
0   50  100  150  200
```

因为进行了以下的设定：

```
right = FALSE
include.lowest=TRUE
```

所以有以下4个区间：

```
[0,50)   [50,100)   [100,150)   [150,200]
```

这表示：

0~49、50~99、100~149、150~199

breaks设定的值包含下限值，不包含上限值。
将包含分隔数字的区间称为闭区间，用符号"[ ]"表示。将不包含分隔数字的区间称为开区间，用符号"( )"表示。

默认值是：

```
right = TRUE
include.lowest=FALSE
```

所以是：

```
[0,50]   (50,100]   (100,150]   (150,200]
```

使区间的值不包含下限值，包含上限值，如下所示：

1~50、51~100、101~150、151~200

秘技 231 将数据的分布情况绘制成直方图

扫码看视频

这里是关键点！ hist(数字向量,right = FALSE)

根据频数分布表创建的图表为**直方图**。直方图可以一目了然地看到数据的分布情况，以及数据集中的位置。

- hist()函数
  根据给出的数据创建直方图。

参数	hist(x, 　　breaks = "Sturges", 　　freq = NULL, 　　probability = !freq, 　　include.lowest = TRUE, 　　right = TRUE, 　　density = NULL, 　　angle = 45, 　　col = NULL, 　　border = NULL, 　　main = paste("Histogram of", xname), 　　xlim = range(breaks), 　　ylim = NULL, 　　xlab = xname, 　　ylab, 　　axes = TRUE, 　　plot = TRUE, 　　labels = FALSE,

（续表）

	nclass = NULL, …)	
参数	x	要作为直方图的数字向量
	breaks = "Sturges"	以下的任意一个 ·给出直方图组间分割点的向量 ·给出组的个数的单个值 ·给出计算组个数的算法的字符串 ·计算组个数的函数
	freq = NULL	如果设为TRUE，则直方图显示结果的counts成分的频数 如果是FALSE，则绘制density成分的概率密度，条形的总面积为1。 breaks的间隔相等（没有设定probability）时，默认值为TRUE
	probability = !freq	!freq的别名（为了兼容S）
	include.lowest =TRUE	right = FALSE时，如果是TRUE，等于breaks的x[i]包含在右边的条形中。 right = TRUE时，如果是FALSE，等于breaks的x[i]包含在左边的条形中。 默认值right = TRUE，include.lowest = TRUE的话为开区间（分割值），所以只需要设定right = FALSE，便可以设为[分割值]

5-4 直方图

（续表）

参数	right = TRUE	如果是TRUE，直方图的组为左开右闭的区间。如果为FALSE，直方图的组为左闭右开的区间
	density = NULL	阴影斜线的密度（每英寸的线数），默认值为NULL（或者是负数）表示没有斜线
	angle = 45	设定阴影斜线的倾斜角度（逆时针）
	col = NULL	设定条形的填充颜色，默认为NULL表示不填充颜色
	border = NULL	设定条形的边框颜色，默认为NULL表示边框颜色和标准前景色相同
	main = paste("Histogram of", xname)	设定Histogram的标题
	xlim = range(breaks) ylim = NULL	x轴、y轴的范围。请注意，设定x轴范围的xlim不在定义直方图时使用，而是当plot=TRUE在绘制时使用
	xlab = xname ylab = yname	设定x轴、y轴的标题
	axes = TRUE	默认为TRUE，绘制轴
	plot = TRUE	默认为TRUE，绘制直方图
	labels = FALSE	为FALSE时，返回breaks和counts的列表
	nclass = NULL	设为TRUE时，在条形上方添加标签
	...	整数值，为了兼容S(-PLUS)的选项
返回值	具有如下元素的histogram类的对象，其实体是命名的列表 breaks: 表示组的界限的n+1个值 counts: 组中的数据个数（频数） density: 每组的频数 mids: 组的中位数 xnames: x的名称字符串 equidist: 逻辑值，表示breaks的间隔都相等	

根据"30天内的访问情况"（access.csv）创建直方图。

●将操作都交由函数并创建直方图

hist()函数根据参数中设定的数据（在内部）创建频数分布表，并基于此表创建直方图。因为组距也由其算法确定，所以仅需指定要分析的数据即可。

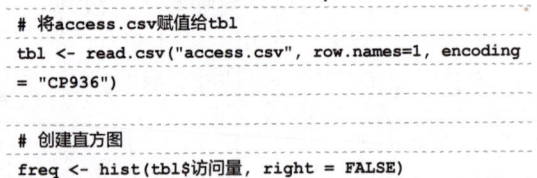

列表1 创建直方图（项目为Histogram，数据文件为access.csv，源文件为script3.R）

```
# 将access.csv赋值给tbl
tbl <- read.csv("access.csv", row.names=1, encoding = "CP936")
```

```
# 创建直方图
freq <- hist(tbl$访问量, right = FALSE)
```

执行源代码，直方图便显示在Plots窗口中。

查看创建的直方图，将300~390的范围除以10，也就是将组的宽度设置为10，并将各组的频数以条形的长度来表示。

因为设定了right = FALSE，所以组的范围被设定为300~309、310~319等的区间。

350~359组的频数最多（频数为6），以其为顶点，整体数据看起来像山峰状分布。

▼script3.R的运行结果

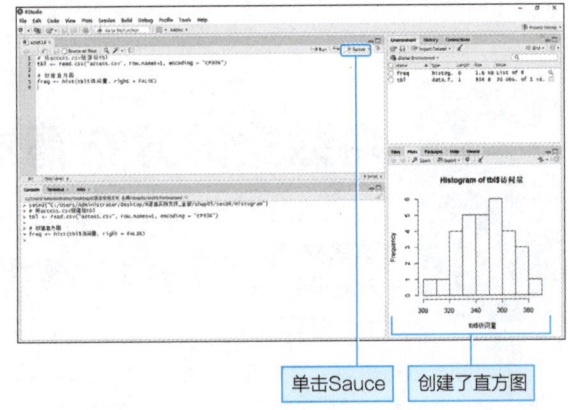

单击Sauce　　创建了直方图

秘技 232 设定组距并创建直方图

难易程度 ▶

扫码看视频

这里是关键点！ fivenum()函数和signif()函数

在上一个秘技中，从组的宽度到图表的颜色、标题等都是hist()函数设定并创建直方图的。我们也可以自己设定组距或者图表的数据范围。

- 组距
- 条形的颜色
- 标题
- 纵轴和横轴的标题

●创建直方图时需要设定的项目
- 统计频数分布目标的范围

- **fivenum()函数**

  计算数据的最小值、第三数、中位数、第一数、最大值。

格式	fivenum(目标数据)

  ● **设定组距或者条形的颜色创建直方图**

  自己设定组距等并创建直方图的步骤。

  ❶ 使用fivenum()函数获取最小值和最大值。

  ❷ 将最小值和最大值四舍五入至10位（例如将308进位为310），并创建直方图的下限和上限值。

  ❸ 使用hist()函数设定下面的项目并创建直方图。
  · 获取频数分布的范围和组距
  · right = FALSE
  · 直方图的标题
  · 纵轴和横轴的标题
  · 条形的颜色

  除了组距，还要设定获取频数分布的范围，即设定组的范围，因此需要获取数据的最小值和最大值，并以此设定范围。fivenum()函数返回值的索引是[1]为最小值、[5]为最大值，然后分别取出最大值和最小值并赋值给变量，注意赋值的是四舍五入至10位的值，例如最小值为308时则转为310，可以使用signif()函数赋值。

- **signif()函数**

  该函数将第1个参数中的值四舍五入至第2个参数设定的位数。

格式	signif(x,n)	
参数	data	设定统计目标的列
	x	设定要四舍五入的值
	n	设定从高位数四舍五入到第几位

  列表1 signif()函数的使用实例

  ```
  ># 将305四舍五入到高位数的第2位
  > signif(305, 2)
  [1] 300  →300  （如果高位数的第3位是1～5则舍去）
  ># 将306四舍五入到从高位数的第2位
  > signif(306, 2)
  [1] 310  →310  （如果高位数的第3位是6～9则进位）
  ```

  接下来，最小值四舍五入到10位的值减去2倍的组距，最大值加上2倍的组距，分别作为获取频数分布区间的下限值和上限值，这样设置是为了让频数分布的区间有一定的宽度。

  列表2 指定组距和直方图的下限值和上限值

  ```
  cl <- 10 ─────────────────── 将组距赋值给c1
  fn <- fivenum(tbl$访问量) ─── 计算最小值和最大值
  min <- signif(fn[1], 2) - cl * 2 ── 将最小值四舍五入到
                                      10位,减去组距×2并赋值给min
  max <- fn[5] + cl * 2 ────── 最大值加上组距×2并赋值给max
  ```

  ● **breaks选项**

  breaks选项表示设定组的方法，使用seq()函数生成具有序列（连续的值）的向量。

- **seq()函数**

  按参数中的设定生成a到b的以c为增量的向量。

格式	seq(a, b, by = c)

  因为hist()函数的参数中设定了breaks = seq(min, max, by = c)，所以设定了从290开始10为增量的组。

  另外，因为上限值是407（最大值387+10×2），所以以10为增量的话，400为最小的值。

  main是标题，xlab是横轴的标题，ylab是纵轴的标题，col是设定条形颜色的选项。R中有下表所示的用来设定颜色的常量（值不能更改的变量），设定这些常量名便可以设定颜色。

▼ R颜色规范的主要常量

"white"	"azure"	"blue"	"chocolate"	"coral"
"dimgray"	"dodgerblue"	"firebrick"	"forestgreen"	"gainsboro"
"ghostwhite"	"gold"	"gray"	"honeydew"	"hotpink"
"indianred"	"ivory"	"khaki"	"lavender"	"lavenderblush"
"lemonchiffon"	"limegreen"	"linen"	"magenta"	"maroon"
"midnightblue"	"mintcream"	"mistyrose"	"moccasin"	"navajowhite"
"navy"	"navyblue"	"oldlace"	"olivedrab"	"orange"
"orangered"	"orchid"	"palegoldenrod"	"palegreen"	"paleturquoise"
"palevioletred"	"papayawhip"	"peru"	"pink"	"plum"
"powderblue"	"purple"	"red"	"rosybrown"	"royalblue"
"saddlebrown"	"salmon"	"sandybrown"	"seagreen"	"seashell"
"sienna"	"skyblue"	"slateblue"	"slategray"	"slategrey"

5-4 直方图

（续表）

"snow"	"springgreen"	"steelblue"	"tan"	"thistle"
"tomato"	"turquoise"	"violet"	"violetred"	"wheat"
"whitesmoke"	"yellow"	"yellowgreen"		

▼ 暗色/深色系

"darkblue"	"darkcyan"	"darkgray"	"darkgreen"
"darkmagenta"	"darkolivegreen"	"darkorange"	"darkorchid"
"darkred"	"darkslategray"	"darkviolet"	"deeppink"
"deepskyblue"			

▼ 亮色系

"lightblue"	"lightcoral"	"lightcyan"	"lightgoldenrod"
"lightgoldenrodyellow"	"lightgray"	"lightgreen"	"lightgrey"
"lightpink"	"lightsalmon"	"lightseagreen"	"lightskyblue"
"lightslateblue"	"lightslategray"	"lightslategrey"	"lightsteelblue"
"lightyellow"			

▼ 中间色系

"mediumaquamarine"	"mediumblue"	"mediummorchid"	"mediumpurple"
"mediumseagreen"	"mediumslateblue"	"mediumspringgreen"	"mediumturquoise"
"mediumvioletred"			

● 创建直方图

读取数据文件access.csv并创建直方图。

列表 3 创建自定义的直方图（项目为Histogram，数据文件为access.csv，源文件为script4.R）

```
# 将access.csv赋值给tbl
tbl <- read.csv("access.csv", encoding="CP936")

# 将组距赋值给by
cl <- 10
# 计算最小值、最大值
fn <- fivenum(tbl$访问量)
# 将最小值四舍五入到10位，减去组距×2并赋值给min
min <- signif(fn[1], 2) - cl * 2
# 最大值加上组距×2并赋值给max
max <- fn[5] + cl * 2

hist(
    tbl$访问量,              # 设定要创建直方图的数据
    breaks = seq(            # 创建具有序列的向量
      min,                   # 下限值
      max,                   # 上限值
      by = cl                # 组距
    ),
    right = FALSE,           # 将组的宽度设为左闭右开
    main = "访问状况",       # 设定标题
    xlab = "访问量",         # 设定横轴的项目名
    ylab = "频数",           # 设定纵轴的项目名
    col="limegreen"          # 设定条形的颜色
)
```

单击"Source"按钮执行源代码，创建的直方图如下所示。

▼ 运行结果

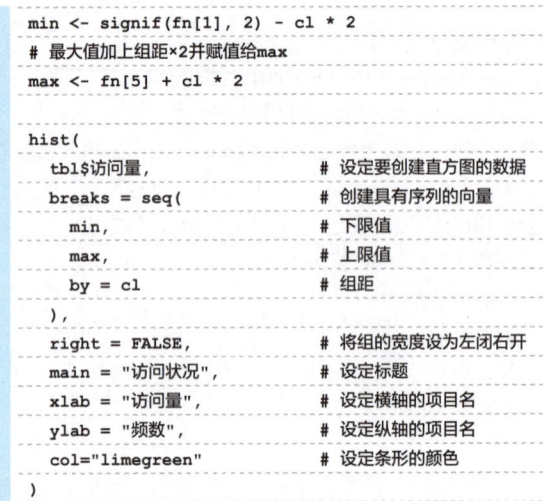

秘技 233 将为每个组创建的直方图输出为一个PDF

难易程度 ▶ ● ●

这里是关键点！▶ pdf()、layout()、invisible()、par()、dev.off()

扫码看视频

在某个记录了观察值的数据中，即使是相同的观察值也可以根据不同情况来分类。前面实例中使用过的R附带的airquality中，记录了纽约5月到9月每天的臭氧量、日照量、风速、气温的数据，像这样的数据，除了绘制整体的频数分布外，还可以绘制分类的频数分布表。

● 将各组（类别）创建的直方图输出为PDF

我们以airquality为素材，将观测的数据按月划分并创建5个月的直方图，然后将其输出到一个PDF中。

操作步骤如下。

5-4 直方图

❶ 使用pdf()函数创建任意名称的PDF文件，并设为可编辑状态。
❷ 使用par()函数准备好存储绘图所需要的参数（设定值）的列表。
❸ 使用layout()函数设定页面布局。
❹ 从目标数据框中按类别获取数据框。
❺ 使用invisible()函数生成图表（直方图）的对象并写入PDF。
❻ 使用layout()函数将页面整体作为一个区域来设定，使用par()函数按❷设定布局后，结束输出到文件。

使用pdf()函数打开可编辑的PDF文件，执行布局的相关设定后，如果执行invisible()函数，函数返回值的对象便输出到PDF。

列表1 将根据airquality生成各月臭氧量的直方图输出到PDF中（项目为Histogram，源文件为script5.R）

```
# 准备用来保存图表的PDF文件
pdf(
  "ozone.pdf",      # 文件名
  width=500/72,     # 将宽500像素转换为英寸后设定
  height = 600/72   # 将高600像素转换为英寸后设定
)

# 创建3行×2列的矩阵并配置图表
layout(matrix(1:6, 3, 2, byrow = TRUE))

# airquality按月将airquality切割为列表
aq_month <- split(airquality, airquality$Month)

# 创建直方图并写入PDF
invisible(
  # 通过匿名函数按月分割得到列表
  # 对列表应用hist()函数
  lapply(aq_month,    # 将airquality按月分割得到的列表
    function(i) {     # 应用匿名函数
      hist(           # 创建直方图
        i[,1],        # 从列表的第1个元素开始
                      # 依次取出Ozone列
        breaks =      # 设定直方图组间的分割点
          seq(0, 175, by = 25),
        xlim = c(0, 200),# x轴的范围
        ylim = c(0, 20), # y轴的范围
        main="",         # 将主标题设为空
        col = "gray",    # 条形的颜色为灰色
        # x轴的标题
        # 设为Ozone/ppb（月名）的形式
        xlab = paste("Ozone/ppb(",
                     month.abb[i[1, 5]],
                     ")",
                     sep = "")
      )
    }
  )
)

# 将1个画面设为1个区域
layout(1)
# 设定图形参数
par(
  cex.axis = 1.5,  # 用于轴的注释
  cex.lab  = 1.5,  # 关于x和y标签现在的设定的相对发生比
  cex.main = 1.5,  # 和主标题现在的设定的相对发生比
  mar = c(4, 4, 1, 1)  # 通过行数设定绘制四边的边距
)

dev.off()          # 结束图形设备
```

单击 **"Source"** 按钮来执行程序，在项目用的文件夹内部创建了ozone.pdf，双击打开，效果如下。

▼ 打开创建的PDF文件

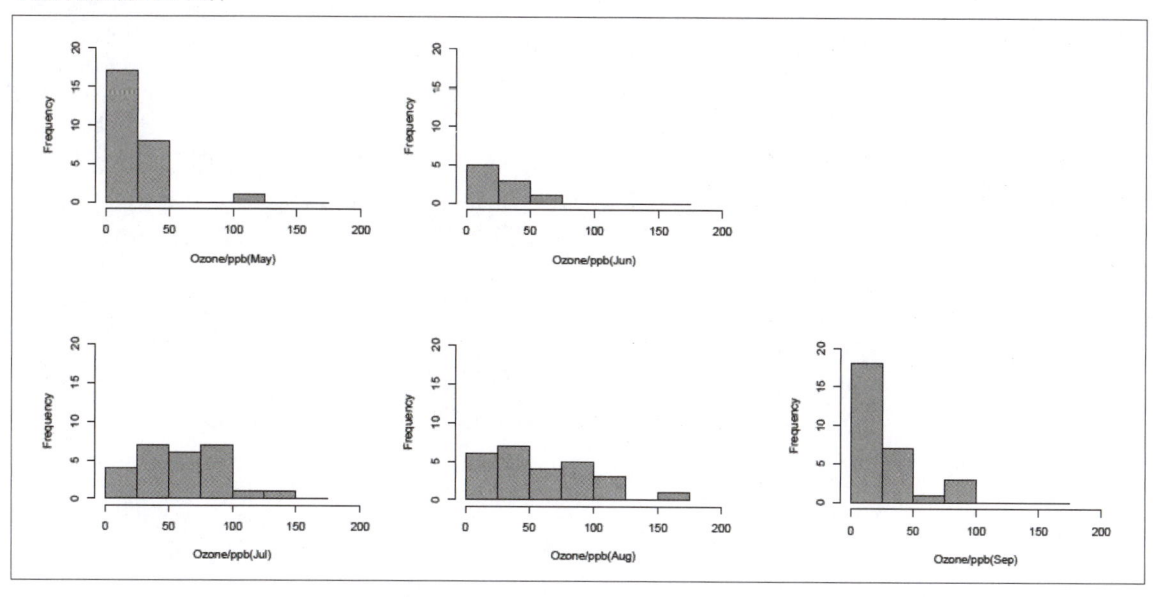

5-4 直方图

秘技 234 创建最适合组之间比较的箱形图

难易程度 ●●

> **这里是关键点！** boxplot(连续变量~表示群的变量,数据框)

扫码看视频

数据由多个类别分组时，可以像上一个秘技中介绍的按每个组来绘制直方图，也可以绘制为**箱形图**，将各组都整理到一个图表中，这样更易查看。

●箱形图的构造

箱形图是概括两个变量的数据的图表，如果一个变量是类别变量时，也可以称为散点图。

- 目标数据是连续的值，通常放在纵轴。
- 表示群（组）的类别变量，放在横轴。
- 使用"箱"和"须"绘制每组连续变量的分布状况。
- 根据四分位数，数据被分为以下4个区间。

区间D：从须的上端（最大值）到箱子的上端（第三四分位）。

区间C：从箱子的上端（第三四分位）到箱子的中心线（中位数）。

区间B：箱子的中心线（中位数）到箱子下端（第一四分位）。

区间A：从箱子的下端（第一四分位）到须的下端（最小值）。

●绘制箱形图

和上一个秘技一样，我们将airquality按月分组的臭氧量的分布状况绘制为箱形图。

・boxplot()函数

绘制箱形图。

格式	boxplot(连续变量~表示群的变量) 或者 boxplot(连续变量~表示群的变量,数据框)

列表1 将airquality按月分组的臭氧量的分布状况绘制为箱形图（项目为Histogram，源文件为script6.R）

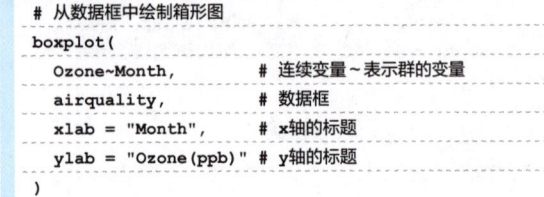

单击**"Source"**按钮运行，Plots窗口中便显示了箱形图。

▼创建的箱形图

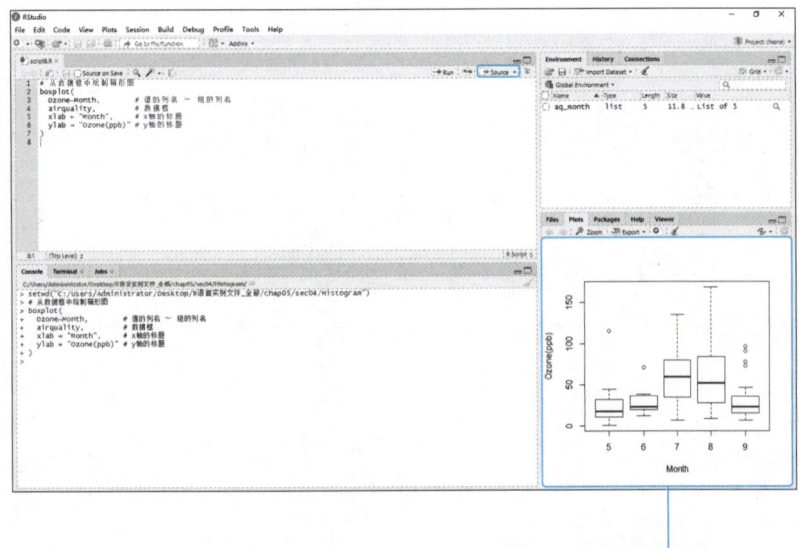

箱形图

秘技 235 简单地用点进行组之间的比较

难易程度 ●●

扫码看视频

这里是关键点！ plot(连续变量～表示群的变量,数据框)

当数据有多个类别分组的情况时，使用箱形图在一个画面中比较所有的分布很方便，但是如果想要更简单地在一个画面中表示，可以直接用点表示数据的分布。

• plot()函数

将数据的分布绘制在图表上。

| 格式 | plot(连续变量～表示群的变量)
或者
plot(连续变量～表示群的变量,数据框) |

列表1 绘制airquality按月分组的臭氧量的分布状况（项目为Histogram，源文件为script7.R）

```
# 从数据框中绘图
plot(
    Ozone~Month,        # 连续变量～表示群的变量
    airquality,         # 数据框
    xlab = "Month",     # x轴的标题
    ylab = "Ozone(ppb)" # y轴的标题
)
```

单击"**Source**"按钮运行，Plots窗口中便显示了绘制的数据分布图。

▼创建的图表

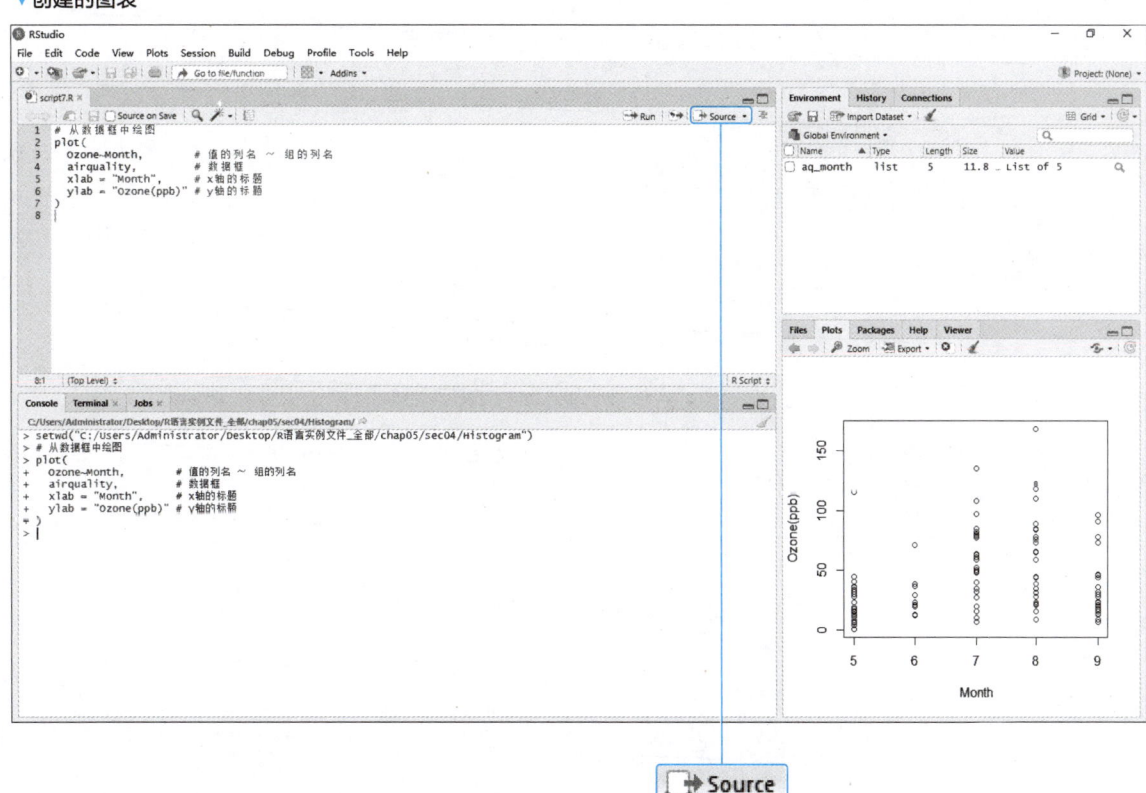

读书笔记

第6章
秘技236~244

正态分布

6-1 标准正态分布和一般正态分布（秘技236~244）

6-1 标准正态分布和一般正态分布

秘技 236 确定某数据是"优秀的"还是"普通的"

难易程度 ●●●

扫码看视频

这里是关键点! 标准化系数=[数据−平均(偏差)]/样本标准偏差(u)

偏差是偏离平均值的程度(偏差平方)的平均值,查看偏差可以知道这个值是"普通值"还是和其他值不同的"特殊值"。下面我们将介绍关于数据特殊性的辨别方法。

●使用标准化来知道销售辆数95和其他值相比是否是优秀的

将整理了汽车经销商30个店铺的新型车A和B的销售辆数的"销售辆数.txt"读取到数据框中。

列表1 将"销售辆数.txt"读取到数据框中并输出

```
> data
    店铺名     车型A  车型B
1   dealer_1   51    82
2   dealer_2   63    78
3   dealer_3   63    80
4   dealer_4   90    76
5   dealer_5   48    82
……中间省略……
29  dealer_29  78    78
30  dealer_30  69    84
```

假设这个表中没有记载95辆其他销售商销售的车型A和车型B,可以用数值来评价这个销量和其他店铺相比是否优秀。通过将这个数据的偏差除以标准偏差,计算这个数据的偏差所占标准偏差的比例,称之为**标准化**。

• 标准化

标准化是计算特定数据的偏差所占标准偏差的比例。因为是作为样本,所以标准偏差使用的是根据无偏方差u^2计算得到的样本标准偏差u。

$$标准化系数 = \frac{数据 - 平均(偏差)}{样本标准偏差(u)}$$

偏差除以标准偏差,将标准偏差作为分母可以得到比例,也就是说,可以知道偏离平均值多少个标准偏差,像这样获得的值称为**标准化数据**或**标准化系数**。

●将车型A和车型B的销售辆数都标准化

列表2 将销售辆数标准化(项目为standardize,数据文件为"销售辆数.txt",源文件为script.R)

```
# 将"销售辆数.txt"赋值给data
data <- read.table("销售辆数.txt", header=TRUE, fileEncoding="CP936")
num_A  <- data$车型A              # 将车型A的数据赋值给向量
mean_A <- mean(num_A)             # 计算车型A的平均值
sd_A   <- sd(num_A)               # 计算车型A的标准偏差
std_A  <- (num_A - mean_A) / sd_A # 标准化
print(std_A)                      # 输出

num_B  <- data$车型B              # 将车型B的数据赋值给向量
mean_B <- mean(num_B)             # 计算车型B的平均值
sd_B   <- sd(num_B)               # 计算车型B的标准偏差
std_B  <- (num_B - mean_B) / sd_A # 标准化((数据-平均值)
                                  #  ÷标准差)
print(std_B)                      # 输出
```

列表3 源代码的运行结果(控制台)

```
> print(std_A)                                              # 输出
 [1] -1.43782408 -0.52972466 -0.52972466  1.51349903
-1.66484893
 [6]  0.15134990 -1.66484893 -0.07567495  1.28647417
1.28647417
……以下省略……
> print(std_B)                                              # 输出
 [1]  0.1513499 -0.1513499  0.0000000 -0.3026998
0.1513499  0.4540497
 [7]  0.0000000  0.4540497  0.0000000 -0.2270249
0.1513499  0.0000000
……以下省略……
```

所有的销售辆数都标准化了。下面将"95辆"这个值分别用车型A和车型B来标准化。

列表4 在控制台执行

```
> (95 - mean_A) / sd_A  # 车型A中95辆的标准化系数
[1] 1.891874
> (95 - mean_B) / sd_B  # 车型B中95辆的标准化系数
[1] 3.576887
```

"95辆"这个销量在车型A中偏离平均值大约1.89个标准偏差，在车型B中偏离大约3.57个标准偏差。

在车型B中的"95辆"偏离的大约是车型A的2倍，也就是难以达成的销售辆数。

> **补充关键点**：标准化系数是指数据中变量的偏差所占标准偏差的比例，所以有标准化系数的平均值为0，标准化系数的标准偏差为1这个特征。反过来说，转换为平均值0和标准偏差1的是标准化系数。

秘技 237 通过与平均值的偏离程度了解数据的特殊性

难易程度 ●●●

这里是关键点！ S.D±1是68%，S.D±2是2%

扫码看视频

通过将观测的数据都标准化，可以判断这个数据是常见的"普通数据"，还是少见的"特殊数据"。

●将标准偏差作为标准

以某店铺30天内来客数的监测结果为例讲解。

若"平均值+标准偏差"和"平均值−标准偏差"的范围中包含了数据整体的68%，这个数学定律称为**数据的中心趋势**。可以用来计算来客数的标准偏差，并以此将所有的数据标准化。

列表1 30天内的来客数（输出存储"进店人数.txt"的数据框）

```
> customers
   日 进店人数
1   1    46
2   2    57
3   3    61
4   4    67
5   5    56
6   6    74
7   7    41
8   8    43
9   9    64
10 10    54
……中间省略……
28 28    49
29 29    58
30 30    42
```

列表2 标准化来客人数（项目为Standardize，数据文件为"进店人数.txt"，源文件为script2.R）

```
# 将"进店人数.txt"赋值给数据框
customers <- read.table("进店人数.txt", header=TRUE,
fileEncoding="CP936")

cus_dt  <- customers$进店人数   # 将进店人数的数据赋值
                                 给向量
```

```
cus_mean <- mean(cus_dt)      # 进店人数的平均值
cus_sd   <- sd(cus_dt)        # 进店人数的标准偏差
# 将标准化系数横向连接到数据框
cus_standar <- cbind(
  # 原来的数据
  cus_dt,
  # 标准化系数的数据
  data.frame(
    # 计算标准化系数
    sd_coe = (cus_dt - cus_mean) / cus_sd
  )
)
print(cus_standar) # 输出
```

列表3 源代码的运行结果（cus_standar的输出部分）

```
> print(cus_standar) # 输出
   cus_dt      sd_coe
1      46 -0.75601281
2      57  0.32400549
3      61  0.71673941
4      67  1.30584030
5      56  0.22582201
6      74  1.99312467
7      41 -1.24693021
8      43 -1.05056325
9      64  1.01128986
10     54  0.02945504
11     46 -0.75601281
12     51 -0.26509540
13     64  1.01128986
14     31 -2.22876503
15     42 -1.14874673
16     57  0.32400549
17     56  0.22582201
18     68  1.40402378
19     43 -1.05056325
20     59  0.52037245
21     48 -0.55964584
22     61  0.71673941
23     43 -1.05056325
```

24	48	-0.55964584
25	51	-0.26509540
26	62	0.81492290
27	69	1.50220726
28	49	-0.46146236
29	58	0.42218897
30	42	-1.14874673

创建标准化系数的数据框，并使用cbind()函数将其横向连接到原来的数据框。

确认Environment视图，标准差cus_sd是10.18501…，平均值cus_mean中显示53.7，小数点以后四舍五入，平均值为54，标准偏差为10，那么68%的数据在平均值的54人±标准偏差10人的"44人~64人"的区间内。

第1天的来客数是46人。以数字来看比平均值少8人，标准化系数为-0.756，在±1个标准偏差范围内，所以可以判断有68%的概率出现"平均偏离的数据" ➡ "普通（不特殊）的数据"。

另一方面，第4天的67人的标准化系数大约为1.306，超过大约1个标准偏差，所以可以判断为"特殊的数据" ➡ "比平时的来客数多"。

第7天的41人的标准化系数大约为-1.247，所以可以判断为"比平时的来客数少"。

● **如果是在±1个标准偏差范围内的数据，则可以判断为普通的数据**

像上面那样，执行统计时如果数据在±1个标准偏差的范围内，则不是特殊的数据（为普通的数据）；若在±2个标准偏差则是特殊的数据，这种判断方法被广泛使用。

之所以这么说，是因为平均值加上1个标准偏差和平均值减去1个标准偏差的范围占了整体68%的数据是被证明了的。

另外，平均值加上和减去2个标准偏差的范围内有96%的数据，超过这个范围的数据则是特殊数据。也就是说，若超过2个标准偏差，可以判断为是2%的稀少数据。

▼通过标准化系数了解数据的特殊性

标准化系数	占数据整体的比例
±1以内	在总体约68%内的平凡值
+1＜标准化系数＜2	在总体约14%((96%-68%)÷2)内的值
-1＞标准化系数＞-2	在总体约14%((96%-68%)÷2)内的值
+1＜标准化系数	在总体约2%((100%-96%)÷2)内的特殊值
-1＞标准化系数	在总体约2%((100%-96%)÷2)内的特殊值

秘技 238 制作标准正态分布图

这里是关键点！ curve(dnorm(x, mean=0,sd=1),from=下限值,to=上限值)

数据标准化之前的频率分布称为**正态分布**。世界上发生的大多数现象，只要不是有目的地干涉，都遵循正态分布。例如，想往杯子里倒入200毫升水，会有微小的误差，但如果将反复几次倒入的结果绘制为直方图，接近平均值的频数较多，偏离平均值频数慢慢减少，就是正态分布的图表。

● **正态分布的图表由平均值和标准偏差决定**

在统计学中，将分析目标数据绘制为直方图时要以**一峰性**（只有一个山峰）为前提。如果是有2个或者3个山峰的**多峰性**直方图，可能有其他元素重叠了，分析这样的数据会得到奇怪的结果。如以幼儿园为目标人群，测量所有参加者的身高，那么基本会得到**二峰性**的直方图，因为幼儿园儿童和老师都被测量，所以结果毫无意义。

数据标准化，计算平均值为0，计算标准偏差为1，像这样"平均值为0，标准偏差为1"的数据是标准正态分布。

● **标准正态分布的图表**

统计学中用 μ 表示平均值，用 σ 表示标准偏差，$\mu=0$、$\sigma=1$ 的数据分布是标准正态分布。标准正态分布图是横轴表示数据的大小（不是数据本身的大小，而是表示标准偏差），纵轴表示频数（数据个数）转换的数据存在的概率并以曲线展现。以下输入可以创建 $\mu=0$、$\sigma=1$ 的标准正态分布图。x的范围设为±4，将标准偏差-4到+4的范围曲线化。

6-1 标准正态分布和一般正态分布

列表1 创建标准正态分布图

```
curve(dnorm(x, mean=0, sd=1), from=-4, to=4)
```

- **curve()函数**

  显示包含x的函数式图表的from到to的区间。

格式	curve(包含x的函数式, from=左端的值, to=右端的值)

- **dnorm()函数**

  计算平均值为m、标准偏差为n正态分布的概率密度。按规定，可以计算 $\mu=0$、$\sigma=1$ 的正态分布的概率密度。

格式	dnorm(x, mean = 0, sd = 1)	
参数	x	设定随机变量
	mean = 0	设定平均值
	sd = 1	设定标准偏差

▼ $\mu=0$、$\sigma=1$ 的标准正态分布图

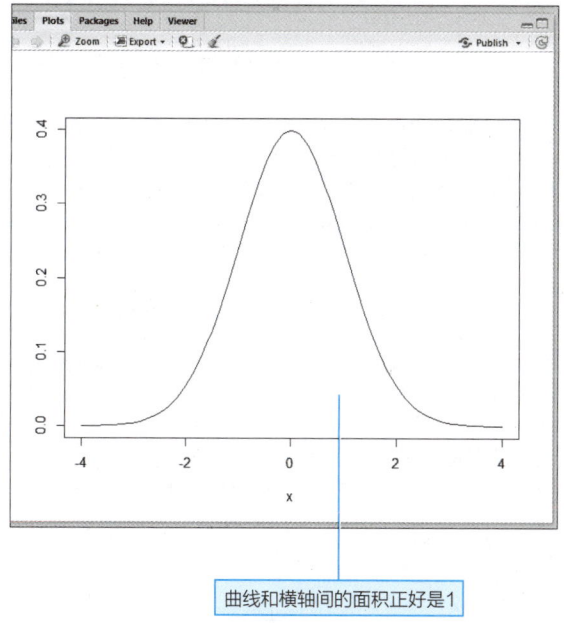

曲线和横轴间的面积正好是1

图形是以0为顶点左右对称的山峰状曲线，在横轴-2和2拐点位置从上凸转换为下凸。大于标准偏差2或小于-2，可以看出数据的数量会急剧减少。

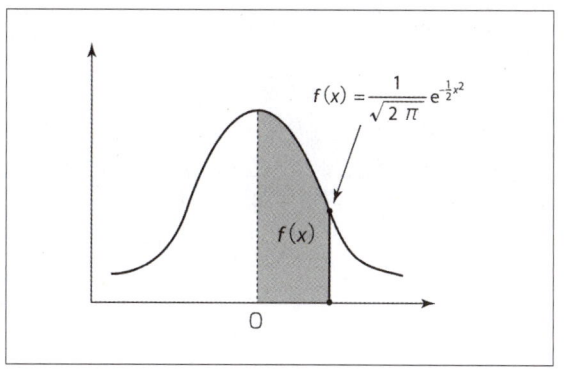

● **概率密度函数**

要绘制概率密度函数图形，需要使用dnorm()函数计算绘制曲线时的高度部分。该函数执行以下计算公式。

- **计算标准正态分布图的高度 $f(x)$**

$$f(x) = \frac{1}{\sqrt{2\pi}} e^{-\frac{1}{2}x^2}$$

使用这个公式可以计算标准正态分布曲线的高度。

将相当于标准偏差的值赋值给x，可以得到纵轴的高度 $f(x)$。高度 $f(x)$ 是概率密度。将1赋值给x并计算，可以得到偏离平均值1个标准偏差的数据的概率密度0.396。将-4个标准偏差到+4个的范围细分，并使用这个公式连续计算得到各个细分对应的高度 $f(x)$，从而得到曲线图，这就是之前的标准正态分布图。

图表的曲线表示数据存在概率密度，曲线和横轴间的面积正好是1。如果计算偏离平均值1个标准偏差范围内的面积，可以知道这个区间内有占总体多少比例（多少百分比）的数据，即存在概率。据此我们可以知道"当销售额的平均值为30万元时，要达到40万元以上的销售额的概率是多少"的问题。

▼ 标准正态分布图的要点

- 有现成的公式，所以决定了x的值，也就决定了图形的高度 $f(x)$，即图形的形状也决定了。
- 因为是左右对称的，所以x=0处 $f(x)$ 的值最大。
- 在x=1，x=-1处弯曲方式改变了。
- x=-1左边是左弯曲。
- x=-1到x=1是右弯曲。
- x=1右边是左弯曲。
- 频率分布图的曲线内部面积是1。
- 图表的两端不论值为多少都不会和横轴相交。x不为0，计算面积像是无限大，实际上面积正好为1。

秘技 239 查找只出现在前5%的数据

扫码看视频

这里是关键点！ qnorm(概率, mean=数据的平均值, sd=数据的标准偏差)

获取"进店人数.txt"数据中前5%的来客人数。

列表1 30天内的来客人数（输出存储"进店人数.txt"的数据框）

```
> customers
   日 进店人数
1   1    46
2   2    57
3   3    61
4   4    67
5   5    56
6   6    74
……中间省略……
30 30    42
```

找出以下标准正态分布图95%面积处相应的x值，这里就是剩下的5%，也就是与前5%的界限，数据的值超过界限值x即表示这个数据是只出现在前5%的"稀有数据"。

▼ 找到分隔前5%面积的值

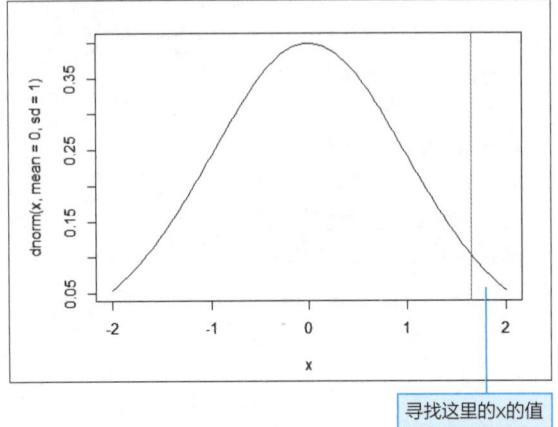

寻找这里的x的值

● 使用qnorm()函数找到前5%的进店人数

标准正态分布是 $\mu=0$、$\sigma=1$ 的概率分布，知道了x的值，将这次数据的标准偏差乘以这个值，便能知道值为多少是前5%。

但是，如果在R中指定了数据的面积，因为有计算数据中的x值，我们可以使用计算机界限值的qnorm()函数。

• **qnorm()函数**

设定概率，计算这个随机变量的值。

格式	qnorm(p, mean=0, sd=1, lower.tail=TRUE, log.p=FALSE)	
参数	p	设定表示概率的向量
	mean=0	设定平均值
	sd	设定标准偏差
	lower.tail=TRUE	如果是默认值TRUE，则作为p中设定的概率的下侧概率P(X <= x)处理；如果是FALSE，则作为上侧概率处理
	log.p=FALSE	如果设为TRUE，则将概率p作为对数值log(p)来处理

执行以下代码，可以直接计算概率的分隔值。

列表2 使用qnorm()函数计算前5%进店人数（项目为NormDistr，数据为"进店人数.txt"，源文件为script.R）

```
# 将"进店人数.txt"赋值给数据框
customers <- read.table("进店人数.txt", header=TRUE, fileEncoding="CP936")

cus_dt   <- customers$进店人数   # 将进店人数的数据赋值给向量
cus_mean <- mean(cus_dt)          # 进店人数的平均值
cus_sd   <- sd(cus_dt)            # 进店人数的标准偏差

# 获取前5%的界限值，以下两条是相同的结果
x <- qnorm(0.95, mean = cus_mean, sd = cus_sd)
y <- qnorm(0.05, mean = cus_mean, sd = cus_sd, lower.tail=FALSE)
print(x)
print(y)
```

列表3 输出到控制台

```
> print(x)
[1] 70.45286

> print(y)
[1] 70.45286
```

70.45286以上是前5%，所以如果是71人以上便是前5%的概率出现的数据。查看原来的数据，第6天的来客人数是74人，这一天是唯一进入前5%的数据。

秘技 240 当平均销售额为38万元时，获得超过45万元销售额的概率

扫码看视频

这里是关键点！ pnorm(计算累计概率的数据, mean=平均值, sd=标准偏差)

标准正态分布是 μ(平均值)=0、σ(标准偏差)=1的数据。当然，数据有各种各样的模式，分布状况也各不相同，我们把这种常见的数据分布称为**正态分布**或者**一般正态分布**。

列表1 30天内的来客人数（输出存储"进店人数.txt"的数据框）

```
> customers
    日  进店人数
1   1    46
2   2    57
3   3    61
4   4    67
5   5    56
6   6    74
……中间省略……
30 30    42
```

平均大约为53.7

●将正态分布转换为 μ=0、σ=1的标准正态分布

如果知道正态分布的数据X相当于多少个标准正态分布的1，就可以知道X的存在概率。

- **将数据X转换为标准正态分布的σ的公式**

$$z = \frac{X - \mu}{\sigma}$$

通过X减去平均值 μ，并除以正态分布的 σ，可以计算数据X占平均值0、标准偏差1的标准正态分布的标准偏差（σ=1）的比例。该比例称为变量转换，这与执行标准化计算标准化系数相同。

●计算正态分布的x的函数f(x)

在标准正态分布的概率密度函数f(x)中，应用变量转换的是以下的概率密度函数。

- **计算正态分布的概率密度的公式**

$$f(x) = \frac{1}{\sigma\sqrt{2\pi}} e^{-\frac{1}{2}\left(\frac{x-\mu}{\sigma}\right)^2}$$

这里计算得到的是正态分布图中的f(x)的值（概率密度），所以要计算概率，需要计算以下的面积（面积就是概率）。

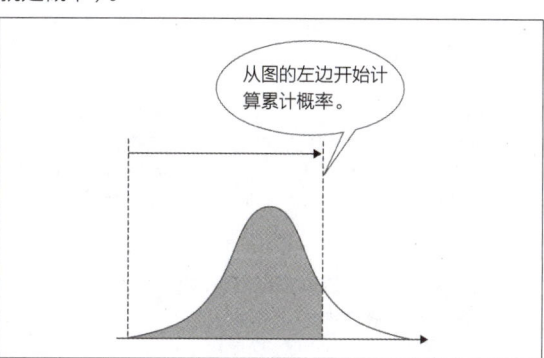

从图的左边开始计算累计概率。

要计算面积，需要将到x为止的区间作为积分区间计算面积，而使用pnorm()函数不仅可以计算f(x)的值，还可以计算区间面积。

- **pnorm()函数**

计算对于设定的平均值和标准偏差的概率密度函数f(x)的累计概率。

格式	pnorm(q, mean = 0, sd = 1, lower.tail = TRUE, log.p = FALSE)	
参数	q	设定计算累计概率的向量
	mean=0	设定平均值
	sd=1	设定标准偏差
	lower.tail=TRUE	如果是默认值TRUE，则作为p中设定的概率的下侧概率P(X <= x)处理；如果是FALSE，则作为上侧概率处理
	log.p=FALSE	如果设为TRUE，则将概率p作为对数值log(p)来处理

该函数将任意的正态分布到指定的q为止的区间作为积分区间计算面积。第1个参数q是正态分布中任意的数据，第2个参数是正态分布的平均值，第3个参数是标准偏差。计算的面积（累计概率）是正态分布图从左边开始的面积。要计算平均值右侧的面积时，计算的面积（累计概率）需要减去左半边的面积（0.5）。

●将30万元～60万元以5万元等分并计算各自的累计概率

虽然要得到"40万元以上的概率"，但我们将30万元到60万元以5万元等分并计算各自累计概率。

6-1 标准正态分布和一般正态分布

列表2 以销售状况为基础计算30万～60万的累计概率（源文件为script2.R）

```
# 将销售状况赋值给数据框
customers <- read.table("销售状况.txt", header=TRUE,
fileEncoding="CP936")

# 准备需要的数据
cus_dt   <- customers$销售额      # 销售额的数据导入到向量
cus_mean <- mean(cus_dt)          # 销售额的平均值
cus_sd   <- sd(cus_dt)            # 销售额的标准偏差
seq <- seq(30, 60, by=5)          # 生成30~60的以5为增量的序列

# 计算累计概率
cmp <- pnorm(
   seq,                           # 计算累计概率的数据
   mean       = cus_mean,         # 销售额的平均值
   sd         = cus_sd,           # 销售额的标准偏差
   lower.tail = TRUE              # 计算累计概率
)

# 生成每5万元为单位的销售额和累计概率的数据框
cp_frm <- data.frame(
   "销售额"=seq,
   "累计概率"=cmp
)
```

列表3 输出到控制台中

```
> print(cp_frm)           # 输出
  销售额  累计概率
1     30 0.2505001
2     35 0.3957887
3     40 0.5574042
4     45 0.7098837
5     50 0.8318996
6     55 0.9147117
7     60 0.9623807      —— 显示各自的累计概率
```

●计算超过目标金额的概率

查看结果可以知道，目标销售额40万元的累计概率是0.5574042。另外，想知道"可以达成40万元的概率"，计算的不是销售额为40万元的概率，而是超过40万元的概率。概率总体1减去40万元的累计概率便能得到剩下的概率，即超过40万元的概率。

使用cp_frm[3,2]设定保持40万元的累计概率的元素，并从1中减去。

列表4 计算销售额超过40万元的概率（控制台）

```
> how <- 1 - cp_frm[3,2]
> print(how)
[1] 0.4425958
```

从结果我们知道销售额超过40万元的概率大约为44%，即要每天都达到40万元以上的目标，是可以实现的。但是，现状是有些天远远超过40万元，而有些天又远远低于40万元，所以如何平衡才是关键。

> **补充关键点** 怎样计算区间内销售额的概率？
>
> 在计算销售额为40万元～45万元这样的销售额概率时，将45万元对应的累计概率减去40万元的累计概率，就可以计算出这个范围的概率。
>
> ▼销售额为40万元～45万元的概率
> （45万元的累计概率）0.709 -（40万元的累计概率）0.557 = 0.152 ➡约15%

📝 专栏 数学常量的"纳皮尔常数"

纳皮尔常数和圆周率π是数学中的双璧，是极其重要的数学常量。和之前一直使用的标准正态分布和正态分布的概率密度函数一样，纳皮尔常数（e）也会出现在自然科学的很多场景中，这是因为即使以e为基数的指数函数e^x计算微分，函数本身也不会改变。

数学微分方程将世界上很多现象作为一个更局部的场景来表现，这样很多现象可以表达为更具体的关系内容。当我们试图阐明某种现象时，将各种函数进行微分和积分，以建立微分方程并对其积分以获得解，在执行这样计算过程中，除e^x之外的函数在微分和积分之后改变了形状，只有e^x在无论多少次微分或者积分之后都保持原样，所以导致很多为了阐明某种现象的解和大多数方程式中都包含e。

我们将e称为纳皮尔常数或自然对数的基数，e和圆周率π以及$\sqrt{5}$一样是无法用分数表示的数（无理数），它的值是2.71828182845904523536…

秘技 241 计算偏差值

这里是关键点！ (得分−平均值)/标准偏差*10+50

扫码看视频

模拟考试中经常用**偏差值**来表示该同学的分数在考生总体中的位置。下面是某个班级的测试结果，根据得分计算偏差值。

列表1 显示读取了"测试结果.txt"的数据框（在中途换行）

```
> point_df
   得分
1   87     11  48     21  66
2   87     12  72     22  72
3   84     13  48     23  78
4   75     14  69     24  75
5   78     15  57     25  57
6   81     16  87     26  48
7   51     17  54     27  57
8   63     18  90     28  69
9   63     19  78     29  81
10  90     20  66     30  69
```

- **偏差值**

计算偏差值，根据总分的平均值和标准偏差将每个人的得分标准化之后，乘以10再加上50。

- **偏差值的计算方法**

$$偏差值 = \frac{得分X - 平均分\mu}{标准偏差} \times 10 + 50$$

将得分X标准化，乘以10再加上50得到偏差值。在平均分μ、标准偏差u的测试结果中取得X分的人，推算出他在平均分50、标准偏差10的考试中能取得多少分。将标准化的值乘以10，是因为比起结果为1.2或者−0.8，12或者−8更容易理解。另外，最后加50是为了不让偏差值为负数。例如，乘以10之前的值为−3.5，表示比标准偏差×3.5差，看不出是考试的分数。因此，加上50变为35。如果正好是和平均值一样的得分，理论上偏差值是50。但是，R的sd()函数中使用的是用了无偏方差的样本标准偏差，所以不为50。

● **计算偏差值**

读取"测试结果.txt"，计算所有得分的偏差值。

列表2 计算偏差值（script.R）（项目为NormDist，数据为"测试结果.txt"，源文件为script3.R）

```
# 将"测试结果.txt"赋值给data
point_df <- read.table("测试结果.txt", header=TRUE, 
  fileEncoding="CP936")

point   <- point_df$得分      # 将测试结果的得分赋值给向量
pt_sd   <- sd(point)          # 计算得分的标准偏差
pt_mean <- mean(point)        # 平均分
# 计算所有人的偏差值
pt_dev  <- (point_df$得分-pt_mean) / pt_sd * 10 + 50

# 生成添加了偏差值的数据框
point_df <- cbind(
  point_df,                      # 原来的数据框
  data.frame("偏差值" = pt_dev)  # 偏差值的数据框
)
```

列表3 输出到控制台中（以下换行显示）

```
> print(point_df)
   得分  偏差值
1   87  62.86474      16  87  62.86474
2   87  62.86474      17  54  37.86474
3   84  60.59449      18  90  65.13499
4   75  53.78375      19  78  56.05400
5   78  56.05400      20  66  46.97300
6   81  58.32424      21  66  46.97300
7   51  35.62176      22  72  51.51350
8   63  44.70275      23  78  56.05400
9   63  44.70275      24  75  58.78375
10  90  65.13499      25  57  40.16226
11  48  33.35151      26  48  33.35151
12  72  51.51350      27  57  40.16226
13  48  33.35151      28  69  49.24325
14  69  49.24325      29  81  58.32424
15  57  40.16226      30  69  49.24325
```

各个得分的偏差值

秘技 242 计算偏差值为70以上的人占总数的百分比

扫码看视频

这里是关键点！ $\dfrac{\text{偏差值}-50}{10} = \text{系数}$

频率分布图如下。

▼频率分布图

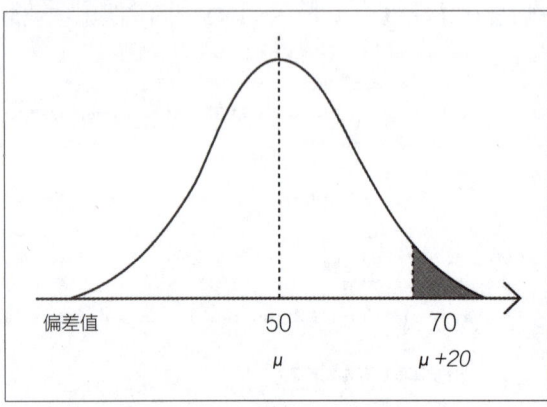

根据 $70 = 50 + \dfrac{X-\mu}{\text{标准偏差}} \times 10$

得到 $\dfrac{X-\mu}{\text{标准偏差}} = 2$

所以 $X = \mu + 2 \times \text{标准偏差}$

我们可以通过pnorm()函数计算到标准偏差70为止的累计概率，有颜色部分的面积如下。

```
> 1 - pnorm(2, mean=0, sd=1)
[1] 0.02275013
```

偏差值70以上的人占考生总数的大约2.3%。如果考生有10000人，偏差值70以上的人是名次在230以上的230人。

秘技 243 平均60分，判断标准偏差10分时得分为80分是否合格

扫码看视频

这里是关键点！ 根据平均和标准偏差、数据个数判断是否合格

作为分析的前提条件，某所大学的人气院系的定员为10人，每年有100人参加考试。某所补习学校针对这个院系进行了一次模拟考试，考生1000人的平均分为60分，标准偏差为10分时，推测取得80分的人的合格可能性。

● 根据平均分、标准偏差和数据的个数来推测是否合格

首先，推测得分为80分的人在考生总数中大约是什么位置。若将平均分作为基准"+20分"。另外，标准偏差为10分，所以标准化为：

$$\dfrac{X-\mu}{\text{标准偏差}} = \dfrac{20}{10} = 2$$

正态分布总体的面积为1，所以减去到x轴2位置的面积（累计概率）后的值，就是得分80分以上的人占总数的比例。

列表1 在控制台中输入

```
> # 1减去80分的累计概率
> 1-pnorm(80, mean=60, sd=10)
[1] 0.02275013          ← 80分的累计概率
```

得分为80分的人在排名靠前的约2.28%中，相当于考试的1000个考生中有22.8人。从统计上来说，合格的可能性为1000人中有23人。正式考试为100人的话，有两三人合格，所以，如果定员为10人，理论上80分足够在合格范围内了。

秘技 244 两个数据组合时的标准差

这里是关键点！ 正态分布再生定理

将正态分布的两个数据重叠，绘制出的频率分布图是遵循正态分布的。

例如，1000个学生英语和数学的测试结果，当**英语的平均分是45分，标准偏差是8，数学的平均分是65分，标准偏差是8**时，推测第50名的总分大约是多少。

●正态分布再生定理

从正态分布的数据（总体）中提取样本时，样本X的频率分布图和总体的图表基本相同。

另一方面，因为标准正态分布的平均值 μ 为0，标准偏差 σ 为1，所以标准正态分布如下表示。

▼表示标准正态分布的公式

$N(0, 1^2)$

大写字母N是取"normal distribution（正态分布）"的首字母，1^2 表示基于标准偏差的方差。另外，一般的正态分布的平均值为 μ，标准偏差为 σ，所以可以表示如下。

▼表示一般正态分布的公式

$N(\mu, \sigma^2)$

有A和B两条数据：
- A的数据遵循正态分布 $N_1(\mu_1, \sigma_1^2)$
- B的数据遵循正态分布 $N_2(\mu_2, \sigma_2^2)$

从A中取出1个样本作为X，从B中提取1个样本作为Y，X+Y的频数为1。也就是说，提取的两个样本合起来的频数为1。然后从A中提取1个，从B中提取1个，记录X和Y的值（变量），创建频率分布表。

这种根据频率分布表绘制的频率分布图，是遵循正态分布的图。

$N_1(\mu_1+\mu_2, \sigma_1^2+\sigma_2^2)$

遵循上面的式子，获取X+Y的频数并绘制频率分布的平均值是A和B两个组的平均和，方差也是A和B两组的方差和。标准偏差是方差的平方根，所以表示为：

$N_1(\mu_1+\mu_2, \sqrt{\sigma_1^2+\sigma_2^2})$

即使重合两个正态分布，也保存着分布的形状，这称为**正态分布再生定理**。但是，请注意，像这样绘成的图表不仅仅是单纯地将两个正态分布图相加得到的。

另外，根据正态分布再生定理的思路，可以添加新的数据C，即使数据个数为3个以上，即：

$N_1(\mu_1+\mu_2+\mu_3, \sigma_1^2+\sigma_2^2+\sigma_3^2)$

的正态分布。

●根据两场考试的平均分和标准偏差推测第50名的总分

将前面所列举的英语分数作为X，数学分数作为Y，则：

X遵循正态分布 $N(45, 6^2)$
Y遵循正态分布 $N(65, 8^2)$

表示英语和数学总分的X+Y遵循：

正态分布 $N_1(45+65, 6^2+8^2)$

1000人中的第50名在前5%。相当于从标准正态分布的频率分布图的面积中减去累计频率的0.95后剩下的面积。

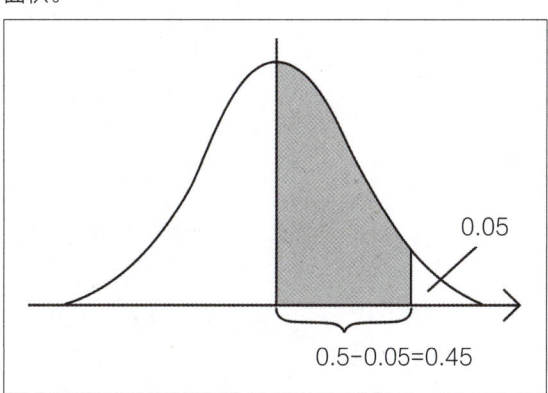

6-1 标准正态分布和一般正态分布

因此,如果计算累计频率0.95处的横轴的值,便是与前5%的界限的标准偏差。

• qnorm()函数

如果设定面积(累计频率),就可以计算面积的分割σ的比例,即计算正态分布图的横轴(x)的值。

格式	qnorm (p, mean=0, sd=1, lower.tail=TRUE, log.p=FALSE)	
参数	p	设定表示概率的向量
	mean=0	设定平均值
	sd=1	设定标准偏差
	lower.tail=TRUE	如果是默认值TRUE,则作为p中设定的概率的下侧概率P(X <= x)处理;如果是FALSE,则作为上侧概率P(X > x)处理
	log.p=FALSE	如果设为TRUE,则将概率p作为对数值log(p)来处理

计算标准正态分布的面积为0.95的横轴的值(标准偏差)。

列表1 计算面积为0.95时的标准偏差的值

```
> qnorm(0.95, mean = 0, sd = 1)
[1] 1.644854
```

即:

$$(45 + 65)+(10 × 1.64) = 126.4分$$

因此可以推测,第50名考生的英语和数学总分为大约为126分。

统计估计

7-1　点估计（秘技245~250）

7-2　区间估计（秘技251~253）

7-1 点估计

秘技 245

通过精确定位准确得出总体的平均值和方差

扫码看视频

难易程度 ▶ ●●●

这里是关键点！ 根据无偏估计的点估计

分析处理的数据可以分为所有数据和部分数据。当然，集齐所有的数据可以得到高精度的结果，但是要获取所有的数据基本是不可能的，在统计中观测的数据背后一定有总体。

▼ 总体和样本相关的术语

术语	含义
总体	调查目标的所有数据
sampling（取样）	从总体中提取部分数据
sample（样本）	提取的数据
sample size（样本大小）	样本的个数

▼ 平均、方差和标准偏差相关的术语

术语	含义
总体均值（μ）	总体的平均值
总体方差（σ^2）	总体的方差
总体标准偏差（σ）	总体的标准偏差
样本均值（$\bar{x}$）	样本的平均值
样本方差（u^2）	样本的无偏方差
样本标准偏差（u）	根据无偏方差计算的标准偏差

● 全数调查和抽样调查

调查总体的所有值称为**全数调查**。与之相对，从总体中提取部分样本调查称为**抽样调查**。在统计中，是以观测的数据背后一定有总体为前提进行的分析，分析目标的数据是抽样调查中的样本。

● 随机抽样（random sampling）

和商品的抽样检查一样，从总体中随机抽取样本的抽样调查称为**随机抽样**。随机抽样有将提取的样本放回总体并继续抽样的**放回抽样**和取出不放回的**不放回抽样**。如果相对于总体个数样本个数非常少，那么提取样本前后总体数据基本没有区别。

● 进行估计所需必要信息

我们将从样本中预测总体的平均值、方差、比例（特定目标所占的比例）等统计量的行为称为**估计**。估计分为准确地说明总体特性的**点估计**和粗略地说明总体特性的**区间估计**。这里使用的是点估计。

例如，将某个班级的英语测试结果作为总体，随机提取5个人的得分并估计总体的平均和方差。

• 根据最大似然法的估计

将样本平均和样本方差作为总体均值 μ，总体方差 σ 来计算并估计，这种方法称为**最大似然法的估计**。

▼ 计算平均 μ 的公式

$$总体平均\ \mu = \frac{x_1 + x_2 + x_3 + \cdots + x_n}{n}$$

▼ 计算方差的公式

$$总体方差\ \sigma^2 = \frac{(x_1 - \mu)^2 + (x_2 - \mu)^2 + \cdots + (x_n - \mu)^2}{n(样本的大小)}$$

• 通过无偏估计进行估计

总体均值 μ 使用样本均值 $\bar{x}$ 估计，总体方差 σ^2 使用无偏方差 u^2 估计，这种方法称为**无偏估计**。

▼ 计算平均值的公式

$$样本平均\ \bar{x} = \frac{x_1 + x_2 + x_3 + \cdots + x_n}{n}$$

▼ 计算无偏方差的公式

$$无偏方差\ u^2 = \frac{(x_1 - \bar{x})^2 + (x_2 - \bar{x})^2 + \cdots + (x_n - \bar{x})^2}{n(样本的大小) - 1}$$

由于样本方差的平均值比总体的小，为了消除样本标准方差的平均和总体方差的不一致，使用无偏方差来代替样本方差。

● 通过最大似然法和无偏估计进行点估计

从33个测试结果中提取前5名的得分，使用最大似然法和无偏估计进行点估计。

列表1 通过最大似然法和无偏估计进行点估计（项目为Estimation，源文件为script.R）

```
getDisper <- function(x) {          # 返回方差的函数
```

```
dev <- x - mean(x)              # 计算偏差
return(sum(dev^2) / length(x))  # 返回方差
}

test <- c(                      # 33名的测试结果
    75, 68, 96, 76, 84, 74, 64, 94, 77, 82,
    86, 56, 82, 69, 59, 81, 61, 85, 64, 63,
    68, 79, 61, 57, 63, 89, 74, 63, 71, 69,
    95, 84, 76
)

test_m <- mean(test)                   # 总体均值
test_l <- getDisper(test)              # 总体方差
smpl_m <- mean(test[1:5])              # 取出前5名并计算平均
smpl_l <- getDisper(test[1:5])         # 取出前5名并计算方差
smpl_u <- var(test[1:5])               # 取出前5名并计算无偏方差
cat("总体均值", test_m)
cat("总体方差", test_l)
cat("样本均值", smpl_m)
cat("样本方差", smpl_l)
cat("样本的无偏方差", smpl_u)
```

执行源代码，查看cat()函数的输出结果。

列表2 在控制台中输出的结果

```
> cat("总体均值", test_m)
总体均值 74.09091
> cat("总体方差", test_l)
总体方差 124.3857
> cat("样本均值", smpl_m)
样本均值 79.8
> cat("样本方差", smpl_l)
样本方差 91.36
> cat("样本的无偏方差", smpl_u)
样本的无偏方差 114.2
```

术语	平均值	方差
总体	74.09	124.38
通过最大似然法进行点估计	79.8	91.36
通过无偏估计进行点估计	79.8	114.2

在最大似然法中，总体方差的值较小，在分析时，我们认为手头的数据是总体的一部分，即样本，一般使用无偏估计和无偏方差。因此，计算方差的var()函数不是计算总体方差，而是计算无偏方差。

秘技 246 了解大数定律和中心极限定理

扫码看视频

这里是关键点！ 连续取样本均值的平均以估计总体均值

●大数定律和中心极限定理

对总体反复进行随机取样，绘制样本的频率分布图时，如果抽取次数无限大，则绘制的图形与原始数据的频率分布图相同，这就是**大数定律**。此外，不论原始数据的分布是什么形状，足够数量的样本的平均频率分布遵循正态分布，这就是**中心极限定理**。

某工厂果汁装瓶时，50瓶的测量数据如下。

列表1 将"容量检查.txt"读取到数据框并输出

```
> data
   No 容量
1   1  185   21 21 167   41 41 197
2   2  182   22 22 171   42 42 174
3   3  193   23 23 179   43 43 196
4   4  198   24 24 187   44 44 190
5   5  190   25 25 196   45 45 180
6   6  175   26 26 195   46 46 168
7   7  196   27 27 190   47 47 169
8   8  192   28 28 180   48 48 186
9   9  179   29 29 165   49 49 179
10 10  187   30 30 193   50 50 175
11 11  171   31 31 187
12 12  167   32 32 180
13 13  174   33 33 161
14 14  163   34 34 198
15 15  195   35 35 164
16 16  176   36 36 184
17 17  197   37 37 176
18 18  159   38 38 161
19 19  190   39 39 191
20 20  189   40 40 171
```

将这个数据假设为总体，随机提取5个样本，估计这一天装瓶的平均容量。

反复取几次随机抽样样本的平均值，会在样本均值和总体均值之间产生无偏性的关系。即使无法计算总体的平均值，如果多次获取样本均值，也可以得到非常接近总体均值的值。

7-1 点估计

● **反复15次提取5个样本的平均值，估计总体的平均值**

在R中，sample()函数专门用于执行随机抽样。

· **计算样本平均值的平均公式**
▼ 计算方差的公式

$$样本平均的平均 = \frac{样本平均_1 + 样本平均_2 + \cdots + 样本平均_n}{n(取样的次数)}$$

· **sample()函数**

从指定的数据中随机抽样。

格式	sample(x, size, replace = FALSE, prob = NULL)	
参数	x	存储随机抽样数据的向量
	size	设定随机抽样的个数
	replace = FALSE	设定执行放回抽样
	prob = NULL	向量x各个数据被提取的概率，默认值为FALSE

设定抽样的源数据，只要设定提取的个数（样本大小），就可以以向量返回抽样的结果。执行放回抽样时，将参数设为replace = TRUE。

列表2 执行15次随机抽样并计算其平均值（script.R）（项目为Estimation，数据为"测量结果.txt"，源文件为script2.R）

```
# 将测量结果赋值给data
capa <- read.table(
  "测量结果.txt", header=TRUE, fileEncoding="CP936")

sample_m <- as.numeric(NULL) # 准备空的实数类型向量

for (i in 1:15){
  sample    <- sample(      # 将提取的样本赋值给向量
     capa$容量,              # 抽样源的数据
     5,                      # 样本大小
     replace = FALSE         # 不执行放回抽样
  )
  # 给向量添加样本平均
  sample_m <- c(sample_m, mean(sample))
}

s_mean <- mean(sample_m)     # 计算样本平均的平均
p_mean <- mean(capa$容量)    # 原始的数据的平均

hist(
  sample_m,                  # 将所有的样本平均作为直方图
  freq = FALSE,              # 显示频率
  col="red"                  # 条形的颜色为红色
```

```
)
cat("样本平均的平均", s_mean)    # 输出
cat("原始的数据的平均", p_mean)  # 输出总体均值和样本均值的无偏性的关系
```

执行源代码，查看cat()函数的输出结果。

列表3 在控制台中输出的结果

```
> cat("样本平均的平均", s_mean)
样本平均的平均 182.6933
> cat("原始的数据的平均", p_mean)
原始的数据的平均 181.36
```

15个样本的平均值为182.6933，是和总体均值181.36相近的值，具有这样特性的样本称为**有无偏性**。样本均值和总体均值的关系中有无偏性，所以不论提取多少次样本计算样本平均，计算这个平均和计算总体均值大体相同。

但是，即使有无偏性，根据运行程序的时机，会有样本均值的平均和总体均值接近的情况，也会有179或184等偏离的情况。在之前的源代码中，将样本均值作为直方图输出。

▼ 计算15次样本大小为5的平均的直方图

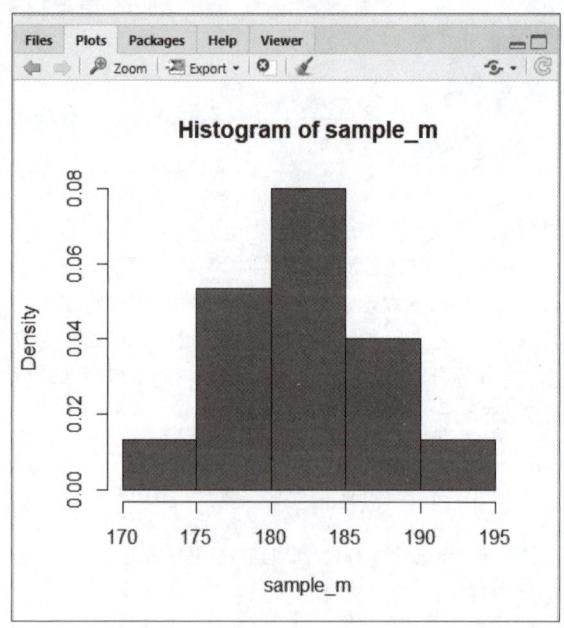

秘技 247 持续获取样本平均值直到极限，并按平均值估算总体均值

扫码看视频

这里是关键点！ 样本均值的分布定律与标准误差

● 随着样本平均数的增加，样本分布接近正态分布

即使样本均值与总体均值之间的关系存在无偏性，因为样本中存在差异，所以创建直方图也不能很好地了解数据的分布。因此，将秘技246中创建的程序的试验次数提高到1000次，将for语句改写为for(i in 1:1000)，并且添加代码来计算**标准误差**，以确认和总体的误差。

列表1 执行1000次随机抽样并计算其平均值（项目为Estimation，数据为"测量结果.txt"，源文件为script3.R）

```
getDisper <- function(x) {        # 返回方差的函数
  dev <- x - mean(x)              # 计算偏差
  return(sum(dev^2) / length(x))  # 返回方差
}

getSd <- function(x) {            # 返回标准偏差的函数
  return(                         # 返回返回值
    sqrt(                         # 方差的平方根
      sum(
        (x - mean(x))^2) / length(x)  # 方差的计算公式
      )
    )
}

# 将"测量结果.txt"赋值给data
capa <- read.table("测量结果.txt", header=TRUE,
fileEncoding="CP936")

sample_m <- as.numeric(NULL)# 准备存储样本均值的空向量
rp <- c(1:1000)                   # 将反复的次数赋值给向量 ❶
size <- 5                         # 将样本大小赋值给向量 ❷

for (i in rp){                    # 重复1000次处理
  sample   <- sample(
    capa$容量,                    # 抽样源的数据
    size,                         # 样本大小
    replace = FALSE               # 不执行放回抽样
  )
  # 将样本均值添加到向量中
  sample_m <- c(sample_m, mean(sample))
}

s_mean <- mean(sample_m)          # 计算样本均值的平均
p_mean <- mean(capa$容量)         # 总体的平均
hist(                                                          ❸
  sample_m,                       # 将所有的样本均值作为直方图
  freq = FALSE,                   # 显示频率
  col="red"                       # 条形的颜色为红色
)
lines(density(sample_m))  # 使用线条绘制概率密度的近似值

# 计算样本均值的平均的方差
sample_m_dsp   <- var(sample_m)                                ❹
# 从总体中推算出样本均值的方差
sample_m_dsp_est <- getDisper(capa$容量)/size                   ❺
# 计算标准误差
standard_error <- sqrt(sample_m_dsp)                           ❻
# 通过标准偏差÷√样本大小计算标准误差
standard_error_by_sd <-getSd(capa$容量)/sqrt(size)
                                                               ❼
```

❶中生成1～1000的数字序列（连续的值），将其作为for语句的处理次数使用。

❷中将样本的大小赋值给向量。

· density()函数

估计概率密度（概率的面积）。

格式 density(估计概率密度的数据)

❸中将抽取的样本均值绘制为直方图，这时使用线条绘制概率密度的近似值。

· lines()函数

在输出的图表中使用连线（线条）绘制指定的点。

格式 lines(地点1,地点2[,…])

如果给lines()函数的参数设定density()函数计算的概率密度（概率的面积），就可以绘制出表示概率密度的曲线。运行代码，在Plots视图中显示以下图表。

7-1 点估计

▼样本平均1000次的直方图

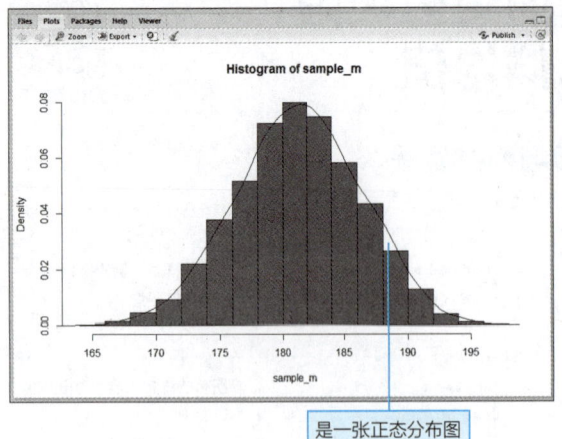

是一张正态分布图

❹的代码是计算样本均值的平均无偏方差。❺的代码是计算：

$$\frac{总体方差}{样本大小} = 样本均值的方差的估计值$$

这遵循以下的定律，并推算从总体中提取的样本均值的方差。

- **样本均值的分布定律**

  从遵循平均值为 μ、方差为 σ^2 的正态分布的总体中提取样本大小为 n 个的样本时，这个样本均值的分布是：

  $$N\left(\mu, \frac{\sigma^2}{n}\right)$$

❻的源代码用于计算标准误差。

- **样本均值的平均的标准误差**

  总体为 $N(\mu, \sigma^2)$ 的分布时，样本均值平均标准误差的平均为：

  $$\sqrt{样本均值的方差}$$

概括地说，标准偏差为距离方差平均值距离的平均，所以标准误差为 $\sqrt{样本均值的方差}$ 的意思是估计值和总体真正值的差（误差），运气好的话接近0，运气不好的话也会有很大的误差，平均而言会产生 $\sqrt{\sigma^2}$ 左右的误差。

这是因为一般从遵循平均值为 μ、方差为 σ^2 的正态分布 $N(\mu, \sigma^2)$ 的总体中提取样本大小为 n 的样本时，这个样本均值的样本分布为：

$$N\left(\mu, \frac{\sigma^2}{n}\right)$$

这时的标准误差为：

$$\frac{\sigma}{\sqrt{n}}$$

由此，关于标准误差有以下特性。
- 总体的方差（标准偏差）越大，样本均值的标准误差越大。即总体方差大，从中随机抽样的样本的平均值更容易提取到偏离总体均值的值。
- 样本量越大，样本均值的标准误差越小。表示如果增加样本量，从中随机抽样的样本的平均值更容易提取到接近总体均值的值。

标准误差小是再好不过的了，但是一般无法改动总体方差，所以尽量扩大样本量是减少误差最好的办法。

❼的源代码中：

$$\frac{标准偏差(\sigma)}{\sqrt{样本大小}}$$

在这个公式中，从总体计算样本均值的平均的标准误差。

运行之前的程序，得到源代码❹～❼的结果，并在Environment视图中确认。

总体平均p_mean的值是181.36，和样本均值的平均值181.588基本相同。而方差的结果如下。

▼Environment视图

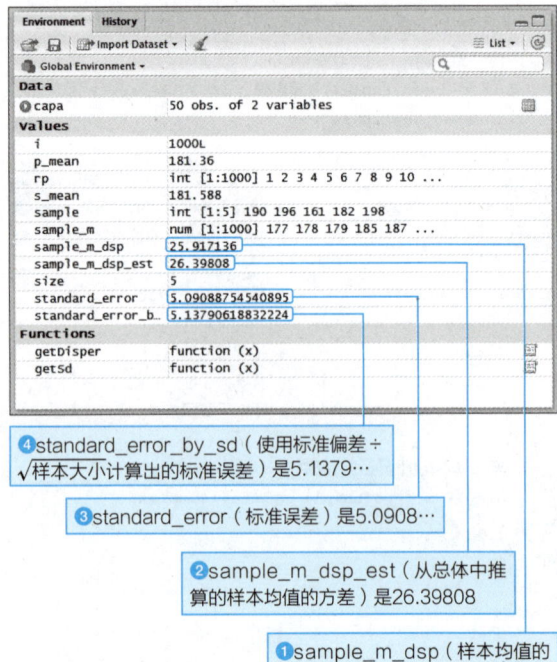

❹ standard_error_by_sd（使用标准偏差÷ $\sqrt{样本大小}$ 计算出的标准误差）是5.1379…

❸ standard_error（标准误差）是5.0908…

❷ sample_m_dsp_est（从总体中推算的样本均值的方差）是26.39808

❶ sample_m_dsp（样本均值的平均方差）是25.98099516

▼ 样本均值的平均方差和从总体中推算出的样本均值的平均方差

sample_m_dsp（样本均值的平均方差）	25.98099516
sample_m_dsp_est（从总体中推算出的样本均值的方差）	26.39808

从总体中推算出的样本均值的方差，是和实际样本均值的平均方差接近的值，可以说是按照样本均值的分布定律的结果。

接下来是标准误差。

▼ 从样本中计算的标准误差和从总体中计算的标准误差

standard_error（标准误差）	5.09088754540895
standard_error_by_sd（标准偏差÷√样本大小）	5.13790618832224

standard_error是从样本均值的平均方差中计算的标准误差。standard_error_by_sd是通过以下算式计算得到的标准误差，两个值基本相同。

$$总体的\ \sigma \div \sqrt{样本大小}$$

虽然得到了这样的结果，但因为是随机抽样，所以根据运行程序的时机不同，若有正好一致的值，也会有略微有偏差的值。

秘技 248　增加样本量以尽量降低标准误差

扫码看视频

▶难易程度 ●●●

这里是关键点！ **中心极限定理**

样本越大，样本均值的标准误差越小，这一点通过秘技247中创建的程序实际确认过了。

列表1 将样本大小从5增加到20（项目为Estimation，数据为"测量结果.txt"，源文件为script3.R）

```
……省略……
sample_m <- as.numeric(NULL)  # 准备存储样本均值的空向量
rp <- c(1:1000)               # 将反复的次数赋值给向量
size <- 20                    # 将样本大小增加到20
……省略……
```

只是将样本的大小从5变更为20，程序的内容和秘技247相同，运行程序，在Environment视图确认标准误差。

样本大小为5的标准误差约为5，将样本大小增加到20时，误差减小到2。像这样样本大小较大时，即使总体不是正态分布，样本均值的分布也基本是正态分布，这一点在前面介绍的中心极限定理已经证明。

另外，sample_m_dsp_est（从总体中推算出样本均值的方差）和sample_m_dsp（样本均值的平均的方差）的值各偏离了4.11812…和6.59952，但标准误差 $\frac{\sigma}{\sqrt{n}}$ 是样本均值的平均分散的平均误差，运气好的话可能会接近0。本例增大了样本，所以样本均值的平均分散减小了。

▼ Environment视图

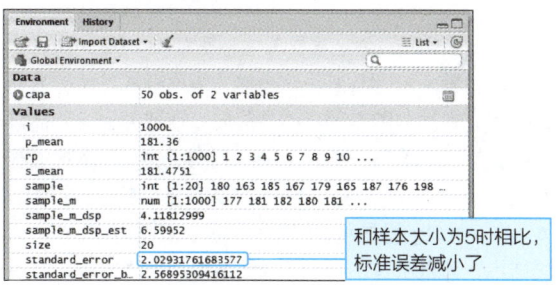

和样本大小为5时相比，标准误差减小了

7-1 点估计

秘技 249 通过样本均值的方差估计总体方差

难易程度 ▶●●●

扫码看视频

> **这里是关键点！** 总体方差 σ^2 = 样本大小 × 样本均值的方差

执行抽样调查是因为总体太大不能调查所有的数据（全面调查）。即使不可能调查总体均值，但这个值是确实存在的。与之相同的，虽然调查总体数据的分布（方差）是不可能的，但表示总体的方差的**总体方差**是一定存在的，所以可以通过取样来估计。

将手工果汁的测量结果"测量结果.txt"读取到数据框，从中每次提取5个样本并计算其平均值，重复同样的操作15次，计算得到的15个样本均值的方差，估计总体方差。

●**调查样本均值的方差**

提取若干个样本时的样本均值的方差，可以将样本均值的值作为1个数据并代入到计算方差的公式中，具体如下。

▼**样本均值的方差计算公式**

$$\text{样本均值的方差} = \frac{(\text{样本均值}_1 - \text{样本均值的平均})^2 + (\text{样本均值}_2 - \text{样本均值的平均})^2 + \cdots + (\text{样本均值}_n - \text{样本均值的平均})^2}{n(\text{取样次数})}$$

取样次数是样本集的提取次数，例如每次从总体中提取5条数据计算样本均值都记为取样1次。重复这个过程10次，取样次数即为10。

将"测量结果.txt"的数据假定为总体并重复"取样→记录样本均值"15次，计算样本均值的方差并与总体比较。

列表1 计算样本均值的方差和总体方差（项目为Estimation，数据为"测量结果.txt"，源文件为script5.R）

```
getDisper <- function(x) {            # 返回样本方差的函数
    dev <- x - mean(x)                 # 计算偏差
    return(sum(dev^2) / length(x))     # 返回方差
}

# 将"测量结果.txt"赋值给data
capa <- read.table("测量结果.txt", header=TRUE,
fileEncoding="CP936")

sample_m <- as.numeric(NULL) # 准备空的实数类型向量

for (i in 1:15){                       # 重复15次处理
    sample  <- sample(
        capa$容量,                      # 取样源数据
        5,                              # 样本大小
        replace = FALSE                 # 不执行放回抽样
    )
    # 将样本均值添加到向量中
    sample_m <- c(sample_m, mean(sample))
}

s_mean <- mean(sample_m)               # 样本均值的平均
s_var  <- getDisper(sample_m)          # 样本均值的方差
p_mean <- mean(capa$容量)              # 总体均值
p_var  <- getDisper(capa$容量)         # 总体方差
```

▼**运行结果（Environment视图）**

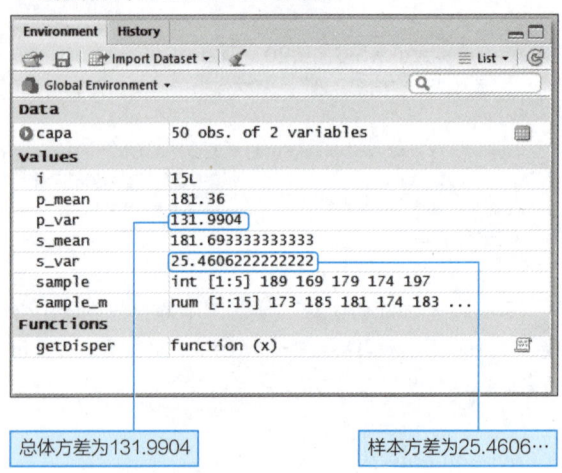

总体方差为131.9904　　样本方差为25.4606…

运行源代码查看结果，总体方差为131.9904，样本均值的方差为25.4606…。总体方差比样本均值的方差大很多，数据分散在很广的范围内。在数值上，总体方差约为样本均值方差的5.18倍（总体方差=样本均值的方差×5.18…）。5这个值和样本大小的5是同一个值。

5个样本尽量是所有可能的组合。准备许多5个一组的样本，计算所有的样本均值的方差，总体方差正好是5倍。实际上，5这个值表示作为样本提取的数据个数，

即样本大小（sample size）。像这样总体方差和样本均值的方差关系，可以用下面的公式表示。

- **总体方差和样本均值的方差关系式**

总体方差 σ^2 = 样本大小 × 样本均值的方差

将这个公式替换为样本均值的方差计算公式，如下。

- **计算样本均值的方差的公式**

样本均值的方差 = $\dfrac{1}{样本大小}$ × 总体方差 σ^2

这里将样本大小设为5，将取样次数设为15次，计算各自的样本均值，并根据样本均值的平均计算方差。理论上是5倍，但若样本数少，误差就会变大，这是不可避免的。

秘技 250 用无偏方差的平均估计总体方差

难易程度 ●●●

这里是关键点！ 根据无偏估计估计总体方差

样本的方差取决于样本的大小，但通常小于总体方差。因此，为了消除样本方差和总体方差的偏差，这里计算无偏方差的平均以估计总体方差。

▼ **计算无偏方差的公式**

无偏方差 =
$$\dfrac{(x_1-样本均值)^2+(x_2-样本均值)^2+\cdots+(x_n-样本均值)^2}{n(样本的大小)-1}$$

无偏方差的平均值和总体方差相等，用公式表示如下。

▼ **使用样本的无偏方差的平均估计总体方差的公式**

样本均值的方差 =
$$\dfrac{样本1的无偏方差+样本2的无偏方差+\cdots+样本n的无偏方差}{n(计算无偏方差的次数)}$$

●将样本方差和无偏方差各自的平均和总体方差比较

将"测量结果.txt"数据假定为总体并随机提取5个样本，重复15次计算样本方差和无偏方差的处理，分别计算样本方差的平均和无偏方差的平均，并和总体方差比较。

列表1 分别计算样本方差和无偏方差的平均值（项目为Estimation，数据为"测量结果.txt"，源文件为script5.R）

```
getDisper <- function(x) {           # 返回样本方差的函数
  dev <- x - mean(x)                 # 计算偏差
  return(sum(dev^2) / length(x))     # 返回方差
}

# 将"测量结果.txt"赋值给data
capa <- read.table("测量结果.txt", header=TRUE,
fileEncoding="CP936")

sample_m <- as.numeric(NULL) # 准备空的实数类型的向量

for (i in 1:15){                     # 重复15次处理
  sample   <- sample(
    capa$容量,                       # 取样源数据
    5,                               # 样本大小
    replace = FALSE                  # 不执行放回抽样
  )
  # 将样本均值添加到向量中
  sample_m <- c(sample_m, mean(sample))
}

s_mean <- mean(sample_m)             # 样本均值的平均
s_var  <- getDisper(sample_m)        # 样本均值的方差
p_mean <- mean(capa$容量)            # 总体均值
p_var  <- getDisper(capa$容量)       # 总体方差
```

运行源代码，确认显示在Environmen视图中的各变量的值。

7-2 区间估计

▼Environment视图

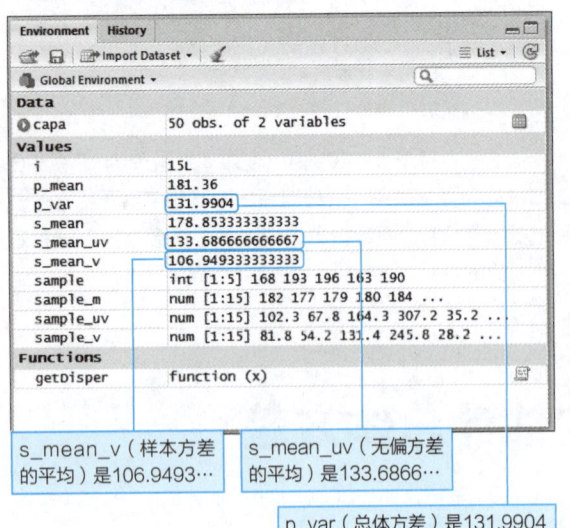

s_mean_v（样本方差的平均）是106.9493…

s_mean_uv（无偏方差的平均）是133.6866…

p_var（总体方差）是131.9904

查看结果，样本方差的平均为106.9493…，无偏方差的平均为133.6866…。无偏方差的平均值很接近总体方差的131.9904。另一方面，以样本方差的平均为基础，做以下计算，就可以看到和无偏方差的平均是相同的值。

$$106.9493 \times \frac{5}{4} = 133.6866\cdots$$

这是通过样本大小 /（样本大小-1）× 样本方差的平均，计算得到的无偏方差的平均值。

专栏　总体和样本的关系说明

关于总体和样本的关系总结如下。

❶总体均值和样本均值的平均值

若抽取多个样本并计算平均值，和总体的平均值基本相等。样本数越多，和总体均值的误差越小。

总体均值≒样本均值的平均

❷总体方差和样本均值的方差

总体方差和样本平均的方差之间有以下关系：

总体方差≒样本的大小 × 样本均值的方差

样本均值的方差乘以样本中的数据个数（样本大小），可以在某种程度上估计总体方差，但样本个数少的话精度会下降。另外，如果可以获取所有可能的组合的样本均值，计算得到的方差乘以样本的大小等于总体方差。

❸总体方差和无偏方差的平均

样本方差比总体方差的值小。为了消除这个偏差而使用无偏方差，就可以估计总体方差的值。这时，提取多个样本，分别计算其无偏方差的平均值，和❷相比估计的精度更高。

总体方差≒无偏方差的平均

即样本的个数越多，和总体的误差越小。如果可能，最好执行多次随机抽样并取其平均值。

像这样推算出的结果能符合总体到什么程度，可以通过概率估计或称为测试的统计方法来估计。

7-2 区间估计

秘技 251　使用大样本，带宽度估计总体均值

扫码看视频

▶难易程度 ●●●

这里是关键点！ ▶ 使用z值的区间估计

下面的数据是某工厂生产的每瓶清凉饮料容量的50次测量结果，使用这个结果带宽度估计工厂生产的平均容量。

列表1　每瓶清凉饮料容量的50次测量结果（数据为"容量检查.txt"）

```
> data
   No 容量
1   1  187       21 21 167       41 41 197
2   2  171       22 22 171       42 42 174
```

3	3	167	23	23	179	43	43	196
4	4	174	24	24	187	44	44	190
5	5	163	25	25	196	45	45	180
6	6	175	26	26	195	46	46	168
7	7	196	27	27	190	47	47	169
8	8	192	28	28	180	48	48	186
9	9	179	29	29	165	49	49	179
10	10	185	30	30	193	50	50	175
11	11	182	31	31	187			
12	12	193	32	32	180			
13	13	198	33	33	161			
14	14	190	34	34	198			
15	15	195	35	35	164			
16	16	176	36	36	184			
17	17	197	37	37	176			
18	18	159	38	38	161			
19	19	190	39	39	191			
20	20	189	40	40	171			

●使用区间估计预测总体均值

点估计可以准确地说明总体的特性，与之相对的，区间估计则是计算包含了表示总体特性的平均值、方差和比例等值的范围。这个范围称为**置信区间**。另外，使用**置信系数**表示总体落在置信区间内的概率。

- **置信区间**

    区间估计的目标总体的平均值和方差等值的范围。

- **置信系数**

    表示总体落在置信区间内的概率。

    当然，置信区间越广，命中的可能性越高。

    但是，若值的范围太广，数据自身会变得很"模糊"，这时就很难具体预测总体了。与此相反，置信区间的范围变小，可以更具体地表示总体，但这时命中的可能性也低了。

    因此，进行区间估计时经常使用"置信度95%"。从置信度高并且置信区间尽可能小的角度来看，95%是最平衡的置信度，也是最常被使用的原因。

●使用置信度95%来区间估计总体均值

置信区间会根据设定的置信度的不同而不同。总体均值的置信区间是基于置信度的累计概率的范围，所以表示范围的两端，也就是范围下限和上限界限的累计概率随机变量的值。

▼置信区间范围大的情况

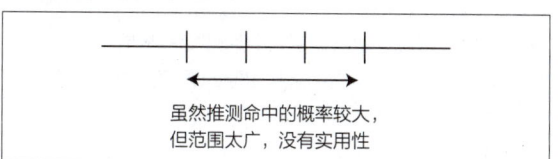

虽然推测命中的概率较大，但范围太广，没有实用性

▼置信区间范围小的情况

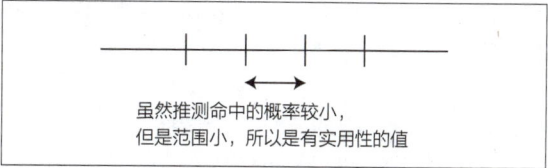

虽然推测命中的概率较小，但是范围小，所以是有实用性的值

▼置信度对应的置信区间

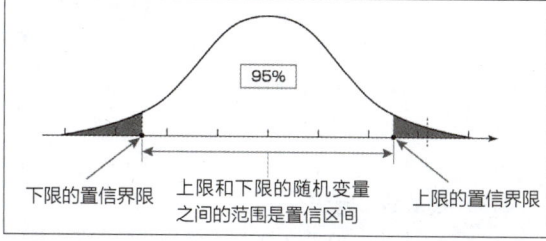

下限的置信界限　上限和下限的随机变量之间的范围是置信区间　上限的置信界限

> **补充关键点**　置信度95%，表示命中的可能性为95%，也有5%落空的可能性，这种落空的可能性称为**危险率**。置信度为95%的区间估计总是以5%的落空为前提的分析方法。

●关于样本分布的定律

在概率的领域，将可能发生的事件设为 E，则 E 发生的概率用 $P(E)$ 表示。在统计中，表示事件的变量是 X 时，X 发生的概率表示为：

$P(X)$

这个 X 称为**随机变量**。

- **随机变量**

    随机变量 X 根据确定的概率取具体值。

    考虑到正态分布状况，分布的事件，即随机变量 X 是连续型随机变量，它取的是连续值而不是跳跃的值。由此，通过概率密度函数 $f(x)$ 可以获得随机变量 X 的概率。

▼正态分布的概率密度函数

$$f(x) = \frac{1}{\sqrt{2\pi\sigma^2}} e^{-\frac{(x-\mu)^2}{2\sigma^2}}$$

另一方面，平均值 μ 为0，标准偏差 σ 为1的标准正态分布的概率密度函数如下。

▼标准正态分布的概率密度函数

$$f(x) = \frac{1}{\sqrt{2\pi}} e^{-\frac{x^2}{2}}$$

7-2 区间估计

通过标准化可以将正态分布的 μ 设为 0，σ 设为 1，并且，我们将通过标准化从随机变量 X 获得标准正态分布的随机变量称为 **z转换**。

- **离散型随机变量 X 的标准化（z 转换）**

随机变量 X 遵循正态分布时：

$$Z = \frac{X - \mu}{\sigma}$$

那么统计量 Z 遵循标准正态分布 $N(0, 1)$。
样本的分布有以下定律。

- **样本均值的分布定律**

从遵循平均 μ、方差 σ^2 的正态分布的总体中提取样本大小为 n 的样本时，这个样本均值的分布为：

$$\bar{x} \sim N\left(\mu, \frac{\sigma^2}{n}\right)$$

该定律中的样本均值的分布遵循：

$$\left(\mu, \frac{\sigma^2}{n}\right)$$

使用

$$Z = \frac{X - \mu}{\sigma}$$

z 变换（标准化）的

$$Z = \frac{\bar{x} - \mu}{\frac{\sigma}{\sqrt{n}}}$$

（将 $Z = \frac{X-\mu}{\sigma}$ 的 σ 替换为 $\frac{\sigma^2}{n}$，得到 $\frac{\sigma}{\sqrt{n}}$）

的统计量 Z，可以推导出遵循以下规律的标准正态分布。

- **根据样本均值的分布定律标准化的统计量 Z 遵循标准正态分布**

$$\bar{x} \sim N\left(\mu, \frac{\sigma^2}{n}\right) \text{时，} Z = \frac{\bar{x} - \mu}{\frac{\sigma}{\sqrt{n}}} \approx N(0, 1)$$

式子中的 ~ 是遵循的意思。μ 和 σ 使用总体均值和标准偏差。但是，若样本太大，一般使用无偏方差 u^2 而不是样本方差，这和样本数据的背后一定有总体为前提的统计思维方式是一致的。

- **标准化标准平均分布定律的 Z 的公式**

$$\bar{x} \sim N\left(\mu, \frac{\sigma}{n}\right) \text{时，} Z = \frac{\bar{x} - \mu}{\frac{\sigma}{\sqrt{n}}} \approx N(0, 1)$$

式子中的 ≈ 是近似遵循的意思。我们一般将样本大于 30 作为大样本，样本大小较小（比 30 小）时，标准化的随机变量遵循自由度 $n-1$ 的 t 分布。

● **总体均值置信区间的关系式**

随机变量 X 的概率 $P(a \leq X \leq b)$ 为 90%、95%、99% 时，对应的区间 $[a, b]$ 称为置信度 0.9 = 90%、0.95 = 95%、0.99 = 99% 的置信区间。由于计算这个置信区间是区间估计，使用置信系数 0.95 = 95% 计算的置信区间，例如做 100 次实验，有 95 次的结果在置信区间内，但也有 5 次结果不在 $[a, b]$ 的范围内。使用 "$1-\alpha$" 表示置信系数，α 称为 **显著性水平**。

基于之前的：

$$Z = \frac{\bar{x} - \mu}{\frac{\sigma}{\sqrt{n}}} \approx N(0, 1)$$

导出总体均值的置信区间的关系式。

将 z 转换（标准化）的 Z 的概率放到 $P(Z)$ 中，那么 Z 可能发生的概率，将置信系数设为 a 时：

$1 - \alpha = P(-Z_{\alpha/2} \leq Z \leq Z_{\alpha/2})$

➡ $P\left(-Z_{\alpha/2} \leq \dfrac{\bar{x} - \mu}{\frac{\sigma}{\sqrt{n}}} \leq Z_{\alpha/2}\right)$

➡ $P\left(-\bar{X} - Z_{\alpha/2} \dfrac{\sigma}{\sqrt{n}} \leq -\mu \leq -\bar{X} + Z_{\alpha/2} \dfrac{\sigma}{\sqrt{n}}\right)$ ⬅ 将 $\bar{x}$ 移项

➡ $P\left(\bar{X} - Z_{\alpha/2} \dfrac{\sigma}{\sqrt{n}} \geq \mu \geq \bar{X} + Z_{\alpha/2} \dfrac{\sigma}{\sqrt{n}}\right)$ ⬅ 整体乘以 -1

➡ $P\left(\bar{X} - Z_{\alpha/2} \dfrac{\sigma}{\sqrt{n}} \leq \mu \leq \bar{X} - Z^{\alpha/2} \dfrac{\sigma}{\sqrt{n}}\right)$ ⬅ 左右翻转

这个式子中的不等式，给出的区间是显著性水平 α（置信系数 $1-\alpha$）中的总体均值的置信区间。$\alpha/2$ 表示显著性水平（α）为 95% 时，用 100% 减去 95% 得到的 5% 除以 2，得到 2.5%。

- 显著性水平α（置信系数=1-α）中的总体均值的置信区间

$$\bar{x} - z_{\alpha/2}\frac{\sigma}{\sqrt{n}} \le \mu \le \bar{x} + z_{\alpha/n}\frac{\sigma}{\sqrt{n}}$$

不等式中的$z_{\alpha/2}$可以使用分位数函数qnorm()并将显著性水平α设为参数计算得到。

$\bar{x}$、n、σ分别是样本均值、样本大小、总体的标准偏差。如果总体的标准偏差已知，可以简单地计算出总体均值的置信区间。当然，总体的标准偏差基本是未知的，所以利用大量样本，使用无偏方差或者从无偏方差中计算的样本标准偏差代替总体方差来处理。

● 区间估计总体均值的代码

组合计算样本大于30的大样本平均值的置信区间。

- 计算 $-z_{\alpha/2}\frac{\sigma}{\sqrt{n}}$

- $-z_{\alpha/2}$ 的部分

```
z <- abs(qnorm(1 - 0.95) / 2)
```

- 计算样本大小、样本均值、标准偏差

```
n <- length(个数为30以上的样本)    计算样本大小
m <- mean(个数为30以上的样本)      计算样本均值
sd <- sd(个数为30以上的样本)       计算样本标准偏差
```

- $\frac{\sigma}{\sqrt{n}}$ 的部分

```
low <- m - z * (sd/sqrt(n))
                              计算下限的置信界限（下限值）
upp <- m + z * (sd/sqrt(n))
                              计算上限的置信界限（下限值）
```

abs()函数用于计算绝对值，sd()函数可以基于无偏方差计算标准偏差。

列表2 使用50个样本区间估计总体均值（项目为Interval-Estimation，源文件为script.R）

```
data <- read.table(       # 将"容量检查.txt"赋值给data
  "容量检查.txt",
  header=TRUE,            # 将第1行设定为列名
  fileEncoding="CP936"    # 字符编码设为CP936
)
```

```
prob <- 0.95                           # 设定置信度
z    <- abs(qnorm((1 - prob) / 2))     # 计算z值
n    <- length(data$容量)               # 计算样本大小
m    <- mean(data$容量)                 # 计算样本均值
sd   <- sd(data$容量)                   # 计算样本标准偏差
border_low <- m - z * (sd / sqrt(n))   # 下限值
border_upp <- m + z * (sd / sqrt(n))   # 上限值
```

执行源代码并在Environment视图中确认结果。

从下限值和上限值中，可以估计总体均值，具体如下。

▼ Environment视图

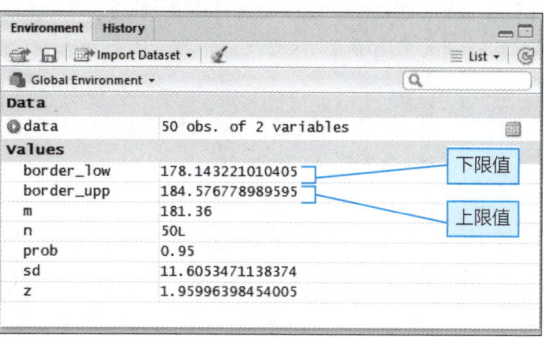

列表3 95%置信度中总体均值的区间估计结果

178.14≤总体均值(μ)，184.58 （小数点以后3位四舍五入）

从50个样本的分析结果中，我们可以知道每瓶的容量平均有95%的概率在178.14ml到184.58ml之间。

画出图形表示，如下图所示。

▼ 置信度为95%时的置信区间

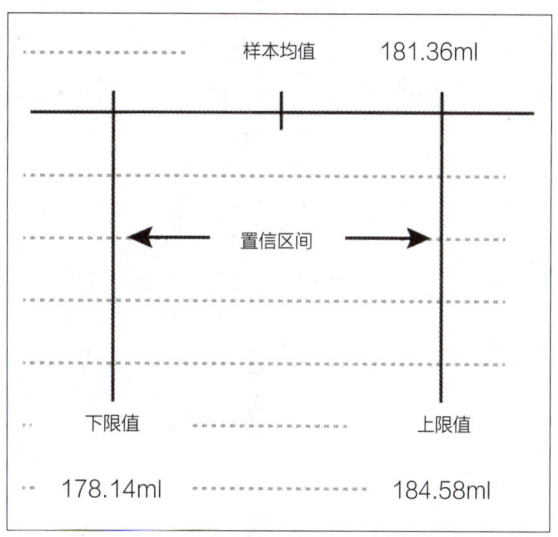

7-2 区间估计

秘技 252 使用小样本，带宽度估计总体均值

扫码看视频

这里是关键点！ 使用 t 值的区间估计，qt((1−置信度)/2,样本大小−1)

样本大小小于30时，计算总体均值的区间估计，有测量某个工厂果汁装瓶容量的数据，但只有10条取样的数据。基于测量结果估计这个工厂生产的平均容量。

列表1 读取"容量检查.txt"数据并输出

```
> data
   No 容量
1   1  167
2   2  171
3   3  169
4   4  170
5   5  169
6   6  166
7   7  171
8   8  168
9   9  172
10 10  169
```

●根据小样本估计平均值

样本大小较小时，使用样本的无偏方差代替总体方差 σ^2，便可知道随机变量遵循自由度 $n-1$ 的 t 分布。

▼标准化样本均值分布定律的T公式

$$\bar{x} \sim N\left(\mu, \frac{\sigma}{n}\right) \text{时}, T = \frac{\bar{x}-\mu}{\sqrt{\frac{u}{n}}} \sim t(n-1)$$

●使用小样本的均值和方差计算总体均值的置信区间

基于上述公式，样本较小时使用样本均值和方差计算总体均值的置信区间时使用下面的公式。

▼显著性水平α（置信系数1−α）中的总体均值的置信区间

$$\bar{x}-t\left(\frac{\alpha}{2}, n-1\right)\sqrt{\frac{u}{n}} \leq \mu \leq \bar{x}+t\left(\frac{\alpha}{2}, n-1\right)\sqrt{\frac{u}{n}}$$

使用术语如下。

下限置信界限　样本均值 − t 值 × √无偏方差 ÷ 样本数(n)

上限置信界限　样本均值 + t 值 × √无偏方差 ÷ 样本数(n)

t 值的计算公式很复杂。

补充关键点 样本大小为 n 时，T 公式中 $n=(n-1)$。像这样从样本大小 n 中减去1得到的值称为**自由度**。

• t 分布中的概率密度函数 $f(t)$

$$f(t) = \frac{\Gamma\left(\frac{\nu+1}{2}\right)}{\sqrt{\nu\pi}\,\Gamma\left(\frac{\nu}{2}\right)}\left(1+\frac{t^2}{\nu}\right)^{-\frac{\nu+1}{2}}$$

希腊字母 ν，相当于英文字母 n，这里表示自由度（样本大小−1）。另外，Γ 这个字母是

$$\Gamma(t) = \int_0^\infty x^{t-1}e^{-x}dx$$

执行积分的函数。但是

$$t\left(\frac{\alpha}{2}, n-1\right)$$

可以通过 t 分布的分位数函数 qt() 简单地计算得到。显著性水平 $\alpha=0.05$，样本大小 $n=10$，可以表示为

$$t\left(\frac{0.05}{2}, 10-1\right)$$

列表2 使用 qt() 函数计算 $t\left(\frac{0.05}{2}, 10-1\right)$（在控制台中运行）

```
> qt(0.025, 9)
[1] -2.262157
```

像这样计算的 $t\left(\frac{\alpha}{2}, n-1\right)$ 中有正、负号，所以计算区间的下限值和上限值时，公式中的 $t\left(\frac{\alpha}{2}, n-1\right)$ 使用绝对值。

• 下限值

$$\bar{x}-t=\left(\frac{\alpha}{2}, n-1\right)\sqrt{\frac{u}{n}}$$

7-2 区间估计

- 上限值

$$\bar{X} + t = \left(\frac{\alpha}{2}, n-1\right)\sqrt{\frac{u}{n}}$$

●使用置信度95%来区间估计总体均值

下面将使用10个小样本以95%的置信度来区间估计总体均值。

列表3 使用t值以95%的置信度区间估计总体均值（项目为IntervalEstimation_small，数据为"容量检查.txt"，源文件为script.R）

```
data <- read.table(
  "容量检查.txt",         # 将"容量检查.txt"赋值给data
  header=TRUE,           # 将第1行设为列名
  fileEncoding="CP936"   # 将字符编码设定为CP936
)

prob <- 0.95                          # 设定置信度
n    <- length(data$容量)             # 计算样本大小
m    <- mean(data$容量)               # 计算样本均值
vr   <- var(data$容量)                # 计算样本的无偏方差

t <- abs(                             # 计算t值的绝对值
  qt((1 - prob) / 2,                  # 计算显著性水平α
     n - 1)                           # 样本大小-1
)

border_low <- m - t * sqrt(vr / n)    # 下限值
border_upp <- m + t * sqrt(vr / n)    # 上限值
```

●根据小样本的区间估计的结果

运行代码的结果如下。

▼置信度95%总体均值的区间估计

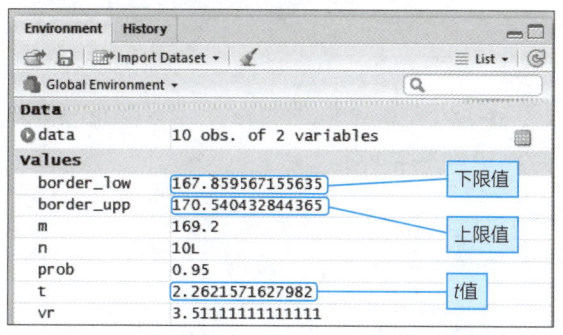

列表4 95%置信度的总体均值的区间估计结果

167.9<总体均值(μ)< 170.5（ （小数点2位四舍五入）

从使用10个样本进行分析的结果中，我们可以知道每瓶的容量平均有95%的概率在167.9ml~170.5ml区间内。

▼置信度95%时的置信区间

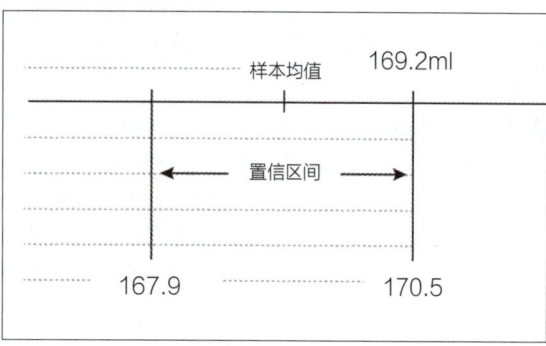

这里计算的是下图从左端或者从右端开始，累计概率（面积）为0.025的界限的绝对值。

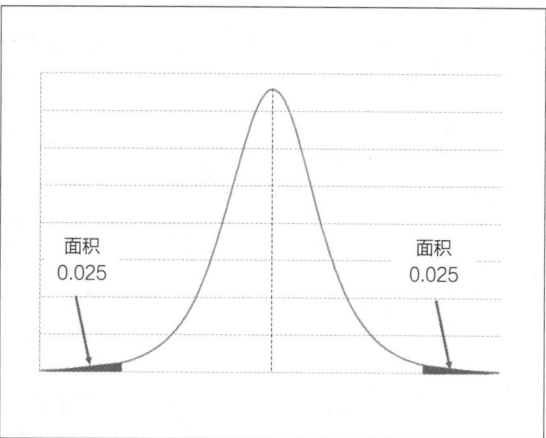

本例是想知道去除了下侧2.5%和上侧2.5%的95%的界限值，所以将1-0.95=0.05除以2得到的0.025的面积放置在t分布图的两端，获取界限值（下限值和上限值），而这两个界限值之间的面积0.95便是95%的置信区间。另外，因为得到的是绝对值，所以下限值为添加了负号的-2.776，上限值为添加了正号的2.776。

专栏 *t*值

由于t值用于估计小样本的总体平均值，因此分布中大的偏差是不可避免的。

但是，如果自由度增加，也就是增加样本的大小，则分布的偏差变小。实际上，当自由度达到30时，样本与平均值为0、方差为1的标准正态分布基本一致。

根据大样本估计平均值，例如样本大小为50，所以不需要计算t值。如果自由度为30，则样本大小为31。如果样本大小在30以上，则在标准正态分布中执行区间估计；如果样本小于30，则在t分布中执行区间估计。

7-2 区间估计

秘技 253 区间估计总体数据的比例

扫码看视频

这里是关键点! 二项分布$B(n,p)$的期望值

关于"总体中包含数据的比例"的区间估计，如果数据占总体的50%，可以通过采集样本来估计。

●用95%的置信度来估计总体数据的比例

一家调查机构调查了1000名选民是否支持现任政府，支持率为45%。几周后再次调查，支持率为47%。

1000人的政党支持率为45%，该调查通过取样来估计时，想要验证是否和估计一样，需要对总体比例进行区间估计。

●使用二项分布的概率理论估计总体的比例

这里将总体的比例（总体比例）设为p，表示从总体中提取1人时，这个人支持现任政府的概率为p。那么，从总体中提取1000人，这之中α人支持的概率是多少，符合二项分布的条件。

- **二项分布（随机变量X的概率分布）**

将1次实验中发生A的概率设为p，A的发生次数由随机变量$P\{X=x\}$表示为$p(x)$，那么n次实验中A发生的次数为k次的概率为：

$$P(X) = {}_nC_k P^k(1-P)^{n-k} \quad (K=0,1,2,\cdots,n)$$

基于二项分布的概率分布，适用该案例，具体如下。

・1次实验中发生A的概率为p	从总体中提取1人时，这个人支持现任政府的概率为p
・实验次数n	1000
・成功次数k	α

1000人中，将支持现任政府的人数设为X，X遵循二项分布$B(1000,p)$。那么1000人中有α人支持现任政府的概率为：

$$P\{X=\alpha\} = {}_{1000}C_\alpha P^\alpha(1-P)^{1000-\alpha}$$

二项分布$B(n,p)$的期望值（平均）如下。

▼二项分布中的平均值、方差、标准偏差

平均（期望值）	np
方差	$np(1-p)$
标准偏差	$\sqrt{np(1-p)}$

这里二项分布的实验次数无限大，则成为正态分布，即正态分布是二项分布的极限状态。这个定理称为**拉普拉斯定理**，应用于总体比例的估计检验和适合度检查。因此，n大时，

$$\frac{X-np}{\sqrt{np(1-p)}}$$ 遵循$N(0,1)$的标准正态分布

因为本例的$n=1000$，很大，所以可以使用这个近似值。如果将本例应用到这个公式上，就可以执行标准化了。

●区间估计总体的比例

利用这个特性，使用下面的式子可以执行总体中含有某个数据比例的区间估计。

- **根据二项分布$B(n,p)$执行区间估计**

$$1-\alpha = P(-Z_{\alpha/2} \leq Z \leq Z_{\alpha/2})$$
$$= P\left(-Z_{\alpha/2} \leq \frac{X-np}{\sqrt{np(1-p)}} \leq +Z_{\alpha/2}\right)$$

式子中的不等式可以整理如下。式子中的p_a是总体比例，$\hat{p}$是样本比例为$\frac{X}{n}$。

$$-Z_{\alpha/2}\sqrt{\frac{\hat{p}(1-\hat{p})}{n}} \leq p_a \leq \hat{p} \leq +Z_{\alpha/2}\sqrt{\frac{\hat{p}(1-\hat{p})}{n}}$$

对1000人的调查结果中，因为对现任政府的支持率为45%，所以在估计中使用的比例是0.45。

列表1 区间估计支持率为45%（script.R）

```
z          <- abs(qnorm(0.025))           # 计算z值
p          <- 0.45                         # 设置比例
param      <- 1000                         # 总体的大小
border_low <- p - z * sqrt(p*(1 - p)/1000) # 下限值
border_upp <- p + z * sqrt(p*(1 - p)/1000) # 上限值
```

▼运行结果（Environment视图）

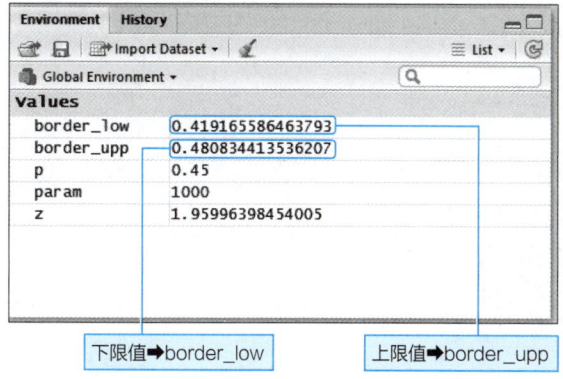

下限值➡border_low　　上限值➡border_upp

将得到的结果保留到小数点后4位进行四舍五入，总体比例的估计区间为：

$$0.4192 \leq Pa \leq 0.4808$$

该估计区间得到支持率为45%的结果，表示可以推测出总体的支持率为42%~48%。

这种情况下，几周后再对新的1000人进行调查，支持率为47%，47%是置信区间，有如下关系式：

47%的置信区间
在 $0.4192 \leq Pa \leq 0.4808$ 内

所以，这种在误差范围内的差异，看不出是明显的不同，不能说是支持率上升了。

读书笔记

统计假设检验

8-1 χ^2 检验（秘技254~267）

8-2 方差分析（秘技268~282）

秘技 254 什么是 χ^2 检验

难易程度 ●●●

这里是关键点！ 统计假设检验

扫码看视频

统计假设检验（以下简称"检验"）是指对数据集（总体）提出假设，然后根据取样的样本推测这个假设是否成立。

● χ^2（卡方）检验

因为测量数据的分布存在误差，很多情况下和理论上计算出的分布不会完全一致，使用 χ^2 检验判可以断假设是否成立。也可将其理解为：

> "测量的数据分布是否可以看成和逻辑值的分布基本相同"

使用和逻辑值的分布基本相同的说法，是为了用概率来恰当地表示，推测出置信度为95%是相同的，还是不同的。

使用 χ^2 检验可以知道什么，举几个例子来说明。

- **随机从100个行人中提取样本，男：女的比例是59：41。**

  这是从男女比为1：1的总体中随机提取的100人，可以使用 χ^2 检验判断这种程度的偏差是否正常，或者这种偏差是受调查的地点等因素影响，判断该地原本就是男性比较多。

- **根据某个调查，日本人的血型比例为A型40%、B型20%、AB型10%、O型30%。**

  某所学校100个学生的血型中，A型40人、B型28人、AB型12人、O型26人。可以使用 χ^2 检验判断这种程度的差异是否是正常情况下可能发生的，证明这所学校学生的血型分布和日本人总体血型分布基本相同，或者根据检验结果证明这所学校B型血的学生较多。

- **掷100次骰子每个点数出现的次数有偏差。**

  可以使用 χ^2 检验判断出现偏差的原因是这个骰子变形了，还是这种程度的偏差即使是用正常的骰子也会发生。

如下述实例，从测量的数据来预测"这种情况是这样的分布"，而其他数据在理论上是相同的分布，还是以完全不同的模式分布，也就是说，χ^2 检验用来确定两个数据是否独立。

● 使用 χ^2 检验验证数据的分布

χ^2 检验是为了判断测量数据的分布是误差范围内的，还是超过了误差的范围。我们来看最容易理解的掷骰子的例子。因为骰子有6个面，所以每个面出现的概率都是1/6，若掷12次，则每个数字出现的概率为：

$$\frac{1}{6} \times 12 = 2$$

所以从概率上来说，可以预测出现两次。像这样，基于因为概率是1/6，所以掷12次各个面出现两次，这个"2次"称为**期望值**或者**期望频数**，即掷12次骰子时，1到6出现的期望值均为2。

实际掷12次骰子各个面出现的次数称为实际频数。骰子各个面的期望频数相同，所以理论上各个面出现的次数（实际频数）应该基本相同。但是，掷12次骰子实际频数中一般会出现偏差，此时即可使用 χ^2 检验判断各个面实际出现的次数和期望值是基本相同，但还是有偏差的。

● 计算检验中使用的检验统计量的公式

执行 χ^2 检验时，首先计算检验中使用的检验统计量 χ^2 的实现值。从样本数据中计算的标准化的值。

- **检验统计量 χ^2 的计算公式**

检验统计量 χ^2 的实现值 $= \left(\dfrac{\text{实际频数} - \text{期望值}}{\text{期望值}}\right)^2$ 的总和

例如，将实际频数替换为 O，将期望值替换为 E，将公式通用化，具体如下。

- **计算检验统计量 χ^2 的实现值的通用公式**

检验统计量 $\chi^2 = \dfrac{(O_1-E_1)^2}{E_1} + \dfrac{(O_2-E_2)^2}{E_2} + \cdots + \dfrac{(O_k-E_k)^2}{E_k}$

首先获取骰子从1到6各个面出现的次数和期望值的差。另外,因为要将检验中使用的值作为1个值,所以将它们合计,为了避免正、负不吻合值相互抵消,所以将实际频数和期望值的差都做平方。但是,作为单位的"次"因为平方变成了"次的平方",所以除以期望值时,将其还原为原来的"次"。像这样计算得到的检验统计量χ^2的实现值遵循自由度为1的χ^2分布。

列表1 检验统计量χ^2的实现值的特征

- 如果期望频数和实际频数完全一致,则χ^2值为0
- 如果期望频数和实际频数的差变大,那么χ^2值也变大

●通过检验统计量的大小判断发生的概率是高还是低

检验统计量χ^2的实现值,是将基于实际测定的实际频数和从概率上预测"将会是这样的值"的期望频数的差数值化的值。如果偏差小,实现值也会变小。偏差小=接近期望频数,所以实现值越小,发生的概率越高。与此相反,偏差越大实现值也就越大,所以这时发生的概率也越小。

这时,χ^2分布是值是否大的基准。χ^2分布表示χ^2值和概率的关系,所以将这个分布的某处的χ^2值作为比较的基准。根据检验统计量χ^2的值比这处的χ^2值大还是小,判断发生的概率低还是高。

另外,从计算公式中我们可以看出,χ^2的实现值只有正值,不像标准正态分布是以0为中心左右对称的分布,而是从0开始的只有上侧半边的分布。

●计算检验统计量χ^2

掷12次骰子的数据如下。

列表2 将"摇骰子.txt"读取到数据框并输出

	目	实际频数
1	1	3
2	2	1
3	3	0
4	4	2
5	5	4
6	6	2
7	合计	12

对这个结果进行χ^2检验。

列表3 χ^2检验掷12次骰子的试验结果(项目为Chi_square_test,数据为"摇骰子.txt",源文件为script.R)

```
data <- read.table(        # 将"摇骰子.txt"赋值给data
    "摇骰子.txt",
    header=T,              # 将第1行设为列名
    fileEncoding="CP936"   # 将字符编码设为CP936
)
freq <- c(
    data[1,2],             # 第1次的实际频数
    data[2,2],             # 第2次的实际频数
    data[3,2],             # 第3次的实际频数
    data[4,2],             # 第4次的实际频数
    data[5,2],             # 第5次的实际频数
    data[6,2]              # 第6次的实际频数
)

# 对各个实际频数计算检验统计量
element <- (freq - 2)^2 / 2 ————①
# 计算检验统计量χ²的实现值
elm_val <- sum(element) ————②
# 计算显著性水平5%的χ²值(临界区域)
chi_val <- qchisq( ————③
    0.05,                  # 显著性水平5%
    5,                     # 自由度
    lower.tail=FALSE       # 计算上侧概率
)
```

① 中对各个实际频数进行以下计算。

▼ 计算平均μ的公式

$$\frac{(期望频数 - 期望值)^2}{期望值}$$

② 中使用sum()函数计算总和。计算"实际频数和期望值的差的平方÷期望频数"的合计。这里计算得到的值为检验统计量χ^2的实现值。

```
chi_val <- qchisq(0.05, 5, lower.tail=FALSE)
```

在上述②中,使用qchisq()函数计算基于χ^2分布的显著性水平为5%的χ^2值(临界区域)。显著性水平是作为判断是否很少发生的基准概率。显著性水平为5%时,χ^2分布的临界区域为0.05,计算与之对应的(表示上侧概率0.05的界限)χ^2值。这和临界区域下侧的概率(面积)为0.95时的χ^2值相同。

- **qchisq()函数[计算显著性水平5%(概率0.05)的χ^2值的情况]**

格式	qchisq(
	显著性水平(上侧的概率)——5%时设为0.05
	自由度
	lower.tail=FALSE——上侧概率的χ^2值的选项
	)

8-1 x^2 检验

● qchisq()函数（计算下侧概率的 x^2 值的情况）

格式	qchisq (临界区域下侧的概率——5%时设为1-0.05=0.95 自由度,)

计算显著性水平为5%的临界区域（上侧概率为0.05）的 x^2 值时，将第1个参数设为0.05并设定lower.tail= FALSE。反之，显著性水平为5%的临界区域下侧的概率设定为1-0.05，计算下侧概率对应的 x^2 值也是同样的结果，这时不需要设定lower.tail=FALSE。

● 什么是自由度

使用qchisq()函数计算 x^2 值时设定了**自由度**。自由度是指计算 x^2 值时的概率变量的数量。

掷骰子时面从1到6，因为掷的次数为12，所以如果知道1到5出现的次数，6出现的次数也必然知道。记录在表中的掷骰子的结果中，1到5出现的次数是10次，因此，6出现的次数为12-10=2次。整理后我们可以知道，6个面的出现方式中，5个面是自由的，但是最后1个面被掷骰子的次数这个条件所限制而自动决定。

不需要1到6个面所有的实际频数，有1~5个面的实际频数就可以了，所以自由度为比6少1的5。

● x^2 检验掷骰子12次的实验结果

运行源代码并查看结果。

从掷骰子12次的实验结果中，计算的检验统计量 x^2 的实现值是5，显著性水平5%的 x^2 值是11.07…。因为实现值5没有超过临界区域的界限11.07…，所以掷骰子12次的结果是在偶然发生的范围内，可以判断骰子并没有变形。

▼运行结果（Environment视图）

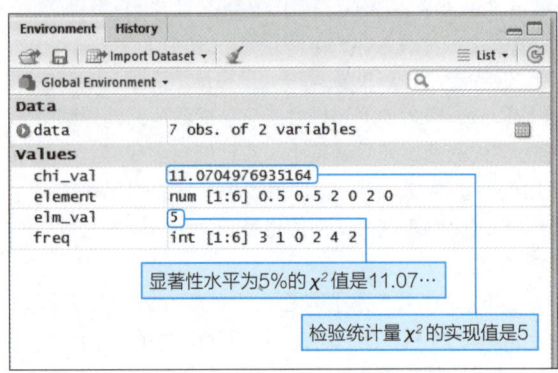

显著性水平为5%的 x^2 值是11.07…

检验统计量 x^2 的实现值是5

秘技 255 统计假设检验的步骤

这里是关键点！ 备择假设和零假设，假设的采用和拒绝

以 x^2 检验为例，统计假设检验一般按照以下步骤进行。

❶ 提出备择假设和零假设

对某个事件的发生方式提出"有差异"和"没有差异"两个假设，前者称为**备择假设**，后者称为**零假设**。

● 备择假设

备择假设是指认为某个事件的发生方式中有差异的假设。假设骰子每个面的出现不是均匀分布，而是有偏倚地分布。认为骰子因为某些原因使得某个特定的面更容易出现，即提出"骰子的面的出现模式中有差异"的备择假设。

● 零假设

零假设是为了证明备择假设而特意提出事件的发生方式中没有差异的假设。x^2 检验中，通过实施检验判断是否采用这个零假设。零假设认为骰子的面的出现模式中没有差异，是均匀分布的。为了确定是采用零假设，还是拒绝零假设，实施以下的❷。

❷ 计算检验统计量的实现值

计算执行 x^2 检验时需要的检验统计量 x^2 的实现值。

❸ 决定显著性水平并计算 x^2 值

显著性水平是指很少发生的临界区域的比例，并将其作为判断是否拒绝零假设的基准。显著性水平为5%时，将临界区域的概率（面积）设为0.05并计算 x^2 值。

❹ **比较检验统计量 χ^2 的实现值和显著性水平5%的 χ^2 值**

比较❷中计算的检验统计量的实现值和❸中计算的显著性水平为5%的 χ^2 值，当实现值没有超过 χ^2 值时，因为没有在显著性水平指定的临界区域内，所以判断为"可能发生"并采用没有差异的零假设。相反，实现值超过 χ^2 值时，因为在临界区域内，所以判断为"不能说是没有差异"并拒绝零假设而采用备择假设。

●备择假设和零假设

执行统计检验时，首先从提出假设开始。提出"某某是某某"的假设，然后调查这个假设是否正确。

首先，提出"某某中没有差异"的假设。"某某中没有差异"这个假设更自然，有以下理由。

要提出"有差异"这个假设时，像"某某中有巨大差异""有微小的差异"等"某某中有××的差异"的假设基本上可以无限地提出。但是，有无限个假设，探讨所有的假设是做不到的。

而另一方面，"某某中没有差异"这个假设，因为只有这一个模式，所以只需要肯定或者否定这个假设就可以了。像这样，将检验目标的假设称为零假设。原本想要提出的是"某某中有差异"这个假设，所以"某某中没有差异"这个假设是将想要舍弃的假设一个一个归零，这也是称为零假设的原因。

●假设的采用和拒绝

肯定假设是正确的称为**采用**。相反，否定假设称为**拒绝**。如果采用了零假设，那么可以得出"没有差异"的结论。与此相反，如果拒绝了零假设，那么可以得出"不是没有差异"➡"有差异"的结论。

●显著性水平

显著性水平是在执行统计假设检验时，判断是否拒绝零假设的基准，通常使用5%或者1%。χ^2 时，通过比较检验统计量的期望值和显著性水平为5%的 χ^2 值，基于计算的期望值判断测量结果中"有差异"还是"没有差异"。

顺便说一下，显著性水平中的"显著性"表示"存在有意义的不是偶然的差异"。显著性水平为5%的 χ^2 值，表示不是偶然差异的临界区域的概率（面积0.05）的界限。

秘技 256 检验商店的销售比例是否存在差异

▶难易程度 ●●●

这里是关键点！ 关于比例的差的 χ^2 检验

扫码看视频

某餐饮连锁店中包含期间限定的主菜单和以套餐形式提供的次菜单。从调查期间的订单数量中，发现规模较大的A店中，相比主菜单，次菜单的订单数量较少；另一方面，中等规模的B店中，点了主菜单的人中大约有一半的人还点了次菜单。

列表1 将"A店B店.txt"读取到数据框并输出

```
> data
         主菜单    次菜单    合计
A店       449      171      620
B店       251      129      380
合计      700      300      1000
```

A店次菜单的订单比例是主菜单的38%
B店次菜单的订单比例是主菜单的51%

●判断A店和B店的数据分布是否相同

查看次菜单的订餐数量占主菜单的比例。

• **A店**

(次菜单)171÷(主菜单)449≒0.38

• **B店**

(次菜单)129÷(主菜单)251≒0.51

A店次菜单的订单比例比B店少，使用 χ^2 检验判断这两个店铺的订单比例是否真的不同。

首先，提出以下零假设和备择假设。

• **零假设**

A店和B店的订单比例没有差异。

• **备择假设**

A店和B店的订单比例存在差异。

8-1 χ^2 检验

使用 χ^2 检验来验证假设。

● **项目chi_square_test**

A店B店.txt（制表符分隔的文本文件）
script2.R（RScript文件）

列表2 χ^2 检验订单数量中是否有差异（项目为Chi_square_test，数据为"A店B店.txt"，源文件为script2.R）

```r
# 将"A店B店.txt"赋值给data
data <- read.table("A店B店.txt", header=TRUE,
fileEncoding="CP936")

A_sum    <- data[1,3]    # A店的订单数量合计
B_sum    <- data[2,3]    # B店的订单数量合计
AB_sum   <- data[3,3]    # A店B店的订单数量合计

menu1_sum <- data[3,1]   # 菜单1的订单数量合计
menu2_sum <- data[3,2]   # 菜单2的订单数量合计
menu_sales <- c(         # 将整个店铺的订单数量赋值给向量
  data[1,1],             # A店菜单1的订单数量
  data[1,2],             # A店菜单2的订单数量
  data[2,1],             # B店菜单1的订单数量
  data[2,2]              # B店菜单2的订单数量
)

exp_A_m1 <- menu1_sum * A_sum / AB_sum  # A店菜单1
的期望值                                              ❶
exp_A_m2 <- menu2_sum * A_sum / AB_sum  # A店菜单2
的期望值                                              ❷
exp_B_m1 <- menu1_sum * B_sum / AB_sum  # B店菜单1
的期望值                                              ❸
exp_B_m2 <- menu2_sum * B_sum / AB_sum  # B店菜单2
的期望值                                              ❹

# 将所有的期望值赋值给向量
exp_freq <- c(exp_A_m1, exp_A_m2, exp_B_m1, exp_B_m2)

# 计算各个销量的检验统计量
chi_element <- (menu_sales - exp_freq)^2/exp_freq
                                                      ❺
# 计算检验统计量 $\chi^2$ 的实现值
chi_elm_val <- sum(chi_element)                       ❻
# 计算显著性水平5%的 $\chi^2$ 值
chi_val <- qchisq(0.05, 1,lower.tail=FALSE)           ❼
```

在❶❷❸❹中，计算A店、B店各自的主菜单和次菜单的期望值。查看数据，可以知道两个店铺的主菜单订单数量合计为700，次菜单的合计为300，它们的合计是1000。将主菜单的合计和次菜单的合计分别除以1000，计算各自占订单数量总体的期望值。

● **相对订单总数，主菜单的期望值**

$$\frac{700}{1000} = 0.7$$

● **相对订单总数，次菜单的期望值**

$$\frac{300}{1000} = 0.3$$

基于这些值，计算每个店铺中主菜单和次菜单订单数量的期望值。

A店中两个种类的订单合计为620，分别乘以主菜单和次菜单的期望值，计算A店中主菜单和次菜单的期望值。

● **A店中主菜单的期望值**

$$620 \times \frac{700}{1000} = 434$$

● **A店中次菜单的期望值**

$$620 \times \frac{300}{1000} = 186$$

B店中两个种类的订单合计为380，乘以这个值计算期望值。

● **B店中主菜单的期望值**

$$380 \times \frac{700}{1000} = 266$$

● **B店中次菜单的期望值**

$$380 \times \frac{300}{1000} = 114$$

❺中计算实际的观察值和期望频数的差，平方之后除以期望值并赋值给向量。❻中合计所有的值，计算检验统计量 χ^2 的实现值。

❼中计算自由度为1、显著性水平为5%的 χ^2 值。χ^2 检验目标是两个店铺的两个种类的数据，所以是有行和列的二维表。这种情况，一般使用以下公式计算自由度。

自由度 =（行数−1）×（列数−1）

如果是2行、2列，计算结果如下。

自由度 =（2−1）×（2−1）=1 —— 自由度为1

运行源代码，结果如下。

▼ 运行结果（Environment视图）

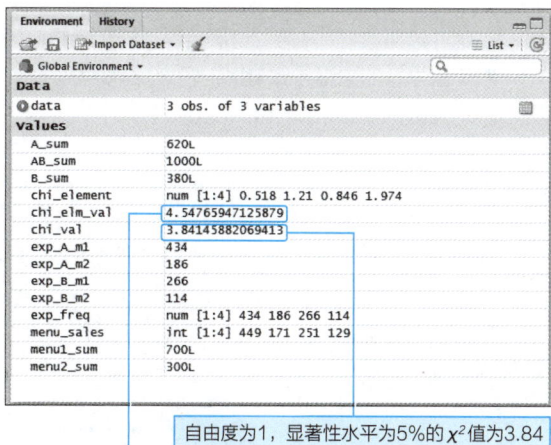

统计估计量的实现值为4.55
自由度为1，显著性水平为5%的 χ^2 值为3.84

查看自由度为1的 χ^2 分布图验证这些值。按以下输入可以绘制自由度为1的 χ^2 分布图。

列表3　绘制自由度为1的 χ^2 分布图

```
curve(dchisq(x, 1), 0, 6)    — 绘制横轴为0~6的概率密度图
abline(v=qchisq(0.05, 1,lower.tail=FALSE))
                              绘制临界区域的分界线
```

- **dchisq()函数**

  dchisq()函数根据 χ^2 分布的概率计算概率密度。

格式	dchisq(自由度)

▼ 自由度为1的 χ^2 分布

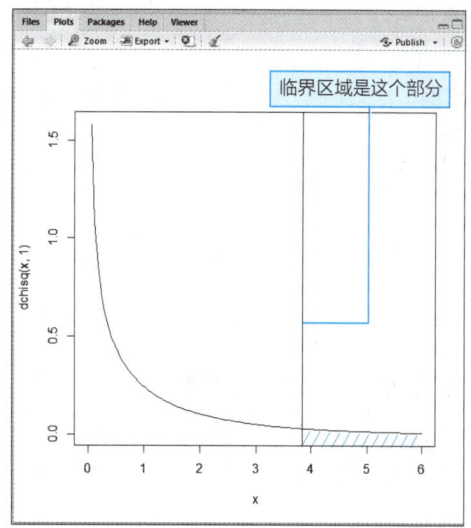

临界区域是这个部分

在 χ^2 值为3.84的地方分割图表，左侧的面积是0.95（95%）、右侧的面积为0.05（5%）。因为面积表示概率，所以如果检验统计量的实现值比3.84小，则表示有95%的概率发生。相反，如果是比3.84大的值，则只有5%的概率发生。

● **两个店铺的订单数量是否有差异**

检验中使用的检验统计量 χ^2 的实现值为4.55，超过了显著性水平为5%的 χ^2 值的3.84，所以采用备择假设"不是没有差异"。小于5%的概率会发生，但可以判断为"很少发生"。综上可以得出：**A店和B店主菜单和次菜单的订单数量的比例有差异**这个结论。比例的不同不在误差的范围内，而是有明显的不同，也就是说A店次菜单的订单数量的比例明显比B店少。

秘技 257　检验交叉表数据之间是否存在差异

扫码看视频

这里是关键点！ 从交叉表中计算期望值

下表中，有对20个学生关于喜欢还是讨厌数学和英语访问的交叉表，使用显著性水平5%来检验数学的喜欢/讨厌、英语的喜欢/讨厌的倾向中是否有差异。

▼ 数学的喜欢/讨厌和英语的喜欢/讨厌的调查结果（数据为："英语数学喜好.txt"）

	讨厌英语	喜欢英语	合计
讨厌数学	10	4	14
喜欢数学	2	4	6
合计	12	8	20

8-1 χ^2 检验

该表称为**交叉表**。数学的"讨厌"和英语的"讨厌"交叉值为10，是实际频数，查看这个值可以知道"讨厌数学"并且也"讨厌英语"的有10人。

另一方面，合计处的12、8、14和6的值为实际频数纵向和横向的合计，称为边际频数。

$$\text{期望值} = \frac{\text{观察值所属行的边际频数} \times \text{观察值所属列的边际频数}}{\text{总频数}}$$

例如，"讨厌数学"并且"讨厌英语"的实际频数为10，期望值为行的边际频数14乘以列的边际频数12，并且除以总频数20后得到的值。

● 从交叉表中计算检验统计量的实现值 χ^2

根据上面的交叉表计算期望值（期望频数），使用右上方公式。

$$\frac{14 \times 12}{20} = 8.4$$

像这样，计算所有的实际频数的期望值。

$$\chi^2 = \frac{(\text{实际频数} - \text{期望值})^2}{\text{期望值}} \text{的总和} \qquad \chi^2 = \frac{(10-8.4)^2}{8.4} + \frac{(2-3.6)^2}{3.6} + \frac{(4-5.6)^2}{5.6} + \frac{(4-2.4)^2}{2.4}$$

讨厌数学、讨厌英语	喜欢数学、讨厌英语	讨厌数学、喜欢英语	喜欢数学、喜欢英语
$\frac{14 \times 12}{20} = 8.4$	$\frac{12 \times 6}{20} = 3.6$	$\frac{8 \times 14}{20} = 5.6$	$\frac{8 \times 6}{20} = 2.4$

以下为计算检验统计量的实现值 χ^2。

因为使用 χ^2 分布计算显著性水平为5%（面积0.05）的界限值时，自由度为2行、2列的表，所以：

> 自由度=(行数-1)×(列数-1)=(2-1)×(2-1)=1

列表1 交叉表中数学的喜欢/讨厌和英语的喜欢/讨厌的 χ^2 检验（项目为Chi_square_test，数据为"英语数学喜好.txt"，源文件为script3.R）

```
# 将"英语数学喜好.txt"读取到数据框
data <- read.table("英语数学喜好.txt", header=TRUE,
fileEncoding="CP936")

# 计算期望值
hh_exp <- data[1, 3] * data[3, 1] / data[3, 3]
# 讨厌数学/讨厌英语
lh_exp <- data[3, 1] * data[2, 3] / data[3, 3]
# 喜欢数学/讨厌英语
hl_exp <- data[3, 2] * data[1, 3] / data[3, 3]
# 讨厌数学/喜欢英语
ll_exp <- data[3, 2] * data[2, 3] / data[3, 3]
# 喜欢数学/喜欢英语
# 将所有的期望值赋值给向量
exp  <- c(hh_exp, lh_exp, hl_exp, ll_exp)

# 实际频数
hh <- data[1, 1] # 讨厌数学/讨厌英语
lh <- data[2, 1] # 喜欢数学/讨厌英语
hl <- data[1, 2] # 讨厌数学/喜欢英语
ll <- data[2, 2] # 喜欢数学/喜欢英语
# 将所有的观察值赋值给向量
val <- c(hh, lh, hl, ll)
```

```
# 计算检验统计量$\chi^2$
chi_elm <- (val - exp) ^2/exp
# 计算检验统计量$\chi^2$的实现值
chi_elm_v <- sum(chi_elm)
# 计算显著性水平为5%的自由度1的$\chi^2$值（临界区域）
chi_val <- qchisq(0.05, 1,lower.tail=FALSE)
```

运行源代码，在Environment视图中确认。

▼运行结果（Environment视图）

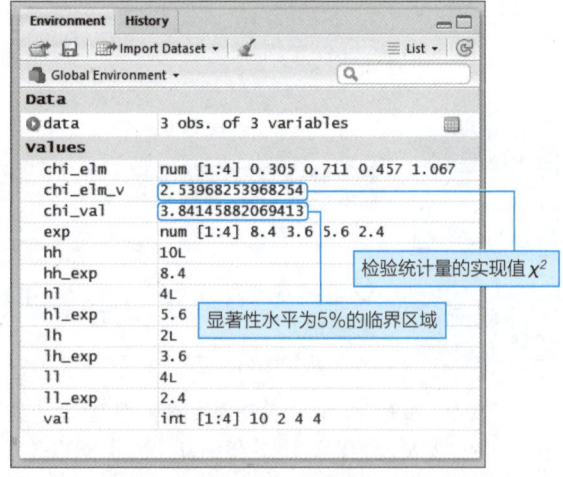

检验统计量的实现值 χ^2

显著性水平为5%的临界区域

自由度1的 χ^2 分布中的显著性水平为5%（面积为0.05）的界限值是3.841…。检验统计量的实现值2.539…不在临界区域内，所以无法拒绝零假设。英语和数学的喜欢/讨厌的倾向中没有差异。

秘技 258 如果可以假定方差相等，使用t检验确定平均值的差

这里是关键点！ 学生t检验

在有两个相同检测目标的平均值的情况下，可以根据"总体均值的检验"确定两个平均间"有差异"还是"没有差异"。

●比较两个平均的案例

两个平均值的比较如下。

- 探讨男女心理学考试的平均值中是否有差异。
- 探讨喜欢、讨厌数学考试的平均值中是否有差异。
- 探讨接受学习指导前考试的平均值和接受之后的平均值是否有差异（学习指导是否有效）。

像这样两组平均值，可以通过**t检验**判断双方的平均值是从具有相同特性的数据中计算出的平均值，还是从具有不同特性数据中计算出的平均值。以学生考试的例子来说，可通过t检验来判断是否可以直接比较两组的平均值。

检验的目标	检验的内容	使用的概率分布
检验独立两组的平均值的差（学生t检验）	虽然不知道两组的方差，但可以假设它们相等	t分布
检验独立的两组的平均值的差（welch t检验）	虽然不知道两组的方差，但可以假设它们不相等	t分布
成对的两组的平均值的差的t检验	检验的目标是成对（不独立）的两组	t分布

上述的t检验，检验目标的两组数据加起来共有3个模式。本案例中，对不同的被实验对象分开进行测定，所以独立的两组t检验中，执行可以假设总体方差相等的**学生t检验**。

另一方面，独立的两组t检验中有welch t检验，总体方差不相等时推荐采用该方法。

●使用学生t检验来检验总体均值

有正态分布的两组数据，各自的方差都是未知的且可以假设相等时，各自的样本均值的差的分布如下。

●假设总体方差相等时样本均值的差的分布

$$\bar{x}_1 - \bar{x}_2 \sim N\left(\mu_1 - \mu_2,\ \sigma^2\left(\frac{1}{n_1} + \frac{1}{n_2}\right)\right)$$

将其标准化后的公式如下。

●标准化样本均值的差的分布

$$\frac{\bar{x}_1 - \bar{x}_2 - (\mu_1 - \mu_2)}{\sigma\sqrt{\frac{1}{n_1} + \frac{1}{n_2}}} \sim N(0, 1)$$

通过执行标准化，样本均值的差遵循标准正态分布$N(0,1)$。这次假设总体方差σ^2相等，所以：

$$\sigma_1^2 = \sigma_2^2$$

因此：

$$\text{检验统计量}\ T = \frac{\bar{x}_1 - \bar{x}_2 - (\mu_1 - \mu_2)}{\sqrt{\frac{\sigma_1^2}{n_1} + \frac{\sigma_2^2}{n_2}}}$$

$$= \frac{\bar{x}_1 - \bar{x}_2 - (\mu_1 - \mu_2)}{\sqrt{\left(\frac{1}{n_1} + \frac{1}{n_2}\right)\sigma^2}}$$

虽然$\sigma_1^2 = \sigma_2^2$，但是并不知道方差的值。因此，用以下的$\hat{\sigma}^2_{pooled}$代替。

$$\hat{\sigma}^2_{pooled} = \frac{(n_1 - 1)\hat{\sigma}_1^2 + (n_2 - 1)\hat{\sigma}_2^2}{n_1 + n_2 - 2}$$

在这个公式中，$\hat{\sigma}_1^2$和$\hat{\sigma}_2^2$表示各组的普通方差，n_1和n_2表示各组的样本大小。将这个总体方差的估计值$\hat{\sigma}^2_{pooled}$称为两组的**合并（pooled）方差**，这是两组共同的总体方差σ^2的无偏估计量。将之前检验统计量T分母中未知的σ^2替换为$\hat{\sigma}^2_{pooled}$来估计以下的统计估计量。

$$\text{检验统计量}\ t = \frac{\bar{x}_1 - \bar{x}_2}{\sqrt{\left(\frac{1}{n_1} + \frac{1}{n_2}\right)\frac{(n_1-1)\hat{\sigma}_1^2 + (n_2-1)\hat{\sigma}_2^2}{n_1 + n_2 - 2}}}$$

将未知的σ^2替换为$\hat{\sigma}^2_{pooled}$

遵循自由度$(n_1 + n_2 - 2)$的t分布。原本应该为$\bar{x}_1 - \bar{x}_2 - (\mu_1 - \mu_2)$，但是因为零假设$\mu_1 = \mu_2$，$\mu_1 - \mu_2 = 0$，所以为$\bar{x}_1 - \bar{x}_2 - (\mu_1 - \mu_2) = \bar{x}_1 - \bar{x}_2$。

像这样计算得到的检验统计量t的样本分布遵循自

8-1 χ^2 检验

由度 n_1+n_2-2 的 t 分布。使用这个检验量，可以对两个平均值的差执行检验。

● 关于 $\hat{\sigma}^2_{pooled}$ 的公式

t 检验独立的两组的检验统计量 t 的实现值，具体如下。

$$\text{检验统计量 } t \text{ 的实现值} = \frac{\text{样本均值的差}}{\sqrt{\text{两组中共同的总体方差 } \sigma^2}}$$

估计两组共同的总体方差 σ^2 的公式为：

$$\sqrt{\text{两组共通的总体方差 } \sigma^2} = \sqrt{\frac{\text{总体方差的估计值}}{\text{A组的样本大小}} + \frac{\text{总体方差的估计值}}{\text{B组的样本大小}}}$$

因此，执行下面的计算，可以得出两组共同的总体方差 σ^2 的估计值。

$$\text{两组共同的总体方差 } \sigma^2 (\text{样本均值的差的标准误差}) = \frac{(\text{A组的数据}-\text{A组的平均值})^2 \text{的总和} + (\text{B组的数据}-\text{样本B组的平均值})^2 \text{的总和}}{(\text{A组的样本大小}-1)+(\text{B组的样本大小}-1)}$$

上式分子可以改写为，A组的平均偏差的平方和与B组的平均偏差的平方和相加，所以公式可以写成以下形式。

$$\text{两组共同的总体方差 } \sigma^2 = \frac{\text{A组的平均偏差的平方和} + \text{B组的平均偏差的平方和}}{(\text{A组的样本大小}-1)+(\text{B组的样本大小}-1)}$$

这里，有1个方法计算样本平均偏差的平方和。因为无偏方差是平均偏差的平方和除以"样本大小−1"得到的，意味着样本方差乘以样本大小，可以得到平均偏差的平方和。

$$\text{两组共同的总体方差 } \sigma^2 = \frac{(\text{A组的样本方差} \times (\text{样本大小}-1)) + (\text{B组的样本方差} \times (\text{样本大小}-1))}{(\text{A组的样本大小}-1)+(\text{B组的样本大小}-1)}$$

这个就是 $\hat{\sigma}^2_{pooled}$ 公式。

- **估计两组共同的总体方差 σ^2**

$$\hat{\sigma}^2_{pooled} = \frac{(n_1-1)\hat{\sigma}_1^2 + (n_2-1)\hat{\sigma}_2^2}{n_1+n_2-2}$$

假设A组和B组的总体方差相等，将总体方差替换为无偏方差并估计总体方差。这样，前面的式子可以写成以下的形式。

$$\sqrt{\text{两组共同的总体方差 } \sigma^2} = \sqrt{\frac{\text{A组的无偏方差}}{\text{A组的样本大小}} + \frac{\text{B组的无偏方差}}{\text{B组的样本大小}}}$$

将各自的无偏方差除以样本大小，相加之后计算平方根，便是两组共同的总体方差 σ^2。

将A组的无偏方差和B组的无偏方差作为总体方差的估计值使用。

$$\text{无偏方差} = \frac{(\text{数据}-\text{平均值})^2 \text{的总和}}{\text{样本大小}-1}$$

从而可以计算出检验统计量 t 分母中的**合并标准偏差**（标准误差的估计值）。

秘技 **259**
难易程度

使用 t 检验确定不同测试人员的评估平均值是否存在差异

这里是关键点！ 学生 t 检验

扫码看视频

有两个相同检测目标的平均值时，通过检验总体均值，可以确定两个平均值只能是"有差异"或者是"没有差异"。

230

现有在某家餐饮连锁店实施的10名测试人员对主菜单的评价和6名测试人员对竞争对手店主菜单的评分表，都是以50分为基准，100分为满分的评价。

将制表符分隔的"得分.txt"读取到数据框并输出，具体如下。

列表1 主菜单和竞争对手店铺主菜单的评价

```
> data
   本店   竞争对手店
1   70     80
2   75     75
3   70     80
4   85     85
5   90     85
6   70     80
7   80     75
8   75     90
9   75     NA  ←缺失值
10  85     NA  ←缺失值
```

↑主菜单的评价　↑竞争对手店的评价

主菜单平均分是77.5分，竞争对手店平均分是82.5分，相差5分。根据检验明确平均值是有明显的差异，还是在误差范围内。

●计算检验统计量的实现值和显著性水平为5%的t值

R执行t检验的t.test()函数默认是welch t检验，所以方差相等时采用welch t检验是比较妥当的。但是，本例是以基准分为50分、100为满分的评分为前提的，所以假设方差相等并实施学生t检验。

列表2 计算检验统计量t的实现值和显著性水平为5%的t值（项目为StudentTest，数据为"得分.txt"，源文件为script.R）

```r
# 将"得分.txt"赋值给data
data <- read.delim("得分.txt", header=TRUE,
fileEncoding="CP936")

# 将主菜单的得分赋值给向量
menu1 <- data$本店
# 去除缺失值并将竞争对手店的分数赋值给向量
menu2 <- data$竞争对手店[!is.na(data$竞争对手店)]

mean_m1 <- mean(menu1)        # 主菜单的平均
mean_m2 <- mean(menu2)        # 竞争对手店的平均

# 通过计算合并方差的平方根计算合并标准偏差
pool <- sqrt(                 # 计算平方根
  (
    (length(menu1) - 1) * var(menu1) +
                      # 主菜单的样本方差×大小-1
    (length(menu2) - 1) * var(menu2)
                      # 竞争对手店的样本方差×大小-1
  )
  /(length(menu1) + length(menu2) - 2)
                      # 样本大小的合计-2
)
# 计算检验统计量t的分母
dn <- pool * sqrt(1 / length(menu1) +
                  1 / length(menu2)
)
# 计算检验统计量t的实现值
st <- (mean_m1 - mean_m2) / dn

# 计算自由度
dof <- length(menu1) + length(menu2) - 2

# 计算自由度为样本大小的合计-2的t分布中的下侧概率0.025的t值
t_low <- qt(0.025, dof)

# 计算自由度为样本大小的合计-2的t分布中的上侧概率0.025的t值
t_upp <- qt(0.025, dof, lower.tail=FALSE)

curve(dt(x, dof), -3, 3)  # 绘制自由度为16的t分布图
abline(v=qt(0.025, dof))  # 在下侧概率0.025的t值处绘制线
abline(v=qt(0.975, dof))  # 在上侧概率0.975的t值处绘制线
```

对竞争对手店评分的是8人，所以数据框的"竞争对手店"列中有两个缺失值（NA）。含有缺失值会对之后的计算产生障碍，所以去除缺失值之后再存储到向量中。

- **is.na()函数**

  is.na()函数返回参数中设定向量的缺失值的索引。

  ```
  data$竞争对手店[!is.na(data$竞争对手店)]
  ```
  ↑通过逻辑运算符非!获取缺失值以外的索引运行

查看源代码运行结果，可以看到t分布图也绘制了，具体如下。

▼运行结果（Environment视图）

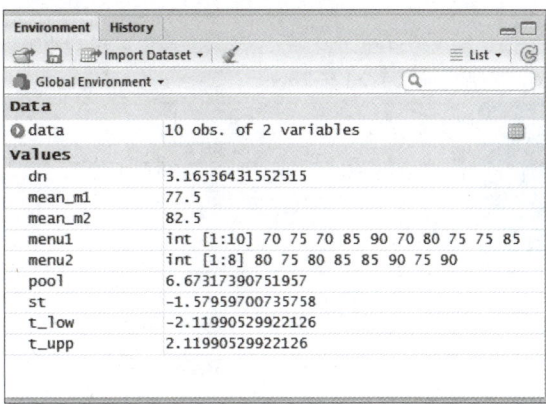

8-1 x^2检验

▼ 自由度为16的t分布

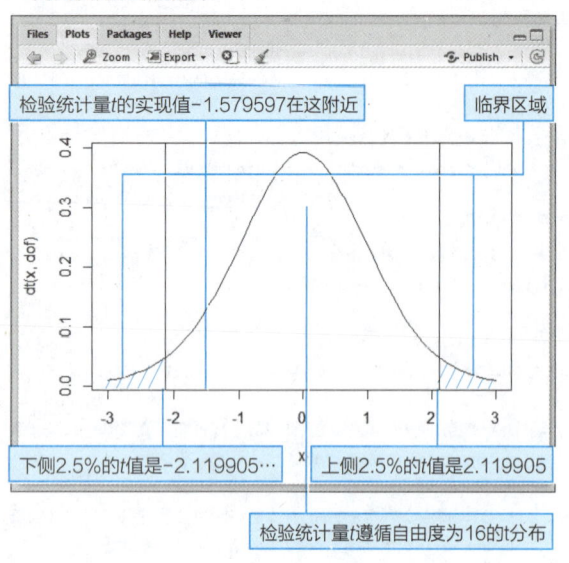

检验统计量t的实现值-1.579597在这附近
临界区域
下侧2.5%的t值是-2.119905…
上侧2.5%的t值是2.119905
检验统计量t遵循自由度为16的t分布

检验统计量t的实现值和自由度为16，显著性水平为5%的t值如下。

检验统计量t的实现值	-1.579597…
上侧2.5%的t值	2.119905…
下侧2.5%的t值	-2.119905…
主菜单的平均	77.5
竞争对手的平均	82.5

检验统计量t的实现值在-2.119905到2.1199054的范围内，所以采用零假设的两个评分的平均值中没有差异。

虽然平均值和竞争对手店相差5分，但是作为检验的结果，产生这种程度的差异是很有可能的，所以不是明显的差异。

秘技 260 通过计算p值来执行t检验

扫码看视频

难易程度 ●●●

这里是关键点！ 2*pt(检验统计量的期望值,自由度)

基于零假设是正确的假设，将大于从样本中计算的检验统计量实现值的值的概率称为**p值**。在实施t检验的函数t.test()的统计假设检验函数中，p值和检验统计量的实现值一起显示，当p值小于显著性水平α（p<α）时拒绝零假设。

在自由度为df的t分布中，可以通过pt()函数计算检验统计量t的期望值q对应的下侧概率p（t<q）。pt()函数通过设定lower.tail=FALSE选项，可以计算上侧概率p(t>q)。

- **pt()函数**

在自由度为df的t分布中，计算检验统计量的期望值q对应的下侧概率p（t<q）和上侧概率p（t>q）。

格式	pt(q, dt, lower.tail= TRUE)	
参数	q	设定检验统计量的期望值
	dt	设定自由度
	lower.tail= TRUE	默认值TRUE时，计算期望值q对应的下侧概率p(t<q) 要计算p(t>q)时，设为FALSE

本例的t检验是双侧检验，所以将使用pt()函数计算的下侧面积(t<q)乘以2。使用秘技259中使用的"测量结果.txt"来检验。

列表1 计算双侧检验中的p值（项目为StudentTest，数据为"得分.txt"，源文件为script2.R）

```
# 将"得分.txt"赋值给data
data <- read.delim("得分.txt", header=TRUE,
fileEncoding="CP936")

# 将主菜单的分数赋值给向量
menu1 <- data$本店
# 去除缺失值，然后将竞争对手店的得分赋值给向量
menu2 <- data$竞争对手店[!is.na(data$竞争对手店)]

mean_m1 <- mean(menu1)           # 主菜单的平均
mean_m2 <- mean(menu2)           # 竞争对手店的平均

# 通过计算合并方差的平方根计算合并标准偏差
pool <- sqrt(                    # 计算平方根
  (
    (length(menu1) - 1) * var(menu1) +
                                 # 主菜单的样本方差×大小-1
    (length(menu2) - 1) * var(menu2)
                                 # 竞争对手店的样本方差×大小-1
  )
  /(length(menu1) + length(menu2) - 2)
                                 # 样本大小的合计-2
)
# 计算检验统计量t的分母
dn <- pool * sqrt(1 / length(menu1) +
```

8-1 χ^2检验

```
                 1 / length(menu2)
)
# 计算检验统计量t的实现值
st <- (mean_m1 - mean_m2) / dn

# 计算自由度
dof <- length(menu1) + length(menu2) - 2

p <- 2*pt(st, dof)      # 计算双侧检验的p值
```

运行源代码，p值为0.13376331…，大于显著性水平5%，所以$P(t<q)$，因此不能拒绝零假设，由此可以知道评价的平均值中不存在显著性差异。

▼ 双侧检验中的p值

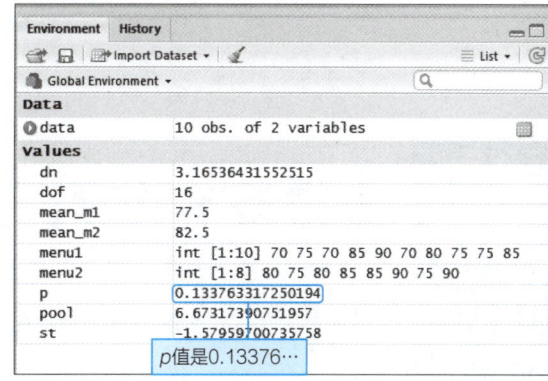

p值是0.13376…

秘技 261 使用t.test()函数计算测试统计量t的实现值

难易程度 ●●●

扫码看视频

这里是关键点！ t.test(数据1, 数据2, var.equal=TRUE)

执行独立的两组t检验的t.test()函数，基于检验统计量t的实现值计算p值，并将其和显著性水平比较，以输出检验结果。

• t.test()函数

执行独立的两组t检验（学生t检验、welch t检验）。模式是welch t检验。

格式	t.test(x, y = NULL, alternative = c("two.sided", "less", "greater"), mu=0, paired=FALSE, var.equal=FALSE, conf.level=0.95)	
参数	x	设定独立的两组中的1个数据
	y = NULL	独立的两组中另1个数据
	alternative = c("two.sided", "less", "greater")	alternative="greater":右侧检验 alternative="less":左侧检验 alternative="two.sided":双侧检验 默认是"two.sided":执行双侧检验
	mu=0	指定平均的真值的数
	paired=FALSE	逻辑值，设定是否执行成对的检验
	var.equal=FALSE	设定是否将两个方差看作相等。若设定为TRUE，方差估计是执行从合并方差中计算的学生t检验。默认值是FALSE，执行使用根据welch近似值的自由度的welch t检验
	conf.level=0.95	设定置信区间的置信系数

将秘技259、秘技260中使用的"得分.txt"读取到数据框中，使用t.test()函数检验。

列表1 使用t.test()函数实施学生t检验（项目为Student-Test，数据为"得分.txt"，源文件为script3.R）

```
# 将"得分.txt"赋值给data
data <- read.delim("得分.txt", header=TRUE,
fileEncoding="CP936")

# 将主菜单的得分赋值给向量
menu1 <- data$本店
# 去除缺失值，然后将竞争对手店的得分赋值给向量
menu2 <- data$竞争对手店[!is.na(data$竞争对手店)]

t.test(
  menu1,               # 独立的两组中的数据1
  menu2,               # 独立的两组中的数据2
  var.equal = TRUE     # 实施学生t检验
)
```

列表2 执行结果

```
        Two Sample t-test         ── 标题 "两个样本的t检验"

data:  menu1 and menu2            ── 作为统计目标的数据menu1和menu2
t = -1.5796,                      ── 检验统计量的实现值
df = 16,                          ── t分布的自由度
p-value = 0.1338                  ── p值（默认是双侧检验中的p值）
alternative hypothesis:
true difference in means is not equal to 0
                                  ── 备择假设为μ1≠μ2（平均偏差μ1-μ2≠0）
95 percent confidence interval:
 -11.710273  1.710273             ── 因为0在95%的置信区间的下限值和上限值之间，所以两组平均值的差从统计学上来说没有差异。
sample estimates:
```

8-1 χ^2检验

```
    mean of x  mean of y
       77.5       82.5         ——— 从样本中计算的样本平均
```

以执行显著性水平为5%执行检验,因为p值0.1338比0.05大,所以不能拒绝零假设,即平均值中没有显著性差异。

秘技 262 当方差不等时,使用t检验确定平均值的差

▶难易程度 ●●●

这里是关键点! 方差不相等时的welch t检验

本次将采用welch t检验作为独立的两组平均值的检验。通常作为检验目标的两组数据的总体方差是否相等是未知的。

● 不把方差相等作为前提的welch t检验

学生t检验是以方差相等为前提的检验,但welch t检验是不把方差一定相等作为前提,但总体方差相同也可以使用。

就像之前说的,检验中使用的数据几乎都是样本。可以假设方差相同是特殊情况,这时采用学生t检验;其他情况,则采用welch t检验是比较妥当的。R的t.test()只要不设定选项,默认是welch t检验。

● welch t检验中使用的检验统计量t实现值的计算公式

welch t检验中,检验统计量t的实现值可以通过以下公式计算。

▼ 计算welch t检验中检验统计量t实现值的公式

检验统计量t

$$= \frac{\text{平均}_1 - \text{平均}_2}{\sqrt{\frac{\text{无偏方差}_1}{\text{样本大小}_1} + \frac{\text{无偏方差}_2}{\text{样本大小}_2}}} = \frac{\bar{x}_1 - \bar{x}_2}{\sqrt{\frac{u_1^2}{n_1} + \frac{u_2^2}{n_2}}}$$

● 计算welch t检验中自由度的公式

在welch t检验中使用的自由度可以使用以下公式计算得到。

▼ 计算welch t检验中自由度的公式

v(自由度)

$$= \frac{\left(\frac{\text{无偏方差}_1}{\text{样本大小}_1} + \frac{\text{无偏方差}_2}{\text{样本大小}_2}\right)^2}{\frac{\left(\frac{\text{无偏方差}_1}{\text{样本大小}_1}\right)^2}{\text{自由度}_1} + \frac{\left(\frac{\text{无偏方差}_2}{\text{样本大小}_2}\right)^2}{\text{自由度}_2}} = \frac{\left(\frac{u_1^2}{n_1} + \frac{u_2^2}{n_2}\right)^2}{\frac{\left(\frac{s_1^2}{n_1}\right)^2}{v_1} + \frac{\left(\frac{s_2^2}{n_2}\right)^2}{v_2}} = \frac{\left(\frac{u_1^2}{n_1} + \frac{u_2^2}{n_2}\right)^2}{\frac{\left(\frac{s_1^2}{n_1}\right)^2}{n_1-1} + \frac{\left(\frac{s_2^2}{n_2}\right)^2}{n_2-1}}$$

自由度v不能为整数,所以使用**根据自由度的倒数的插值法**的公式,计算t分布中临界区域的界限值。

▼ 利用根据自由度的倒数的插值法计算临界区域的界限值

自由度v的界限值
=下侧自由度的界限值-(下侧自由度的界限值-上侧自由度的界限值)×$\left(\frac{1}{\text{下侧的自由度}} - \frac{1}{\text{原本的自由度}}\right) \div \left(\frac{1}{\text{下侧的自由度}} - \frac{1}{\text{上侧的自由度}}\right)$

使用以上公式的welch t检验使用t.test()函数执行。关于这一点,在接下来的秘技中介绍。

秘技 263 在A店和B店的满意程度有差距时，检验两个商店的满意度是否真的不同

这里是关键点！ t.test(数据1, 数据2, var.equal=TRUE)

扫码看视频

在不能假设总体方差相等时，实施welch t检验。

●使用welch t检验检验总体方差不相等的两组数据的平均值

在对新开业的A店和B店的满意度调查中，每条数据都是从顾客中随机抽选并让他们做出满分为10分的评价，但得分中很大的差距。

A店20名顾客、B店18名顾客，平均分分别为7和6.5，A店的满意度更高。但是，这次数据个数不同，不能假设方差相等。因此，关于A店和B店的顾客满意程度，通过welch t检验来确定。

列表1 将"满意度调查.txt"读取到数据框并输出

```
> data
   A店 B店    A店 B店
1   9   6  11  8   6
2  10   7  12  3   6
3  10   5  13  9   7
4   9   8  14  4   6
5   6   7  15 10   7
6   5   8  16  5   4
7   3  10  17  9   6
8  10   4  18  5   4
9   7   9  19  4  NA
10  3   8  20  9  NA
```

- 平均值中有差异，两店铺的满意度不同。
- 这个程度的差异不大，两者是差不多相同的满意度。

●计算显著性水平为5%、自由度不为整数的t值

使用**t.test()函数**实施welch t检验，检验两个平均的差。

列表2 实施welch t检验（项目为WelchsTest，数据为"满意度调查.txt"，源文件为script.R）

```
# 将"满意度调查.txt"赋值给data
data <- read.delim("满意度调查.txt", header=TRUE,
fileEncoding="CP936")

# 将A店的分数赋值给向量
a <- data$A店
# 去除B店分数中的缺失值，然后赋值给向量
b <- data$B店[!is.na(data$B店)]

# 实施welch t检验
t.test(
    a,    # 独立两组中的数据1
    b     # 独立两组中的数据2
)
```

执行源代码，在控制台中显示以下检验结果。

列表3 运行结果

```
    Welch Two Sample t-test

data:  a and b             ——— 统计目标数据
t = 0.71122,               ——— 统计检验量的实现值
df = 30.25,                ——— t分布的自由度
p-value = 0.4824           ——— p值（默认是双侧检验中的p值）
alternative hypothesis: true difference in means
is not equal to 0
95 percent confidence interval:  ——— 备择假设μ1≠μ2
                                    （平均偏差μ1-μ2≠0）
 -0.9352622  1.9352622     ——— 95%的置信区间的下限
                               值和上限值中包含0，所以两组平均的差从统计学上来看没有差异

sample estimates:
mean of x mean of y
      7.0       6.5        ——— 样本均值
```

显著性水平为5%的检验结果，p值0.4824大于0.05，所以不能拒绝零假设，不能说平均值中有显著性差异。本例检测结果为A店和B店的顾客满意度没有差异。

8-1 χ^2 检验

两组成对数据差的t检验

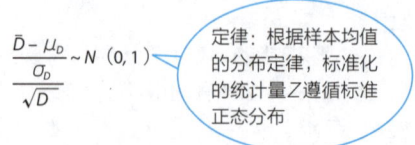

这里是关键点！ 检验统计量 $t = \dfrac{\text{差的平均}}{\text{差的标准误差}}$

下面将执行非独立的两组（即成对两组）数据的平均值的差的检验。例如：

- 同一个被实验者服用两种营养品后，体内物质的测量结果。
- 在数学辅导前和辅导后进行的 "数学考试1" 和 "数学考试2" 的得分。

对同一个被试验者进行多次测量，得出的数据称为**成对数据**。

●成对数据的t检验检验1个平均值

成对数据时认为检验目标的数据是1个组，我们从成对t检验的检验统计量开始看。

▼ 成对t检验的检验统计量

$$\text{检验统计量 } t = \frac{\text{差的平均值}}{\text{差的标准误差}}$$

在成对数据中，我们要探讨变化量，比较的目标设为 x_1、x_2，变化量（x_1、x_2 的差）设为 D，那么

$$D = x_2 - x_1$$

并且，它们的样本均值 $\bar{x}_1$、$\bar{x}_2$ 和 $\bar{D}$ 之间的关系为

$$\bar{D} = \bar{x}_2 - \bar{x}_1$$

这里关于成对数据，我们假设 x_1、x_2 的差 D 遵循平均 μ_D、方差 σ_D^2 的正态分布

$$D \sim N\left(\mu_D, \frac{\sigma_D^2}{n}\right)$$ （样本均值的分布定律）

那么这个样本均值 $\sigma_{\bar{D}}^2$ 的分布也遵循正态分布，所以为：

$$\bar{D} \sim N\left(\mu_D, \frac{\sigma_D^2}{n}\right)$$

因为这是正态分布的式子，所以如果用Z转换 $\dfrac{x_i - \mu}{\sigma}$ 标准化，就会遵循$N(0,1)$的标准正态分布。

$$\frac{\bar{D} - \mu_D}{\frac{\sigma_D}{\sqrt{D}}} \sim N(0,1)$$ （定律：根据样本均值的分布定律，标准化的统计量Z遵循标准正态分布）

这时，分母中的 σ 是未知的，用从样本中计算出的标准偏差 $\hat{\sigma}$ 代替。

▼ 计算方差的公式

$$\text{检验统计量 } t = \frac{\bar{D} - \mu_D}{\frac{\hat{\sigma}_D}{\sqrt{D}}}$$

这个分布遵循

自由度 $df = n - 1$

这个t分布。

成对t检验是为了比较两组的平均值，但实际使用时是比较变化量的平均值。

$$\frac{\bar{D} - \mu_D}{\frac{\sigma_D}{\sqrt{D}}}$$

这个式子遵循标准正态分布，但若将 σ 替换为样本的标准偏差 $\hat{\sigma}$，就不是正态分布了，而是遵循自由度 $n-1$ 的t分布。作为 $\hat{\sigma}$ 使用，是因为要获取样本的标准偏差，也就是无偏方差（u^2）的平方根 $\sqrt{u^2}$。总体的标准偏差 σ 的估计值用 $\hat{\sigma}$ 来表示。

秘技 265 检验减肥营养品摄入前后体重的变化

扫码看视频

这里是关键点！ 检验统计量 $t = \dfrac{\bar{D} - \mu_D}{\dfrac{\sigma_D}{\sqrt{n}}}$ 遵循自由度 $df = n-1$ 的 t 分布

以下是作为成对 t 检验的案例。

让8名测试人员测试某食品加工厂研发中的减肥营养品，一定时间后测量体重，摄入前的平均体重为81.875，摄入后的平均体重为76.875，具体如下。

列表1 试验者摄入营养品前后的体重变化（将"体重的变化.txt"读取到数据框并显示）

```
> data
  被实验者 摄入前 摄入后
1    A      95     90
2    B      80     75
3    C      80     75
4    D      85     75
5    E      75     80
6    F      75     65
7    G      80     75
8    H      85     80
摄入前的平均值是81.875
摄入后的平均值是76.875
```

体重确实减轻了，但从统计学的角度需要考虑两个平均值是否有显著性差异。关于营养品摄入前和摄入后的平均体重，根据成对 t 检验来判断平均值是否有差异。

●零假设和备择假设的设定
零假设：$\mu_D = 0$，即变化量的总体均值为0。
备择假设：$\mu_D \neq 0$，即变化量的总体均值不为0。

●计算检验统计量的实现值
接下来基于成对的 t 检验的检验统计量公式计算实现值。

列表2 计算检验统计量 t 的实现值和显著性水平为5%的 t 值（项目为Ssame_Test，数据为"体重的变化.txt"，源文件为script.R）

```
# 将"体重的变化.txt"赋值给data
data <- read.delim("体重的变化.txt", header=TRUE,
    fileEncoding="CP936")

before  <- data$摄入前           # 将摄入前的体重赋值给向量
after   <- data$摄入后           # 将摄入后的体重赋值给向量
mean_m1 <- mean(before)          # 摄入前的平均体重
mean_m2 <- mean(after)           # 摄入后的平均体重
change  <- after - before        # 计算变化量

denom <- sd(change) / sqrt(length(change))
                                 # 计算检验统计量的分母
numer <- mean(change)            # 计算检验统计量的分子
st    <- numer / denom           # 计算检验统计量的实现值
dof   <- length(change) - 1      # 计算自由度

# 计算自由度为样本大小的合计-2的t分布中下侧概率0.025的t值
t_low <- qt(0.025, dof)
# 计算自由度为样本大小的合计-2的t分布中上侧概率0.025的t值
t_upp <- qt(0.025, dof, lower.tail=FALSE)

curve(dt(x, dof), -3, 3)# 绘制自由度N-1的t分布图
abline(v=qt(0.025, dof))# 绘制下侧概率0.025的t值处的线条
abline(v=qt(0.975, dof))# 绘制上侧概率0.975的t值处的线条
```

运行源代码并查看结果和绘制的 t 分布图，具体如下。

▼运行结果（Environment视图）

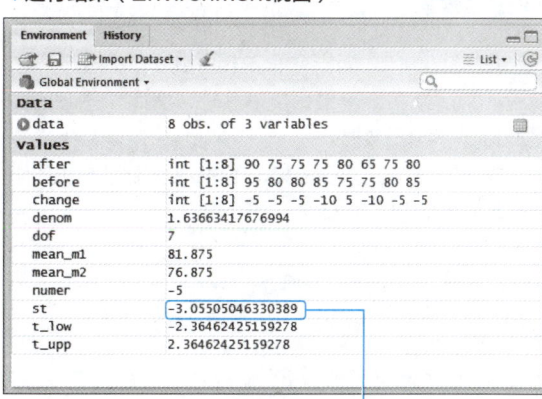

检验统计量 t 为 −3.055050463⋯

8-1 χ² 检验

▼自由度为7的t分布

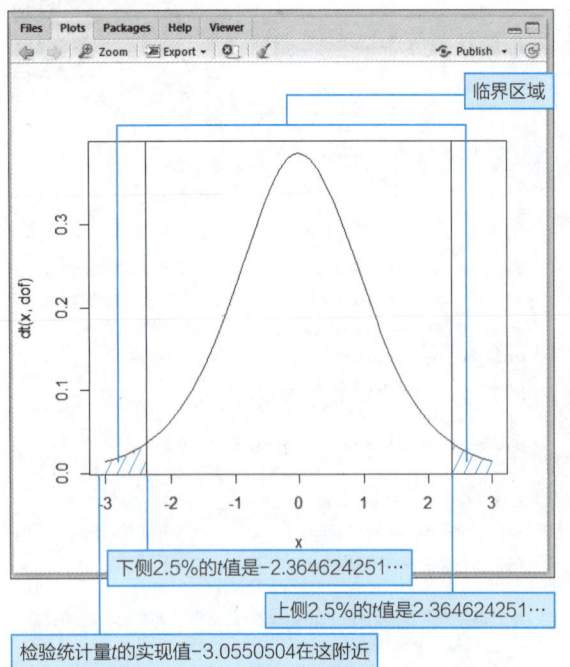

检验统计量t的实现值和自由度16，显著性水平5%的t值如下。

检验统计量t的实现值	-3.055050463…
上侧2.5%的t值	2.364624251…
下侧2.5%的t值	-2.364624251…
摄入前的平均体重	76.845
摄入后的平均体重	81.875

检验统计量t的实现值在临界区域内，所以拒绝零假设。从摄入营养品前后体重的平均值中，可以得出存在5%水平的显著性差异这个结论。

秘技 266 计算p值并执行成对t检验

难易程度

扫码看视频

这里是关键点! 将pt()函数计算出的下侧概率p(t<q)乘以2和显著性水平比较

使用t.test()函数计算p值执行两组成对数据的差的t检验。为了能和上一个秘技相比较，使用"体重的变化.txt"作为分析数据。

本例的t检验是双侧检验，要将pt()函数计算出的下侧概率p(t<q)乘以2。

列表1 计算双侧检验中的p值（项目为Ssame_Test，数据为"体重的变化.txt"，源文件为script2.R）

```
st     <- numer / denom         # 计算检验统计量的实现值
dof    <- length(change) - 1    # 计算自由度
p      <- 2 * pt(st, dof)       # 计算双侧检验中的p值
```

运行源代码并确认，p值为0.0184515…。比显著性水平5%小，p(p<q)，所以拒绝零假设，体重的变化中存在差异。

▼双侧检验中的p值

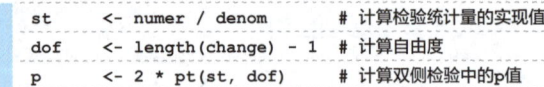
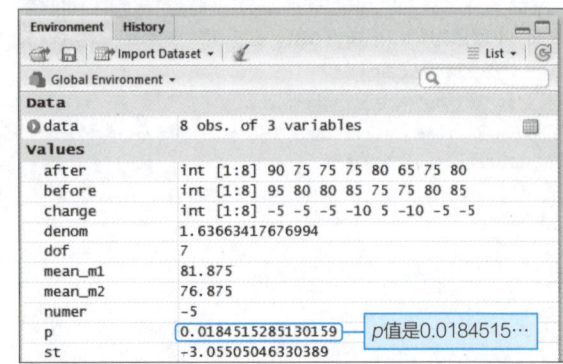

p值是0.0184515…

8-2 方差分析

秘技 267 使用t.test()函数执行成对t检验

难易程度 ●●●

扫码看视频

> 这里是关键点！ **paired=TRUE**

秘技265中计算双侧的临界区域，秘技266中通过计算p值执行成对t检验。这里，我们使用**t.test()函数**执行成对t检验。使用t.test(变化量)执行，但通过设定paired=TRUE选项，可以直接设定执行检验的两组数据，这是关键点，这样不需要计算变化量，更简单。

列表1 使用t.test()函数实施成对t检验

```
# 将"体重的变化.txt"赋值给data
data <- read.delim("体重的变化.txt", header=TRUE,
fileEncoding="CP936")

before <- data$摄入前     # 摄入前的体重
after  <- data$摄入后     # 摄入后的体重
t.test(                   # 实施t.test()
  before,                 # 数据1
  after,                  # 数据2
  paired=TRUE             # 设定成对
)
```

列表2 运行结果（控制台）

```
        Paired t-test

data:  before and after   —— 统计目标的数据为before和after
t = 3.0551,               —— 检验统计量的实现值
df = 7, t分布的自由度
p-value = 0.01845         —— p值（默认是双侧检验中的p值）
alternative hypothesis: true difference in means
is not equal to 0
95 percent confidence interval:
 1.129975 8.870025        —— 95%的置信区间的下限和上限
sample estimates:
mean of the differences
                      5   —— 两组的平均差
```

p值是0.01845，比显著性水平5%小，$p(p<q)$，所以拒绝零假设。

8-2 方差分析

秘技 268 为什么t检验不能用于3组或更多组的差异检验

难易程度 ●●●

> 这里是关键点！ **反复t检验有差异的概率会越来越高**

t检验是调查两组样本之间差异的检验，所以如果是3组样本A、B、C，需要A和B、B和C、A和C这样组合，执行共计3次的t检验，调查各个样本间是否有差异。但是，t检验无法检验超过两组的平均差，究其原因，我们来看抛硬币和掷骰子这两个例子。

●探讨抛硬币时出现正面的概率

抛硬币时，因为硬币只有正面和反面，所以出现正面的概率是1/2。

1/2（0.5）……抛1次硬币出现正面的概率。

抛两次硬币至少出现1次正面的概率，有以下3种模式：

正和正、正和反、反和正。

除此之外，抛两次硬币时可能两次都是反面。即抛两次不出现正面的结果。

"抛两次硬币至少有1次是正面"是"两次都出现反面"的相反事件。

这样，因为所有事件发生的概率为1，所以从1中减去两次都是反面的概率，就可以知道至少出现1次正面的概率。

另外，两次都是反面的概率是，第1次出现反面概率的1/2乘以第2次出现反面概率的1/2。将其从总体的概率1中减去，就是至少出现1次正面的概率。

8-2 方差分析

$$1-\left(\frac{1}{2}\times\frac{1}{2}\right)=1-0.25=0.75$$

抛两次硬币至少出现1次正面的概率是0.75。抛两次出现正面概率要比抛1次时高。

●探讨掷骰子时出现1的概率

掷有6面的骰子时，1出现的概率是1/6，所以约有0.17的概率出现1。掷两次骰子时出现1的概率和之前抛硬币时一样，从总体概率1中减去两次出现的都是1以外的数这个相反事件就可以了。这时，第1次出现1以外的概率5/6乘以第2次的5/6便是两次都出现1以外的概率。将其从总体概率1中减去，便可以知道两次至少有1次出现1的概率。

$$1-\left(\frac{5}{6}\times\frac{5}{6}\right)=1-(0.83\times 0.83)=0.3111$$

只掷1次骰子时出现1的概率是0.17，掷两次时至少1次出现1的概率上升为0.3111。

●重复t检验有差异的概率会越来越高

从抛硬币和掷骰子的例子中我们可以知道，重复同样的事，特定事件发生的概率会变高。因此，我们来考虑t检验的两个平均中没有差异，显著性水平为5%，没有差异的概率为100%-5%=95%。

基于以上所述，调查A、B、C这3个样本的平均值中是否有差异时，因为t检验只能执行两个平均的检验，所以将A和B、B和C、A和C组合，执行总计3次的t检验并调查各个样本间是否有差异。这时，至少1个组合中有差异的概率是总体概率1减去3个组合中都没有差异的概率。

> 3个组合中没有差异的概率=1-(1-0.05)×(1-0.05)×(1-0.05)

执行计算，结果如下。

> 1-(0.95)×(0.95)×(0.95)=1-0.142625

至少1个组合中有差异的概率为0.142625，比只有1个组合时出现差异的概率0.05要高。也就是说，相比对1个组合执行检验时出现差异的概率，3个组合总计3次执行检验时出现差异的概率高了近3倍。

但是，这也表示增加执行检验的次数，出现（有）差异的概率会增加。虽然实际中没有差异，但是重复检验的话，有差异的概率会不断增加。

因此，检验3个以上的样本间的差异不能使用t检验，而是使用方差分析。

秘技 269 使用方差分析来检验3组或更多组的差异

难易程度 ●●●

这里是关键点！ 检验统计量 $F = \dfrac{\text{组间平方和}/\text{组间自由度}}{\text{组内平方和}/\text{组内自由度}}$

我们检验一下下面案例的3个平均分中是否有差异。

从参加了某所补习学校在寒假开讲的"前期对策讲座A""前期对策讲座B""前期对策讲座C"的学生中各挑选20名进行模拟考试，"前期对策讲座A"的听课人的平均得分为72.5，"前期对策讲座B"为77.58，"前期对策讲座C"为81。

要检验这些平均分是否有差异，实际上是将参加各个讲座的所有人作为总体，在这个总体中，检验每个讲座模拟考试的平均分中是否有差异。

即使样本组间的平均值有差异，也不能保证总体中也有差异。即使样本的总体均值完全相同，也有可能正好抽出的都是得分高的人，或者都是得分低的人。

因此，将探讨**方差分析**提取的样本是从总体均值相等的3组中提取的可能性是否高。

●方差分析的步骤

使用方差分析的检验，按以下步骤执行。

❶ 提出备择假设和零假设。
❷ 计算检验统计量F的实现值。
❸ 计算显著性水平为5%的F值。
❹ 比较方差和显著性水平为5%的F值并探讨是否能拒绝备择假设。

●零假设和备择假设的设定

本案例的零假设和备择假设。

- 零假设：3组的总体均值相等
  假定根据不同的讲座学习效果没有差异。
- 备择假设：3组的平均值不相等
  假定根据不同的讲座学习效果有差异。

●在方差分析中使用的检验统计量

方差分析中使用以下检验统计量。

▼ 检验统计量F

$$\text{检验统计量} F = \frac{\text{组间平方和}/\text{组间自由度}}{\text{组内平方和}/\text{组内自由度}}$$

检验统计量F在所有组的总体均值都相等时遵循叫作**F分布**的概率分布。F分布有两个自由度，分别称为分子自由度（df1）和分母自由度（df2）。

即使3组中两组的总体均值相同，剩下1组的总体均值不相同，备择假设也不成立。

秘技 270 使用oneway.test()函数实施单因素不成对的方差分析

难易程度 ●●●

扫码看视频

这里是关键点！ `onesay.test(模型表达式, var.equal=TRUE)`

方差分析中可以使用oneway.test()、aov()、anoval()中任意一个函数。这里我们试着使用oneway.test()函数进行分析。

● oneway.test()函数

该函数用于检验单因素的两个或者两个以上的样本是否相等。方差不一定需要相等。

格式	oneway.test(formula, data, subset, na.action, var.equal = FALSE)	
参数	formula	设定矩阵/数据框/formula对象
	data	设定模型表达式中包含变量的选项的数据框
	subset	设定表示测量值的部分集合选项的向量
	na.action	设定表示该如何处理缺失值的函数。默认值是getOption("na.action")
	var.equal=FALSE	默认值var.equal=FALSE，使用和welch t检验相同的方法，不假设方差相等并执行方差分析。因此，比较两组时，方差分析和welch t检验是相同的。设定var.equal=TRUE的话，实施平均的等价性F检验，这表示假设所有组的方差都相等

●准备方差分析的数据

从某所补习学校开讲的"前期对策讲座A""前期对策讲座B""前期对策讲座C"中分别挑选20名学生模拟考试的成绩作为分析时使用的数据。

列表1 从前期对策讲座A、B、C的听课人中各挑选20名学生进行模拟测试的成绩（将"模拟测试结果.txt"读取到数据框并输出）

```
> data
```

	前期对策讲座A	前期对策讲座B	前期对策讲座C
1	65	90	85
2	60	75	65
3	75	70	90
4	80	80	80
5	65	65	90
6	60	70	75
7	70	80	85
8	85	85	75
9	65	70	95
10	75	70	75
11	75	85	80
12	70	75	75
13	80	80	85
14	75	90	75
15	80	80	85
16	80	90	90
17	65	85	90
18	70	85	80
19	75	75	75
20	80	75	75

列表2 准备方差分析的数据（项目为AnalysisVariance，数据为"模拟测试结果.txt"，源文件为script.R）

```
# 将"模拟测试结果.txt"赋值给data
data <- read.delim("模拟测试结果.txt", header=T,
fileEncoding="CP936")
```

8-2 方差分析

```
将数据框各列数据赋值给向量 variate <-c(
  data[,1],          # 将第1列的变量赋值给向量
  data[,2],          # 将第2列的变量赋值给向量
  data[,3]           # 将第3列的变量赋值给向量
)

# 获取各列的大小
l1 <- length(data[,1])
l2 <- length(data[,2])
l3 <- length(data[,3])

identifier <- factor(      # 将向量转换为因子 ——❶
  c(
    rep(colnames(data)[1], l1), # 第1列登录变量个数
项目名                                                  ❷
    rep(colnames(data)[2], l2), # 第2列登录变量个数
项目名
    rep(colnames(data)[3], l3)  # 第3列登录变量个数
项目名
  )
)
```

例如：

```
rep("A", 20)
```

可以创建20个A字符。使用colnames()函数获取所有的列名，使用colnames(data)[1]创建这个列的大小（变量的个数）个第1列的列名"前期对策讲座A"。第2列和第3列也是将"前期对策讲座B""前期对策讲座C"作为标识符创建各列数据的个数项目名。

❶中将创建的字符转换为factor类型的因子。给"前期对策讲座A"赋1、"前期对策讲座B"赋2、"前期对策讲座C"赋3。

▼因子identifier的内容处理

表示列名	内部值
前期对策讲座A	1
前期对策讲座B	2
前期对策讲座C	3

方差分析函数中处理标识符时，要在内部将字符串转换为factor类型，即在这里完成转换，结果因子identifier中存储了下面各20个的标识符。没有带（""），所以不是字符串。

❷中创建关联讲座A和听讲人的得分标识符。按照第1列到第3列中的分数个数，将列名"前期对策讲座A""前期对策讲座B""前期对策讲座C"作为标识符分别创建20个。使用rep（数值，重复的次数），便能创建重复数次指定的值。

列表3 输出将每20个标识符作为factor对象存储的identifier

```
> identifier
 [1] 前期对策讲座A 前期对策讲座A 前期对策讲座A 前期对策讲座A 前期对策讲座A
 [6] 前期对策讲座A 前期对策讲座A 前期对策讲座A 前期对策讲座A 前期对策讲座A
[11] 前期对策讲座A 前期对策讲座A 前期对策讲座A 前期对策讲座A 前期对策讲座A
[16] 前期对策讲座A 前期对策讲座A 前期对策讲座A 前期对策讲座A 前期对策讲座A
[21] 前期对策讲座B 前期对策讲座B 前期对策讲座B 前期对策讲座B 前期对策讲座B
[26] 前期对策讲座B 前期对策讲座B 前期对策讲座B 前期对策讲座B 前期对策讲座B
[31] 前期对策讲座B 前期对策讲座B 前期对策讲座B 前期对策讲座B 前期对策讲座B
[36] 前期对策讲座B 前期对策讲座B 前期对策讲座B 前期对策讲座B 前期对策讲座B
[41] 前期对策讲座C 前期对策讲座C 前期对策讲座C 前期对策讲座C 前期对策讲座C
[46] 前期对策讲座C 前期对策讲座C 前期对策讲座C 前期对策讲座C 前期对策讲座C
[51] 前期对策讲座C 前期对策讲座C 前期对策讲座C 前期对策讲座C 前期对策讲座C
[56] 前期对策讲座C 前期对策讲座C 前期对策讲座C 前期对策讲座C 前期对策讲座C
Levels: 前期对策讲座A 前期对策讲座B 前期对策讲座C
```

创建的标识符是在检验时为了和存储在variate中的得分相对应而使用的。"前期对策讲座A"标识符对应这个讲座听课人的得分，"前期对策讲座B"也对应这个讲座听课人的得分。

▼讲座的标识符（identifier）和讲座听讲人的得分（variate）对应

前期对策讲座A	前期对策讲座A	前期对策讲座A	……	前期对策讲座C	前期对策讲座C
65	60	75	……	75	75

●使用oneway.test()函数计算检验统计量*F*的实现值和*p*值

为了使用oneway.test()函数执行单因素方差分析，添加以下代码。

列表4 添加oneway.test()函数的执行代码

```
oneway.test(
  variate~identifier,   # 给variate和identifier添加对
                        # 应关系的模型表达式
```

```
           var.equal=TRUE           # 假设等方差并实施F检验
         )
```

给第1个参数设定了variate~identifier，这种写法称为**模型表达式**。存储得分的identifier和存储标识符的对象根据~来对应。

列表5 模型表达式示例（在控制台执行）

```
> x <- 1:5
> y <- 11:15
> model.frame(x~y)
    x   y
1   1  11
2   2  12
3   3  13
4   4  14
5   5  15
```

variate~identifier时，使用存储在identifier中的标识符解释存储在variate中的各个得分。根据前面"讲座的标识符（identifier）和讲座听讲人的得分（variate）的对应"表格的内容添加对应关系，可以识别"前期对策讲座A""前期对策讲座B""前期对策讲座C"听讲人的得分。

● **用oneway.test()函数的结果实施单因素方差分析**

oneway.test()函数的运行结果如下。

列表6 oneway.test()函数的运行结果（控制台）

```
        One-way analysis of means

data:   variate and identifier
F = 6.8174, num df = 2, denom df = 57, p-value =
0.002215
```

F = 6.8174	检验统计量F的实现值
num df = 2	分子自由度
denom df = 57	分母自由度
p-value = 0.002215	p值

在t检验中确定了临界区域，就可以判断检验统计量的实现值在不在临界区域内，但oneway.test()函数输出检验统计量F的实现值对应的p值，通过比较这个值和显著性水平，即可知道是否能拒绝零假设。

本例的p值因为小于作为显著性水平设定的0.05，所以可以得出结论：显著性水平为5%的3个讲座的听讲人各自的平均得分中存在显著性差异。

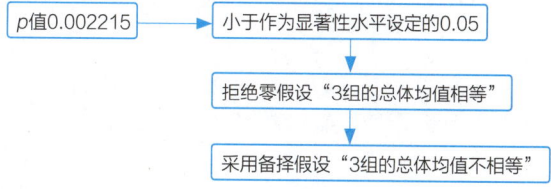

秘技 271 使用aov()函数实施单因素不成对的方差分析

扫码看视频

这里是关键点! → summary(aov(模型表达式))

使用aov()函数执行单因素方差分析。分析的数据使用一上个秘技中使用的"模拟测试结果.txt"。

● **aov()函数**

实施平均的等价性的F检验。

格式	aov(formula, data = NULL, projections = FALSE, qr = TRUE, contrasts = NULL, …)	
参数	formula	设定矩阵/数据框/formula对象
	data	设定包含模型表达式中的变量选项的数据框
	projections= FALSE	设为TRUE，则返回射影
	qr = TRUE	默认值为TRUE，返回QR分解
	contrasts = NULL	指定模式表达式中因子使用的对比列表

列表1 使用aov()函数实施单因素方差分析（项目为AnalysisVariance，数据为"模拟测试结果.txt"，源文件为script2.R）

```
# 将"模拟测试结果.txt"赋值给data
data <- read.delim("模拟测试结果.txt", header=T,
fileEncoding="CP936")
# 将数据框各列的数据赋值给向量
variate <- c(
  data[,1],          # 将第1列的变量赋值给向量
  data[,2],          # 将第2列的变量赋值给向量
  data[,3]           # 将第3列的变量赋值给向量
)
# 获取各列的大小
l1 <- length(data[,1])
l2 <- length(data[,2])
```

8-2 方差分析

```
l3 <- length(data[,3])

identifier <- factor(      # 将向量转换为因子
  c(
    rep(colnames(data)[1], l1), # 第1列登录变量个数个
项目名
    rep(colnames(data)[2], l2), # 第2列登录变量个数个
项目名
    rep(colnames(data)[3], l3)  # 第3列登录变量个数个
项目名
  )
)

# 执行aov()函数
aov(variate~identifier)
```

列表2 运行结果（控制台）

```
> aov(variate~identifier)Call:
   aov(formula = variate ~ identifier)

Terms:
                 identifier Residuals
Sum of Squares      805.833  3368.750
Deg. of Freedom           2        57

Residual standard error: 7.687709
Estimated effects may be unbalanced
```

查看结果，关键的F的实现值、p值都没有输出。要输出这些值，需要使用summary()函数输出aov()函数的返回值。

列表3 给summary()函数的参数设定aov()函数的运行结果

```
# 给summary()函数的参数设定aov()函数的运行结果
summary( aov(variate~identifier) )
```

列表4 运行结果（控制台）

```
> summary( aov(variate~identifier) )
            Df Sum Sq Mean Sq F value  Pr(>F)
identifier   2    806   402.9   6.817 0.00222 **
Residuals   57   3369    59.1
---
Signif. codes:  0 '***' 0.001 '**' 0.01 '*' 0.05
                '.' 0.1 ' ' 1
```

这里是以表格形式输出的方差分析表。运行结果显示了检验统计量F的实现值和p值。这个表中，实现值6.817显示在value栏中，p值0.00222显示在Pr(>F)栏中。这和oneway.test()函数计算的值相同。

秘技 272 使用anova()函数实施单因素不成对的方差分析

难易程度 ●●○

扫码看视频

这里是关键点！ `anova(lm(模型表达式))`

接下来介绍实施单因素方差分析的第3个函数——anova()函数。分析的数据和前面案例使用的数据相同，即使用"模拟测试结果.txt"。

• anova()函数
创建方差分析表。

格式	anova(object, …)
参数	object　设定lm()或者glm()函数返回的对象

• lm()函数
根据线性模型执行回归。

格式	lm(formula[, data, subset, weights, na.action…])

lm()函数主要用于回归分析。给参数设定的项目有各种形式，但这里只使用formula的部分。formula的部分设定给variate和identifier添加对应关系的模型表达式，具体如下。lm()函数将返回值作为anova()函数的参数以实施F检验。

```
variate~identifier
```

列表1 使用aova()函数实施单因素方差分析（向量为AnalysisVariance，数据为"模拟测试结果.txt"，源文件为script3.R）

```
# 将"模拟测试结果.txt"赋值给data
data <- read.delim("模拟测试结果.txt", header=T,
fileEncoding="CP936")

# 将数据框各列的数据赋值给向量
variate <- c(
  data[,1],     # 将第1列的变量赋值给向量
  data[,2],     # 将第2列的变量赋值给向量
```

```
     data[,3]             # 将第3列的变量赋值给向量
)

# 获取各列的大小
l1 <- length(data[,1])
l2 <- length(data[,2])
l3 <- length(data[,3])

identifier <- factor(             # 将向量转换为因子
  c(
    rep(colnames(data)[1], l1),   # 第1列登录变量个数个
项目名
    rep(colnames(data)[2], l2),   # 第2列登录变量个数个
项目名
    rep(colnames(data)[3], l3)    # 第3列登录变量个数个
项目名
  )
)

# 执行anova()函数
anova(
  lm(variate~identifier) # 给variate和identifier添加
                         # 对应关系的模型表达式
)
```

列表2 aov()函数的运行结果（控制台）

```
Analysis of Variance Table

Response: variate
            Df Sum Sq Mean Sq F value   Pr(>F)
identifier   2  805.8  402.92  6.8174 0.002215 **
Residuals   57 3368.8   59.10
---
Signif. codes:  0 '***' 0.001 '**' 0.01 '*' 0.05
                '.' 0.1 ' ' 1
```

检验统计量 F 的实现值6.817显示在value栏中，p值0.00222显示在Pr(>F)栏中。这和之前使用的oneway.test()函数、aov()函数分别得到的值相同。p值小于作为显著性水平设定的0.05，所以可以得出显著性水平为5%的3个讲座的听讲者，各自的平均得分中存在显著性差异。

秘技 273 指定分子和分母的自由度，并绘制F分布图

这里是关键点！ curve(df(值, 分子的自由度, 分母的自由度))

F分布的概率密度可以通过df()函数计算得到。

- **df()函数**

  计算F分布的概率密度。

  格式 df(值, 分子的自由度, 分母的自由度)

● 绘制分子的自由度为6、分母的自由度为18的 F 分布图

将df()函数作为**curve()函数**的参数，可以绘制F分布的概率密度图。进行下述输入，则可以绘制分子自由度为6、分母自由度为18的F分布图。

列表1 绘制分子自由度为6、分母自由度为18的F分布图
```
curve(df(x,6,18), 0,5)
```

▼ 自由度为6、分母自由度为18的F分布图

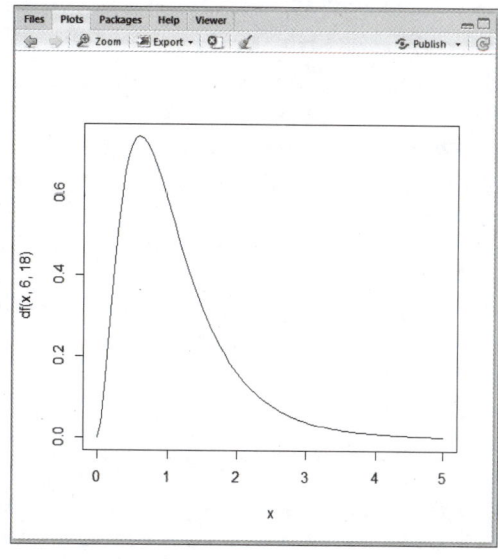

从图表中可以看出F分布只有正值。因为不像t分布那样以0为中心左右对称分布，所以方差分析中经常是**单侧检验**。

8-2 方差分析

秘技 274 从组间、组内的平方和和均方计算测试统计量F的期望值

扫码看视频

这里是关键点！ 检验统计量F的实现值 = $\dfrac{\text{组间的均方和}}{\text{组内的均方和}}$

本例我们通过秘技269之后使用的"模拟测试结果.txt"来看方差分析是什么。

"模拟测试结果.txt"中3组数据的平均如下。

列表1 方差分析中检验统计量F

检验统计量 $F = \dfrac{\text{组间平方和}/\text{组间自由度}}{\text{组内平方和}/\text{组内自由度}}$

▼秘技269之后执行检验的3组平均值

目标	平均值
讲座A的听讲人	72.5
讲座B的听讲人	79.25
讲座C的听讲人	81
所有得分的平均	77.58333…

● 组间偏差和组内偏差

3组各自的得分分布如下。

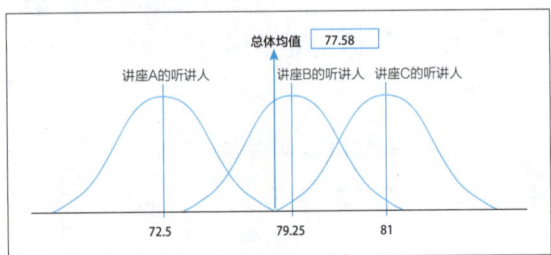

这里我们来看讲座A听讲人中的某个数据，为下图中●的部分。这个数据与3组所有得分的平均偏差为图中的箭头部分。

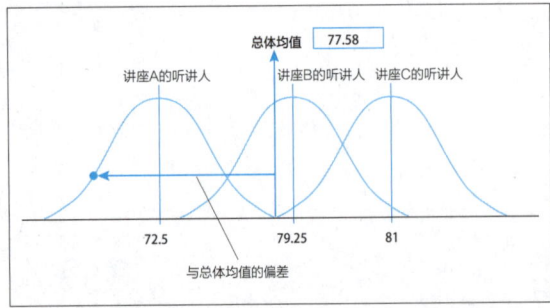

与总体均值的偏离，可以分解为总体均值和讲座A听讲人的平均分偏离的部分和与讲座A听讲人平均分的偏离。

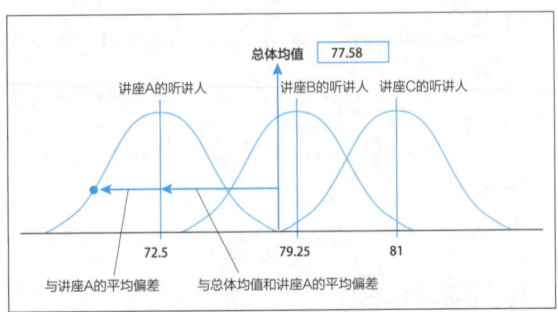

• **总体均值与样本均值之间的偏离为组间偏差**

之前的总体均值和讲座A听讲人的平均分的偏离，表示总体均值和样本均值的偏离。一直使用的**组**这个词指的是样本组。总体均值和各个组的偏离为组间偏差。

• **样本内部的偏离为组内偏差**

另一方面，讲座A中某个听讲人的分数和讲座A的听讲人的平均分的偏离称为组内偏差。

• **与总体均值的偏差为组间偏差+组内偏差**

总结以上内容，我们知道与所有数据中的总体均值的偏差，是由组间偏差和组内偏差构成的，所以下面的式子成立。

总体均值的偏差 = 组间偏差 + 组内偏差

• **组间偏差是必然因素，组内偏差是偶然因素**

与总体均值的偏差是组间偏差与组内偏差的和，但在方差分析中，将组间偏差作为必然的因素，将组内偏差作为偶然的因素。

比较的样本与总体均值的偏差是必然发生的，也就是说有人为因素的结果，而数据与其样本均值的偏差是偶然发生的。

与总体均值的偏差 = 必然（组间偏差）+ 偶然（组内偏差）

计算必然得到的值与偶然的值的比例为多少，便是**检验统计量F**。

●查看样本均值间的偏差和样本内部数据的偏差

原本组间偏差就是表示样本组的平均值之间的差,所以组间偏差大时,各个组的平均值之间也就有很大的差异。与之相对的,组内偏差是数据与其所在组的平均差,也就是偏差。如果组间的偏差大于组内偏差,因为样本间的差异较大,所以要拒绝各个平均间没有差异这个零假设。

另一方面,如果组间偏差小于组内偏差,因为不能说样本组之间有大的差异,所以不能拒绝各个平均间没有差异这个零假设。

●使用方差的偏差分析平均的偏差的方差分析

因为组内偏差是各个数据与平均的差,所以必须要对每个数据进行计算,但问题是所计算的偏差要怎样作为组内偏差。

不是考虑每个数据,而是逐个挑选代表值,使用这个值进行比较。因此,在方差分析中,**将偏差的平方和**作为代表值进行分析。

偏差的平方和是将所有与数据平均值的差的平方进行合计的值。单纯地将偏差进行合计的话总是为0,所以需要平方之后合计。像这样,偏差的平方和也称为**变动**。方差分析中,使用以下两个平方和。

- 组间平方和
- 组内平方和

如果知道组间自由度和组内自由度,就可以计算检验统计量F的期望值。

- 组间自由度=组的个数−1
- 组内自由度=所有的组(组的变量个数−1)的合计

因为检验统计量的分子和分母可以进行下述替换:
- 分子=组间平方和/组间自由度=组间的均方(组间的无偏方差)
- 分母=组内平方和/组内自由度=组内的均方(组内的无偏方差)

所以:

$$\text{检验统计量}F\text{的实现值} = \frac{\text{组间的均方和}}{\text{组内的均方和}}$$

这表示组间的均方和组内的均方相比大多少。

●从组间、组内的平方和与均方中计算检验统计量F的期望值

使用"模拟测试结果.txt"的数据,按顺序计算组间、组内各个平方和、均方(无偏方差),并计算检验统计量F的期望值。

列表2 从组间、组内的平方和与均方中计算检验统计量F的期望值(项目为AnalysisVariance,数据为"模拟测试结果.txt",源文件为script4.R)

```
# 将"模拟测试结果.txt"赋值给data
data <- read.delim("模拟测试结果.txt", header=TRUE,
fileEncoding="CP936")

# 返回方差的函数
getDisper <- function(x) {
  dev <- x - mean(x)
  return(sum(dev^2) / length(x))
}

# 将数据框各列的变量赋值给向量
score <- c(
  data[,1],   # 将讲座A的听讲人的得分赋值给向量
  data[,2],   # 将讲座B的听讲人的得分赋值给向量
  data[,3]    # 将讲座C的听讲人的得分赋值给向量
)

# 获取各列的大小
l1  <- length(data[,1])
l2  <- length(data[,2])
l3  <- length(data[,3])

# 计算平均值
m_A   <- mean(data[,1])
m_B   <- mean(data[,2])
m_C   <- mean(data[,3])
m_all <- mean(score)

# 组间的平方和
cohort_s_sum <- sum(
  (m_A - m_all)^2 * l1,
  (m_B - m_all)^2 * l2,
  (m_C - m_all)^2 * l3
)

# 组内的平方和
cohort_in_s_sum <- sum(
  getDisper(data[,1]) * l1,
  getDisper(data[,2]) * l2,
  getDisper(data[,3]) * l3
)

# 组间的无偏方差
cohort_unbiased <- cohort_s_sum / (length(data[1,]) - 1)

# 组内的无偏方差
cohort_in_unbiased <- cohort_in_s_sum / ((l1-1) +
(l2-1) +(l3-1))

# 检验统计量F的期望值
f <- cohort_unbiased / cohort_in_unbiased
```

8-2 方差分析

▼运行结果

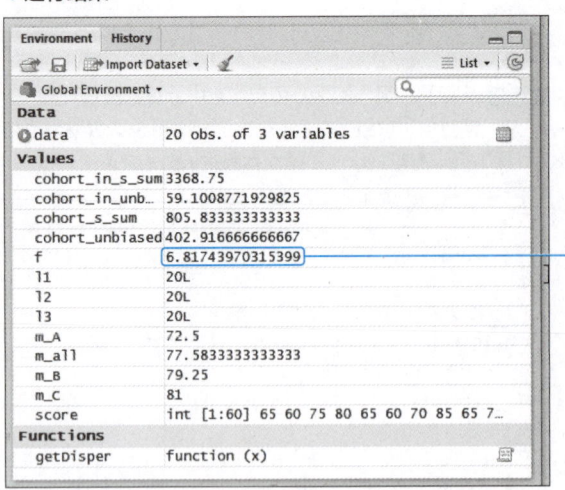

检验统计量F的期望值是6.81744…

与之前秘技中执行的检验相同，计算得到的统计检验量F的期望值为6.81744…。

秘技 275 执行多重比较

难易程度 ●●●

扫码看视频

这里是关键点！ Tukey的方法

在秘技274的单因素方差分析中，使用数据"模拟测试结果.txt"并提出下面的零假设。

- **零假设：3组的总体均值相等**

假设不同的讲座对学习的效果没有差异。

检验的结果为：有5%显著性水平差异，拒绝零假设。从该结果可以知道3个讲座的听讲人各自的平均分不同。但是，也有人想知道各个讲座之间听讲人的平均分的差异情况。

这时，可执行称为**Tukey(图基)方法**的多重比较。在图基法中，假设各组中数据个数相等，各组的总体方差也相等，使用下面的公式计算检验统计量q。

$$q = \frac{|比较的组的平均值的差|}{\sqrt{组内的均方 / 各组的数据个数}}$$

●使用R的TukeyHSD()函数执行多重比较

在R中，有使用Tukey法计算检验统计量q的**qtukey()函数**，但是因为有对所有的组合进行多重比较的**TukeyHSD()函数**，所以使用它分析讲座A、B、C的听讲人的平均分中是否有差异。以下为TukeyHSD()函数给参数设定aov()函数的返回值。

列表1 使用TukeyHSD()函数计算检验统计量q

```
TukeyHSD( aov(模型表达式) )
```

列表2 使用Tukey法执行多重比较（项目为Analysis-Variance，数据为"模拟测试结果.txt"，源文件为script5.R）

```
# 将"模拟测试结果.txt"赋值给data
data <- read.delim("模拟测试结果.txt", header=TRUE,
fileEncoding="CP936")
# 将数据框各列的变量赋值给向量
variate <- c(
    data[,1],              # 将第1列的变量赋值给向量
    data[,2],              # 将第2列的变量赋值给向量
    data[,3]               # 将第3列的变量赋值给向量
)
# 获取各列的大小
l1 <- length(data[,1])
l2 <- length(data[,2])
l3 <- length(data[,3])
identifier <- factor(      # 将向量转换为因子
    c(
        rep(colnames(data)[1], l1), # 第1列登录变量个数个项目名
        rep(colnames(data)[2], l2), # 第2列登录变量个数个项目名
        rep(colnames(data)[3], l3), # 第3列登录变量个数个项目名
    )
```

```
)
# 运行TukeyHSD()
TukeyHSD(aov(variate~identifier))
```

列表3 运行结果（控制台）

```
  Tukey multiple comparisons of means
    95% family-wise confidence level

Fit: aov(formula = variate ~ identifier)

$identifier
                diff       lwr       upr     p adj
前期对策讲座B-前期对策讲座A 6.75  0.8998358 12.600164 0.0199934
前期对策讲座C-前期对策讲座A 8.50  2.6498358 14.350164 0.0026126
前期对策讲座C-前期对策讲座B 1.75 -4.1001642  7.600164 0.7528036
```

显示3个讲座听讲人的平均分的可能组合，显示各个配对的平均偏差（diff）、95%置信区间的下限（lwr）、上限（upr）、p值（padj）。

查看"前期对策讲座B-前期对策讲座A"，p值0.0199934比显著性水平0.05小，所以可以判断有显著性差异。"前期对策讲座C-前期对策讲座A"的p值为0.0026126，所以有显著性差异。"前期对策讲座C-前期对策讲座B"的p值为0.7528036，所以可以判断没有显著性差异。

从中我们可以知道讲座A和讲座B之间、讲座A和讲座C之间有5%显著性水平的差异。

秘技 276 数据有对应的情况下为什么需要进行成对检验

扫码看视频

这里是关键点！ 不是组的比较，而是条件的比较

不成对的单因素F检验中，对从不同的被试验者观测到的数据进行检验，是不成对的单因素方差分析。以下是对从相同的被试验者中观测到的数据的检验。

为了确认某保健食品制造商研发的"大脑保健品"的效果，而将5名被试验者作为目标进行分析，分别收集他们摄取前和摄取后10天、摄取后30天的智力测试数据。

和摄取前相比，摄取后10天和摄取后30天的平均分有所上升，但我们使用显著性水平5%执行方差分析，从统计学的角度来分析平均中是否有差异。因为是成对的平均间检验，所以是单因素方差分析（成对的）检验。

● 对成对数据实施不成对的单因素方差分析

同一个被试验者有3个测量值，每个被试验者都经历了多个条件的模式，各个平均值是相对应的，所以需要用和上次不一样的方法来分析。但是，为了知道为什么这样，实施和之前一样的不成对的单因素方差分析。

假设如下。

零假设：5个被试验者的平均值相等。
备择假设：5个被试验者的平均值不相等。

统计检验量设为F，显著性水平设为5%，使用aov()函数执行方差分析。

列表1 "大脑保健品"摄取前、摄取后10天、摄取后30天的智力测试结果（将"保健品的效果.txt"读取到数据框并输出）

```
> data
  测试对象 摄取前 摄取后10天 摄取后30天
1    A       5        8          7
2    B       4        6          8
3    C       7        7          9
4    D       2        2          5
5    E       3        5          6
```

8-2 方差分析

列表2 对成对数据实施不成对的单因素方差分析（script.R）（项目为AnalysisVariance，数据为"保健品的效果.txt"，源文件为script6.R）

```
# 将"保健品的效果.txt"赋值给data
data <- read.delim("保健品的效果.txt", header=TRUE,
fileEncoding="CP936")
# 将数据框各列的变量赋值给向量
variate <- c(
  data[,2],     # 将第2列的变量赋值给向量
  data[,3],     # 将第3列的变量赋值给向量
  data[,4]      # 将第4列的变量赋值给向量
)
# 获取列的大小（行数据的个数）
size <- length(data[,1])
# 创建标识符
identifier <- factor(
  c(
    rep(colnames(data)[2], size),  # 按行数据个数注册
第2列的标题
    rep(colnames(data)[3], size),  # 按行数据个数注册
第3列的标题
    rep(colnames(data)[4], size)   # 按行数据个数注册
第4列的标题
  )
)
# 给summary()函数的参数设定aov()函数的运行结果
summary(
  aov(variate~identifier)
)
```

列表3 将aov()函数作为summary()函数参数运行的结果

```
            Df Sum Sq Mean Sq F value Pr(>F)
identifier   2   19.6   9.800   2.557  0.179
Residuals   12   46.0   3.833
```

查看方差分析表的结果，检验统计量F的实现值为2.577、p值为0.179>0.05，所以在5%的水平上没有显著性差异。使用"大脑保健品"后智力测试的分数上升了是因为偶然性，没有表现出明显的差异。

大多数情况下，对成对的数据不考虑成对而进行检验，会有检验能力低下并得出有意义的结果的倾向。因此，需要像下面这样执行考虑成对的分析。

▼成对的单因素方差分析的检验统计量F

$$检验统计量F = \frac{条件的平方和/条件的自由度}{残差的平方和/残差的自由度}$$

虽然和不成对的单因素方差分析时平方和和自由度的名称改变了，但它们之间有以下的对应关系。

- "组间的平方和" ➡ "条件的平方和"
  "组内的平方和" ➡ "残差的平方和"

- "组间的自由度" ➡ "条件的自由度"
  "组内的自由度" ➡ "残差的自由度"

本例中，要比较的3个测试，每个被试验者都参加了，不是按数据组的比较，而是按条件的比较。

秘技 277 执行成对检验的单因素方差分析

扫码看视频

▶难易程度

这里是关键点！
$$检验统计量F = \frac{条件的平方和/条件的自由度}{残差的平方和/残差的自由度}$$

对"大脑保健品"摄取前、摄取后10天，摄取后30天的智力测试结果，按照下面的步骤执行单因素方差分析。

❶ 设定备择假设和零假设
- 零假设：3组的总体均值相等。
- 备择假设：3组的总体均值不相等。

❷ 计算检验统计量的实现值

使用aov()函数作为使用检验统计量F计算实现值的方法。

❸ 算出显著性水平5%的F值

❹ 比较方差和显著性水平5%的F值

列表1 实施单因素方差分析（成对）（script2.R）（项目为AnalysisVariance，数据为"保健品的效果.txt"，源文件为script7.R）

```
# 将"保健品的效果.txt"赋值给data
data <- read.delim("保健品的效果.txt", header=TRUE,
fileEncoding="CP936")
# 将数据框各列的变量赋值给向量
variate <- c(
  data[,2],     # 将第2列的变量赋值给向量
```

8-2 方差分析

```
   data[,3],    # 将第3列的变量赋值给向量
   data[,4]     # 将第4列的变量赋值给向量
)

# 获取列的大小（行数据个数）
size <- length(data[,1])

# 创建标识符
identifier <- factor(
  c(
    rep(colnames(data)[2], size),  # 按行数据个数注册
第2列的标题
    rep(colnames(data)[3], size),  # 按行数据个数注册
第3列的标题
    rep(colnames(data)[4], size)   # 按行数据个数注册
第4列的标题
  )
)

# 按数据个数注册第1列的标题
identifier_row <- factor(
  rep(data[,1], length(data[1,]) - 1)       ❶
)

# 给summary()函数的参数设定aov()函数的运行结果
summary(
  aov(variate~identifier + identifier_row)  ❷
)

# 计算自由度为2和8的F分布的临界区域
qf(0.05, 2, 8, lower.tail = FALSE)
```

❶处可以将被试验者名（A等）作为新的标识符使用，表示各个测试结果是谁的。

使用新创建的用来表示人的标识符，以下设定❷的aov()函数的参数。

列表2 将variate~identifier+identifier_row设为aov()的参数

```
aov(variate~identifier + identifier_row)
```

列表3 运行结果（控制台）

```
              Df Sum Sq Mean Sq F value  Pr(>F)
identifier     2   19.6     9.8   12.25 0.00367 **
identifier_row 4   39.6     9.9   12.38 0.00166 **
Residuals      8    6.4     0.8
---
Signif. codes:  0 '***' 0.001 '**' 0.01 '*' 0.05
'.' 0.1 ' ' 1
```

需要注意的是每个测试的平均的差，我们来看identifier行。检验统计量F的实现值（F value）是12.25，p值是0.00367。

查看p值，和显著性水平5%比较，为0.00367<0.05，可以知道测试的平均值中有显著性差异。另外，表示被试验者identifier_row的行中p值为0.00166，虽然表示有显著性差异，但是是否有个人差异不是这次检验的目标，所以忽略。

另一方面，结果显示了检验统计量F的实现值，所以我们在控制台中确认F分布的临界区域。这次的检验统计量F遵循两个自由度为2和8的F分布。

列表4 确认F分布中的临界区域（控制台）

```
> qf(0.05, 2, 8, lower.tail = FALSE)
[1] 4.45897
```

临界区域为$F>4.45897$。因为检验统计量的实现值为$F=12.25$，所以在临界区域内，拒绝零假设，3个测试的结果中有5%的显著性差异。

秘技 278 为什么成对检验和不成对检验会有差别

难易程度 ●●●

扫码看视频

这里是关键点！ 成对检验和不成对检验的检验统计量F

秘技276对成对数据进行不成对检验的结果为非显著性，秘技277中考虑成对的结果为显著性的。

列表1 不成对分析时的方差分析表

```
           Df Sum Sq Mean Sq F value Pr(>F)
identifier  2   19.6   9.800   2.557  0.119
Residuals  12   46.0   3.833
```

列表2 考虑成对分析时的方差分析表

```
              Df Sum Sq Mean Sq F value  Pr(>F)
identifier     2   19.6     9.8   12.25 0.00367 **
identifier_row 4   39.6     9.9   12.38 0.00166 **
Residuals      8    6.4     0.8
```

查看identifier（3个测试）行，发现Df（自由度）、Sum Sq（平方和）、Mean Sq（均方）的值都

8-2 方差分析

相等。但是，F value（检验统计量F的实现值）有很大的差异。另外，查看Residuals，可以发现自由度、平方和、均方都是考虑成对时的更小。

检验统计量F即使是忽略成对也是由测试的均方（Mean Sq）除以Residuals的均方得到的。

- **不成对时**

$$F = \frac{9.800}{3.833} \fallingdotseq 2.557$$

- **成对时**

$$F = \frac{9.8}{0.8} = 12.25$$

考虑成对的话，作为检验统计量F的分母残差（Residuals）的平方和会变小，所以F的实现值变大，结果也就更容易是显著性的。

考虑成对的话，残差的均方变小的理由是，可以从不成对时的残差的偏差中根据被试验者的差异去除偏差。我们实际动手将考虑成对时的被试验者（个人差异）的平方和和Residuals的平方和相加看一下，结果如下。

```
39.6 + 6.4 = 46
```

和不成对时的Residual（这是组内平方和）完全一致。

另外，关于自由度，不成对的Residuals的自由度12分解为考虑成对时的identifier_row（被试验者）的自由度4和Residuals的自由度8。

●分解平方和并计算自由度

单因素方差分析中，可以通过以下方式分解总体的平方和。

▼**单因素方差分析（不成对）**

总体的平方和=组间的平方和 + 组内的平方和

▼**单因素方差分析（成对）**

总体的平方和=条件的平方和 + 被试验者的平方和 + 残差的平方和

单因素方差分析（不成对）中的组间平方和，在单因素方差分析（成对）中分解为个人差异的平方和和残差的平方和。个人差异的平方和是可以根据个体差异解释的平方和。

在秘技276和秘技277的例子中，测定了5名被试验者的3次测试结果，所以数据本身就反映了这个人的特征。例如，某个被试验者总是出现高分，相对地，其他人总是出现低分，像这样个人造成的差异就是个人差异的平方和。

下面将计算所有数据的平均值（all_mean）、各测试的平均值（point_mean）、各被试验者的平均值（person_mean）。

列表3 计算所有数据的平均值、各测试的平均值、各被试验者的平均值（控制台）

```
> all <- matrix(variate,nrow=5,ncol=3)
> all
     [,1] [,2] [,3]
[1,]   5    8    7
[2,]   4    6    8
[3,]   7    7    9
[4,]   2    2    5
[5,]   3    6    6
>
> point_mean <- colMeans(all)
> point_mean
[1] 4.2 5.6 7.0
>
> person_mean <- rowMeans(all)
> person_mean
[1] 6.666667 6.000000 7.666667 3.000000 4.666667
>
> all_mean <- mean(all)
> all_mean
[1] 5.6
```

下面将这3个平均值作为元素创建3个矩阵。

列表4 将3个平均值作为元素创建3个矩阵

```
> all_mean_matrix <- matrix(rep(all_mean, 15),
nrow=5,ncol=3)
> all_mean_matrix
     [,1] [,2] [,3]
[1,]  5.6  5.6  5.6
[2,]  5.6  5.6  5.6
[3,]  5.6  5.6  5.6
[4,]  5.6  5.6  5.6
[5,]  5.6  5.6  5.6
> point_mean_matrix <- matrix(rep(point_mean, 5),
nrow=5,ncol=3,byrow=TRUE)
> point_mean_matrix
     [,1] [,2] [,3]
[1,]  4.2  5.6   7
[2,]  4.2  5.6   7
[3,]  4.2  5.6   7
[4,]  4.2  5.6   7
[5,]  4.2  5.6   7
>
> person_mean_matrix <- matrix(rep(person_mean, 3),
nrow=5,ncol=3)
> person_mean_matrix
         [,1]     [,2]     [,3]
```

```
[1,] 6.666667 6.666667 6.666667
[2,] 6.000000 6.000000 6.000000
[3,] 7.666667 7.666667 7.666667
[4,] 3.000000 3.000000 3.000000
[5,] 4.666667 4.666667 4.666667
```

准备了计算用的3个矩阵,所以为了获取数据总体的偏差,计算出各数据的值与所有数据的平均值相减的值。

列表5 计算各数据的值减去所有数据的平均值得到的值

```
> all_deviation <- all - all_mean_matrix
> all_deviation
     [,1] [,2] [,3]
[1,] -0.6  2.4  1.4
[2,] -1.6  0.4  2.4
[3,]  1.4  1.4  3.4
[4,] -3.6 -3.6 -0.6
[5,] -2.6 -0.6  0.4
```

下面计算每个测试的效果作为条件。

列表6 计算测试差异的影响

```
> terms <- point_mean_matrix - all_mean_matrix
> terms
     [,1] [,2] [,3]
[1,] -1.4   0  1.4
[2,] -1.4   0  1.4
[3,] -1.4   0  1.4
[4,] -1.4   0  1.4
[5,] -1.4   0  1.4
```

接着计算每个被试验者的效果值。被试验者个人的平均分减去总体的平均分。

列表7 计算个人的效果

```
> person <- person_mean_matrix - all_mean_matrix
> person
          [,1]       [,2]       [,3]
[1,]  1.0666667  1.0666667  1.0666667
[2,]  0.4000000  0.4000000  0.4000000
[3,]  2.0666667  2.0666667  2.0666667
[4,] -2.6000000 -2.6000000 -2.6000000
[5,] -0.9333333 -0.9333333 -0.9333333
```

分别计算了条件(3次测试)的效果、个人的效果。另一方面,减去数据总体的平均值、条件的效果、个人的效果之后剩下的值为残差。

列表8 计算残差

```
> residual <- all - all_mean_matrix - terms - person
> residual
           [,1]        [,2]         [,3]
[1,] -0.2666667  1.3333333 -1.06666667
[2,] -0.6000000  0.0000000  0.60000000
[3,]  0.7333333 -0.6666667 -0.06666667
[4,]  0.4000000 -1.0000000  0.60000000
[5,] -0.2666667  0.3333333 -0.06666667
```

分别对所有数据的矩阵、条件的效果的矩阵、个人效果的矩阵计算元素的平方和。

列表9 计算矩阵的元素平方并求和

```
> all_square_sum <- sum(all_deviation^2)
> all_square_sum
[1] 65.6
>
> terms_square_sum <- sum(terms^2)
> terms_square_sum
[1] 19.6
>
> person_squqre_sum <- sum(person^2)
> person_squqre_sum
[1] 39.6
>
> residual_square_sum <- sum(residual^2)
> residual_square_sum
[1] 6.4
>
> terms_square_sum + person_squqre_sum + residual_square_sum
[1] 65.6
```

在单因素方差分析(成对)中,总体平方和的构成如下所示。

> 总体的平方和 = 条件的平方和 + 个人差异的平方和 + 残差的平方和

可以确认总体平方和被分解了。各个平方和与aov()函数输出的方差分析表的identitier(条件)、identifier_row(个人差异)、Residuals(残差)的平方和一致。

最后,确认各个平方和的自由度。各个自由度和方差分析表中的Df栏的值一致。

- 条件的自由度 = 条件的格式 − 1 = 3 − 1 = 2
- 个人差异的自由度 = 被试验者的个数 − 1 = 5 − 1 = 4
- 残差的自由度 = 条件的自由度 × 个人差异的自由度 = 2 × 4 = 8
- 总体的自由度 = 所有数据个数 − 1 = 15 − 1 = 14

秘技 279 因素增加到两个时的方差分析

难易程度 ●●●

> 这里是关键点！ **主效果和作用于交互的效果**

执行3个变量以上的方法分析时，根据观测条件的不同会有两个因素的情况。例如在"有没有参加应试对策讲座"和"补品的摄取前和摄取后"等条件基础上增加"是在早上还是晚上听讲座的""补品是在饭前还是饭后饮用的"等其他条件。

●因素和水平

根据"学习时间段的差异"和"学习内容的差异"两个条件来记录观测值作为调查学习效果的数据。两个条件都会给总体均值带来差异，但是带来差异的原因是"学习时间段的差异"和"学习内容的差异"这两个因素。

因素中包含的各个条件称为**水平**。学习时间段的差异中有"早上"和"晚上"这两个水平，学习内容的差异中有"英语单词""汉字的抄写""古文词汇"这3个水平。

▼ 因素和水平

因素	水平
学习时间段的差异	早上起床后，晚上睡觉前
学习内容的差异	英语单词、汉字的抄写、古文词汇

●关于主效应和交互作用效应

单因素方差分析中，检验目标的效果只有1个。与之相对的，双因素方差分析中，有**主效果**和**交互作用效果**这两个效果。

- **什么是主效果**

各个因素的每个效果和单因素方差分析时的效果相同。例如，将学习的内容混在一起，如果学习的时间段不同，则平均值也不同，那么就有"学习时间段的差异"这个因素的主效果。

与之相对的，将学习时间段混在一起，如果学习内容不同，则平均值也不同，那么就有"学习内容的不同"这个因素的主效果。

- **什么是交互作用效果**

两个以上的因素组合时产生的效果，可能出现仅仅将两个因素的效果相加无法解释的效果。假设早上起床后学习，有观测值平均分提高两分的效果。另外，假设英语单词学习有观测值平均分提高1分的效果。这时，如果假设早上起床后英语单词的学习有观测值的平均分提高3分的话，这只是单纯地将学习时间和学习内容相加后的结果。

但是，实际上英语单词通过早上学习观测值升高了，并且将平均分提高了5分。反之，晚上睡觉前学习英语单词，也有观测值的平均分提高的效果，早上学习也有观测值平均分降低1分的可能性。像这种情况，因为是学习时间段和学习内容的效果相加无法解释的，是学习时间段和学习内容组合产生的交互作用。这种交互作用是根据组合条件兼容性的好坏共同作用产生的效果。

秘技 280 执行不成对双因素方差分析

难易程度 ●●●

扫码看视频

> 这里是关键点！ **检验统计量 F**

以下是某大型补习学校实施的学习效果测试案例。

列表1 学习时间和学习内容的差异导致的稳定性差异（试验对象都是不同的）（将"学习效果.txt"读取到数据框并输出）

```
> data
```

| 英语单词.早上 | 汉字的抄写.早上 | 古文词汇.早上 | 英语单词.晚上 | 汉字抄写.晚上 | 古文词汇.晚上 |

1	4	8	12	4	6	8
2	6	10	11	5	7	12
3	4	9	10	2	3	4
4	3	8	10	2	4	6
5	5	10	12	2	5	5

为了调查早上起床后学习和晚上睡觉前学习哪个更有效果，各个条件分配5名被试验者，记录了总计30名被试验者的观测值。"学习时间段"这个因素中有"早上"和"晚上"两个水平，"学习内容"这个因素中有"英语单词""汉字抄写""古文词汇"3个水平，全部有6组观察值。

接下来，按照统计假设检验的步骤，执行不成对的双因素方差分析。

●不成对双因素方差分析的步骤

双因素方差分析中，因为可以检验两个主效果和一个交互作用效果，所以创建3对零假设和备择假设，判断是否拒绝各对的零假设。

▼"学习时间段的差异"的主效果

零假设：即使学习时间不同，观测值的总体均值也相等
（没有学习时间段主效果）

备择假设：学习时间的不同，会导致观测值的总体均值不同
（有学习时间段主效果）

▼"学习内容"的主效果

零假设：即使学习内容不同，观测值的总体均值也相等
（没有学习内容主效果）

备择假设：学习内容的不同，会导致观测值的总体均值不同
（有学习内容主效果）

▼"学习时间段的差异"和"学习内容的差异"的交互作用效果

零假设：学习时间段和学习内容的组合中没有兼容性的好坏
（没有学习时间段和学习内容的交互作用效果）

备择假设：学习时间段和学习内容的组合中有兼容性的好坏
（有学习时间段和学习内容的交互作用效果）

使用F作为检验统计量，显著性水平设为5%，$\alpha=0.05$，执行单侧检验。

使用**avo()函数**计算检验统计量F的实现值。创建标识符，以区分学习内容的观测值和各自的值在学习时间段和学习内容的因素中属于哪个水平。

●实施双因素方差分析（不成对）

读取"学习效果.txt"数据，实施不成对的双因素方差分析。

列表2 实施双因素方差分析（不成对）（项目为AnalysisVariance，数据为"学习效果.txt"，源文件为script8.R）

```r
# 将"学习效果.txt"赋值给data
data <- read.delim("学习效果.txt", header=TRUE,
fileEncoding="CP936")

# 将数据框各列的数据赋值给向量
variate <- c(
  data[,1],    # 第1列的数据
  data[,2],    # 第2列的数据
  data[,3],    # 第3列的数据
  data[,4],    # 第4列的数据
  data[,5],    # 第5列的数据
  data[,6]     # 第6列的数据
)

# 获取单因素中包含的数据
size    <- length(data[,1]) * length(colnames
(data)) / 2 ——❶
# 获取1列中包含的数据格式
size_col <- length(data[,1])

# 将第1个因素的水平作为标识符并按数据个数创建相应个
fac1 <- factor(  ——❸
  c(
    rep("fac_A_1", size),    # 注册第1个因素中包含的数据个数个
    rep("fac_A_2", size)     # 注册第2个因素中包含的数据个数个
  )
)

# 将第2个因素的水平作为标识符并按数据个数创建相应个
fac2 <- factor(  ——❹
  rep(
    c(
      rep("fac_B_1", size_col), # 注册行数据个数第1列的标识符
      rep("fac_B_2", size_col), # 注册行数据个数第2列的标识符
      rep("fac_B_3", size_col)  # 注册行数据个数第3列的标识符
    ),2
  )
)

# 执行aov()函数并输出方差分析表
summary(
  aov(variate ~ fac1 * fac2) ——❺
)
```

8-2 方差分析

❶中读取了"学习效果.txt"数据框第1列的数据个数，然后计算列名的个数除以2（列名为"英语单词""汉字抄写""古文词汇"的3×2的矩阵）的值。这是早上学习和晚上学习时各包含的数据个数。

❷中获取第1列中数据的个数。

❸中将第1个因素的水平作为标识符，按数据的个数创建相应个因子。fac_A_1是为了区分"在早上学习"的标识符，fac_A_2是为了区分"在晚上学习"的标识符。

列表3 将fac1输出到控制台

```
> fac1
 [1] fac_A_1 fac_A_1 fac_A_1 fac_A_1 fac_A_1 fac_A_1 fac_A_1 fac_A_1 fac_A_1
[10] fac_A_1 fac_A_1 fac_A_1 fac_A_1 fac_A_1 fac_A_1 fac_A_1 fac_A_2 fac_A_2 fac_A_2
[19] fac_A_2 fac_A_2 fac_A_2 fac_A_2 fac_A_2 fac_A_2 fac_A_2 fac_A_2 fac_A_2
[28] fac_A_2 fac_A_2 fac_A_2        ——— 全部30个
Levels: fac_A_1 fac_A_2
```

❹中将第2个因素的水平作为标识符，按数据的个数创建相应个因子。fac_B_1是为了区分"英语单词"，fac_B_2是为了区分"汉字抄写"，fac_B_3是为了区分"古文词汇"的标识符。

列表4 将fac2输出到控制台

```
> fac2
 [1] fac_B_1 fac_B_1 fac_B_1 fac_B_1 fac_B_1 fac_B_2 fac_B_2 fac_B_2 fac_B_2
[10] fac_B_2 fac_B_3 fac_B_3 fac_B_3 fac_B_3 fac_B_3 fac_B_1 fac_B_1 fac_B_1
[19] fac_B_1 fac_B_1 fac_B_2 fac_B_2 fac_B_2 fac_B_2 fac_B_2 fac_B_3 fac_B_3
[28] fac_B_3 fac_B_3 fac_B_3
```

❺的aov(variate ~ fac1*fac2)函数的fac1 * fac2表示包含"学习时间段"的主效果、"学习内容"的主效果、组合"学习时间段"和"学习内容"的交互作用效果。

R中交互作用效果使用：（冒号）连接因素来表示，所以"学习时间段"和"学习内容"的交互作用效果可以作为fac1：fac2并写成下述形式。

```
summary(
  aov(variate ~ fac1 + fac2 + fac1:fac2)
)
```

● 零假设的拒绝/采用决定

运行源代码，控制台输出如下。

列表5 summary(aov(variate~fac1*fac2))的结果

```
              Df Sum Sq Mean Sq F value   Pr(>F)
fac1           1  73.63   73.63  24.820 4.35e-05 ***
fac2           2 143.27   71.63  24.146 1.79e-06 ***
fac1:fac2      2  11.27    5.63   1.899    0.172
Residuals     24  71.20    2.97
---
Signif. codes:  0 '***' 0.001 '**' 0.01 '*' 0.05
'.' 0.1 ' ' 1
```

▼F值

主效果	F值	p值
"学习时间段"的主效果	24.820	0.0000435
"学习内容"的主效果	24.146	0.00000179

（续表）

主效果	F值	p值
交互作用效果	1.899	0.172

因为方差分析表中没有输出总体的平方和，所以先确认平方和有没有正确分解。

列表6 确认平方和的分解（控制台）

```
> 73.63+143.27+11.27+71.20
[1] 299.37
> sum((variate-mean(variate))^2)    ——— 计算总体的平方和
[1] 299.3667
```

可以确认总体的平方和被分解为各因素的主效果和交互作用效果，还有残差的平方和。

从方差分析表的p值中可以得出以下结论。

主效果/交互作用效果	p值
"学习时间段"的主效果	有5%水平的显著性效果（p=0.0000435）
"学习内容"的主效果	有5%水平的显著性效果（p=0.00000179）
"学习时间段"和"学习内容"的交互作用效果	没有5%水平的显著性效果（p=0.172）

交互作用效果不是显著性的。关于交互作用效果有以下说明。

• **第1个因素**

有"学习时间段的差异"的"早上学习"和"睡前学习"这两个水平。

• 第2个因素

有"学习内容的差异"的"英语单词""汉字抄写""古文词汇"3个水平相互组合而成的6个水平，使用interaction.plot()函数将6个水平的平均值标示在图表中。

• interaction.plot()函数

绘制多个因素组合的平均值图。

格式　interaction.plot(横轴上的因素, 另一个因素, 计算平均值的变量)

列表7 组合"学习时间带的差异"和"学习内容的差异"的水平并绘图

```
interaction.plot(fac1, fac2, variate) # 以"学习时间段的不同"作为横轴
interaction.plot(fac2, fac1, variate) # 以"学习内容的不同"作为横轴
```

运行源代码后，绘制了以下图表。

查看"学习时间段的差异"作为横轴的平均值图表，连接了每个早上和晚上学习时间和学习内容的平均值的直线都是大致平行的。如果有直线相交的部分，就可以判断有交互作用，像这样直线不相交时则表示没有交互作用。

在"学习内容的差异"作为横轴的平均值图表中，连接了每个学习内容学习时间平均值的两条直线不相交，所以可以判断没有交互作用。和检验结果一样，"学习内容"的交互作用效果没有显著性。

▼将"学习时间段的差异"作为横轴的平均值图表

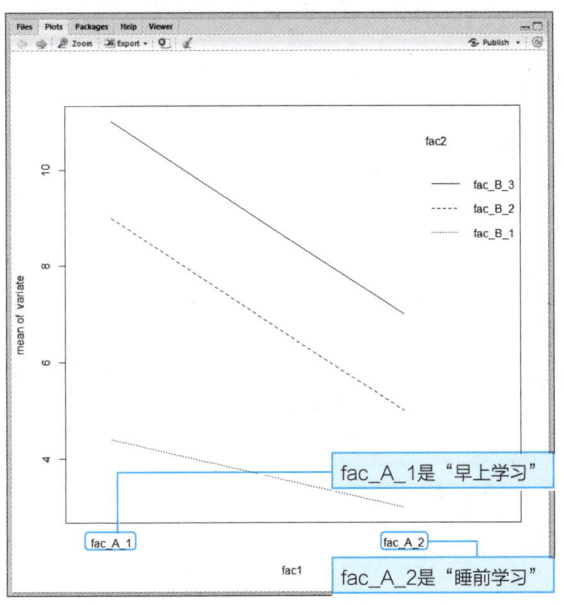

fac_A_1是"早上学习"
fac_A_2是"睡前学习"

▼将"学习内容的差异"作为横轴的平均值图表

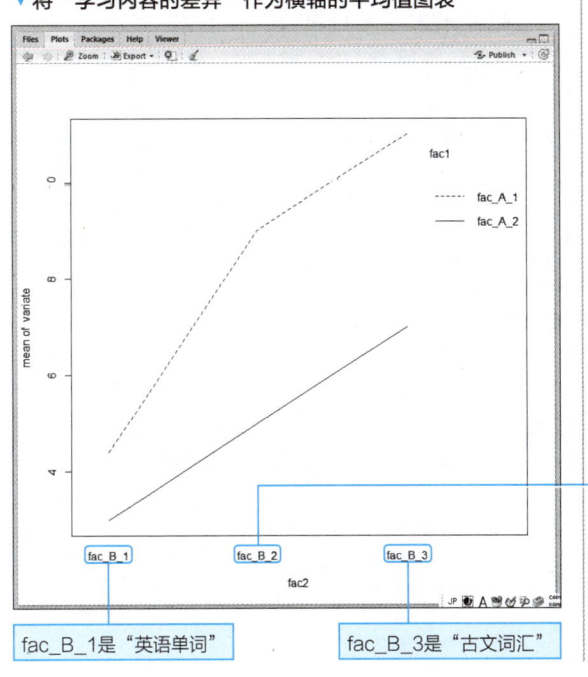

fac_B_1是"英语单词"
fac_B_2是"汉字抄写"
fac_B_3是"古文词汇"

> **专栏　统计量F**
>
> 因为统计量F是两组数据标准偏差的比，所以如果两组数据都遵循正态分布时，那么统计量F遵循F分布。利用这样的特性，检验F的计算值是否在单侧显著性水平内的就是F检验。
>
> 工业标准中，定义检验统计量是在零假设下假设遵循F分布并执行的统计检验。
>
> 这样的F检验中，有如下特性。
>
> · 遵循正态分布的多个组（假设标准偏差相等）平均值相等（以同样的总体为背景）这样的零假设的检验。这个方法被方差分析所使用。
> · 遵循正态分布的两个组的标准偏差相等这样的零假设的检验，这一特性被t检验的前期阶段的同方差性检验所使用。
>
> 但是，因为第二个特性中的同方差性检验是t检验前期阶段的检验，所以认为多重检验，使用此种方法存在出现错误的可能。

秘技 281 执行两个成对因素的方差分析

这里是关键点！ 在同一组观测的双因素方差分析

以下对两个成对因素的方差进行分析，分析用5名被试验者的学习时间和学习内容组合而成的6个条件，来学习并测定了观测值。

列表1 学习时间和学习内容的差异导致观测值的差异（分A～E的5名被试验者实施）（将"学习效果2.txt"读取到数据框并输出）

```
> data
  测试对象  英语单词.早上  汉字抄写.早上  古文词汇.早上  英语单词.晚上  汉字抄写.晚上  古文词汇.晚上
1    A           4             8            12             4             6             8
2    B           6            10            11             5             7            12
3    C           4             9            10             2             3             4
4    D           3             8            10             2             4             6
5    E           5            10            12             2             5             5
```

对同一个人检验其起床后学习和睡前学习的结果中是否有显著性差异。

●双因素方差分析（成对）的步骤

成对的双因素方差分析，统计假设检验的步骤也和不成对时相同。

- **零假设和备择假设的设定**

成对的双因素方差分析，也是两个主效果和一个交互作用效果的检验，所以有3对零假设和备择假设。和不成对检验不同的是，这些假设是以同一个人为目标的假设。

▼ "学习时间段的差异"的主效果

零假设：即使学习时间段不同，观测值的总体均值也相等（没有学习时间段主效果）。

备择假设：根据学习时间段的不同，有不同的总体均值（有学习时间段的主效果）。

▼ "学习内容"的主效果

零假设：即使学习内容不同，观测值的总体均值也相等（没有学习内容主效果）。

备择假设：根据学习内容的不同，有不同的总体均值（有学习内容主效果）。

▼ "学习时间段的差异"和"学习内容的差异"的交互作用效果

零假设：学习时间段和学习内容的组合中没有兼容性的好坏（没有学习时间段和学习内容的交互作用效果）。

备择假设：学习时间段和学习内容的组合中有兼容性的好坏（有学习时间段和学习内容的交互作用效果）。

使用F作为检验统计量，执行显著性水平为5%的单侧检验。

- **检验统计量F的实现值**

使用aov()函数利用下述数据计算检验统计量F的实现值。

  · 学习内容的观测值。
  · 学习时间段的标识符（第1个因素中水平的标识符）。
  · 学习内容的标识符（第2个因素中水平的标识符）。
  · 被试验者的标识符（第3个因素中水平的标识符）。

●实施双因素方差分析（成对）

读取"学习效果2.txt"，实施成对双因素方差分析。

列表2 实施双因素方差分析（不成对）（项目为AnalysisVariance，数据为"学习效果2.txt"，源文件为script9.R）

```
# 将"学习效果2.txt"赋值给data
data <- read.delim("学习效果2.txt", header=TRUE, fileEncoding="CP936")

# 将数据框各列的数据赋值给向量
```

8-2 方差分析

```
variate <- c(
  data[,2],    # 第2列的数据
  data[,3],    # 第3列的数据
  data[,4],    # 第4列的数据
  data[,5],    # 第5列的数据
  data[,6],    # 第6列的数据
  data[,7]     # 第7列的数据
)

# 获取单因素中的数据个数
size     <- length(data[,1]) * (length(colnames
(data))-1) / 2                                    ❶
# 获取第1列中的数据个数
size_col <- length(data[,1])
# 获取条件个数
size_row <- length(colnames(data))-1              ❷

# 将第1个因素的水平为标识符并按创建数据的个数创建相应个
fac1 <- factor(                                   ❸
  c(
    rep("fac_A_1", size),  # 注册第1个因素的数据个数个
    rep("fac_A_2", size)   # 注册第2个因素的数据个数个
  )
)

# 将第2个因素的水平为标识符并按创建数据的个数创建相应个
fac2 <- factor(                                   ❹
  rep(
    c(
      rep("fac_B_1", size_col), # 注册行数个数个第1
列的标识符
      rep("fac_B_2", size_col), # 注册行数个数个第2
列的标识符
      rep("fac_B_3", size_col)  # 注册行数个数个第3
列的标识符
    ),2
  )
)

# 创建数据个数个第3个标识符
fac3 <- factor(                                   ❺
  rep(
    c(
      "fac_C_1",             # 第1个人
      "fac_C_2",             # 第2个人
      "fac_C_3",             # 第3个人
      "fac_C_4",             # 第4个人
      "fac_C_5"              # 第5个人
    ),6
  )
)

# 执行aov()函数并输出方差分析表
summary(                                          ❻
  aov( variate ~ fac1 * fac2 + Error( fac3 +
                                 fac3 : fac1 +
                                 fac3 : fac2 +
                                 fac1 : fac2 :
```

```
                                 fac3 )
  )
)
```

❶中获取读取了"学习效果2.txt"数据框第1列的数据个数。因为有写了个人名字的列,所以计算总体的列数减去1后的除以2(列名为"英语单词""汉字抄写""古文词汇"的3×2的矩阵)的值。这是早上学习和晚上学习时各自包含的数据个数。

❷中获取1个列中包含的数据个数。

❸中作为第1列因素的水平的标识符,将fac_A_1作为"在早上学习"的1组,将fac_A_2作为"在晚上学习"的1组,总计创建两组。

❹中作为第2列因素的水平的标识符,fac_B_1为"英语单词"的1组,fac_B_2为"汉字抄写"的1组,fac_B_3为"古文词汇"的1组,共创建3组。

❺中为区分30个学习观测值是5个人中的哪个人,将5个标识符作为1组,共创建6组。

不成对的双因素方差分析中,aov()函数的参数只有variate~fac1*fac2

❻中添加下述的式子。

```
Error( fac3 +              ———被试验者
       fac3 : fac1 +       ———被试验者:学习时间段
       fac3 : fac2 +       ———被试验者:学习内容
       fac1 : fac2 : fac3 )———被试验者:学习时间段:学习内容
```

这是将不成对时的残差(方差分析表的Resduals)的内容分为以下4个元素。

被试验者
被试验者:学习时间段
被试验者:学习内容
被试验者:学习时间段与学习内容

这样就和单因素方差分析(不成对)时相同了,可以分离个人差异(同一个人总是高的值或者低的值)的数据偏离。

4个元素中,下述的fac3是为了将数据按每个被试验者区分的变量,所以是"个人差异的因素的主效果"。

```
fac3
```

其他3个元素如下。相当于和两个因素"学习时间段"和"学习内容"的交互作用效果。

```
fac3 : fac1
fac3 : fac2
fac1 : fac2 : fac3
```

8-2 方差分析

● 零假设的拒绝/采用的决定

在控制台执行summary()函数输出结果，确认输出的内容。

列表 3 summary(aov(variate~fac1*fac2))的结果

```
Error: fac3
          Df Sum Sq Mean Sq F value Pr(>F)
Residuals  4  39.53   9.883

Error: fac3:fac1
          Df Sum Sq Mean Sq F value Pr(>F)
fac1       1  73.63   73.63    16.8 0.0149 *      ——— "学习时间段"的主效果
Residuals  4  17.53    4.38
---
Signif. codes:  0 '***' 0.001 '**' 0.01 '*' 0.05 '.' 0.1 ' ' 1

Error: fac3:fac2
          Df Sum Sq Mean Sq F value   Pr(>F)
fac2       2 143.27   71.63   113.1 1.36e-06 ***   ——— "学习内容"的主效果
Residuals  8   5.07    0.63
---
Signif. codes:  0 '***' 0.001 '**' 0.01 '*' 0.05 '.' 0.1 ' ' 1

Error: fac3:fac1:fac2
          Df Sum Sq Mean Sq F value Pr(>F)
fac1:fac2  2 11.267   5.633   4.971 0.0395 *      ——— "学习时间段"和"学习内容"的交互作用效果
Residuals  8  9.067   1.133
---
Signif. codes:  0 '***' 0.001 '**' 0.01 '*' 0.05 '.' 0.1 ' ' 1
```

虽然与不成对双因素的方差分析时相同都是检验了3个假设，但是输出了更多的信息。要重点关注的部分是用箭头标示的3处。

输出的方差分析表的查看方法和单因素方差分析时相同。关注p值。

▼p值

元素	p值
"学习时间段"的主效果	0.0149
"学习内容"的主效果	0.00000136
交互作用效果	0.0395

从方差分析表的p值中，可以得出如下结论。

元素	p值
"学习时间段"的主效果	有5%水平的显著性效应（p=0.0149）
"学习内容"的主效果	有5%水平的显著性效应（p=0.00000136）
"学习时间段"和"学习内容"的交互作用效果	有5%水平的显著性效应（p=0.0395）

秘技 282 执行两个因素中仅一个因素是成对的方差分析

这里是关键点！ 在两组观测的双因素方差分析

"只有1个因素成对"的双因素方差分析。将在两组中分别实施早上学习和睡前学习，并将记录了观测值作为分析的目标。

列表1 学习时间和学习内容的差异导致的观测值的差异（分两组实施）（将"学习效果3.txt"读取到数据并输出）

```
> data
  被试验者  英语单词.早  汉字抄写.早  古文词汇.早  被试验者.1  英语单词.晚  汉字抄写.晚  古文词汇.晚
1    A          4           8          12          F           4           6           8
2    B          6          10          11          G           5           7          12
3    C          4           9          10          H           2           3           4
4    D          3           8          10          I           2           4           6
5    E          5          10          12          J           2           5           5
```

早上学习组总计5名 　　　　　　晚上学习组总计5名

●双因素方差分析的步骤

只确认执行检验步骤的要点。因为是两个主效果和一个交互作用效果的检验，所以创建3对零假设和备择假设。

▼ "学习时间段的差异"的主效果
即使学习时间不同，观测值的总体均值也相等。
备择假设：学习时间的不同，会导致观测值的总体均值不同。

▼ "学习内容"的主效果
零假设：即使学习内容不同，观测值的总体均值也相等。
备择假设：学习内容的不同，会导致观测值的总体均值不同。

▼ "学习时间段的差异"和"学习内容的差异"的交互作用效果
零假设：学习时间段和学习内容的组合中没有兼容性的好坏。
备择假设：学习时间段和学习内容的组合中有兼容性的好坏。

使用F作为检验统计量，执行显著性水平为5%单侧检验。

使用avo()函数计算检验统计量F的实现值时使用下面的数据。

• 学习内容的观测值
- 学习时间段的标识符（第1个因素中的水平的标识符）。
- 学习内容的标识符（第2个因素中的水平的标识符）。
- 被试验者的标识符（第3个因素中的水平的标识符）。
- 被试验者的标识符（第4个因素中的水平的标识符）。

●实施双因素方差分析（只有1个因素成对）

读取"学习效果3.txt"，实施只有1个因素成对的双因素方差分析。

列表2 双因素方差分析（只有1个因素成对）（项目为AnalysisVariance，数据为"学习效果3.txt"，源文件为script10.R）

```r
# 将"学习效果3.txt"赋值给data
data <- read.delim("学习效果3.txt", header=TRUE,
  fileEncoding="CP936")

# 将数据框各列的数据赋值给数据框
variate <- c(
  data[,2],  # 第2列的数据
  data[,3],  # 第3列的数据
  data[,4],  # 第4列的数据
  data[,6],  # 第6列的数据
  data[,7],  # 第7列的数据
  data[,8]   # 第8列的数据
)

# 获取单因素中数据的个数
size     <- length(data[,1]) * (length(colnames
(data))-2) / 2                                    ①
# 获取1列中数据的个数
size_col <- length(data[,1])                      ②
# 获取条件的个数
size_row <- length(colnames(data))-2              ③

# 将第1个因素的水平作为标识符并创建数据个数个
fac1 <- factor(                                   ④
  c(
    rep("fac_A_1", size),  # 注册第1个因素中数据个数个
    rep("fac_A_2", size)   # 注册第2个因素中数据个数个
  )
)

# 将第2个因素的水平作为标识符并创建数据个数个
fac2 <- factor(                                   ⑤
  rep(
    c(
      rep("fac_B_1", size_col),  # 注册行数据个数个第1列的标识符
      rep("fac_B_2", size_col),  # 注册行数据个数个第2列的标识符
      rep("fac_B_3", size_col)   # 注册行数据个数个第3列的标识符
    ),2
  )
)

# 创建数据个数个第3个标识符
fac3 <- factor(                                   ⑥
  c(
    # 给第1个因素的水平中的数据分类的标识符
    rep(1 : size_col, size_row / 2),
```

8-2 方差分析

```
    # 给第2个因素的水平中的数据分类的标识符
    rep(size_row : (size_col * 2), size_row / 2)
  )
)

# 执行aov()函数并输出方差分析表
summary(                                        ——❼
  aov( variate ~ fac1 * fac2 + Error( fac3 : fac1 +
                                      fac3 : fac1 :
                                      fac2 )
  )
)
```

❶的代码中，获取读取了"学习效果3.txt"数据框第1列的数据个数。从总体的列数中减去记载了人名的列数2再除以2（列名为"英语单词""汉字抄写""古文词汇"的3×2的矩阵），为早上学习和晚上学习各自的数据个数。

❷中获取1列中的数据个数。

❸中总体的列数减去被试验者名的列数2，计算早上学习和晚上学习的条件（学习科目）的总数。

❹中作为第1个因素的水平的标识符，fac_A_1为"在早上学习"的1组，fac_A_2为"在晚上学习"的1组，共创建两组。

❺中作为第2个因素的水平的标识符，fac_B_1为"英语单词"的1组，fac_B_2为"汉字抄写"的1组，fac_B_3为"古文词汇"的1组，共创建3组。

❻中为区分30个学习观测值是5个人中的哪个人，将5个标识符作为1组，共创建6组。两个因素中各有3个水平，因为这3个水平（英语单词、汉字抄写、古文词汇）的组是不同被试验者的数据，所以创建3组第1因素水平个数个的分组用标识符。

- 第1个因素（早上学习）的5名被试验者的标识符（1，2，3，4，5）×3组。
- 第2个因素（晚上学习）的5名被试验者的标识符（6，7，8，9，10）×3组。

第1个因素的标识符为将rep()函数的第1个参数设为1，第2个参数设为size_col（1列中的数据个数，也就是标识符的所需数量），并且重复的次数为所有的列数除以2，即size_row/2。

第2个因素的标识符为将rep()函数的第1个参数设为所有的列数size_row，1列中的数据个数（标识符所需数量）的2倍size_col * 2，并且重复的次数为所有列数除以2，即size_row/2。

列表3 创建的标识符（数字）

```
 [1]  1  2  3  4  5     ——第1个因素（早上学习）的3个
                            水平数据的标识符
 [6]  1  2  3  4  5
[11]  1  2  3  4  5
[16]  6  7  8  9 10     ——第2个因素（晚上学习）的3个
                            水平数据的标识符
[21]  6  7  8  9 10
[26]  6  7  8  9 10
```

在不成对的双因素方差分析中，aov()函数的参数如下，并且只有该参数。

```
variate~fac1*fac2
```

❼中添加下面的式子。

```
Error(
  fac4 : fac1 +        ——被试验者：学习时间段
  fac4 : fac1 : fac2   ——被试验者：学习时间段与学习内容
)
```

这是使用不成对方差分析将作为残差的值分解为以下两个元素。

被试验者：学习时间段。
被试验者：学习时间段与学习内容。

在本例的数据中，各个被试验者以相同的学习时间段的条件学习3个项目。基于相同的学习条件的数据有3条，会出现有的被试验者总是高的观测值和有的被试验者总是低的观测值这样的个人差异。

因此，仅指定个人差异的因素fac3和表示学习时间段的差异的因素"学习时间段"相关的组合。

● 决定零假设的拒绝/采用

运行源代码，确认summary()函数的输出结果。

列表4 summary(aov(variate ~ fac1 * fac2))的结果

```
Error: fac3:fac1
          Df Sum Sq Mean Sq F value Pr(>F)
fac1       1  73.63   73.63   10.32 0.0124 *  ——"学习时间段"的主效果
Residuals  8  57.07    7.13
---
Signif. codes:  0 '***' 0.001 '**' 0.01 '*' 0.05 '.' 0.1 ' ' 1
```

```
Error: fac3:fac1:fac2
            Df Sum Sq Mean Sq F value  Pr(>F)
fac2         2 143.27  71.63  81.094 4.23e-09 ***
fac1:fac2    2  11.27   5.63   6.377 0.00919 **
Residuals   16  14.13   0.88
---
Signif. codes:  0 '***' 0.001 '**' 0.01 '*' 0.05 '.' 0.1 ' ' 1
Warning message:
In aov(variate ~ fac1 * fac2 + Error(fac3:fac1 + fac3:fac1:fac2)) :
  Error() model is singular
```

——"学习内容"的主效果
——"学习时间段"和"学习内容"的交互作用效果

运行结果的最后显示了警告（Warningmessage），但是分析本身正确执行了，所以不用在意。输出的方差分析表中的 p 值如下。

▼p值

元素	p值
"学习时间段"的主效果	0.0124
"学习内容"的主效果	0.00000136
"学习时间段"和"学习内容"的交互作用效果	0.00919

● 零假设的拒绝/采用

从方差分析表的 p 值中，可以得出以下结论。

元素	p值
"学习时间段"的主效果	有5%水平的显著性效应（p=0.0124）
"学习内容"的主效果	有5%水平的显著性效应（p=0.000000136）
"学习时间段"和"学习内容"的交互作用效果	有5%水平的显著性效应（p=0.00919）

回归分析

9-1 相关分析（秘技283~284）

9-2 线性单回归分析（秘技285~286）

9-3 线性多元回归分析（秘技287~292）

9-4 非线性回归分析（秘技293~297）

9-1 相关分析

秘技 283 绘制图表并了解数据之间的关系

扫码看视频

难易程度 ●●●

这里是关键点！ 根据散点图确认相关关系

世上有很多像"做报纸广告后销量增加了""今年夏天很热，所以冰淇淋卖得好"等，虽然是各种不同的现象，实际上却是有很多数据紧密联系在一起的。

相关分析是统计分析两个数据的关系并数字化。如果执行相关分析，可以知道表示两个数据关系强度的**相关系数**。通过相关系数这个客观的数字可以了解关系的强度。

●单回归方程和正相关、负相关、不相关的关系

相关关系是指两个数据间存在某些定律的关系。像"一个数据增加，另一个数据也增加""一个数据增加，另一个数据减少"这样的关系就是相关关系。

这种相关关系中有比例关系。比例关系用数据y和数据x的单回归方程表示，如下所示。

▼单回归方程

$y=ax+b$

这样的一次方程为单回归方程，y是被解释变量，x是解释变量。b是截距（x为0时y的值），a表示直线的倾斜度（解释变量x的系数）。当a为正数时，x的值增加，y值也增加；当a为负数时，x的值增加，y值会减少。前者称为**正相关**，后者称为**负相关**。

进一步来说，因为存在既没有正相关也没有负相关的情况，所以相关关系中有正相关、负相关、不相关（无相关）这3种模式。

●什么是相关系数

在相关分析中，使用-1~+1的值表示相关系数的强度和两个数据是正相关还是负相关。

• **相关系数为0~1的范围**

为正相关，两个数据增减的方向相同。相关系数的值越接近1，表示关系越强，当为+1时是完全的比例关系。

• **相关系数为0时**

表示两个数据完全没有关系，即不确定。

• **相关系数为-1~0的范围**

为负相关，两个数据增减的方向相反。相关系数的值越接近-1，负相关越强。

▼相关系数

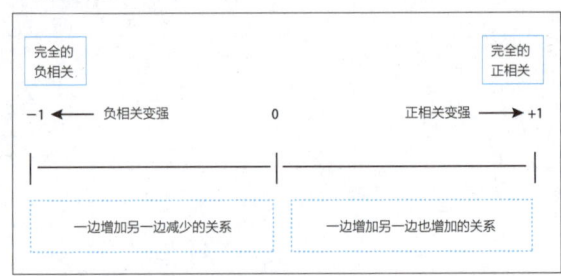

●在散点图中查看相关关系

两个数据的相关关系可以使用散点图来可视化表示。创建散点图时应注意，若两个数据间存在因果关系，将原因的项目作为横轴，结果的项目作为纵轴，这是为了让受到原因影响（往图表的右侧移动）时作为结果的数据变化程度更容易理解。

以下是夏季每天的气温和清凉饮料的销售额数据。

列表1 将"清凉饮料销量.txt"读取到数据框并输出

```
> data
     最高气温    清凉饮料销售数量
1      26          84
2      25          61
3      26          85
4      24          63
……中间省略……
25     34         359
26     33         361
27     34         372
28     35         368
29     32         378
30     34         394
```

气温越高，清凉饮料的销售数量增加得越多。

将"清凉饮料销量.txt"读取到数据框并绘制散点图。将气温放在横轴，清凉饮料的销售数量放在纵轴。开始绘制散点图。将第一个参数设为横轴（x）的数

据，第二个参数设为纵轴（y）的数据，绘制（点绘）x和y的交点。此外，如果将两列构成的数据框作为参数则将第一列作为x、第二列作为y的数据来绘制。

▼plot()函数

| 格式 | plot(分配到x轴的数据,分配到y轴的数据) |

列表2 绘制气温和清凉饮料销量关系的散点图（项目为Correlation，数据为"清凉饮料销量.txt"，源文件为script.R）

```
# 将文件读取到数据框
data <- read.delim("清凉饮料销量.txt", header=TRUE,
fileEncoding="CP936")

var_1<- c(data[,1])     # 将第1列的数据赋值给向量
var_2<- c(data[,2])     # 将第2列的数据赋值给向量
plot(data)              # 绘制散点图
```

▼运行源代码绘制的散点图（Plots视图）

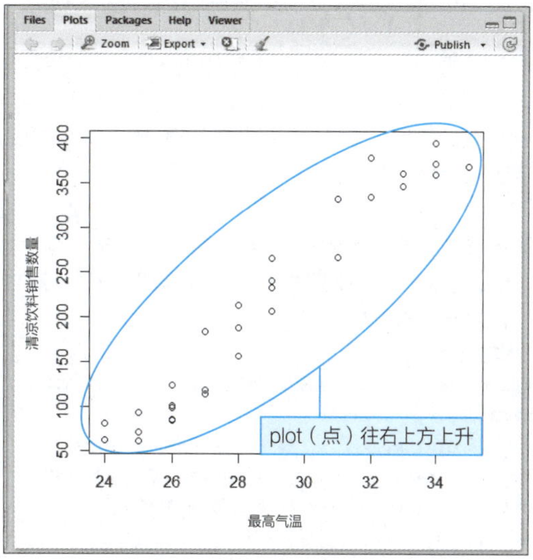

在散点图中，气温（x轴）和当天清凉饮料的销售数量（y轴）交叉的点被绘制出来了。像这样点不断上升时，表示一方的值增加，另一方的值也增加，即二者是正相关。

与此相反，点不断下降时，表示一方的值增加，另一方的值减少，即二者是负相关。另外，如果点是零乱分布的，则表示两个数据没有明显的关系，这是不相关的。

秘技 284 计算表示两个数据之间关系强度的值

难易程度 ●●●

这里是关键点！ **计算相关系数**

扫码看视频

相关系数(r) 是用来表示相关关系强度的值，r表示correlation。相关系数是−1~1的值。

● **相关系数r**

| $-1 \leq r \leq 1$ |

相关系数的符号为正（＋）时是正相关关系，为负（−）时是负相关关系。

另一方面，使用相关系数的绝对值| r |来衡量相关关系的强度。虽然没有明确的标准来表示相关的大小，但一般使用以下标准来判断相关的强弱。

▼相关强弱的判断标准

相关系数（绝对值）	相关的强度
~0.3未满（ |r|<0.3 ）	基本不相关
0.3~0.5未满（ 0.3≤|r|≤0.5 ）	弱相关
0.5~0.7未满（ 0.5≤|r|≤0.7 ）	相关
0.7以上（ 0.7≤|r| ）	强相关

● **计算相关系数（r）的公式**

将x和y各自的样本标准偏差设为u_x、u_y，x和y的协方差设为u_{xy}，那么相关系数r为：

$$r = \frac{x和y的协方差(u_{xy})}{x的样本标准偏差(u_x) \times y的样本标准偏差(u_y)} = \frac{u_{xy}}{u_x \cdot u_y}$$

另外，将x和y的偏差积和设为s_{xy}，x的偏差平方和设为s_x^2，y的偏差平方和设为s_y^2，那么：

$$r = \frac{x和y的偏差积和(s_{xy})}{\sqrt{x的偏差平方和(s_x^2)}\sqrt{y的偏差平方和(s_y^2)}} = \frac{s_{xy}}{s_x \cdot s_y}$$

R中有可以一次计算出相关系数的cor()函数。

· **cor()函数**

cor()函数用于计算相关系数，默认计算皮尔逊积矩相关系数。将选项设为method="spearman"时，计算

9-2 线性单回归分析

斯皮尔曼等级相关系数；设为method="kendall"时，计算Kendall等级相关系数。

格式　cor(数据1,数据2[,method="spearman"][,method="kendall"])

将"清凉饮料销量.txt"读取到数据框，计算气温和清凉饮料销售数量的相关系数。

列表1　计算气温和清凉饮料销售数量的相关系数（项目为Correlation，数据为"清凉饮料销量.txt"，源文件为script2.R）

```
# 将文件读取到数据框
data <- read.delim("清凉饮料销量.txt", header=TRUE,
fileEncoding="CP936")
var_1 <- c(data[,1])       # 将第1列的数据赋值给向量
var_2 <- c(data[,2])       # 将第2列的数据赋值给向量
coef <- cor(var_1, var_2)  # 计算相关系数
```

运行源文件并确认相关系数。

▼ Environment视图

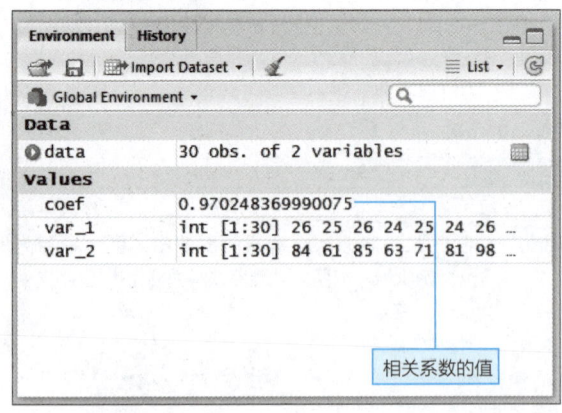

相关系数的值

相关系数的值显示为0.970248…。相关强弱的标准表中0.7以上为强相关，所以可从统计学上证明气温和销售数量关系中有很强的相关关系。

9-2 线性单回归分析

秘技 285 **执行线性回归分析**

难易程度 ●●●

这里是关键点！ **lm(表示y=ax+b的模型表达式, data=数据框)**

扫码看视频

"清凉饮料销量.txt"中整理了夏季30天的气温和清凉饮料的销售数量。在上一个秘技中知道了气温和销售数量有强相关关系，下面我们来弄清楚气温上升1℃销量能上升多少。

● **计算回归方程中的回归系数和常数项**

要使用有相关关系的两个数据来分析数据的趋势，可以画一条直线，通过散点图中两个数据点的中心来判断。

▼ 散点图

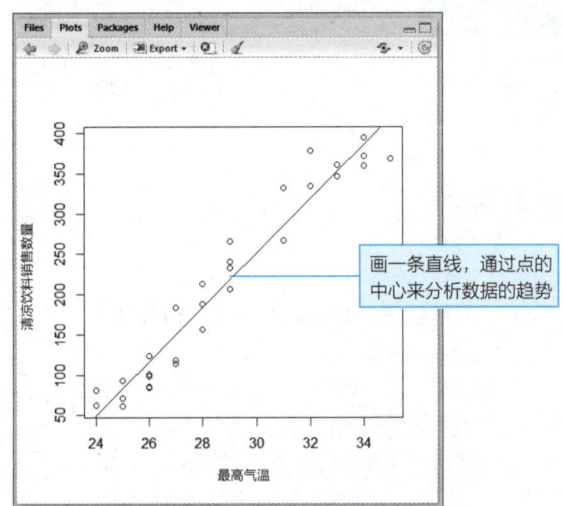

画一条直线，通过点的中心来分析数据的趋势

268

这样的直线称为**回归直线**，我们将使用回归直线的建模分析称为**线性回归分析**。进行线性回归分析的回归直线需要满足以下条件：

- 通过两个数据的平均值的交叉处。
- 通过各点最小的偏差的位置。

第一个条件不是很难，但是为了满足第二个条件，需要使用单回归方程。

▼ 单回归方程

$y = ax + b$

x是解释变量，y是被解释变量。在气温和清凉饮料的销售数量的关系中，气温为x，清凉饮料的销售数量为y。b为截距，当x为0时，b为y的值，a为回归系数，表示直线的倾斜度。满足这个一次方程(x, y)的点在坐标平面的直线上，这是理想状态，实际上真正落在直线上的点基本是没有的。

例如简单地设置4个点，因为是零乱地分散着的，所以每个点都不在直线上。

▼ 和回归直线的偏差

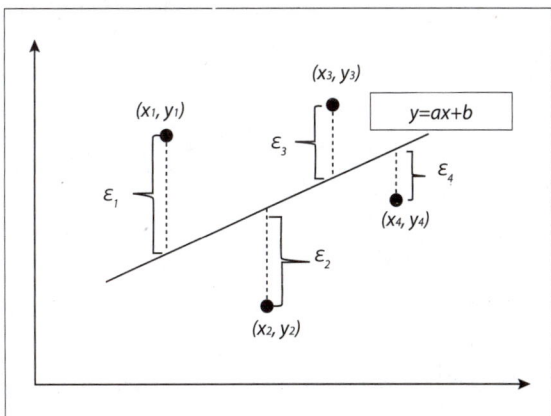

另外，偏差ε*是y轴的方向，即将x_i所对应的y_i的偏差作为目标。

点和直线的偏差ε_i称为残差，将这个残差ε_i相加如下所示。

$\varepsilon_1 + \varepsilon_2 + \varepsilon_3$

合计的值最小似乎误差最小，但直线上方（正）的残差和下方（负）的残差会相互抵消。因此，计算各残差的平方和，如下所示。

$\varepsilon_1^2 + \varepsilon_2^2 + \varepsilon_3^2 + \cdots + \varepsilon_n^2$

考虑使每个残差的平方ε_i^2的合计最小，也就是使用数学中最小二乘法计算。

$y = ax + b$ 中残差ε_n^2的合计值最小时的a和b。

将$\hat{y}$作为预测值，即在y的上方添加^（帽子符号），那么：

$y = ax + b$

若实际测量值y和预测值$\hat{y}$的偏差设为ε，则：

$\varepsilon = \hat{y} - y$

这个ε是从单回归方程中得到的被解释变量y的预测值和实际测量值的偏差（误差），这个误差ε称为残差。对于数据的第i个个体，将被解释变量y的实际测量值y_i和从单回归方程中得到的预测值$\hat{y}$的残差设为ε_i，则有如下所示的关系式：

$\varepsilon_i = y_i - \hat{y} = y_i - (ax_i + b)$

然后计算可以得到残差的和（总和），如下。

$\varepsilon_1 + \varepsilon_2 + \cdots + \varepsilon_n$

但是，这时正的误差和负的误差会相互抵消，相加结果为0。为了避免这种情况，计算残差的平方和（残差平方和）。

残差平方和 $= \varepsilon_1^2 + \varepsilon_2^2 + \cdots + \varepsilon_n^2$

将残差平方ε^2的合计设为ε_n^2，如果残差平方和ε_n^2小，则单回归方程能更好地解释数据中的y。因此，线性单回归分析的方法就是确定a和b，使ε_n^2尽可能地小，对此可以使用最小二乘法来实现。

将统计模型设为$\hat{y} = ax + b$，实际数据和统计模型差的平方（残差平方ε^2）的合计ε_n^2表示为：

$\sum \varepsilon_n^2 = \sum \{y - (ax + b)\}^2$

---

* ε是希腊字母，相当于拉丁字母的e，相当于Error的首字母，所以经常用来表示误差。

9-2 线性单回归分析

公式中的x、y是实际测量数据，a、b是未知数，计算使ε_n^2最小的a和b是最小二乘法的目标，将式子分解为偏微分联立方程式：

$$\left.\begin{array}{l}\dfrac{\partial \varepsilon_n^2}{\partial a}=0 \\ \dfrac{\partial \varepsilon_n^2}{\partial b}=0\end{array}\right\}$$

解题后就知道ε_n^2为最小时的a和b的值了。整理后可以得到如下所示的公式。

- **计算回归系数a（相当于直线的倾斜度）的公式**

$$a=\dfrac{n(\sum_{i=1}^{n}x_i y_i)-(\sum_{i=1}^{n}x_i)(\sum_{i=1}^{n}y_i)}{n(\sum_{i=1}^{n}x_i^2)-(\sum_{i=1}^{n}x_i)^2}$$

这个式子可以表示为如下所示的形式。

$$a=\dfrac{\sum(x_i-\bar{x})(y_i-\bar{y})}{\sum(x_i-\bar{x})^2}=\dfrac{x\text{和}y\text{的偏差积和}}{x\text{的偏差平方和}}=\dfrac{s_x s_y}{s_{xx}}$$

- **偏差积和$s_x s_y$**

$$(x-\bar{x})(y-\bar{y})$$

计算x和y偏差积和，将其相加的偏差积和$s_x s_y$。偏差积和是计算协方差时的分子部分，偏差积和$s_x s_y$除以样本大小－1后的值为协方差u_{xy}。

- **偏差平方和s_{xx}**

$$(x-\bar{x})^2$$

计算x的偏差平方并相加得到偏差平方和s_{xx}，偏差平方和s_{xx}除以数据个数得到方差，用s_x^2来表示。

另外，可以通过下面的公式计算得到常数项。

- **计算常数项b的公式**

$$b=\bar{y}-\bar{x}a$$

●使用lm()函数执行线性回归分析

接着我们使用lm()函数执行线性回归分析。

- **lm()函数**

lm()函数用于执行线性回归分析。

格式	lm(formula, data, subset, weights, na.action, 　　method = "qr", model = TRUE, x = FALSE, y = FALSE, qr = TRUE, 　　singular.ok = TRUE, contrasts = NULL, offset, …)	
参数	formula	设定用于回归方程的被解释变量、解释变量和是否使用常数项的模型的形式。回归方程为$y=ax+b$时，formula选项设为y-x。回归方程为不使用常数项的$y=ax$时，设为y~-1+x（或者是y~x-1）
	data	设定用于回归分析的数据（数据框）
	subset	只有使用数据框中的部分数据时，用于标明使用部分的参数。如果不设定，则使用所有的数据执行分析
	weights	需要时设定解释变量的重量
	na.action	设定缺失值的处理。不设定时，使用去除了缺失值的数据进行分析
	method	使用的方法。现在只支持method="qr"。method="model.frame"返回模型框（和设定model=TRUE相同）
	model = TRUE x = FALSE y = FALSE	设定逻辑值。如果是TRUE，返回适用的成分（模型框，模型矩阵，被解释变量，分解）

本例$y=ax+b$中y是最高气温，x是清凉饮料的销售数量，所以lm()函数formula部分的y~x如下。

列表1 lm()函数中的数据

```
lm(
    var_2~var_1,          y~x的y是最高气温（var_2），
                          x是销售数量（var_1）
    data = data           用于回归分析的数据框
)
```

列表2 执行线性单回归分析（script.R）（项目为Correlation，数据为"清凉饮料销量.txt"，源文件为script3.R）

```
# 将文件读取到数据框
data <- read.delim("清凉饮料销售数量.txt", header=TRUE, fileEncoding="CP936")
var_1<- c(data[,1])       # 将第1列的数据赋值给向量
var_2<- c(data[,2])       # 将第2列的数据赋值给向量
# 执行线性单回归分析
salse.lm <- lm(var_2~var_1, data=data)
# 显示分析结果
summary(salse.lm)
```

使用summary()函数输出回归分析的内容。运行源代码，查看控制台中输出的结果。

列表3 运行结果

```
Call:
lm(formula = var_2 ~ var_1, data = data)

Residuals:
    Min      1Q  Median      3Q     Max         ——— 残差的四分位数
-52.051 -20.828  -1.217  15.338  59.171

Coefficients:
             Estimate Std. Error t value Pr(>|t|)
(Intercept)  -760.877     46.071  -16.52 5.75e-16 ***
var_1          33.741      1.591   21.20  < 2e-16 ***
---
Signif. codes:  0 '***' 0.001 '**' 0.01 '*' 0.05 '.' 0.1 ' ' 1

Residual standard error: 28.7 on 28 degrees of freedom
Multiple R-squared:  0.9414,  Adjusted R-squared:  0.9393
F-statistic: 449.7 on 1 and 28 DF,  p-value: < 2.2e-16
```

- **Residual**

  使用$\hat{y}=ax+b$计算估计值$\hat{y}$时，实际测量值y和$\hat{y}$的差称为**残差**（residual）。作为残差的四分位数，显示残差的最小值、第一四分位数、中位数、第二四分位数、最大值。

- **Coefficients**

  Estimate为系数的值，Intercept是常数项b的值，var1是表示回归直线倾斜度的回归系数a的值。计算回归直线的系数（coefficients）a和b时，使用残差平方和（残差平方和）的公式如下。

  $$\sum \varepsilon_n^2 = \sum \{y-(ax+b)\}^2$$

  从回归分析的结果中只提取回归系数a和常数项b的值时，在coefficients()函数的参数中设定分析结果。

列表4 从分析结果中只提取回归系数a和常数项b的值（控制台）

```
> round(coefficients(salse.lm), 2)   ——— 小数点后2位四舍五入
(Intercept)      var_1
    -760.88      33.74
```

- Std.Error（计算系数时的标准误差）
- t value（计算系数时的t值）
- Pr(>|t|)（计算系数时的p值）

  回归系数的标准误差和t值表示残差的偏差和回归系数的关系。式子中的n是样本数，k是解释变量的数量。

- 残差的平方和：$S_e = \sum(y_i - \hat{y_i})^2$

- 残差的无偏方差：$S_e^2 = \dfrac{S_e}{n-k-1}$

- 常数项b的标准偏差：

  $$SE(a) = \sqrt{S_e^2 \left(\dfrac{1}{n} + \dfrac{\bar{x}^2}{\sum(x_i-\bar{x})^2} \right)}$$

- 系数a的标准偏差：

  $$SE(b) = \sqrt{\dfrac{u_e^2}{\sum(x_i-\bar{x})^2}}$$

- 常数项b的t值：

  $$t_b = \dfrac{b}{SE(b)}$$

- 系数a的t值：

  $$t_a = \dfrac{a}{SE(a)}$$

  这里的t值是回归系数为0的假设检验的统计量。p值是显著性水平比0.1（10%）、0.05（5%）、0.005（0.5%）小时，在输出结果的p值的右侧各添加1颗星'*'、2颗星'**'、3颗星'***'，星数越多，置信度越高。

- **Multiple R-squared**

  决定系数（R^2）用来评价回归模型有多接近数据，即单回归方程有多少的概率是可靠的指标。函数lm()的

9-2 线性单回归分析

结果中返回**决定系数**（Multiple R-squared）和**校正决定系数**（Adjusted R-squared）。决定系数和校正决定系数越接近1，回归模型（直线）就越接近数据。

决定系数和校正决定系数分别由以下公式定义。公式中的 n 是样本数，k 表示解释变量的个数。单回归分析时解释变量为1个，所以 $k=1$。

▼ 决定系数

$$R^2 = \frac{S_{\hat{y}\hat{y}}}{S_{yy}}$$

▼ 校正决定系数

$$R^2 = 1 - \frac{\varepsilon_n^2/(n-k-1)}{S_{yy}/(n-1)}$$

y 的偏差平方和：$S_{yy} = \Sigma(y_i - \bar{y})^2$
$\hat{y}$ 的偏差平方和：$S_{\hat{y}\hat{y}} = \Sigma(\hat{y}_i - \bar{y})^2$
残差的平方和：$\varepsilon_n^2 = \Sigma(y_i - \hat{y}_i)^2$

因为 R^2 的值为 $0 \leq R^2 \leq 1$，所以越接近1，回归方程的精度越高。本例 R^2 为 0.9414，是相当高的精度。

• F-statistic

表示 F 值和 p 值。这里的 F 值和 p 值是所有的回归系数都是0的零假设的检验统计量，可以按以下方法从决定系数中计算。

列表 5 从决定系数中计算 F 值

$$F = \frac{R^2}{1-R^2} \cdot \frac{n-k-1}{k}$$

● 预测最高气温上升1℃时清凉饮料的销售数量

为了使用lm()函数计算得到的线性回归分析的结果，还要使用下面这些函数。

▼ 回归分析相关的函数

函数名	内容	将函数lm()的结果赋值给salse.lm时的用例
coef()	回归系数	coef(salse.lm)
fitted()	使用的数据的预测值	fitted(salse.lm)
deviance()	残差的平方和	deviance(salse.lm)
anova()	回归系数的方差分析	anova(salse.lm)
predict()	新数据的预测值	predict(salse.lm)
print()	显示比摘要更简单的结果	print(salse.lm)
summary()	回归分析结果的摘要	summary(salse.lm)

● 将回归直线显示在散点图上

绘制散点图，然后在这个图上使用分析结果画回归直线。

列表 6 在散点图上画回归直线

```
plot(data)
abline(salse.lm)
```

执行源代码，Plots视图中显示了以下内容。

▼ 在散点图上画回归直线

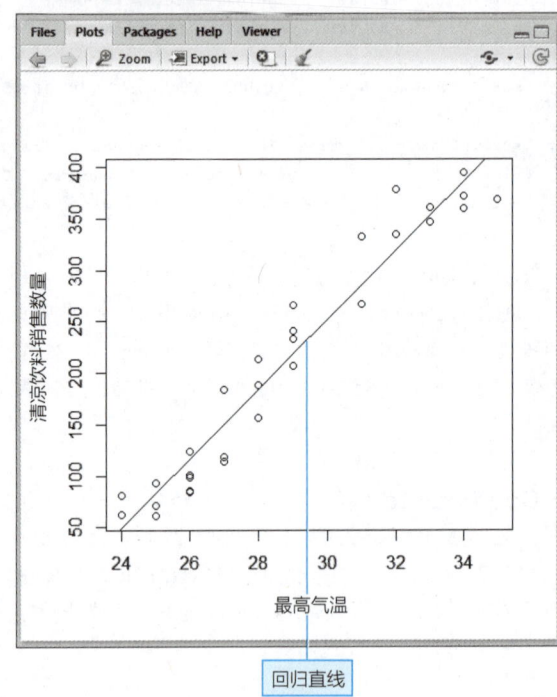

回归直线

这次计算的回归系数 a 是 33.741，常数项 b 是 -760.877。代入回归方程，则为：

y = 33.741x -760.877

基于以上式子绘制了回归直线。表示直线倾斜度的回归系数 a 是 33.741 的正值，所以是最高气温升高，销售数量就会增加的正相关。

另外，表示 y 轴截距的常数项 b 的值是 -760.877 的负值，这表示 x 轴的最高气温为0℃时，y 的值为很大的负数。

实际测量数据的最高气温的最小值是24℃，最大值是35℃，在该区间内气温每上升1℃，销量就会上升33.74，这个值是表示单回归分析直线倾斜度的回归系数的值。

●预测最高气温为30℃、31℃，甚至是36℃时清凉饮料的销售数量

给之前回归方程的x赋值最高气温，就可以预测清凉饮料的销售数量。最高气温为30℃时，便会将销售数量的预测值赋值给exp_dg。

列表7 预测最高气温为30℃时的销售数量
```
exp_30dg = 33.741 * 30 - 760.877
```

结果为251.353。同样的方法，我们来预测31℃时清凉饮料的销售数量。

列表8 预测最高气温为31℃时的销售数量
```
exp_31dg = 33.741 * 31 - 760.877
```

结果为285.094。本例的数据中，记录了最高气温到35℃时的销售数量，接下来我们来预测最高气温为36℃时的销售数量。

列表9 预测最高气温为36℃时的销售数量
```
exp_36dg = 33.741 * 36 - 760.877
```

结果为453.799。

专栏 内插和外插

从上述结果中可以预测，最高气温为36℃时卖出453瓶清凉饮料。但是需要注意的是，将最高气温36℃代入单回归方程时，原始数据最高气温的最小值是24℃，最大值是在35℃。像这样，预测不在数据范围内的销售数量称为**外插**，必须注意预测的精度不稳定。

与之相对的，之前计算的销售数量是在30℃时，在数据的范围内，所以预测的精度会变高。在数据范围内的预测称为**内插**。

将最高气温设为36℃的外插情况下，因为只是比数据的范围高出1℃，所以预测的精度也不会太低。但是，像39℃或者40℃这样离数据的范围越远，可靠性就越低。最高气温再进一步上升时，也会出现预测的购买欲低下的情况。

给单回归方程的x赋任意值，可以简单地计算预测值，如果使用远离原始数据的值进行外插时，预测的范围更广，但注意可靠性会降低，并且需要探讨会影响预测的新的因素。

▼ 内插和外插

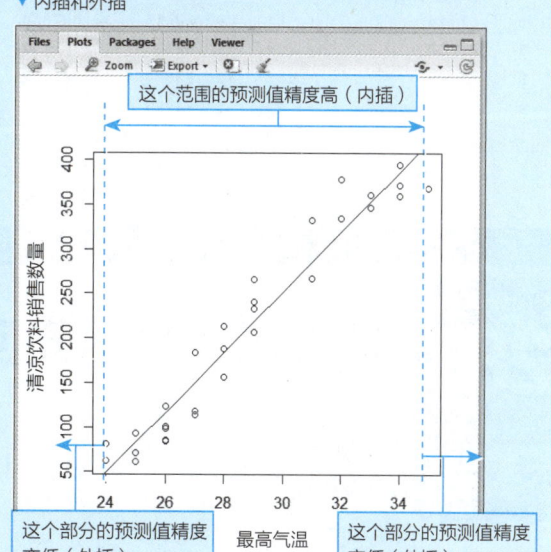

秘技 286 在列表中显示分析的原始数据、预测值和残差

难易程度 ●●●

这里是关键点！ 使用predict()函数计算预测值，使用residuals()函数计算残差

扫码看视频

可以通过**predict()**函数计算分析原始数据的预测值。这时使用**residuals()**函数计算残差，将各自的结果汇总在数据框中，对于分析结果的考察很方便。

列表1 在列表中显示分析的原始数据、预测值和残差（项目为Correlation，数据为"清凉饮料销量.txt"，源文件为script4.R）
```
# 将文件读取到数据框
data <- read.delim("清凉饮料销量.txt", header=TRUE, 
fileEncoding="CP936")
var_1<- c(data[,1])           # 将第1列的数据赋值给向量
var_2<- c(data[,2])           # 将第2列的数据赋值给向量
```

9-3 线性多元回归分析

```
# 执行线性单回归分析
salse.lm <- lm(var_2~var_1, data=data)

# 将分析的原始数据、预测值和残差作为一览
exp  <- predict(salse.lm)       # 数据的预测值
res  <- residuals(salse.lm)     # 数据和预测值的残差
view <- data.frame(data, exp, res) # 汇总到数据框中
```

列表2 显示数据框

```
> view
    最高气温  清凉饮料销售数量   exp         res
1     26          84         116.38377   -32.383772
2     25          61          82.64297   -21.642967
3     26          85         116.38377   -31.383772
4     24          63          48.90216    14.097838
5     25          71          82.64297   -11.642967
6     24          81          48.90216    32.097838
7     26          98         116.38377   -18.383772
8     26         101         116.38377   -15.383772
9     25          93          82.64297    10.357033
10    27         118         150.12458   -32.124577
11    27         114         150.12458   -36.124577
12    26         124         116.38377     7.616228
13    28         156         183.86538   -27.865383
14    28         188         183.86538     4.134617
15    27         184         150.12458    33.875423
16    28         213         183.86538    29.134617
17    29         241         217.60619    23.393812
18    29         233         217.60619    15.393812
19    29         207         217.60619   -10.606188
20    31         267         285.08780   -18.087798
21    31         332         285.08780    46.912202
22    29         266         217.60619    48.393812
23    32         334         318.82860    15.171396
24    33         346         352.56941    -6.569409
25    34         359         386.31021   -27.310214
26    33         361         352.56941     8.430591
27    34         372         386.31021   -14.310214
28    35         368         420.05102   -52.051019
29    32         378         318.82860    59.171396
30    34         394         386.31021     7.689786
                            实际的销售数量    预测值
```

9-3 线性多元回归分析

秘技 287 什么是线性多元回归分析

难易程度 ●●○

> 这里是关键点！ 回归方程 $y = a_1x_1 + a_2x_2 + a_3x_3 + \cdots + b$

下面介绍用于预测的数据有两个以上时的**多元回归分析**。现在有汇总了零售连锁店的20个店铺，每个店铺的年销售额和以下项目的数据。

- 位置：离车站的距离（km）。
- 邻近的竞争店铺的数量。
- 店铺面积（m^2）。
- 服务的满意度：将5个等级评价的顾客调查问卷的结果数字化。
- 商品的丰富度：将5个等级评价的顾客调查问卷的结果数字化。

●解释变量为多个时的多元回归分析

上一个秘技中用来预测数值的单回归分析，是从"气温"相对"销售数量"这个因素中进行数据的预测。

列表1 气温和销售数量的关系

- 销售数量 —— 被解释变量（y）
- 气温 —— 解释变量（x）
- 单回归分析方程　$y = ax + b$

x是解释变量，y是被解释变量；x是原因，y是结果。a表示直线倾斜度的回归系数，b是常数项（截距），是x为0时y的值。有想要预测的数据和用于预测的数据就可以执行单回归分析了。

▼ 20个店铺的年销售额和位置、竞争店铺、面积、服务、商品的丰富度的数据（将"销售额和各种因素.txt"读取到数据框并显示在工作窗口中）

店铺	销售额.万元.	布局.km.	竞争店	面积...	服务满足度	商品充实度
赤坂店	7990	0.3	0	290	4	4
溜池山王店	8420	0.8	1	280	4	5
广尾店	3950	3.5	3	300	2	3
南麻布店	6870	2.2	2	400	4	4
麻布十番店	4520	4.0	3	250	3	2
惠比寿店	3480	2.5	2	220	4	3
高轮店	8900	0.1	0	300	4	4
西五反田店	6280	2.9	1	310	3	3
东五反田店	8180	1.2	1	350	4	4
不动前店	5330	2.4	1	240	3	3
饭仓店	3090	3.0	3	280	2	2
涉谷店	8600	0.2	0	240	3	4
中目黑店	3880	1.5	1	280	3	2
南青山店	7400	3.8	3	200	4	3
北青山店	4540	4.0	3	320	3	3
芝公园店	3450	3.3	2	320	3	3
泉岳寺店	2350	5.0	3	220	2	2
乃木坂店	8510	0.6	1	330	4	4
表参道店	4450	4.6	3	280	3	3
神宫前店	5320	3.3	2	240	3	3

这次预测的数据只有销售额一个，用于预测的数据有两个以上，所以不能使用单回归分析。

将单回归分析的思路进一步拓展，使用两个以上的因素（解释变量）预测数据的便是多元回归分析。使用该方法，就可以像下面一样从多个因素中推导出一些结果（预测值）。

- 气温、湿度➡销售额。
- 气温、降水概率➡销售额。
  销售的商品数量、店铺面积➡销售额。
- 活动的实施天数、降价额度、传单的散发张数➡销售额。
- 活动的举办天数、会场的面积、会场的位置➡参加人数。

执行分析时用于预测的数据，理论上有多少个都没有关系。

● **多元回归分析公式**

相对单回归分析方程 $y=ax+b$，多元回归分析中解释变量 x 的个数增加了，所以公式中的 ax 的组合也增加了。将解释变量设为 x_1，x_2，x_3…时的多元回归分析公式如下。

▼ 多元回归分析的回归方程

$y=a_1x_1+a_2x_2+a_3x_3+\cdots+b$

像这样，用于预测的数据增加了，构成公式的元素也增加。使用位置和面积来预测销售额时，如下。

销售额 $=a_1 \times$ 位置 $+ a_2 \times$ 面积 $+ b$

多元回归方程的常数项、系数，可以使用下面的公式计算。

· **计算多元回归方程常数项的公式**

对于具有3个变量 (x_i, y_i, z_i) 的大小为 n 的数据，在将 z 设为被解释变量，x、y 设为解释变量，c 设为常数项的多元回归方程中：

$z=ax+by+c$ (a，b，c 为常数)

常数项 c 可以使用下面的公式计算。

$c=\bar{z}-a\bar{x}-b\bar{y}$

· **计算多元回归方程的系数 a、b 和常数项**

对于具有3个变量 (x_i, y_i, z_i) 的大小为 n 的数据，在将 z 设为被解释变量，x、y 设为解释变量，c 设为截距的多元回归方程中：

$z=ax+by+c$ (a，b，c 为常数)

常数项 c 可以使用下面的公式计算。

$$\begin{pmatrix} a \\ b \end{pmatrix} = \begin{pmatrix} s_{xx} & s_{xy} \\ s_{xy} & s_{yy} \end{pmatrix}^{-1} \begin{pmatrix} s_{xz} \\ s_{yz} \end{pmatrix}$$

下面我们来总结一下多元回归分析的回归方程。

· **多元回归分析的回归方程**

对于具有3个变量 (x_i, y_i, z_i) 的大小为 n 的数据，在将 z 设为被解释变量，x、y 设为解释变量，c 设为常数项的多元回归方程中：

$z=ax+by+c$ (a，b，c 为常数)

回归系数 a、b 可以使用下面的公式计算。

$$\begin{pmatrix} a \\ b \end{pmatrix} = \begin{pmatrix} s_{xx} & s_{xy} \\ s_{xy} & s_{yy} \end{pmatrix}^{-1} \begin{pmatrix} s_{xz} \\ s_{yz} \end{pmatrix}$$

常数项 c 可以使用下面的公式计算。

$c=\bar{z}-a\bar{x}-b\bar{y}$

9-3 线性多元回归分析

秘技 288 研究应用于多元回归分析的变量的相关性

扫码看视频

这里是关键点！ cor(目标数据)

在进行多元回归分析时，调查作为解释变量的因素各自的被解释变量和实际有多少相关性是很重要的。

"销售额和各种因素.txt"中汇总了5项因素，可以一起调查这些相关系数。

列表1 获取5项因素的相关系数（项目为Multiple_linear，数据为"销售额和各种因素".txt，源文件为script.R）

```
# 读取文件并存储在data中
data <- read.delim(
  "销售额和各种因素.txt",header=TRUE,row.names=1,
  fileEncoding="CP936")

# 计算相关系数
coef <- cor(data)
```

执行源代码，单击Environment视图中的coef标签，所有因素（解释变量）的相关系数均显示在工作窗口中，如右侧图所示。

▼相关系数一览

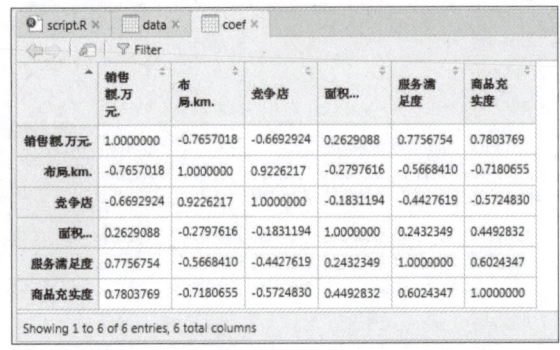

解释变量的个数为5，所以查看表格很麻烦。但是横着查看销售额行时，像"位置"（离最近站台的距离）为-0.765…，"竞争店铺"为-0.669…这样是负相关，可以看出是值越小销售额越大的关系。"服务满意度"为0.775…，"商品的丰富度"为0.780…这是正相关，是值越大销售额也越大的关系。

查看销售额以外的行，和销售额以外相关系数的绝对值都很低，因素之间基本没有关系。"位置"和"竞争店铺"间有很强的正相关关系，但并不是离车站越远竞争店铺越多，所以可以看作是偶然现象。

秘技 289 根据位置、面积、竞争店铺和问卷调查结果预测销售额

扫码看视频

这里是关键点！ lm(模型表达式,data=数据框)

在回归分析中，理论上解释变量的个数有多少个没有限制。但并不是解释变量越多，则预测更准确。如果解释变量本身是没有意义的，即使增加数量也不会对预测产生影响。

因为把想要预测的数据和用于预测的数据（解释变量）间有相关的强度作为前提，所以为了提高预测的精度，关键是只选择真正有必要的数据，并且将没有必要的数据去除。

另外，也要注意用于预测的数据（解释变量）间不能有太强的关联性，否则从分析中得到的相关系数的符号会相反。

秘技288中用来执行分析的"销售额和各种因素.txt"中数据除了"面积"（相关系数0.262…）之外都是良好的值，所以本案例我们尝试使用所有的解释变量进行分析。

9-3 线性多元回归分析

●使用数据中所有的解释变量进行多元回归分析

多元回归分析和单回归分析一样，同样使用**lm()函数**执行。

列表1 使用所有的解释变量执行多元回归分析（项目为Multiple_linear，数据为"销售额和各种因素.txt"，源文件为script2.R）

```
##################################################
# 使用所有的解释变量执行多元回归分析
##################################################
# 读取数据并存储在data中
data <- read.delim(
    "销售额和各种因素.txt",header=TRUE,row.names=1, fileEncoding="CP936" )
# 执行线性单回归分析
lm1 <- lm(data[,1] ~ data[,2] + data[,3] + data[,4] + data[,5] + data[,6],
          data=data)
```

运行源代码，在控制台中确认分析结果。

首先，显示使用summary()函数存储在lm1中的分析结果。

列表2 使用summary(lm1)输出分析结果

```
> summary(lm1)                # 显示分析结果

Call:
lm(formula = var_1 ~ var_2 + var_3 + var_4 + var_5 + var_6, data = data)

Residuals:
    Min      1Q  Median      3Q     Max
-1989.33 -665.54  -14.47  740.33 1599.93

Coefficients:
             Estimate Std. Error t value Pr(>|t|)
(Intercept)   265.898   2607.724   0.102    0.920
var_2        -171.774    553.409  -0.310    0.761
var_3        -336.777    655.910  -0.513    0.616
var_4          -3.213      5.806  -0.553    0.589
var_5        1369.413    494.022   2.772    0.015 *
var_6         968.344    511.048   1.895    0.079 .
---
Signif. codes:  0 '***' 0.001 '**' 0.01 '*' 0.05 '.' 0.1 ' ' 1

Residual standard error: 1104 on 14 degrees of freedom
Multiple R-squared:  0.8077,    Adjusted R-squared:  0.7391 ←❶
F-statistic: 11.76 on 5 and 14 DF,  p-value: 0.0001312
```

• 决定系数和校正决定系数 ❶

Multiple R-squared的决定系数（R^2）的值表示回归方程的精度（置信度）。上述结果表示5个解释变量可以以80%的概率解释。

多元回归分析中，另一个重要的元素是Adjusted R-squared（校正决定系数）。若用于预测的数据（解释变量）较多，会有"不管回归方程的精度，决定系数的值增大"这样计算上的问题。因此，**校正决定系数**用来修正由计算上的问题产生的多元决定R^2增加的部分。数字越大表示精度越高，但如果该值大于0.4，就没有精度上的问题了。上述结果是0.739，所以不存在精度上的问题。

• t值 ❷

t值是对各个解释变量的被解释变量影响的指标。影响的强度可以通过各个解释变量的系数来表现，但是系数值受解释变量单位影响，所以用来作为指标不方便。

t值是用于预测数据（解释变量）的系数除以标准误差的值。理论上的值是$-\infty$（负无穷大）到$+\infty$（正无穷大），值越大对被解释变量的影响越大。一般作为标准，如果在1.4($\approx\sqrt{2}$)以上，可以说影响程度很强。

"位置"为-0.310，"竞争店铺"为-0.513，"面积"为-0.553，"服务满意度"为2.772，"商品丰富度"为1.895，问卷调查结果以外的解释变量为负值。即"位置"离车站越远，"竞争店铺"的数量越多，"销售额"

9-3 线性多元回归分析

越低。

这也能从"位置"的系数为-171.774,"竞争店铺"的系数为-336.777中看出。任一个值增加,"销售额"就会相应地减少。但这两个数据的绝对值比作为标准的1.4小,所以虽然对"销售额"有影响,但会相互抵消。

• **确认系数 ❸**

确认每个用于预测的数据(解释变量)的系数(回归系数)。将其应用到以下回归方程:

$$y = a_1\ x_1 + a_2\ x_2 + a_3\ x_3 + \cdots + b$$

的 a_1 和 a_2 的部分就可以了。使用round()函数将系数的部分设为小数点之后两位并输出。

列表 3 执行round(coefficients(lm1),2)

```
> round(coefficients(lm1), 2)  # 显示系数
(Intercept)    data[, 2]    data[, 3]    data[, 4]    data[, 5]    data[, 6]
     265.90      -171.77      -336.78        -3.21      1369.41       968.34
```

应用回归方程,具体如下。

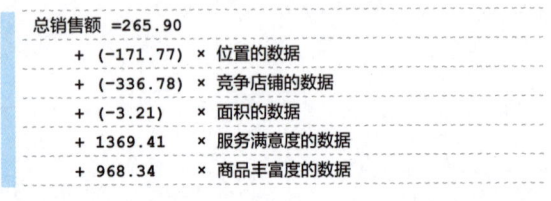

▼ 实际测量值和预测值的误差

• **确认误差**

将实际测量值和预测值的误差赋值给数据框 view_lm1。

列表 4 将实际测量值和预测值的误差汇总到数据框中

```
> # 将分析的原始数据、预测值和残差作为一览
> exp <- predict(lm1)              # 原始数据的预测值
> res <- residuals(lm1)            # 数据和预测值的残差
> view_lm1 <- data.frame(data[1], exp, res)
                                   # 汇总到数据框
```

单击Environment视图中的view_lm1,工作窗口中显示右图的内容。

实际测量值　预测值　误差

虽然有很接近实际测量值的数据,但是也有差得很多的。在下一个秘技中,将通过减少解释变量的数量来提高精度来再次分析。

秘技 290 找到合适的模型并进行分析

扫码看视频

这里是关键点！ step(使用lm()计算的分析结果)

我们虽然可以通过查看相关系数，在一定程度上了解执行多元回归分析时应该删除哪个解释变量，但是step()函数可以通过逐个减少解释变量来创建一个合适的模型。

• step()函数

该函数用于模拟从分析结果中逐个减少解释变量时的分析结果。

格式	step(分析结果 　　[,derection="both"] ——设定增减法 　　[,derection="forward"] ——设定增加法 　　[,derection="backward"] ——设定减少法 　　)

●查看使用step()函数逐个减少解释变量的分析结果

给step()函数的参数设定多元回归分析的结果，然后逐渐减少解释变量后分析结果，显示作为模型选择标准的AIC(Akaike's Information Criterion)。

▼AIC的定义公式

AIC = $-2 \times$ (模型的最大对数似然度) $+ 2 \times$ (模型的参数个数)

step()函数使用下面的公式计算线性回归lm()函数的结果，n是分析目标个体的数量。

• 使用step()函数计算AIC的公式

$$AIC = n \times \left(log \frac{残差的平方和}{n} \right) + 2 \times (模型的参数个数)$$

以上公式计算的AIC值小的模型是较好的模型。

关于零售连锁店的20个店铺，将汇总了各店铺年销售额和以下项目的数据"销售额和各种因素.txt"读取到数据框并计算AIC的值。

列表1 读取"销售额和各种因素.txt"并计算AIC（项目为Multiple_linear，数据为"销售额和各种因素.txt"，源文件为script3.R）

```
# 读取数据并存储到data中
data <- read.delim(
    "销售额和各种因素.txt",header=TRUE,row.names=1,fileEncoding="CP936" )
# 执行线性回归分析
lm1 <- lm(data[,1] ~ data[,2] + data[,3] + data[,4] + data[,5] + data[,6],
          data=data)
# 计算减少解释变量的AIC值
stp<-step(lm1)
```

列表2 运行结果（控制台）

```
Start:  AIC=285.15 ─────────────── 使用所有解释变量时
var_1 ~ var_2 + var_3 + var_4 + var_5 + var_6

          Df Sum of Sq      RSS    AIC
- var_2    1     117500 17191813 283.28 ─── 只减去了var_2时
- var_3    1     321523 17395836 283.52 ─── 只减去了var_3时
- var_4    1     373505 17447817 283.58 ─── 只减去了var_4时
<none>                  17074312 285.15 ─── 什么都不减去时（这里是step的结果）
- var_6    1    4378764 21453076 287.71 ─── 减去了var_6时
- var_5    1    9371123 26445435 291.90 ─── 减去了var_5时

Step:  AIC=283.28 ─────────────── 减去了var_2时
var_1 ~ var_3 + var_4 + var_5 + var_6
```

9-3 线性多元回归分析

```
        Df Sum of Sq      RSS    AIC
- var_4  1    351179 17542992 281.69    ——— 再减去var_4时
<none>              17191813 283.28    ——— 这里是step的结果
- var_3  1   3898169 21089982 285.37    ——— 再减去var_3时
- var_6  1   6271100 23462912 287.50    ——— 再减去var_6时
- var_5  1  10540498 27732311 290.85    ——— 再减去var_5时

Step: AIC=281.69
var_1 ~ var_3 + var_5 + var_6             ——— 减去了var_4以及var_2时

        Df Sum of Sq      RSS    AIC
<none>              17542992 281.69
- var_3  1   4166199 21709191 283.95    ——— 再减去var_3时
- var_6  1   6101264 23644256 285.66    ——— 再减去var_6时
- var_5  1  10637978 28180970 289.17    ——— 再减去var_5时
```

查看结果，按照顺序减去了var_2（位置）、var_4（面积），分析结束。

- **第1个阶段**

  使用了所有解释变量时的AIC是285.15。

- **第2个阶段**

  减去var_2（位置）时的AIC是283.28。

- **第3个阶段**

  减去var_2（位置）和var_4（面积）时的AIC是281.69。

第1个阶段和第2个阶段的<none>的上行中显示了接下来应该减去的解释变量。<none>的下行是即使减去了AIC值也不会减少（即使减去了也没有意义）的解释变量。第3个阶段中<none>的上行中什么都没有，所以可以判断即使再减去解释变量AIC值也不会减少，结束计算。

● 减去两个解释变量并执行多元回归分析

从分析的结果中我们可以知道，减去var_2（位置）和var_4（面积）后的AIC值最小。减去这两个解释变量后，剩余的变量执行多元回归分析，在之前的源代码的下行添加以下代码。

列表3 去除无用的解释变量并执行线性多元回归分析（script3.R）

```
lm2 <- lm(var_1 ~
           var_3 + var_5 + var_6,
           data=data)
```

运行源代码，在控制台中显示结果。

列表4 使用summary()函数输出结果

```
> summary(lm2)                # 显示分析结果

Call:
lm(formula = var_1 ~ var_3 + var_5 + var_6, data = data)

Residuals:
    Min      1Q  Median      3Q     Max
-1764.76 -661.79  -57.66  707.67 1488.79
           ❹              ❷      ❸
Coefficients:
             Estimate Std. Error t value Pr(>|t|)
(Intercept)    -783.0     1709.5  -0.458  0.65310
var_3          -534.4      274.1  -1.949  0.06901 .
var_5          1413.4      453.8   3.115  0.00667 **
var_6           942.1      399.4   2.359  0.03138 *
---
Signif. codes:  0 '***' 0.001 '**' 0.01 '**' 0.05
'.' 0.1 ' ' 1

Residual standard error: 1047 on 16 degrees of freedom
Multiple R-squared:  0.8024,    Adjusted R-squared:
0.7654  ❶
F-statistic: 21.66 on 3 and 16 DF,  p-value: 7.031e-06
```

与将5个因素都作为解释变量时相比并确定结果。

- **校正决定系数 ❶**

  0.7654比将5个因素都作为解释变量时的0.739要高。

- **t值 ❷**

  3个变量都比作为标准的绝对值1.4要高。

- **Pr(>|t|) ❸**

  回归系数的Pr(>|t|值，根据该值就能判断是否为有用的数据。var_3（竞争店铺）为0.0690，显著性水平为10%，标记为"*"；var_4（服务满意度）为

9-3 线性多元回归分析

0.00667，显著性水平为1%，标记为"**"；var_6（商品丰富度）为0.03138，标记为"*"。每个系数都在各自水平的临界区域内，所以表示不是单纯的误差。

- 确认系数 ❹

提取每个用于预测的数据（解释变量）。

列表5 只提取每个解释变量的系数

```
> round(coefficients(lm2), 2)   # 显示系数
(Intercept)    data[, 3]    data[, 5]    data[, 6]
   -782.95      -534.36      1413.40       942.08
```

代入到回归方程中。

```
销售额 = -782.95
      + (-534.36)  × 竞争店铺的数据
      + 1413.40    × 服务满意度的数据
      + 942.08     × 商品丰富度的数据
```

将实际测量值（原始数据）和预测值的残差汇总到数据框。

▼将实际测量值和预测值的残差赋值给数据框

```
> view_lm2 <- data.frame(data[1], exp, res)
                                      # 汇总到数据框
```

在Environment视图中单击view_lm2并显示在工作窗口中。

残差中，正和负的最大值都比上一个秘技中5个因素的解释变量时要小，总体上误差的范围变小了。

▼去除了两个解释变量时的残差

	销售额,万元.	exp	res
赤坂店	7990	8648.460	-658.46020
溜池山王店	8420	8370.312	49.68827
广尾店	3950	3325.555	624.44483
南麻布店	6870	6389.182	480.81810
麻布十番店	4520	4681.165	-161.16451
惠比寿店	3480	4098.041	-618.04102
高轮店	8900	8823.962	76.03808
西五反田店	6280	5049.084	1230.91570
东五反田店	8180	8522.766	-342.76638
不动前店	5330	5853.761	-523.76081
饭仓店	3090	3227.366	-137.36592
涉谷店	8600	7952.585	647.41498
中目黑店	3880	3744.691	135.30873
南青山店	7400	6899.027	500.97297
北青山店	4540	4673.755	-133.75535
芝公园店	3450	4875.709	-1425.70855
泉岳寺店	2350	2367.897	-17.89710

专栏 多重共线性

多重共线性是指线性回归模型中的解释变量之间由于存在精确相关关系或高度相关关系而使模型估计失真或难以估计准确。

查看本秘技示例的相关系数，表明"位置"和"竞争店铺"之间的相关性非常强，为0.9226217。但这两个数据是与车站的距离和同一地区的竞争店铺的数量，原本就是完全不同的数据，因此即使将这两个作为解释变量，也会各自解释不同的因素。

如果是"位置"（km）和从车站步行的"时间"（分钟）这样的数据，因为两个变量之间具有相关关系，则要考虑多重共线性的问题。

在相关系数中，这两个数据相关关系很强，如果一个增加，另一个也同样增加，这是偶然性导致的，此时去除其中一个将提高多元回归分析的准确性。当删除其中一个时，看"位置"和"竞争店铺"中的哪一个与"销售额"的相关性更强，"位置"为-0.7656754，"竞争店铺"为-0.6692924，"位置"具有较强的负相关性，因此从解释变量中去除"竞争店铺"似乎更好。

本例在使用AIC值的分析中，"位置"和"竞争店铺"都被去除了。但根据相关关系系数的数值，可以判断这两个变量存在多重共线性的问题。

9-3 线性多元回归分析

秘技 291 仅减少变量的相互作用而不减少解释变量进行分析

难易程度 ●●●

这里是关键点！ 设定lm()函数中的相互作用

扫码看视频

在进行多元回归分析时，我们关注的是被解释变量和解释变量之间的相关关系。另一方面，解释变量之间也可能存在相关性。

● 计算考虑相互作用的回归系数

解释变量为两个时，相互作用的回归方程如下。

- **考虑相互作用时的回归方程（解释变量为x_1和x_2这两个）**

$\hat{y}=a_0+a_1 x_1+a_2 x_2+a_3 x_1 x_2$

使用与之前介绍的lm()函数进行分析。模型表达式中的"^2"符号用于指定相互作用的指定。对于零售连锁店中的20家店铺，将汇总了每家店铺的年销售额和以下项目的数据"销售额和各种因素.txt"读取到数据框中，并计算考虑相互作用的回归系数。

列表1 读取"销售额和各种因素.txt"，计算考虑交互作用的回归系数（项目为Multiple_linear，数据为"销售额和各种因素.txt"，源文件为script4.R）

```
# 读取数据并存储到data中
data <- read.delim(
  "销售额和各种因素.txt",header=TRUE,row.names=1,
fileEncoding="CP936")

# 将数据框的各列赋值给向量
salse     <- c(data[,1]) # 将销售额赋值给向量
location  <- c(data[,2]) # 将位置赋值给向量
competing <- c(data[,3]) # 将竞争店铺赋值给向量
area      <- c(data[,4]) # 将面积赋值给向量
service   <- c(data[,5]) # 将服务满意度赋值给向量
depth     <- c(data[,6]) # 将商品丰富度赋值给向量

# 执行考虑了相互作用的多元回归分析
lm3 <- lm(salse ~
          (location + competing + area + service
          + depth)^2,
          data=data)
summary(lm3)
```

运行源代码，使用summary()函数输出分析结果。

列表2 考虑相互作用时的多元回归分析的结果（控制台）

```
Call:
lm(formula = salse ~ (location + competing + area + service +
    depth)^2, data = data)

Residuals:
    赤坂店   溜池山王店     广尾店    南麻布店    麻布十番店   惠比寿店     高轮店    五反田店
   -327.76    -178.42     698.84     343.84      143.64    -542.67     209.35    1136.53
   东五反田店   不动前店     饭盒店     涉谷店    中目黑店   南青山店    北青山店    芝公园店
   -624.04    -140.70     207.07     341.28     -260.08     415.02     -22.52   -1264.90
   泉岳寺店   乃木坂店    表参道店    神宫前店
   -156.24     287.64    -412.05     146.16

Coefficients:
                     Estimate   Std. Error  t value  Pr(>|t|)
(Intercept)         -28807.903  43725.166   -0.659    0.546
location              6236.375   7724.764    0.807    0.465
competing            -7606.035  10738.929   -0.708    0.518
area                    54.887    166.761    0.329    0.759
service               7738.703  16874.878    0.459    0.670
depth                 6150.389  17192.019    0.358    0.739
location:competing     286.069    430.889    0.664    0.543   ── 以下，关于交互作用的系数
location:area          -15.264     39.827   -0.383    0.721
```

282

```
location:service      1137.254    3856.416    0.295   0.783
location:depth       -1915.039    1932.715   -0.991   0.378
competing:area          12.521      29.680    0.422   0.695
competing:service     -961.361    3828.903   -0.251   0.814
competing:depth       1824.399    2717.537    0.671   0.539
area:service           -11.777      39.449   -0.299   0.780
area:depth               1.253      60.493    0.021   0.984
service:depth        -1359.333    2039.140   -0.667   0.541

Residual standard error: 1130 on 4 degrees of freedom
Multiple R-squared:  0.9425,    Adjusted R-squared:  0.727  ——— 校正决定系数
F-statistic: 4.373 on 15 and 4 DF,  p-value: 0.08197
```

校正决定系数为0.727，比使用所有的解释变量分析时的0.739和去除两个变量时的0.7654都要小。

秘技 292　逐步减少变量的相互作用以计算AIC值

难易程度 ●●●

这里是关键点！ step(考虑相互作用的分析结果)

扫码看视频

在上一个秘技中，我们执行了考虑相互作用的回归分析。接着使用**step()函数**获取AIC最小的组合，不断减少交互作用，找出AIC值最小的组合。

●逐步去掉相互作用并计算AIC值

列表1 读取"销售额和各种因素.txt"，计算考虑了相互作用的回归系数（项目为Multiple_linear，数据为"销售额和各种因素.txt"，源文件为script4.R中添加以下代码）

```
# 逐步去掉相互作用并计算AIC值
lm4 <- step(lm3)   ——— 将考虑了相互作用的多元回归分析的结果作为参数
```

列表2 运行结果

```
> lm4 <- step(lm3)
Start:  AIC=281  ——— 考虑了相互作用时
salse ~ (location + competing + area + service + depth)^2

                    Df Sum of Sq     RSS    AIC
- area:depth         1       547 5104283 279.00
- competing:service  1     80436 5184172 279.31
- location:service   1    110962 5214698 279.43
- area:service       1    113718 5217454 279.44
- location:area      1    187410 5291146 279.72
- competing:area     1    227080 5330816 279.87
<none>                         5103736 281.00
- location:competing 1    562393 5666129 281.09
- service:depth      1    567004 5670740 281.10
- competing:depth    1    575065 5678801 281.13
```

```
- location:depth     1   1252702 6356438 283.38

Step:  AIC=279  ——— area:去掉depth时
salse ~ location + competing + area + service +
    depth + location:competing +
    location:area + location:service + location:
depth + competing:area +
    competing:service + competing:depth + area:
service + service:depth

                    Df Sum of Sq     RSS    AIC
- competing:service  1    251985 5356268 277.96
- competing:area     1    300767 5405050 278.14
- area:service       1    414091 5518374 278.56
- location:service   1    429627 5533910 278.61
<none>                         5104283 279.00
- competing:depth    1    583913 5688196 279.16
- service:depth      1    619905 5724188 279.29
- location:competing 1    718499 5822782 279.63
- location:area      1    997010 6101293 280.57
- location:depth     1   1448110 6552393 281.99

Step:  AIC=277.96  ——— 去掉competing:service时
salse ~ location + competing + area + service +
    depth + location:competing +
    location:area + location:service + location:
depth + competing:area +
    competing:depth + area:service + service:depth

                    Df Sum of Sq     RSS    AIC
- location:service   1    263745 5620013 276.92
- competing:depth    1    339759 5696027 277.19
```

```
- location:competing  1    534485 5890754 277.86
<none>                           5356268 277.96
- competing:area      1    587579 5943848 278.04
- service:depth       1    649711 6005979 278.25
- location:area       1   1183691 6539959 279.95
- location:depth      1   1228745 6585014 280.09
- area:service        1   1288005 6644274 280.27
```

Step: AIC=276.92 ──── 去掉location:service时
salse ~ location + competing + area + service + depth + location:competing +
    location:area + location:depth + competing:area + competing:depth +
    area:service + service:depth

```
                    Df Sum of Sq    RSS    AIC
- location:competing  1    361328 5981341 276.17
- competing:area      1    566481 6186494 276.84
<none>                           5620013 276.92
- competing:depth     1    660019 6280032 277.14
- location:area       1   1048442 6668455 278.34
- area:service        1   1235003 6855016 278.89
- location:depth      1   1948824 7568838 280.88
- service:depth       1   3938561 9558575 285.54
```

Step: AIC=276.17 ──── 去掉location:competing时
salse ~ location + competing + area + service + depth + location:area +
    location:depth + competing:area + competing:depth + area:service +
    service:depth

```
                   Df Sum of Sq    RSS    AIC
- competing:depth    1    302039 6283380 275.15
<none>                          5981341 276.17
- competing:area     1    961483 6942824 277.15
- area:service       1   1521027 7502368 278.70
- location:area      1   1569774 7551116 278.83
- location:depth     1   1601692 7583033 278.91
- service:depth      1   3577490 9558831 283.55
```

Step: AIC=275.15 ──── 去掉competing:depth时
salse ~ location + competing + area + service + depth + location:area +
    location:depth + competing:area + area:service + service:depth

```
                  Df Sum of Sq    RSS    AIC
<none>                         6283380 275.15
- competing:area    1   1369267 7652647 277.10
```

```
- area:service       1    1681485 7964865 277.90
- location:area      1    2290991 8574371 279.37
- service:depth      1    3676915 9960295 282.37
- location:depth     1    5245818 11529198 285.29
```

●将分析的原始数据、预测值和残差汇总列表中
将预测值和残差汇总到数据框。

列表3 将预测值和残差存储到数据框（在源文件script4.R中添加以下代码）

```
exp      <- predict(lm4)              # 原始数据的预测值
res      <- residuals(lm4)            # 数据和预测值的残差
view_lm4 <- data.frame(data[1], exp, res)
                                      # 汇总到数据框
```

运行源代码后，单击Environment视图中的view_lm4并确认。
考虑相互作用时的残差值变小了。

▼ 实际测量值和预测值的残差（工作窗口）

●确认系数
在控制台中输出解释变量和相互作用的系数。

列表4 输出解释变量和相互作用的系数

```
> round(coefficients(lm4), 2)
    (Intercept)        location       competing           area         service
      -42856.68         8566.82        -7240.91          73.71        11490.02
          depth   location:area  location:depth  competing:area    area:service
        7600.81          -21.45         -805.99           23.56          -17.90
    service:depth
       -1575.55
```

9-4 非线性回归分析

将其应用到回归方程，如下。

列表 5 这次的回归模型

```
销售额 =-42856.68
       + 8566.82  × location       （位置）
       - 7240.91  × competing      （竞争店铺）
       + 73.71    × area           （面积）
       + 11490.02 × service        （服务满意度）
       + 7600.81  × depth          （商品丰富度）
       - 21.45    × location  × area
       - 805.99   × location  × depth
       + 23.56    × competing × area
       - 17.90    × area      × service
       - 1575.55  × service   × depth
```

输入方程并计算，顺便使用高轮店的实际数据进行预测。

列表 6 使用回归模型预测销售额（在源文件script4.R中添加以下代码）

```
……省略……
# 给解释变量赋值
v2 <- 0.1
v3 <- 0
v4 <- 300
v5 <- 4
v6 <- 4
# 使用回归模型预测
prd <- -42856.68 +
  8566.82  * v2 -      # 位置
  7240.91  * v3 +      # 竞争店铺
  73.71    * v4 +      # 面积
  11490.02 * v5 +      # 服务满意度
  7600.81  * v6 -      # 商品丰富度
  21.45    * v2 * v4 - # 位置: 面积
  805.99   * v2 * v6 + # 位置: 商品丰富度
  23.56    * v3 * v4 - # 竞争店铺: 面积
  17.90    * v4 * v5 - # 面积: 服务满意度
  1575.55  * v5 * v6   # 服务满意度: 商品丰富度
```

在Environment视图中确认prd的值为8821.626。对于实际的数据8900，在刚才输出的预测值和残差的表中为8823.962。因为将系数在小数点之后3位四舍五入了，所以基本是相同的值。

9-4 非线性回归分析

秘技 293 绘制快速上升曲线以预测普及率

难易程度 ●●●

扫码看视频

这里是关键点！ 逻辑回归，y~a/(1 + b * exp(c * x))

在单回归分析和多元回归分析中，被解释变量和解释变量的关系为回归直线这样近似线性的关系，所以称为**线性单回归方程**和**线性多元回归方程**。另外也有被解释变量和解释变量不是线性的非线性关系的情况。

● **绘制快速上升曲线的数据**

以下为汇总了彩色电视机1966年到1984年普及率的"主要耐用消费品等的普及率"数据。

列表 1 将"普及率.txt"读取到数据框并显示

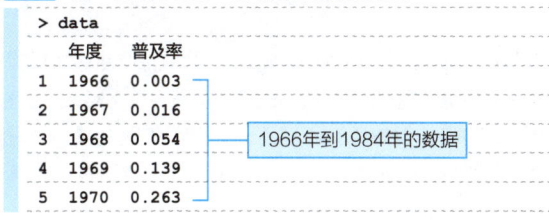

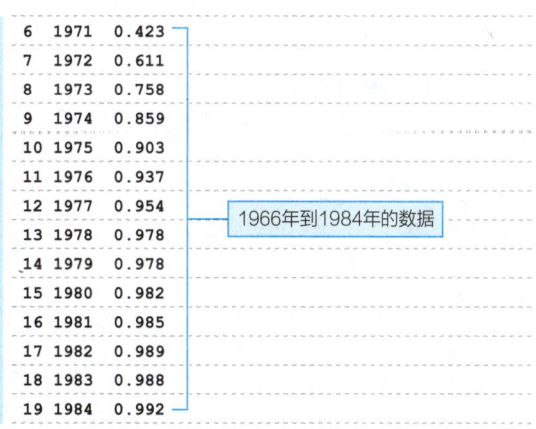

像彩色电视机一样，有些东西会在一段时间内爆炸性地普及。虽然刚出现时因为高价不是很容易买到，但价格随着普及会慢慢有所下降，并最终整体普及开来。

9-4 非线性回归分析

根据普及率绘制图表，最初平稳的普及率从某个时间点开始像急剧上升，之后在接近总体的地方又急剧变得平稳。

首先，读取这次使用的数据来绘制散点图。

列表2 读取"普及率.txt"并绘制散点图（项目为NonLinear，数据为"普及率.txt"，源文件为script.R）

列表3 绘制"普及率.txt"的散点图

```
# file <- 读取"普及率.txt"并存储到data中
data <- read.delim("普及率.txt", header=TRUE, file-
Encoding="CP936")
# 绘制普及率的散点图
plot(data, col="red")
```

▼彩色电视机的普及率

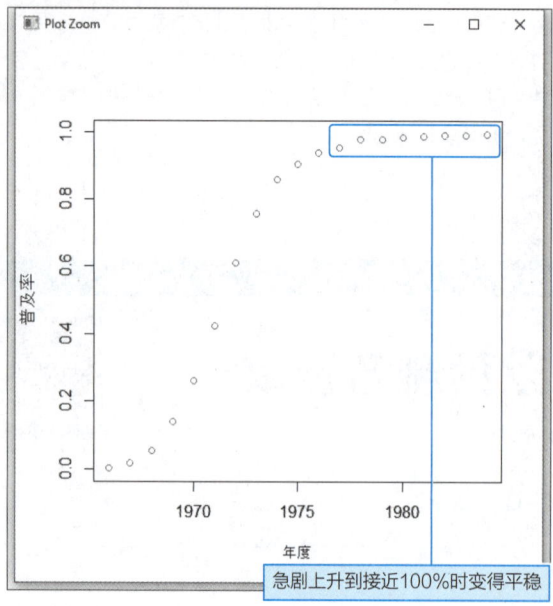

急剧上升到接近100%时变得平稳

●逻辑函数和逻辑回归

将横轴设为年度，纵轴设为普及率，彩色电视机的普及率则呈现如图所示的非线性分布。一些普及率或者成长率大多是像这样的非线性分布，这种分布无法使用线性回归分析，而是使用**逻辑函数**来分析。

▼逻辑函数

$$y = \frac{a}{1+be^{\alpha}}$$

使用逻辑函数执行的回归分析称为逻辑回归。

●给nls()函数的关系表达式设定逻辑函数并分析

设定函数表达式并执行**非线性回归分析**的nls()函数，通过给参数设定表示被解释变量和解释变量间的关系的模型表达式来执行分析。模型表达式中有直接写逻辑函数的表达式和嵌入R中的函数两种方法。

• **nls()函数**

执行非线性回归分析。

格式	nls(formula, data, start, control, algorithm, trace, subset, weights, na.action, model, lower, upper, …)
参数	formula	设定被解释变量和解释变量间的关系表达式
	data	设定给关系表达式添加权重的数据框（选项）
	start	设定初始值
	trace	设为TRUE则输出计算的过程

• **参数fomula**

参数fomula的格式和lm()函数一样不是设定被解释变量和解释变量，而是写被解释变量和解释变量的模型表达式。按如下所示的方法应用逻辑函数表达式。

列表4 给参数fomula设定逻辑函数时的写法

```
y ~ a / (1 + b * exp(c * x))
```

• **exp()函数**

返回e（自然对数的底数）的x次方的值。

格式	exp(x)	
参数	x	设定e的指数值

式子中的a、b、c是估计的回归系数，如果知道这3个值就可以代入到逻辑函数中计算y（被解释变量）的值。

• **参数start**

参数start稍微有点麻烦，可以用start设定初始值。

```
start=c(a=1, b=1, c=-1)
```

如果没有正确地设定初始值，计算就会失败。从结论来看c是负值，即c=-1，若设为c=1便会出错。初始值无法正确设定时，也可以尝试不设定初始值（之后会介绍）。

• **参数trace**

trace用来设定是否显示输出计算的过程。

nls()函数和线性回归分析时相同，为了使被解释变量的实际测量值和预测值的差最小，使用最小二乘法计算系数的值，但是也有不能正确计算而失败的情况。设定初始值也比较麻烦，不正确时需要更改格式等，也有需要试错的情况，是一个有点难的函数。

9-4 非线性回归分析

●执行非线性回归分析

使用nls()函数分析彩色电视机的普及率数据。在新的源文件script2.R中记录以下代码。

列表5 非线性回归分析（script2.R）

```
# file <- 读取"普及率.txt"并存储到data中
data <- read.delim("普及率.txt", header=TRUE, file-
Encoding="CP936")

# 将数据框的各列赋值给向量
year <- c(data[,1])           # 将第1列的年份赋值给向量
pene <- c(data[,2])           # 将第2列的年份赋值给向量

# 非线性回归分析
relat.nls <- nls(
              pene ~ a / (1 + b * exp(c * year)),  # 关系表达式
              start=c(a=1, b=1, c=-1),              # 设定初始值
              trace="TRUE"                          # 跟踪计算过程
)
```

列表6 运行结果（控制台）

```
Error in nlsModel(formula, mf, start, wts) :
    参数的初始值梯度矩阵异常
```

运行失败了。分析运行失败的原因，exp(c * year)处的year（年份）的值太大的话，会将1964从中间断开，以不完整的值运行。对此我们将1964~1984的年份替换为1~19再试一次。

列表7 将年份设为两位并再次执行非线性回归分析（接着script2.R）

```
……省略……
year <-(1:19)                 # 将年度设为1~19

# 非线性回归分析
nls.relation <- nls(
              pene ~ a / (1 + b * exp(c * year)),  # 关系表达式
              start=c(a=1, b=1, c=-1),              # 设定初始值
              trace="TRUE"                          # 跟踪计算过程
)
```

列表8 运行结果

```
3.905671 :     1    1   -1
2.387674 :    0.9824052   0.4300442  -0.1029666
1.743185 :    0.8872618   0.8264732  -0.2623701
0.7740848 :   0.9841109   2.3123040  -0.2310466
0.5578214 :   0.9271411   7.5149745  -0.5270324
0.09229081 :  1.0001338  17.1134431  -0.4350728
0.06874582 :  0.9606817  40.3886048  -0.6606493
0.01653944 :  0.9826601  75.9510196  -0.7160221
0.003486704 : 0.9806949 110.6878618  -0.7509771
0.001959816 : 0.9804580 123.8500779  -0.7565368
0.00194977 :  0.9806034 123.8048223  -0.7553703
0.001949752 : 0.9806268 123.6621028  -0.7551686
0.001949752 : 0.9806279 123.6609455  -0.7551647
```

这次顺利执行了。经过多次试错，最终得到了逻辑函数a、b、c的值。排在最后一行的0.001949752右侧的数值即为逻辑函数a、b、c的值（系数），代入公式就能得到回归模型了。

列表9 使用summary()函数输出结果

```
> summary(relat.nls)          # 显示分析结果

Formula: pene ~ a / (1 + b * exp(c * year))

Parameters:
    Estimate Std. Error t value Pr(>|t|)
a     0.98063    0.00384  255.401  < 2e-16 ***
b   123.66094   13.56739    9.115 9.82e-08 ***
c    -0.75516    0.01742  -43.347  < 2e-16 ***
---
Signif. codes:  0 '***' 0.001 '**' 0.01 '*' 0.05
'.' 0.1 ' ' 1

Residual standard error: 0.01104 on 16 degrees of
freedom

Number of iterations to convergence: 12
Achieved convergence tolerance: 6.987e-06
```

如果将年代（设为两位数的数值）赋值给回归模型的x，就可以预测对应年份彩电的普及率了，具体如下。

列表10 应用逻辑函数

```
y = 0.8872618 / (1 + 123.6609455 * exp(-0.7551647 * x))
```

coefficients()函数从解析结果中抽出系数并以列表返回，我们使用抽出的系数用模型表达式来预测。

列表11 将分析结果应用到逻辑函数并预测普及率（接着script2.R）

```
……省略……
relat.coef <- coefficients(relat.nls) # 获取系数
```

9-4 非线性回归分析

```
# 取出系数
a<- as.vector(relat.coef[1])      # a的值
b<- as.vector(relat.coef[2])      # b的值
c<- as.vector(relat.coef[3])      # c的值
x <- 10                           # x的值

relat.y <- a / (1 + b * exp(c * x))# 非线性的回归模型
```

运行源代码，将估计值输出到控制台。

列表12 显示估计值（控制台）

```
> relat.y
[1] 0.9208187
```

● 比较实际测量值和预测值

实际测量值（实际的普及率）和预测值的一览，创建在实际测量值的散点图中绘制了预测值的曲线的图表并比较。

列表13 创建实际测量值和预测值的一览和图表
（接着script2.R）

```
……省略……
expe_1 <- cbind(data,          # 创建实际测量值和预测值的表格
                fitted(relat.nls))

plot(year, pene, cex=1)        # 创建实际测量值的散点图
lines(year,                    # x坐标是年份
      fitted(relat.nls),       # y坐标是预测值
      col="RED",               # 设为红色
      lty="dotted",            # 使用点绘制
      lwd=2)                   # 粗细为2
```

▼ **实际测量值和预测值数据汇总**

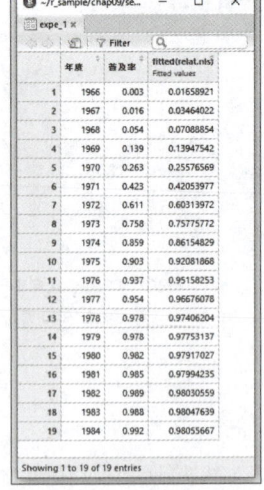

▼ **在实际测量值的图表中用点显示预测值**

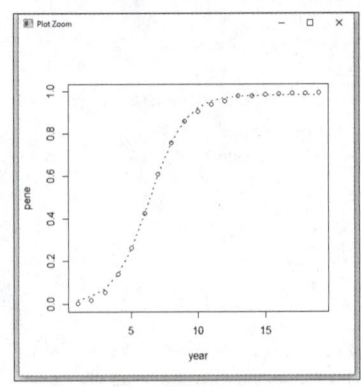

查看图表，我们可以发现预测值几乎就是跟踪实际测量值的曲线。另一方面，查看一览，之前计算到的年份10（相当于1975年）的预测值和实际测量值除去舍入误差后是相同的值。

秘技 294 将逻辑函数SSlogis()嵌入模型表达式并进行分析

难易程度 ●●●

这里是关键点！ y=a/(1+exp((bx)/c))

扫码看视频

在非线性函数中，有自动设定初始值并开始计算的逻辑函数SSlogis()。使用这个函数不需要设定初始值，相对要简单很多。

格式	SSlogis(input, Asym, xmid, scal)
参数	input 设定存储非线性分布的数据的向量
	Asym 设定表示渐近线的数字参数
	xmid 设定表示曲线拐点处的x值的数字参数
	scal 设定输入轴上的数字刻度参数

· SSlogis()函数

使用逻辑函数评价曲线及其斜度。

设定SSlogis()函数的参数时，将input设为目标数

据，Asym、xmid、scal的参数名直接原样写下就可以了。这些参数直接被nls()函数的结果使用。

●使用逻辑函数SSlogis()计算曲线模型

将逻辑函数SSlogis()作为nls()函数的参数并执行非线性回归分析，和上一个秘技中记录函数表达式的结果进行比较。

列表1 在nls()函数的参数中使用逻辑函数SSlogis()（script3.R）（项目为NonLinear，数据为"普及率.txt"，源文件为script3.R）

```
# file <- 读取"普及率.txt"并存储到data中
data <- read.delim("普及率.txt", header=TRUE, file-Encoding="CP936")
# 将数据框各列赋值给向量
year <- c(data[,1])        # 将第1列的年份赋值给向量
pene <- c(data[,2])        # 将第2列的年份赋值给向量

# 将SSlogis()作为参数并执行非线性回归分析
func.nls <- nls(pene ~
                SSlogis(year, Asym, xmid, scal)
)

summary(func.nls)          # 显示分析结果

func.coef <- coefficients(func.nls) # 获取系数

# 取出系数
Asym <- as.vector(func.coef[1])   # a的值
xmid <- as.vector(func.coef[2])   # b的值
scal <- as.vector(func.coef[3])   # c的值
x    <- 10                        # x的值

# 逻辑曲线模型
func.y   <- Asym / (1 + exp((xmid - x) / scal))

expe_2   <- cbind(data, # 创建实际测量值和预测值的表格
                  fitted(relat.nls),
                  fitted(func.nls))
```

使用下面的式子表示使用逻辑函数SSlogis()的曲线模型。

- 逻辑曲线模型（使用逻辑函数SSlogis()时）

  y = a / (1+exp((b-x) / c))

在Environment视图中单击expe_2，查看实际测量值和预测值的表格，小数点之后只有微小的差异，输出了和之间预测值基本相同的值。

列表2 使用AIC()函数查看回归模型的适应性

```
> AIC(relat.nls)
[1] -112.5857
> AIC(func.nls)
[1] -112.5857
```

▼ 比较实际测量值和预测值

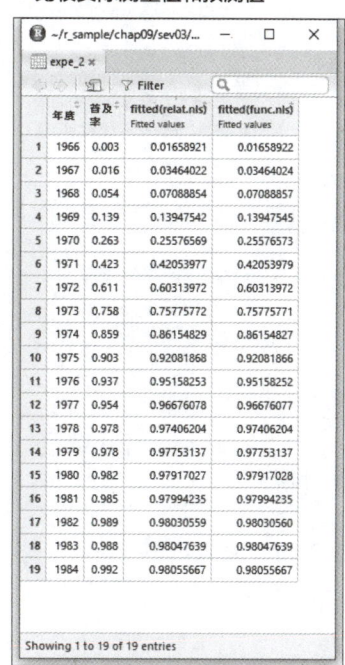

使用AIC()函数查看回归模型的适应性。
在模型表达式中直接写逻辑函数式和嵌入R中的SSlogis()函数得到同样的结果。

秘技 295 以与线性分布相同的方式分析非线性分布

难易程度 ●●●

这里是关键点！ → **glm()函数**

扫码看视频

因为线性回归分析假设残差遵循正态分布，所以不遵循正态分布的数据不能执行线性回归分析。和线性分布一样，处理非线性分布的方法是**广义线性模型**。
广义线性模型的函数glm()，通过对非线性分布的

9-4 非线性回归分析

数据执行逻辑回归分析，可以像线性模型一样分析。这时逻辑回归分析分为被解释变量是定量和具有两个值的定性变量两种情况。

之前秘技中使用的彩电普及率的年份和普及率都是定量的数据，下面将使用 **glm()** 函数执行逻辑回归分析。

列表1 对"普及率.txt"使用逻辑回归分析（script4.R）
（项目为NonLinear，数据为"普及率.txt"，源文件为script4.R）

```
# file <- 读取"普及率.txt"存储到data中
data <- read.delim("普及率.txt", header=TRUE,
  fileEncoding="CP936")
# 将数据框各列赋值给向量
year <- c(data[,1])      # 将第1列的年份赋值给向量
pene <- c(data[,2])      # 将第2列的普及率赋值给向量

# 将数据框各列赋值给向量
year <- c(data[,1])      # 将第1列的变量赋值给向量
pene <- c(data[,2])      # 将第2列的变量赋值给向量

# 执行逻辑回归分析
glm <- glm(pene~year,family=binomial)

plot(year, pene,type="l")   # 绘制实际测量值的散点图
lines(year,                  # x坐标是年份
      fitted(glm),           # y坐标是预测值
      lty=2,
      col="red",lwd=2)

exp <- cbind(data,           # 创建实际测量值和预测值的表格
             fitted(glm))
```

运行源代码，虽然在glm()函数处显示了"non-integer #successes in a binomial glm!"警告，但是分析本身正确执行了。

▼ 实际测量值和预测值的图表

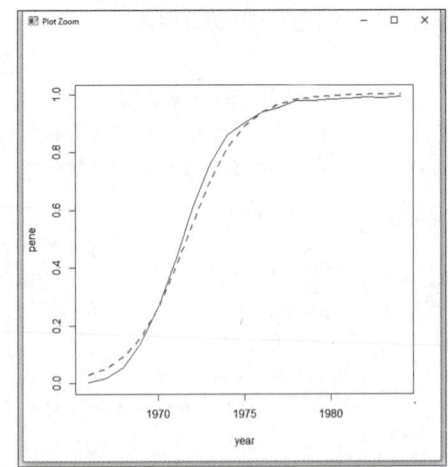

▼ 实际测量值和预测值的表格

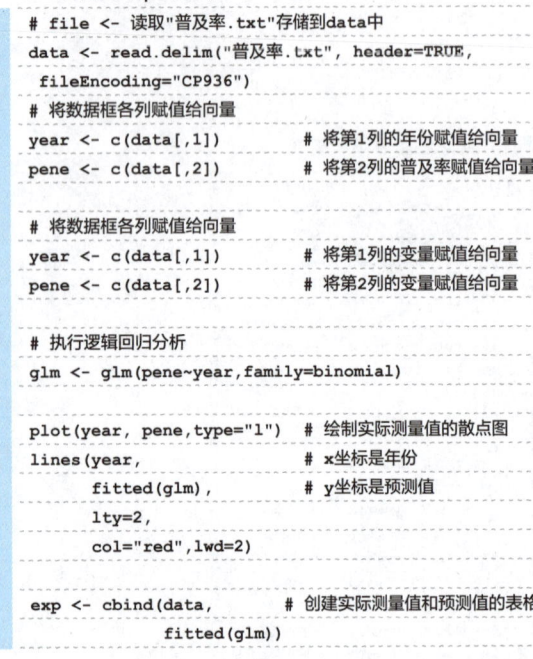

	年度	普及率	fitted(glm)
1	1966	0.003	0.02794040
2	1967	0.016	0.05108657
3	1968	0.054	0.09160042
4	1969	0.139	0.15886453
5	1970	0.263	0.26131340
6	1971	0.423	0.39852715
7	1972	0.611	0.55377664
8	1973	0.758	0.69919961
9	1974	0.859	0.81321495
10	1975	0.903	0.89076552
11	1976	0.937	0.93855114
12	1977	0.954	0.96622512
13	1978	0.978	0.98167919
14	1979	0.978	0.99013428
15	1980	0.982	0.99470837
16	1981	0.985	0.99716781
17	1982	0.989	0.99848590
18	1983	0.988	0.99919105

秘技 296 用日照量、风力和温度的值来解释臭氧量

难易程度

这里是关键点！ 使用广义线性模型的回归分析

扫码看视频

在单回归分析和多元回归分析中，被解释变量和解释变量是以回归直线的线性形式来表示的，虽然以实际测量值和预测值的残差遵循正态分布为前提，但是在不能保证数据总是遵循正态分布时，使用广义线性模型进行回归分析。

R的样本数据中，有观测了1973年5月到9月纽约

大气状况的airquality。思考使用这里面的日照量、风力、温度的值来预测臭氧量的多元回归分析。

列表1 airquality开头的数据

```
> airquality
   Ozone Solar.R Wind Temp Month Day
1     41     190  7.4   67     5   1
2     36     118  8.0   72     5   2
3     12     149 12.6   74     5   3
4     18     313 11.5   62     5   4
7     23     299  8.6   65     5   7
8     19      99 13.8   59     5   8
9      8      19 20.1   61     5   9
12    16     256  9.7   69     5  12
```

●执行广义线性模型回归分析的glm()函数

若将残差不为线性的非线性数据作为线性模型来分析，可能会有错误的解释。因此，本例使用**广义线性模型**。广义线性模型是通过让非线性的分布对应扩展了正态分布的分布（二项分布、泊松分布、伽马分布、逆高斯分布），以便按照与线性模型相同地处理的解析方法。

广义线性模型中，除了被解释变量中定量的数据之外，也包含二值的数据（如男性和女性、实施和不实施、是和不是等）。

将Y设为被解释变量，X设为解释变量，A设为系数，E设为误差，那么线性模型表示如下。

$$Y = XA + E$$

广义线性模型中，通过将XA转换为非线性函数，作为线性模型来处理，如下。

$$g(\mu) = XA$$

这里的μ是被解释变量的平均值，$g()$是**联结函数**。联结函数是将非线性的数据对应为扩展的正态分布的函数。

广义线性模型中使用glm()函数进行回归分析。

- **glm()函数**

  使用广义线性模型进行回归分析。

格式	glm(formula, family, data)	
参数	formula	设定模型表达式
	family	设定联结函数
	data	设定分析目标的数据

在参数family中，可以设定下表所示的函数。设定family = gaussian会自动联结（link=identity）的联结函数，默认即为gaussian。

▼联结函数

分布族(family)	分布的类型	联结($g(\mu)$)	设定联结函数
gaussian	正态分布	μ	link="identity"
binomial	二项分布	$\log(\mu/(1-\mu))$	link="logit"
poisson	泊松分布	$\log(\mu)$	link="log"
Gamma	伽马分布	$1/\mu$	link="inverse"
Inverse.gaussian	逆高斯分布	$1/\mu$ [2]	link="1/mu^2"

●使用日照量、风力、温度的值预测臭氧量（线性回归分析时）

查看对本例的数据执行线性回归分析会怎样时，使用lm()函数并将Ozone（臭氧）作为被解释变量，Solar.R、Wind（风力）和Temp（温度）作为解释变量来分析。

列表2 对airquality的数据执行线性多元回归分析（项目为NonLinear，源文件为script5.R）

```
airquality <- na.omit(airquality)# 从airquality中删除有缺失值的行

# 执行线性多元回归分析
lm <- lm(
        airquality$Ozone ~
          airquality$Solar.R + airquality$Wind + airquality$Temp,
        data = airquality
        )
# 取出残差的矩阵并绘制散点图
qqnorm(resid(lm))
# 取出残差的矩阵并在散点图上绘制连接上下四分位点的直线
qqline(resid(lm), lwd=2,col="red")
```

为了查看结果，绘制实际测量值和预测值残差的散点图，残差遵循正态分布时绘制直线。

- **qqnorm()函数**

  该函数将x的期待正态排名数据绘制为散点图，用于判断数据是否遵循正态分布。如果散点图上绘制的点基本排列在直线上，那么这个数据就遵循正态分布。

格式	qqnorm(x)
x	用于散点图的分析结果的数据

- **qqline()函数**

  在使用qqline()函数绘制的散点图上，绘制连接上侧的四分位点和下侧的四分位点的直线。

格式	qqline(x)
x	分析结果的数据

9-4 非线性回归分析

▼将实际测量值和预测值的残差绘制为图表

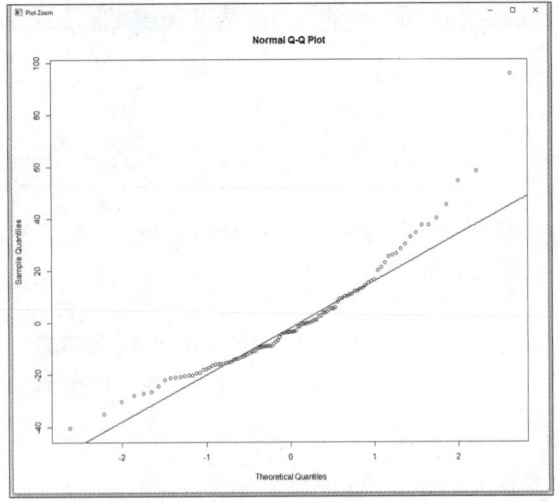

横轴两侧的点偏离了直线，说明残差不遵循正态分布。

● 使用广义线性模型根据日照量、风力、温度的值分析臭氧量

因为臭氧量和日照时间、风力、温度是非线性的关系，所以执行广义线性模型的回归分析。作为比较，我们先执行假设正态分布的分析，然后再执行假设伽马分布的分析。

列表3 执行广义线性模型的回归分析

```
# 在广义线性模型中使用正态分布
glm1 <- glm(
            airquality$Ozone ~
                airquality$Solar.R + airquality$Wind
   + airquality$Temp,
            data = airquality,
            family = gaussian    # 使用正态分布
)
# 在广义线性模型中使用伽马分布
glm2 <- glm(
            airquality$Ozone ~
                airquality$Solar.R + airquality$Wind
   + airquality$Temp,
            data = airquality,
            family = Gamma       # 使用伽马分布
)
exp <- cbind(airquality[,1],     # 创建实际测量值和预测
                                 #   值的表格
            fitted(glm1),        # 假设正态分布的预测值
            fitted(glm2))        # 假设伽马分布的预测值
```

下图综合显示了大气中臭氧量的实际测量值、假设正态分布的预测值，假设伽马分布的预测值。

▼实际测量值、正态分布假设和伽马分布的预测值（到50）

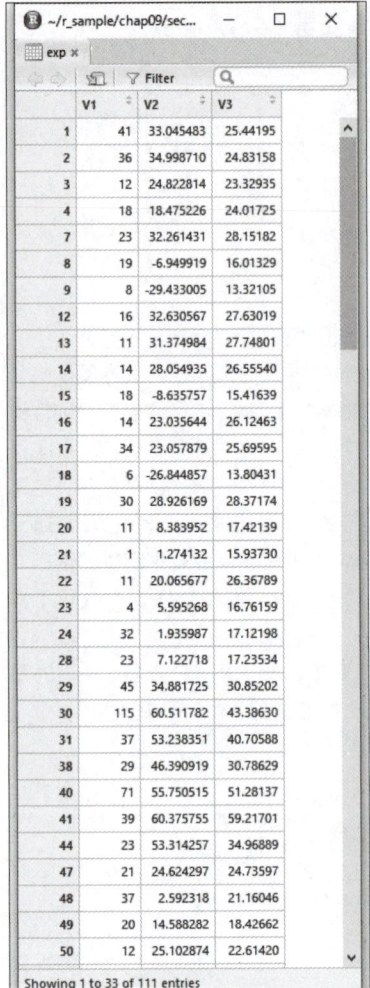

下面使用AIC()函数评价模型的适合度。

列表4 使用AIC()函数评价模型的适合度（控制台）

```
> AIC(lm)
[1] 998.7171
> AIC(glm1)
[1] 998.7171
> AIC(glm2)                 ——— 使用伽马分布的分析结果
[1] 939.8778
```

lm()函数和glm()函数中使用正态分布的结果相同，但使用伽马分布的模型能得到更好的值。

秘技 297 从豚鼠实验的数据估算维生素C的给药方法

这里是关键点！ 逻辑回归分析

逻辑回归分析是被解释变量为"成功/失败""合格/不合格"这样的两个值时,执行预测的分析方法。

以下是R中附带的样本数据ToothGrowth,是关于10只豚鼠成牙质细胞(牙齿)的生长中,将维生素C的剂量(0.5, 1, 2mg)通过橙汁或者抗坏血酸来投药时的60行×3列的实验数据。

列表1 ToothGrowth的开头部分

```
> ToothGrowth
    len  supp dose
1   4.2   VC  0.5
2  11.5   VC  0.5
3   7.3   VC  0.5
4   5.8   VC  0.5
5   6.4   VC  0.5
6  10.0   VC  0.5
7  11.2   VC  0.5
8  11.2   VC  0.5
9   5.2   VC  0.5
10  7.0   VC  0.5
11 16.5   VC  1.0
12 16.5   VC  1.0
……中间省略……
21 23.6   VC  2.0
22 18.5   VC  2.0
……中间省略……
60 23.0   OJ  2.0
```

第1列的len是牙齿的长度。

第2列的supp是用抗坏血酸(VC)还是用橙汁(OJ)来投药。

第3列的dose是剂量(0.5, 1, 2mg)。

将牙齿的长度和给药剂量作为解释变量,预测维特的给药方法。

●使用逻辑函数的非线性回归分析

类似"成功/失败""成立/不成立"等被解释变量有1和0两个值时,预测这个0和1的就是逻辑回归分析。同时可以计算为0的概率、为1的概率,或者"成功的概率是多少?""失败的概率是多少?"这样的概率。

使用多元回归分析预测值是0~1范围外的值,结果很难解释。而使用逻辑回归分析是0还是1的概率,通过概率解释结果则很简单。

●从对数发生比到分对数函数再到逻辑函数

逻辑回归分析中使用逻辑函数,取0~1范围内的值并绘制S形的曲线。

将概率p发生的现象设为A,那么A发生的概率和不发生的概率比是:

$$\frac{p}{1-p} \quad \cdots 发生比$$

这个式子称为**发生比**。获取发生比的对数(对数转换)如下。

$$log = \frac{p}{1-p} \quad \cdots 对数发生比$$

将这里出现的对数发生比看作函数,称为**分对数函数**。

$$f(p) = log\frac{p}{1-p} \quad \cdots 分对数函数(定义域是0 < p < 1)$$

再计算分对数函数的反函数,取两边的指数,那么:

$$e^y = \frac{p}{1-p}$$

$$e^y - e^y p = p$$

$$p = \frac{e^y}{e^y + 1} = \frac{1}{1+e^{-y}}$$

因此,我们将

$$p(x) = \frac{1}{1+e^{-x}}$$

称为**逻辑函数**。

●使用逻辑函数绘制曲线

下面我们来看一下逻辑函数的效果。

列表2 绘制逻辑曲线(控制台)

```
> eta<-seq(from=-5,to=5,length=200)
> plot(eta,exp(eta)/(1+exp(eta)),type="l")
```

9-4 非线性回归分析

▼逻辑曲线

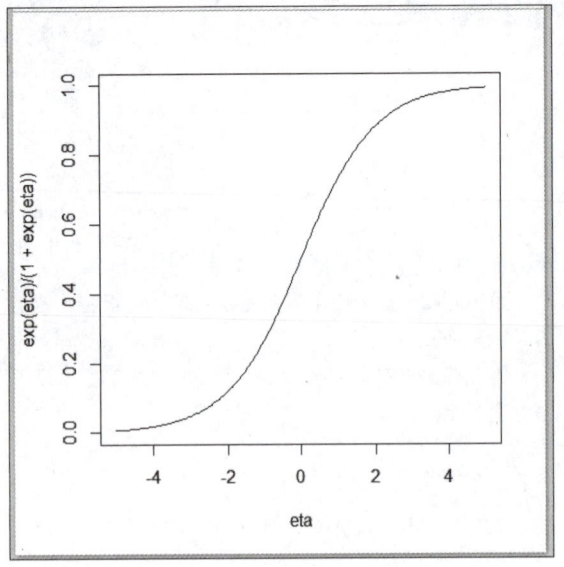

使用逻辑函数绘制的曲线是S形的。我们将这个曲线称为逻辑曲线。

逻辑函数和抛硬币时不是正面就是反面的二项分布

极为相似。举个例子,假设某种疾病的死亡率是p,那么生存率就是$1-p$。像这样,发生某个事件的概率和不发生的概率比叫做发生比,发生比的对数变换是logit函数,logit函数的反函数就是logistic函数(逻辑函数)。

●使用逻辑回归分析非线性的数据

本例分析中的解释变量supp列的数据是VC和OJ的二项分布,只有抗坏血酸(VC)和橙子(OJ)这两个值,将它们作为被解释变量,预测投放到哪个。

逻辑回归分析使用了广义线性模型的glm()函数,给参数family设定binomial(二项分布),调用二项分布的联结函数logit执行逻辑回归分析。gim()函数将两个值的数据自动替换为0和1的虚拟数据并计算,supp列的数据中0为OJ,1为VC。返回的预测值是1的预测概率。

因为是二值数据,概率以0.5为分界,可以判断如果比0.5大则是虚拟的1,比0.5小则是虚拟的0。如果使用**round()函数**对预测结果执行四舍五入,可以得到0或1的预测值。

列表3 对实验数据进行逻辑回归分析(script6.R)(项目为NonLinear,源文件为script6.R)

```
actual.len  <- ToothGrowth[,1]    # 获取牙齿长度的实际测量值
actual.supp <- ToothGrowth[,2]    # 获取给药方法的实际测量值
actual.dose <- ToothGrowth[,3]    # 获取剂量的实际测量值

# 逻辑回归分析
tooth.glm <- glm(actual.supp ~             # 将给药方法作为被解释变量
                 actual.len + actual.dose,  # 牙齿长度和剂量作为解释变量
                 family=binomial)           # 设定二项分布的联结函数
```

●将预测值四舍五入为0或1后提取

下面使用**fitted()函数**获取预测值。这时,使用round()函数可以将获取到的预测值四舍五入,0.5以上为1,比0.5小的话为0。

列表4
```
predict.supp <- round(       # 四舍五入
  fitted(tooth.glm)          # 获取预测值
)
```

●创建实际测量值和预测值的一览表和交叉表

列表5 创建实际测量值的一览表和交叉表
```
result  <- data.frame(actual.supp, predict.supp)  # 创建数据框
c_table <- table(actual.supp, predict.supp)       # 创建交叉表
```

执行源代码,选择c_talbe并单击Run按钮,交叉表便输出在控制台中,查看交叉表。

列表6 交叉表(控制台)
```
> c_table
           predict.supp
actual.supp  0  1
         OJ 17 13
         VC  7 23
```

OJ(橙汁)30个数据中,有17个被正确地预测了;VC(抗坏血酸)30个数据中,有23个被正确地预测了。

第 **10** 章
秘技298~315

多变量分析

10-1　聚类分析（秘技298~300）

10-2　判别分析（秘技301~302）

10-3　主成分分析（秘技303~309）

10-4　因子分析（秘技310~315）

10-1 聚类分析

秘技 298 在一个月时间的学习后，将相同学习模式的人归为一组

扫码看视频

难易程度 ●●●

这里是关键点！ **阶层聚类分析**

聚类分析是将数据按照相似性分为若干组，从而掌握数据总体特征的分析方法。聚类分析的方法分为以树状图（dendrogram）来显示阶层的分类方法，和事先决定组的个数、按与中心元素的最小距离来分类的非阶层的分类方法。

● 将数据以统计学的思想来分组的聚类分析

在整理物品时，我们通常将用法、功能或者外表形状相似的整理到一起。同样地，也可以对零乱分布的数据按相似的特性进行数据分组整理。

· 知道分类方法的情况

知道分类方法，是指清楚地知道哪个数据应该属于哪一组的基准。比如整理零乱记录的地址簿时，按照拼音首字母的顺序或省市区来整理。像这样如果数据中有可以按照某个基准来分类的元素，便可以将相似的数据分为一组。

· 不知道分类方法的情况

不知道分类方法，是指没有可以作为数据分组的信息。此时可以按照统计学的思想找出数据各自的特性，然后通过聚类分析对数据进行分组。

聚类（cluster）有花或者葡萄等簇的意思，因此聚类分析可以理解为将结构相似的数据整理到同一簇（组）中，按照不同的特征可以分为多个簇。

● 阶层聚类分析

阶层聚类分析中，将数据间的相似程度（相似度）和不相似程度（相异度）分别替换为距离，从最相似的数据开始依次集中起来并创建簇。

以下为调查了7个被试验者在某个月学习时间的数据，分别记录了5个科目各自的学习时间。

	国语	英语	世界史	数学	生物
芥川	35	40	50	81	91
直木	80	85	90	57	70
夏目	50	45	55	41	60
太宰	45	55	60	78	85
川端	80	75	85	55	65
志贺	87	92	95	90	85
村上	67	46	50	89	90

下面是基于被试验者的学习时间的阶层聚类分析的结果。

▼ 学习时间数据的树状图

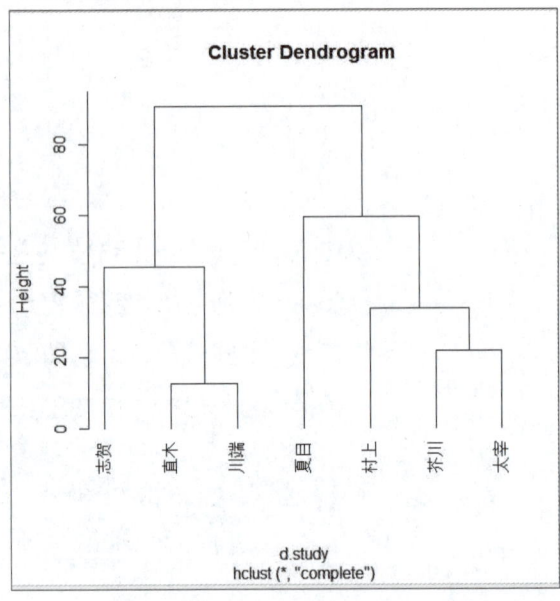

树状图和倒过来的树的形状类似，所以也称为**树形结构**。带有标签的部分是"树叶"，树叶和树叶的距离越短，个体（数据）越相似。

树状图中，有若干个个体阶层集中在一个簇（cluster）中，而该簇又会与其他簇构成枝，或者进而构成类似子树（cluster）的结构。

在树状图中合适的高度（距离）处画线，将个体分类，便可以确定这个范围内簇的个数。如果在上面的树

列表 1 7个被试验者1个月的学习时间（将"学习时间.txt"读取到数据框并输出）

```
> data
```

296

状图中将从簇中伸出来的线切断，则可以将数据分为理科和文科两个簇。

●阶层聚类分析的过程

阶层聚类分析按照以下步骤进行。

❶ 将计算距离（或者是相似度）的数据作为矩阵。

从数据中计算距离（或者是相似度）。从数据矩阵中创建距离矩阵在阶层聚类分析的每个方法中都是相同的。

❷ 将计算❶中矩阵的个体间的距离（相似度）的结果设为矩阵。

选择阶层聚类分析的方法。使用这里选择的聚类分析的方法，计算出簇间的距离矩阵是**Cophenetic距离**。

❸ 选择聚类分析的方法（最小距离法、最大距离法），计算Cophenetic矩阵。

基于距离最近的两个个体间的Cophenetic距离创建Cophenetic矩阵。在阶层分析中，计算每个数据的距离并作为矩阵，之所以再计算Cophenetic矩阵，是因为要基于Cophenetic矩阵绘制树状图。计算Cophenetic距离的方法，根据阶层聚类分析的不同而不同。

●创建数据矩阵与距离矩阵（分析步骤❶~❷）

执行创建数据矩阵并作为距离矩阵的步骤❶~❷。计算个体间的距离，例如将m个分析目标（个体）分为n个项目的数据。

▼计算距离的数据

	x_1	x_2	…	x_n
个体a	ax_1	ax_2	…	ax_n
个体b	bx_1	bx_2	…	bx_n
…	…	…	…	…
个体m	mx_1	mx_2	…	mx_n

●计算距离

基于计算距离的数据，使用R的函数可以得到如下所示的计算出距离的的矩阵。

▼计算距离的数据

	x_1	x_2	…	x_n
个体1	ax_1的距离	ax_2的距离	…	ax_n的距离
个体2	bx_1的距离	bx_2的距离	…	bx_n的距离
…	…	…	…	…
个体m	mx_1的距离	mx_2的距离	…	mx_n的距离

有多种计算距离的方法，但是需要满足以下所示的条件。

列表2 距离的公式
- 数据i和j的距离 ≥ 0
- 数据i和j的距离 = 数据j和i的距离
- 数据i和j的距离 + 数据j和k的距离 ≥ 数据i和k的距离

个体1和个体2的距离也是个体2和个体1的距离（对称性），所以计算距离的矩阵中只要知道对角线的下（或者是上）半部分就可以了，因此计算距离的函数只计算下半部分的距离。

计算距离的方法，最为常用的有**欧几里得距离**和**城市距离（曼哈顿距离）**。

▼曼哈顿距离

$$\sum_{k=1}^{p} |X_k - Y_k|$$

▼欧几里得距离

$$\sqrt{\sum_{k=1}^{m} (X_k - Y_k)^2}$$

曼哈顿距离是差的绝对值。因为欧几里得距离是差的平方和的平方根，所以当1个个体有多个观测值时，计算两个个体间的观测值之差的平方的合计值（平方和），最后取得平方根的值为距离。这里使用欧几里得距离。

计算距离时，使用dist()函数时，只要设定参数就可以计算各种距离，默认是euclidean（欧几里得距离），只需要给参数设定计算目标的矩阵。

- **dist()函数**

计算euclidean（欧几里得距离）、manhattan（曼哈顿距离）、canberra（堪培拉距离）、binary（二进制距离）、minkowski（闵可夫斯基距离）和max-imum（最长距离），将结果以矩阵返回。

格式	dist(x, method = "euclidean", diag = FALSE, upper = FALSE)	
参数	data	设定数字矩阵或者数据框
	method	设定使用的距离定义。包括euclidean、manhattan、canberra和binary，默认是euclidean
	diag	设为TRUE则输出距离矩阵的对角线元素，默认是FALSE
	upper	设为TRUE则输出上三角部分，默认是FALSE

10-1 聚类分析

●创建距离矩阵

将"学习时间.txt"读取到数据框,并创建分析矩阵的代码,记录到script.R中。然后使用dist()函数创建距离矩阵,写入到script2.R中。这样分为两个文件能够让创建的分析用的矩阵能在其他脚本文件中使用。

列表3 将分析目标的数据转为矩阵(项目为Cluster,数据为"学习时间.txt",源文件为script.R)

```
# 读取文件并存储到data中
data <- read.delim("学习时间.txt", header=TRUE,
row.names=1, fileEncoding="CP936")
time <- matrix(c(data[1,], # 从数据框第1行开始依次
                 data[2,], # 读取并创建矩阵
                 data[3,],
                 data[4,],
                 data[5,],
                 data[6,],
                 data[7,]
                 ),7, 5, byrow = TRUE # 生成7×5的矩阵
                 )
colnames(time) <- c(colnames(data))# 设定列名
rownames(time) <- c(rownames(data))# 设定行名
d.study  <- round(dist(time))      # 计算距离并将小数
                                     点之后四舍五入
```

运行源代码,则所有个体间的距离都赋值给了矩阵d.study。选择d.study,单击**"Run"**按钮查看内容。

列表4 存储欧几里得距离的矩阵d.study的内容

```
> d.study
     芥川 直木 夏目 太宰 川端 志贺
直木  82
夏目  53   64
太宰  22   61   46
川端  76   12   54   56
志贺  87   38   91   67   45
村上  34   69   59   28   63   68
```

距离最近的是川端和直木的12,因此,首先创建这两个人的簇:

> 簇1{川端,直木}

下一个距离最近的是芥川和太宰的22,因此创建:

> 簇2{芥川,太宰}

再下一个距离最近的是村上和太宰的28。因为已经有了簇2{芥川,太宰},所以将村上放在簇2之上:

> 簇3{簇2,村上}

虽然这样可以创建簇,但是分析志贺和夏目时,会面临用现有的簇1和簇2中哪个来创建簇的问题。可以像创建簇3那样选择距离最近的人创建,但是如果不制定规则会很混乱。

考虑某个簇之间的距离时,是将距离最近的个体作为簇之间的距离,还是将最远的个体作为簇之间的距离,所以必须统一一种距离的测量方法。在阶层聚类分析中,可以使用下面介绍的方法来确定簇之间的距离。

●从距离矩阵中创建Cophenetic矩阵(分析步骤③)

距离是作为欧几里得距离计算得到的,基于该距离创建Cophenetic矩阵就可以绘制树状图。阶层聚类分析的步骤③中,有多种计算簇之间距离的方法,但实际应用中需统一一种方法来计算簇之间的距离。

- **最小距离法**

  最小距离法[单连接法(single)]将两个簇中距离最近的个体间的距离作为簇间的距离。但这种方法分类的精度往往较低,有创建"朋友的朋友都是朋友"这样锁状簇的倾向。

- **最大距离法**

  最大距离法[完全连接法(complete)]和最小距离法相反,将两个簇中距离最远的个体间的距离作为簇间的距离。因为分析空间广,所以分类的精度将变高。

- **McQuitty法**

  McQuitty法(mcquitty)是将最小距离法加上最大距离法除以2的方法。将两个簇间的最短距离和最长距离的平均值作为簇间的距离。

- **组平均法**

  组平均法(average)是从两个簇中逐个选择个体计算个体间的距离,并将这些距离的平均值作为簇间的距离。

- **重心法**

  重心法(centroid)是计算每个簇的重心(平均向量等),将重心间的距离作为簇间的矩阵。计算重心时,为了反映簇中的个体数,将个体数作为权重使用。

- **中位数法**

  中位数法(median)是重心法的变形,计算两个簇的重心间带权重的距离时,将等权重后计算的距离作为簇间的距离。

- **沃德法**

  沃德法（ward）将两个簇汇总为1个，按最大化组内的方差和组间方差的比为基准创建簇。

●使用hclust()函数进行阶层聚类分析

R的stats包中收录了执行阶层聚类分析的hclust()函数。stats包被列入在标准中，所以可以立即使用。

格式	hclust(d, method = "complete" [, members=NULL])	
参数	d	设定使用dist()创建的距离结构（距离矩阵）
	method	设定 single最小距离法 complete最大距离法 average组平均法 centroid重心法 median中位数法 ward.D2沃德法 mcquitty McQuitty法 中的任意一个作为聚类分析的方法。默认是complete
	members	默认是NULL。使用标签时设定标签用的向量

- **hclust()函数的返回值**

  hclust()函数将hclust类的对象作为返回值返回，该对象是列表，存储以下元素。

merge	表示聚类过程的矩阵
height	聚类的高。特定簇的集聚的基准值
order	用于替换方便绘图的原观察值的向量
labels	被聚类的对象的标签
call	生成结果的函数的调用表达式
method	使用的聚类分析方法
dist.method	用于计算hclust()函数参数d的距离

●聚类分析中使用的函数

使用hclust()函数执行聚类分析后，将结果转为树状图，为了执行其他处理，可以使用以下几种函数。

列表5 和hclust()函数一起使用的函数

函数名	说明
summary()	输出结果的概要
plot()	创建树状图
plclust	创建树状图
cutree	设定cluster(簇)的个数并分组
cophenetic	返回Cophenetic矩阵

●从距离矩阵中执行阶层聚类分析

使用hclust()函数将欧几里得距离的矩阵设为参数，使用默认的complete（最大距离法）分析。之前计算的距离矩阵在小数点之后四舍五入了，所以重新获取不舍去小数点后的距离并执行分析。在之前的源代码中添加以下代码。

列表6 从欧几里得距离中使用最大距离法执行聚类分析（script.R）

```
……省略……
d.study  <- dist(time)         # 计算欧几里得距离
hc.study <- hclust(d.study)    # 使用默认的最大距离法分析
plot(hc.study)                 # 创建树状图
```

运行源代码，执行分析并创建树状图。

▼创建的树状图

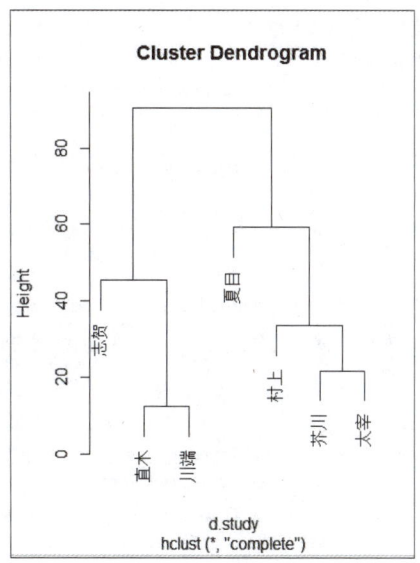

下面将参数设定为hang=-1，则可以创建对齐树叶高度的树状图。

列表7 对齐树叶的高度并绘制树状图

```
plot(hc.study, hang=-1)  # 创建树状图 （对齐树叶的高度）
```

▼对齐树叶高度的树状图

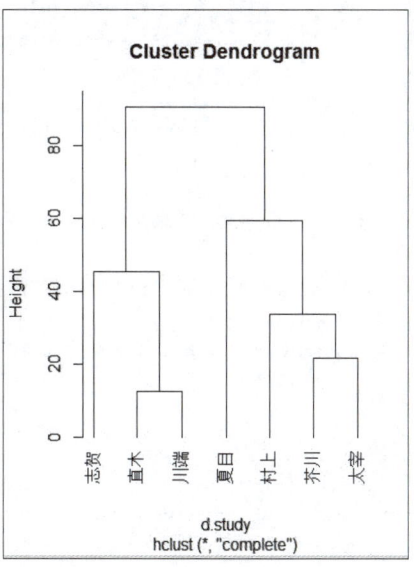

10-1 聚类分析

● 查看聚类的过程

hclust()函数返回的分析结果中，包含了表示聚类过程的矩阵merge。查看这个矩阵，便可以知道是怎样进行聚类的。在控制台中确认。

列表 8 输出到控制台的merge的内容

```
> hc.study$merge
     [,1] [,2]
[1,]  -2   -5  ——— 个体2（直木）和个体5（川端）生成簇1
[2,]  -1   -4  ——— 个体1（芥川）和个体4（太宰）生成簇2
[3,]  -7    2  ——— 个体7（村上）和簇2生成新的簇3
[4,]  -6    1  ——— 个体6（志贺）和簇1生成新的簇4
[5,]  -3    3  ——— 个体3（夏目）和簇3生成新的簇5
[6,]   4    5  ——— 簇4和簇5生成新的簇6
```

带负号的是个体的号码，不带负号的是簇的号码，行号码表示生成簇的顺序。

另外，通过height可以知道从簇伸出枝的高度。

列表 9 输出到控制台的height的内容

```
> hc.study$height
[1] 12.40967 21.67948 33.54102 45.42026 59.32116 90.57593
```

这些值对应merge的结果。例如，因为个体2（直木）和个体5（川端）的距离是12.4096，所以将这个作为簇的枝的高度。

下面我们试着获取树状图基础的Cophenetic矩阵。

列表 10 输出到控制台的Cophenetic矩阵

```
> cophenetic(hc.study)                # 获取Cophenetic矩阵
          芥川      直木      夏目      太宰      川端      志贺
直木   90.57593
夏目   59.32116  90.57593
太宰   21.67948  90.57593  59.32116
川端   90.57593  12.40967  90.57593  90.57593
志贺   90.57593  45.42026  90.57593  90.57593  45.42026
村上   33.54102  90.57593  59.32116  33.54102  90.57593  90.57593
```

查看order就可以知道树状图从左到右的个体号码了。

列表 11 输出到控制台的order的内容

```
> hc.study$order
[1] 6 2 5 3 7 1 4
```

秘技 299 更改计算距离的方法，尝试最小距离法和Ward法

扫码看视频

▶难易程度 ●●●

这里是关键点！ 根据最小距离法和Ward法创建树状图

接着上一个秘技，本例将更换方法来计算距离，分别使用最小距离法和Ward法创建树状图。

列表 1 计算堪培拉距离，使用最小距离法分析（项目为Cluster，数据为"学习时间.txt"，源文件为script2.R）

```
c.study <- dist(time,"canberra")                  # 计算canberra距离
c_s.study <- hclust(c.study, method="single")     # 使用最小距离法分析
plot(c_s.study, hang=-1)                          # 创建树状图（对齐树叶的高度）
```

列表 2 计算欧几里得距离，使用Ward法分析

```
e.study <- dist(time, "euclidean")                # 计算euclidean距离
e_w.study <- hclust(e.study,method="ward.D2")     # 使用Ward法分析
plot(e_w.study, hang=-1)                          # 创建树状图（对齐树叶的高度）
```

▼从欧几里得距离中使用最小距离法创建的树状图

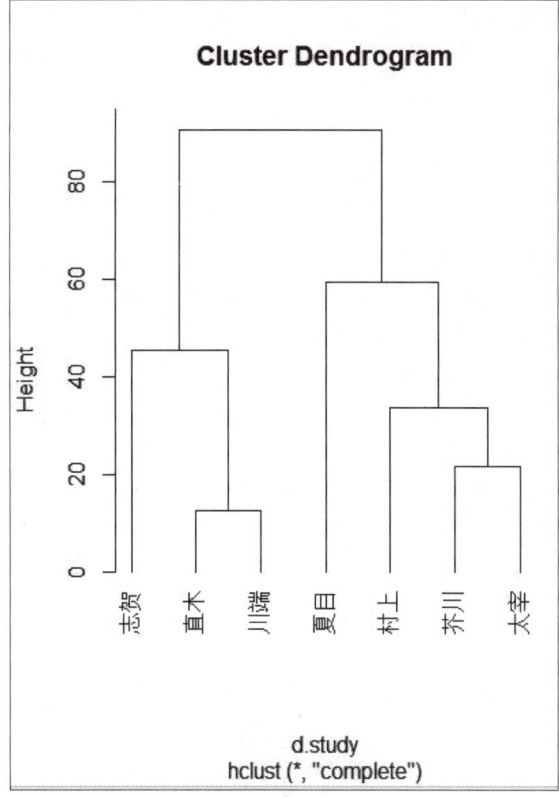

▼从canberra距离中使用Ward法创建的树状图

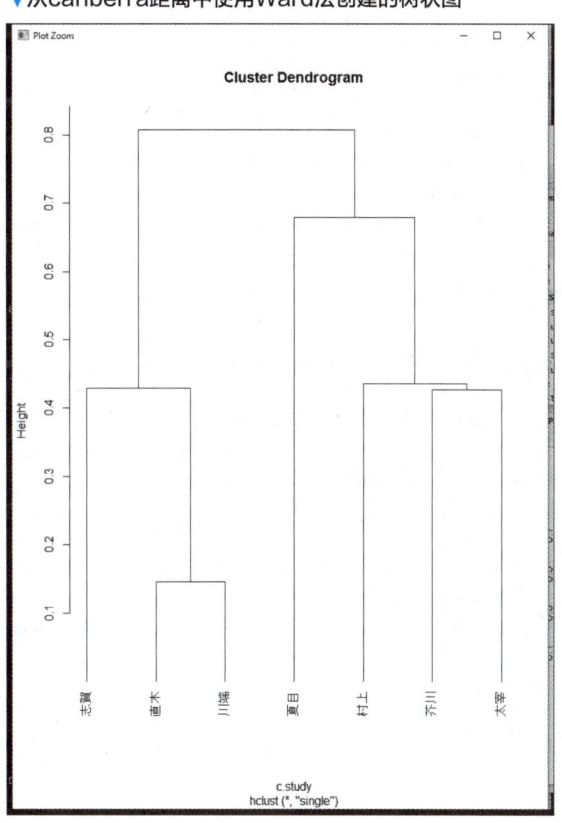

使用的距离或者聚类方法不同簇的枝的长度也不同。像这样，采用的方法不同，分析的数据结果有很大的变化，苦恼于选择哪种方法好时，欧几里得距离和最大小距离法的组合被广泛使用。但是也有人认为Ward法能创建更明确的簇。

因为可以查看距离矩阵和Cophenetic矩阵的相关系数（Cophenetic相关系数），所以按照顺序来确认目前为止的分析结果的Cophenetic相关系数。

列表3 输出的Cophenetic相关系数

```
> cor(d.study,cophenetic(hc.study))
[1] 0.8956061
> cor(c.study,cophenetic(c_s.study))
[1] 0.8728224
> cor(e.study,cophenetic(e_w.study))
[1] 0.8805247
```

Cophenetic相关系数的值越大，距离矩阵和Cophenetic矩阵的变形就越小，所以欧几里得和最大距离法的组合似乎是最优秀的。

但是，距离矩阵和Cophenetic矩阵的变形小和分类的结果优秀是两回事，不能成为好的模型的决定性因素。

本例暂且因为Ward法返回的结果概率较高，所以采用该方法来分析。如果对结果不满意，可以再尝试最大距离法或者其他方法。

10-1 聚类分析

秘技 300 将大量数据准确地分组

难易程度 ●●●

这里是关键点！ 非阶层聚类分析

扫码看视频

阶层聚类分析时，如果分析的数据（个体）的数量很大，计算量会变得很庞大，所以不适合大量数据的解析。**非阶层聚类分析**则更适合用于对大规模的数据进行聚类分析，常用的方法为**k平均法**。

- **kmeans()函数**

  该函数对数据矩阵使用k-means法（k平均法）执行聚类。

格式	kmeans(x,
	   centers,
	   iter.max = 10,
	   nstart = 1,
	   algorithm = c("Hartigan-Wong", "Lloyd", "Forgy", "MacQueen")
	   )	

参数	x	设定数字数据矩阵
	centers	设定簇的个数，或者簇的中心数
	iter.max	设定允许的最大重复次数
	nstart	如果centers是数字，设定选择的随机集合的个数
	algorithm	从4个方法(Hartigan-Wong、Lloyd、Forgy、MacQueen)中选择1个设定，Hartigan-Wong为默认值

- **kmeans()函数的返回值**

  该函数的返回值存储以下元素的kmeans对象（列表）返回。

列表的标签	内容
cluster	表示各点所属的簇的整数向量
centers	簇的中心的矩阵
withinss	各簇的簇内平方和
size	各簇内的个体数

读取上一个秘技中使用的"学习时间.txt"，对7个被试验者使用非阶层聚类分析分组。

列表1 执行非阶层聚类分析（script3.R）（项目为Cluster，数据为"学习时间.txt"，源文件为script3.R）

```
# 读取文件并存储到data中
data <- read.delim("学习时间.txt", header=TRUE,
row.names=1, fileEncoding="CP936")
# 从数据框第1行开始依次读取并创建矩阵
time <- matrix(
    c(data[1,], data[2,], data[3,], data[4,], data[5,],
    data[6,], data[7,]
    ),7, 5, byrow = TRUE # 生成7×5的矩阵
)
colnames(time) <- c(colnames(data)) # 设定列名
```

```
rownames(time) <- c(rownames(data)) # 设定行名

k.study <- kmeans(time,2)
k.study$cluster     # 获取分类结果
k.study$centers     # 获取簇的中心
k.study$size        # 获取各簇中的个体数

# 改变每个簇的颜色并绘制散点图
plot(time, col = k.study$cluster)
# 将簇的中心点绘制在上面
points(k.study$centers, col = 1:2, pch = 8, cex=2)
```

运行源代码，在控制台中确认分析结果。

列表2 在控制台中确认结果

```
> k.study$cluster
芥川 直木 夏目 太宰 川端 志贺 村上
 1    2    1    1    2    2    1      ——— 分类结果
> k.study$centers
       国语   英语   世界史    数学      生物
1   49.25000  46.5   53.75  72.25000  81.50000  ——— 簇的中心
2   82.33333  84.0   90.00  67.33333  73.33333  ——— 簇的中心
> k.study$size
[1] 4 3                                         ——— 获取各簇中的个体数
```

分类结果为{芥川,夏目,太宰,村上}和{直木,川端,志贺}。在散点图中,放入了簇的中心点。

▼簇的散点图(Plots视图)

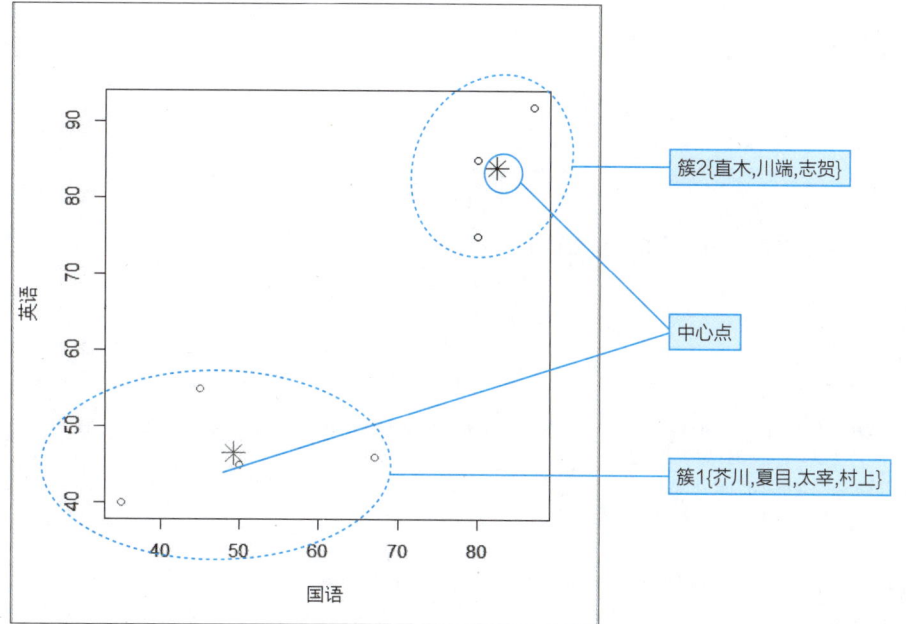

10-2 判别分析

秘技 301 根据测量值判别花的品种

难易程度 ●●●

扫码看视频

这里是关键点! **3组以上的典型判别分析**

判别分析是从定量数据的解释变量中预测定性数据的被解释变量的分析方法。例如,有患了某病和没有患病的人的饮酒量和吸烟根数的数据,判别分析就是从这些数据中创建疾病的判别式,针对那些不知道目前是否患病的人,判别(预测)有没有患病。

●明确数据分隔方式的判别分析

资料(数据总体)中各个个体被分为若干组时,找出它们的分类基准就是判别分析。通过重量来判别蛋的大小(L、M、MS、S)并以此分组时,只要测量重量即可完成分组,所以很简单。

如果在判别中加入尺寸,判别标准变为重量加上尺寸,蛋的数据变为了多变量,就不能用一个标准来表示分类的基准了。并且具有多变量的个体,根据给哪个变量增加权重,分类结果也会不同。

判别分析是事先给定的数据被分为不同组,获取新的数据时,能够根据给定数据分析的基准(判别函数)判别新数据应该属于哪一组的分析方法。明确资料中数据分隔方式的同时,也能顺便分析一下各变量间的关系。

●从鸢尾花的测量数据中判别花的品种

R附带的样本数据中,有测量了鸢尾花(iris)3个品种各50个样本的花萼的长度和宽度、花瓣的长度和宽度的iris(数据框)数据。

列表1 样本数据iris摘录

```
> iris
   Sepal.Length Sepal.Width Petal.Length Petal.Width Species
```

10-2 判别分析

1	5.1	3.5	1.4	0.2	setosa
2	4.9	3.0	1.4	0.2	setosa
3	4.7	3.2	1.3	0.2	setosa
……省略……					
51	7.0	3.2	4.7	1.4	versicolor
52	6.4	3.2	4.5	1.5	versicolor
……省略……					
101	6.3	3.3	6.0	2.5	virginica
102	5.8	2.7	5.1	1.9	virginica

使用这个数据4个方面的测量值，分为4组，据此判断鸢尾花的品种。

• lda()函数(MASS包)

该函数用于执行判别分析。

格式	lda(x, grouping, subset, na.action = na.fail)	
参数	x	设定解释变量的数据矩阵，或者设定group~x_1+x_2+…形式的模型表达式。被解释变量是分组因子，右边（不是因子）设定判别符
	grouping	设定表示组的变量，是表示各观察值的组的因子
	subset	设定作为训练用的样本来使用的测量值示例的下标向量
	na.action = na.fail	设定有缺失值NA时的处理方法。设定na.omit时去除缺失值后执行处理

列表 2 执行判别分析（项目为 Discriminant，源文件为script.R）

```
library(MASS)          # 使MASS包可以正常使用
x <- iris[, 1:4]       # 将鸢尾花的测量数据赋值给向量
group <- iris[, 5]     # 将列Species赋值给向量作为分析数据的下标
result1 <- lda(x, group) # 执行典型判别
```

在控制台输出结果。

列表 3 输出分析结果

```
> result1
Call:
lda(x, group)

Prior probabilities of groups:    ——— 先验概率
    setosa versicolor  virginica
 0.3333333  0.3333333  0.3333333

Group means:
           Sepal.Length Sepal.Width Petal.Length Petal.Width
setosa            5.006       3.428        1.462       0.246
versicolor        5.936       2.770        4.260       1.326
virginica         6.588       2.974        5.552       2.026 ———
                                                              各组的平均值

Coefficients of linear discriminants:
                    LD1         LD2  ——— 判别系数
Sepal.Length  0.8293776  0.02410215
Sepal.Width   1.5344731  2.16452123
Petal.Length -2.2012117 -0.93192121
Petal.Width  -2.8104603  2.83918785

Proportion of trace:
   LD1    LD2
0.9912 0.0088
```

将结果绘制为图表，具体如下。

列表4 绘制判别分析的结果

```
plot(result1,asp=1)        # 绘制判别结果
```

▼iris数据的3个品种的判别分析

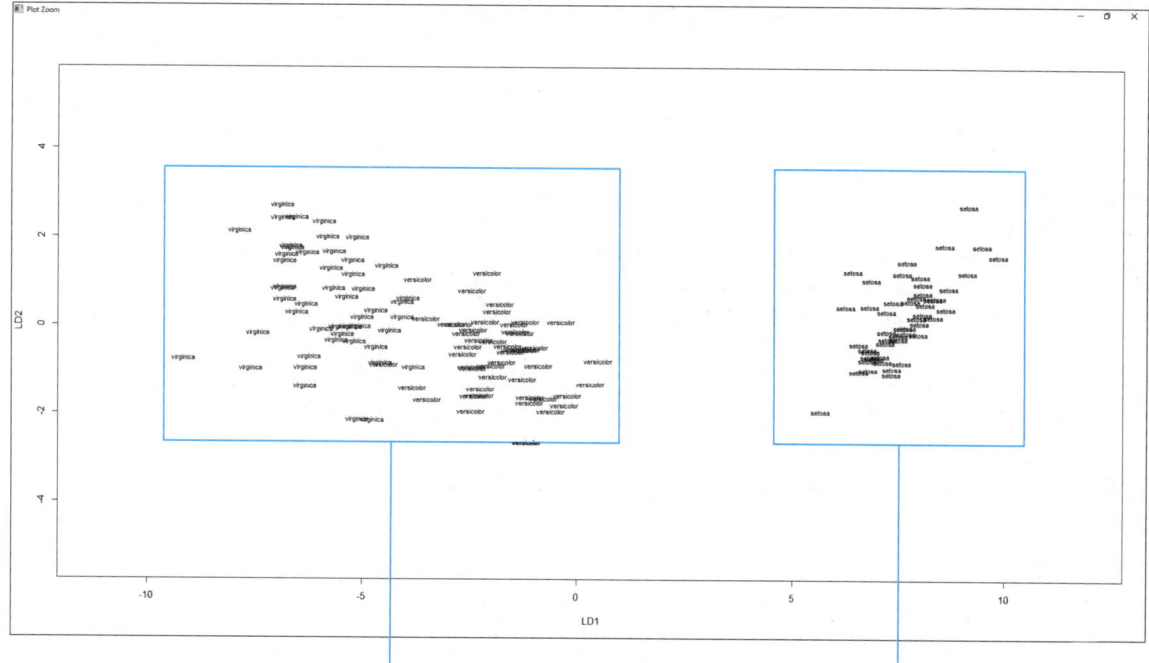

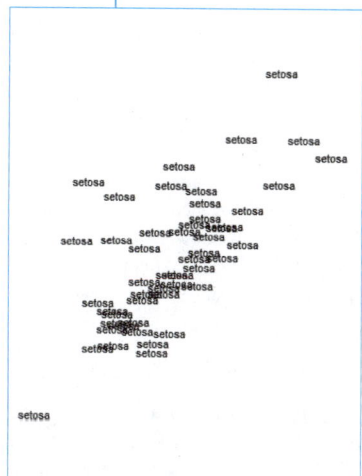

秘技 302 仔细分析判别分析的结果

这里是关键点! 作用predict()函数分析lda()函数的分析结果

扫码看视频

要详细分析lda()函数的判别分析结果，可以使用predict()函数。

• **predict()函数**
该函数用于输出判别分析的结果。

10-2 判别分析

格式	predict(object, newdata, prior = object$prior, dimen, method = c("plug-in", "predictive", "debiased"))	
参数	object	设定lda()函数的返回值lda类的对象
	newdata	设定要判别的数据框。如果不设定,寻找lda对象
	prior = object$prior	设定组的先验概率。默认使用lda对象的prior的值
	method = c("plug-in", "predictive", "debiased")	决定要怎样估计。默认的plug-in通常使用无偏估计量,假设是正确的值。设为debiased,则使用对数后验概率;设为predictive,则使用模糊先验分布的估计量

●对iris数据执行典型判别分析

使用iris数据的4个方面的测量值,分为4组,据此鸢尾花的品种,将结果使用predict()函数进一步分析。

列表1 执行判别分析(项目为Discriminant,源文件为script2.R)

```
library(MASS)            # 使MASS包可以正常使用
x <- iris[, 1:4]         # 将鸢尾花的测量结果赋值给向量
group <- iris[, 5]       # 将列Species赋值给向量作为分析数据的下标
result1 <- lda(x, group) # 执行典型判别
result2 <- predict(result1) # 分析判别结果
```

分析判别结果,具体如下。

列表2 输出predict()函数的分析结果

```
> result2
$class                 ——— 分类了的数据
  [1] setosa     setosa     setosa     setosa     setosa     setosa
  [7] setosa     setosa     setosa     setosa     setosa     setosa
 [13] setosa     setosa     setosa     setosa     setosa     setosa
      .
      .
      .
[139] virginica  virginica  virginica  virginica  virginica  virginica
[145] virginica  virginica  virginica  virginica  virginica  virginica
Levels: setosa versicolor virginica

$posterior             ——— 各个案例属于各组的后验概率
           setosa     versicolor    virginica
  [1,] 1.000000e+00  3.896358e-22  2.611168e-42
  [2,] 1.000000e+00  7.217970e-18  5.042143e-37
  [3,] 1.000000e+00  1.463849e-19  4.675932e-39
  [4,] 1.000000e+00  1.268536e-16  3.566610e-35
  [5,] 1.000000e+00  1.637387e-22  1.082605e-42
      .
      .
      .
[148,] 5.548962e-35  3.145874e-03  9.968541e-01
[149,] 1.613687e-40  1.257468e-05  9.999874e-01
[150,] 2.858012e-33  1.754229e-02  9.824577e-01

$x                     ——— 判别值
             LD1           LD2
  [1,]  8.0617998    0.300420621
  [2,]  7.1286877   -0.786660426
  [3,]  7.4898280   -0.265384488
  [4,]  6.8132006   -0.670631068
  [5,]  8.1323093    0.514462530
      .
      .
      .
[148,] -4.9677409    0.821140550
[149,] -5.8861454    2.345090513
[150,] -4.6831543    0.332033811
```

使用table()函数，将实际的组（鸢尾花的品种）和predict()函数返回值的class元素作为交叉表来查看是怎样判别的。

列表3 统计实际鸢尾花的品种和判别结果（控制台）

```
> table(group, result2$class)  # 合计判别结果
group       setosa versicolor virginica
  setosa        50          0         0
  versicolor     0         48         2
  virginica      0          1        49
```

结果为：
- 实际为setosa的数据中被判别为versicolor、virginica的为0个。
- 实际为versicolor的数据中被判别为setosa的为0个，被判别为virginica的为2个。
- 实际为virginica的数据中被判别为setosa的为0个，被判别为versicolor的为1个。

● 绘制判别分析的结果

通过将predict()函数返回的列表对象作为plot()函数的参数，可以绘制判别值，具体如下。

列表4 绘制predict()函数的返回值（控制台）

```
> plot(result2$x[,1], result2$x[,2])
```

▼ Plots窗口中显示的判别值的分布

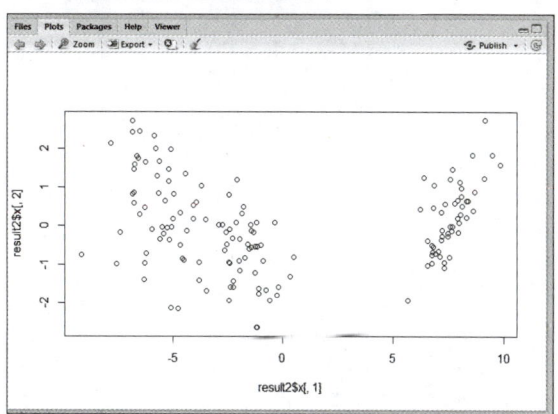

虽然知道了分布状况，但是花的每个品种的分布还不知道。为了用不同记号表示不同的品种的鸢尾花，我们试着使纵轴和横轴刻度的间隔相等来绘制判别值。

列表5 绘制判别值

```
# 不同品种的鸢尾花使用不同的记号绘制
plot(result2$x[,1],             # 判别值1
     result2$x[,2],             # 判别值2
     pch = as.integer(group),   # 设定每组的绘制记号
     ylim = c(-3, 3),           # 调整刻度的间隔
     asp = 1                    # 使纵轴和横轴刻度的间隔相等
)
```

▼ Plots窗口中显示的判别值的分布

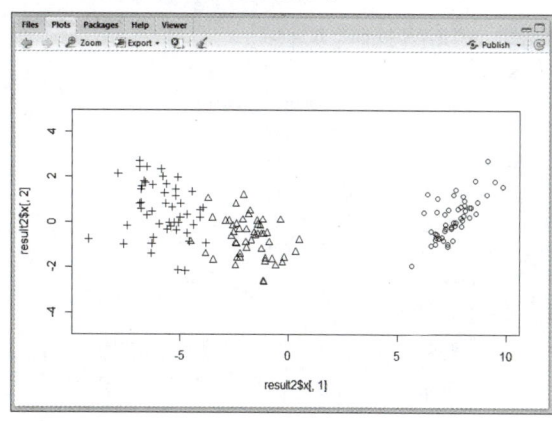

10-3 主成分分析

秘技 303 主成分分析之prcomp()函数的应用

扫码看视频

这里是关键点！ prcomp()函数

在R的样本数据中，汇总了1973年美国50个州的人口中，每10万人中3个种类犯罪的逮捕人数和城市居民比例的50行×4列的数据框USArrests。

列表1 USArrests的开头部分

```
> head(USArrests)
                         城市居民比例
          Murder Assault UrbanPop Rape
Alabama     13.2     236       58 21.2
Alaska      10.0     263       48 44.5
Arizona      8.1     294       80 31.0
Arkansas     8.8     190       50 19.5
California   9.0     276       91 40.6
Colorado     7.9     204       78 38.7
```

在这些数据中，3列犯罪的种类加上城市居民比例，共记录了4列数据，所以将这4列作为解释变量来执行主成分分析。

- **prcomp()函数**

  该函数执行主成分分析，将结果作为prcomp类的对象返回。

格式	prcomp(x, retx = TRUE, center = TRUE, scale. = FALSE, tol = NULL, …)
参数	x	设定分析目标的数据框或者数据列
	retx = TRUE	设定是否要返回旋转的变量
	center=TRUE	设定是否要移动，使数据的平均为0
	scale.=FALSE	设定是否要标准化，使数据的标准偏差为1。默认值是FALSE，但是为了标准化通常设为TRUE

首先，不执行标准化（使标准偏差为1），以默认的设定值来执行prcomp()函数。

列表2 执行主成分分析而不标准化

```
> result <- prcomp(USArrests)   # 不标准化
> result                         # 输出结果
Standard deviations(1, .., p=4):
[1] 83.732400 14.212402  6.489426  2.482790


Rotation(n x k) = (4 x 4):
                PC1         PC2         PC3         PC4
Murder   0.04170432 -0.04482166  0.07989066 -0.99492173
Assault  0.99522128 -0.05876003 -0.06756974  0.03893830
UrbanPop 0.04633575  0.97685748 -0.20054629 -0.05816914
Rape     0.07515550  0.20071807  0.97408059  0.07232502
```

用于分析解释变量的值的方差不同是很常见的。USArrests变量的方差大小不同，所以设定标准化，再执行一次prcomp()函数。

列表3 标准化并执行主成分分析（源代码收录在项目PrincipalComponet和源文件script.R中）

```
> result <- prcomp(USArrests, scale=TRUE) # 标准化
> result                                   # 输出结果
Standard deviations(1, .., p=4):
[1] 1.5748783 0.9948694 0.5971291 0.4164494 ———— 特征值的平方根


Rotation(n x k) = (4 x 4):
                PC1        PC2        PC3         PC4
Murder   -0.5358995  0.4181809 -0.3412327  0.64922780 ———— 特征向量
Assault  -0.5831836  0.1879856 -0.2681484 -0.74340748
UrbanPop -0.2781909 -0.8728062 -0.3780158  0.13387773
Rape     -0.5434321 -0.1673186  0.8177779  0.08902432
```

输出结果显示了解释变量每个特征值的平方根和特征向量。

是在计算主成分得分时作为权重使用的。另外，要计算主成分负荷量，需要特征值和特征向量。使用print.default()函数可以显示prcomp对象的列表中所有元素，所以使用该函数来确认。

● **计算主成分负荷量和特征值**

显示prcomp()函数的返回值时，显示的特征向量

列表4　查看prcomp对象的所有信息

```
> print.default(result)          # 输出prcomp对象的所有信息
$sdev
[1] 1.5748783 0.9948694 0.5971291 0.4164494 ───── 特征值的平方根

$rotation
                PC1        PC2        PC3         PC4
Murder   -0.5358995  0.4181809 -0.3412327  0.64922780 ───── 特征向量
Assault  -0.5831836  0.1879856 -0.2681484 -0.74340748
UrbanPop -0.2781909 -0.8728062 -0.3780158  0.13387773
Rape     -0.5434321 -0.1673186  0.8177779  0.08902432

$center
  Murder  Assault UrbanPop     Rape
   7.788  170.760   65.540   21.232 ───── 解释变量的平均值

$scale
   Murder   Assault  UrbanPop      Rape
 4.355510 83.337661 14.474763  9.366385 ───── 解释变量的标准偏差

$x ─────────────────────────────────────────── 主成分得分
                       PC1         PC2         PC3          PC4
Alabama        -0.97566045  1.12200121 -0.43980366  0.154696581
Alaska         -1.93053788  1.06242692  2.01950027 -0.434175454
Arizona        -1.74544285 -0.73845954  0.05423025 -0.826264240
.
.
.
New York       -1.66566662 -0.81491072 -0.63661186 -0.013348844
North Carolina -1.11208808  2.20561081 -0.85489245 -0.944789648
.
.
.
Washington      0.21472339 -0.96037394  0.61859067 -0.218628161
West Virginia   2.08739306  1.41052627  0.10372163  0.130583080
Wisconsin       2.05881199 -0.60512507 -0.13746933  0.182253407
Wyoming         0.62310061  0.31778662 -0.23824049 -0.164976866

attr(,"class")
[1] "prcomp"
```

使用sdev可以获取特征值的平方根，所以将其平方便能得到特征值。

主成分负荷量可以通过特征向量rotation和特征值的平方根sdev的矩阵计算获得。

列表5　计算特征值

```
> result$sdev^2
[1] 2.4802416 0.9897652 0.3565632 0.1734301
```
───── 4个解释变量的特征值

列表6　计算主成分负荷量

```
> t(t(result$rotation) * result$sdev)
                PC1        PC2        PC3         PC4
Murder   -0.8439764  0.4160354 -0.2037600  0.27037052
Assault  -0.9184432  0.1870211 -0.1601192 -0.30959159
UrbanPop -0.4381168 -0.8683282 -0.2257242  0.05575330
Rape     -0.8558394 -0.1664602  0.4883190  0.03707412
```

10-3 主成分分析

秘技 304 确认主成分所具有的信息量

难易程度 ●●●

这里是关键点！ 主成分的信息量

扫码看视频

主成分分析是当存在大量解释变量时，将其替换为少量的以便更容易解释数据的分析方法。如果原始数据中有p个解释变量，那么可以知道有第1主成分到第p成分，而每个主成分总结原始信息的程度，可以通过主成分对应的特征值的大小来知道。

R的样本数据USArrests的第1主成分到第4成分的特征值及其合计如下。

列表1 USArrests的主成分的特征值（源代码收录在项目PrincipalComponet、源文件script2.R中）

```
> result$sdev^2  # 计算特征值
[1] 2.4802416 0.9897652 0.3565632 0.1734301
> sum(result$sdev^2)  # 计算特征值的合计
[1] 4
```

这4个主成分的和是4。因此，每个主成分具有的信息和总体的比例等于特征值除以特征值的个数。

列表2

```
> 2.4802416/4  # 第1主成分的信息量
[1] 0.6200604
> 0.9897652/4  # 第2主成分的信息量
[1] 0.2474413
```

主成分中有意义的是对应的特征值是1或者更大。特征值小于1，表示这个主成分具有的信息小于原始的解释变量。第1主成分为2.480…相当大的值，第2主成分为0.989…勉强为1。第3主成分之后的值很小，所以采用第1主成分和第2主成分，即0.62+0.247= 0.867，两个主成分概括了约87%的原信息。

●**将特征值绘制为条形图并确认**

当解释变量很多或者特征值为1以上的很多时，使用screeplot()函数生成条形图可以很容易确认。

列表3 将主成分对应的特征值绘制为条形图

```
> screeplot(result)  # 将主成分对应的特征值绘制为条形图
```

▼第1～第4主成分对应的特征值的图表

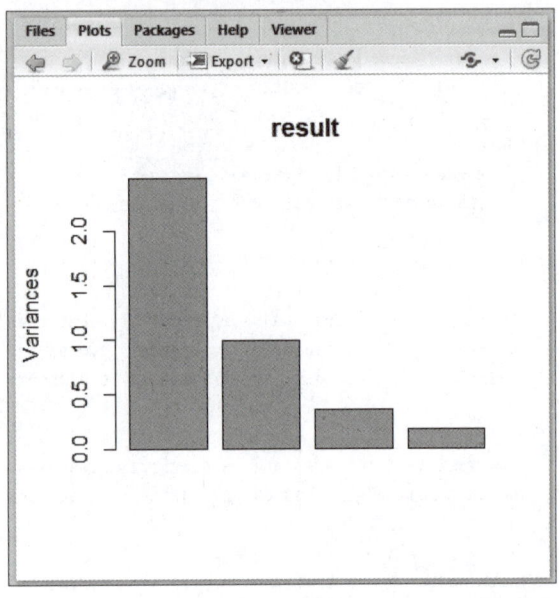

纵轴是特征值，根据采用特征值为1或更大的规定，从图表中很容易就能判断本例采用第1主成分和第2主成分。

秘技 305 绘制主成分负荷量并查看变量之间的关系

难易程度 ●●●

这里是关键点！ 第1主成分和第2主成分的二维图

扫码看视频

主成分负荷量相当于主成分和原始解释变量的相关系数。下面将使用样本数据USArrests的第1主成分到第4主成分的主成分负荷量来调查相关关系。

列表1 主成分负荷量（源代码收录在项目PrincipalComponet、源文件script3.R中）

```
> result <- prcomp(USArrests, scale=TRUE)   # 执行主成分分析
> t(t(result$rotation) * result$sdev)       # 计算主成分负荷量
                PC1        PC2        PC3        PC4
Murder   -0.8439764  0.4160354 -0.2037600  0.27037052
Assault  -0.9184432  0.1870211 -0.1601192 -0.30959159
UrbanPop -0.4381168 -0.8683282 -0.2257242  0.05575330
Rape     -0.8558394 -0.1664602  0.4883190  0.03707412
```

第2主成分的主成分负荷量PC2和Murder的相关函数是0.4160354，和**UrbanPop**的相关函数是-0.8683282，所以我们可以知道Murder和**Urban-Pop**（城市居民比例）是完全相反的关系。

●绘制第1、第2主成分的负荷量

虽然主成分可以只计算变量的个数，但通常是计算第1主成分和第2主成分的负荷量，并将其用二维图表来表示。第1主成分和第2主成分的累计贡献率也达到了90%，所以这两个足够了。

列表2 绘制第1主成分和第2主成分的负荷量

```
> text(loadings[,1],
+      loadings[,2],
+      labels = paste(c("Murder", "Assault",
+                       "UrbanPop", "Rape")),pos=3)
> plot(loadings[,1], # 第1主成分的负荷量
+      loadings[,2], # 第2主成分的负荷量
+      asp = 1       # 使纵轴和横轴的刻度相同
+      )
> abline(h=0, v=0)   # 显示坐标轴
> text(loadings[,1],
+      loadings[,2],
+      labels = paste(c("Murder", "Assault",
+                       "UrbanPop", "Rape")),pos=3)
```

▼将第1主成分作为横轴、第2主成分作为纵轴，绘制主成分负荷量

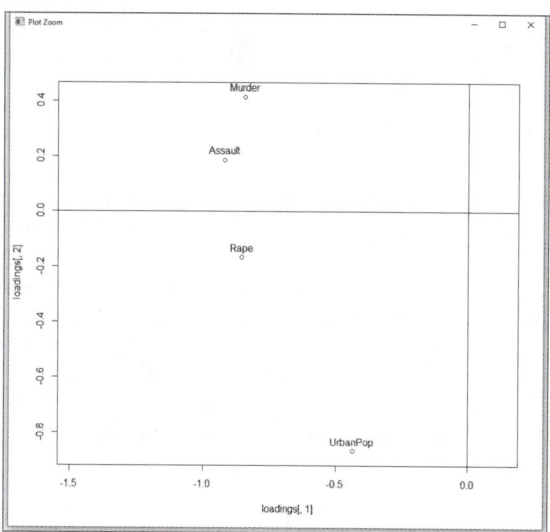

原点附近的变量与每个主成分的相关性都较弱，并且越远离两端的相关性越强。另外，以原点为中心，位于两端的变量，彼此具有相反的特性。

秘技 306 绘制所有主成分得分

难易程度 ●●●

这里是关键点！ 从第1主成分和第2主成分中生成的图中配置得分

扫码看视频

参照prcomp()函数返回的列表的x元素便可以知道主成分。下面我们来查看样本数据USArrests的主成分得分。

列表1 查看主成分得分（源代码收录在项目PrincipalComponet、源文件script4.R中）

```
> result <- prcomp(USArrests, scale=TRUE)  # 执行主成分分析
> result$x       # 参照主成分得分
               PC1        PC2        PC3         PC4
Alabama  -0.97566045  1.12200121 -0.43980366  0.154696581
Alaska   -1.93053788  1.06242692  2.01950027 -0.434175454
Arizona  -1.74544285 -0.73845954  0.05423025 -0.826264240
.
```

10-3 主成分分析

```
Montana         1.17353751  0.53147851  0.24440796  0.122498555
Nebraska        1.25291625 -0.19200440  0.17380930  0.015733156
Nevada         -2.84550542 -0.76780502  1.15168793  0.311354436
New Hampshire   2.35995585 -0.01790055  0.03648498 -0.032804291
New Jersey     -0.17974128 -1.43493745 -0.75677041  0.240936580
New Mexico     -1.96012351  0.14141308  0.18184598 -0.336121113
New York       -1.66566662 -0.81491072 -0.63661186 -0.013348844
North Carolina -1.11208808  2.20561081 -0.85489245 -0.944789648
North Dakota    2.96215223  0.59309738  0.29824930 -0.251434626

Wisconsin       2.05881199 -0.60512507 -0.13746933  0.182253407
Wyoming         0.62310061  0.31778662 -0.23824049 -0.164976866
```

对于主成分得分，每个主成分的平均值为0，对应无偏方差的特征值。

列表 2 主成分得分的每个主成分的平均值、无偏方差和特征值的关系

```
> colMeans(result$x)  # 主成分得分的每个主成分的平均值
        PC1           PC2           PC3           PC4
3.691492e-17  3.619327e-16  2.375183e-16 -1.916176e-16   ——— 本质上是0
> apply(result$x, 2, var)  # 主成分得分的无偏方差
      PC1       PC2       PC3       PC4
2.4802416 0.9897652 0.3565632 0.1734301
> result$sdev^2                   # 计算特征值
[1] 2.4802416 0.9897652 0.3565632 0.1734301
```

各主成分得分间的相关为0。

列表 3 各主成分得分间的相关

```
> cor(result$x)        # 获取主成分得分间的相关
              PC1           PC2           PC3           PC4
PC1  1.000000e+00 -2.433216e-16  1.198072e-16  2.711349e-17
PC2 -2.433216e-16  1.000000e+00 -3.408642e-16  2.391221e-16
PC3  1.198072e-16 -3.408642e-16  1.000000e+00 -6.291647e-16
PC4  2.711349e-17  2.391221e-16 -6.291647e-16  1.000000e+00
```

● 绘制主成分得分

绘制所有的主成分得分。各个主成分负荷量为正或者为负值时的意思反映在主成分得分上。

列表 4 绘制主成分得分

```
plot(result$x[,1],   # 第1主成分的负荷量
     result$x[,2],   # 第2主成分的负荷量
     asp = 1         # 使纵轴和横轴的刻度相同
)
abline(h=0, v=0)     # 显示坐标轴
# 显示标签
text(result$x[,1],
     result$x[,2],
     labels = 1:50,
     pos=3)
```

▼ 绘制所有的主成分得分

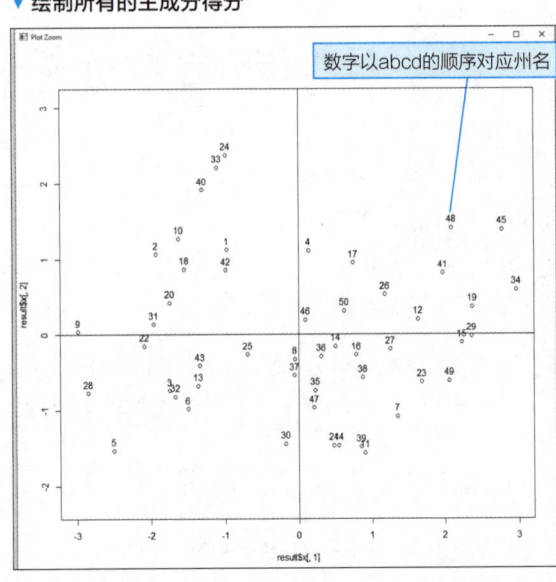

数字以abcd的顺序对应州名

10-3 主成分分析

扫码看视频

秘技 307 在一个图中显示主成分负荷量和主成分得分

难易程度 ●●●

这里是关键点！ biplot()函数

双标图可以将主成分负荷量和主成分得分在一个图中显示，可以使用biplot()函数实现的。

- **biplot()函数**

将主成分负荷量和主成分得分在一个图中显示。

| 格式 | biplot (prcomp()函数返回的对象, choice = c(作为横轴的主成分, 作为纵轴的主成分)) |

列表1 将主成分分析的结果绘制为双标图

```
> result <- prcomp(USArrests, scale=TRUE)
# 执行主成分分析
> biplot(result, choices = c(1, 2)) # 绘制双标图
```

▼主成分分析的双标图

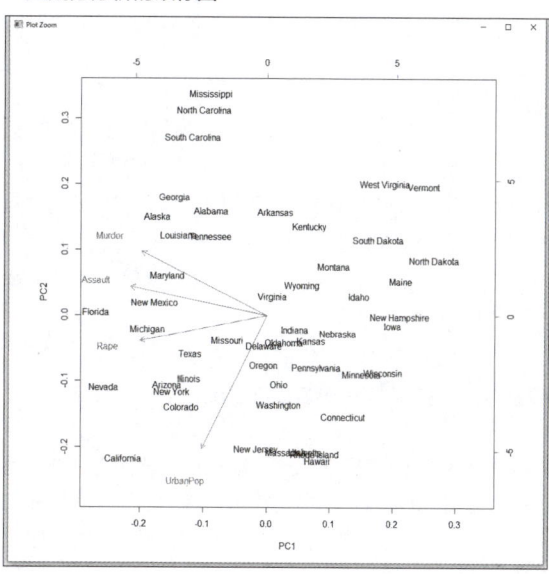

箭头表示主成分负荷量，箭头的头部是主成分负荷量的值，显示解释变量的名称。各案例的主成分得分由名称的位置来表示。

秘技 308 主成分分析的思路

难易程度 ●●●

这里是关键点！ 第1主成分是相当于综合实力的成分

在之前的秘技中执行了主成分分析，下面我们来看一下主成分分析的基本思路。

主成分分析的目的是当区分数据的项目（变量）有很多时，缩小其范围，以便更容易解释数据。具体的做法是，创建合成了多个数据项目的元素，并用其解释数据。

▼主成分分析

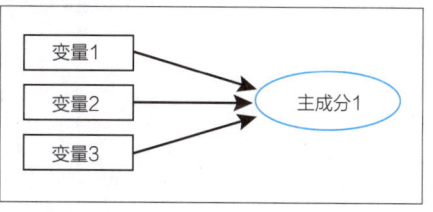

● **主成分分析的基本思路**

主成分分析是当数据中有很多变量（数据可取值）时，将其替换为少量的（大致1~3）变量，使数据更容易解释的分析方法。

例如，有数学、物理、地理、英语、国语这5个科目的测试结果，变量的个数是5，可以从这个结果中根据分析生成综合的学习力、理科的学习力、文科的学习力这样新的指标（称为主成分）。分析的关键点是不能以某一科的得分高就判定综合的实力高，理科科目的分数高就倾向理科，而是应综合考虑。对比将变量作为解

313

10-3 主成分分析

释变量，将主成分作为被解释变量更容易理解，所以表示变量和主成分的关系如下。

▼变量和主成分的关系

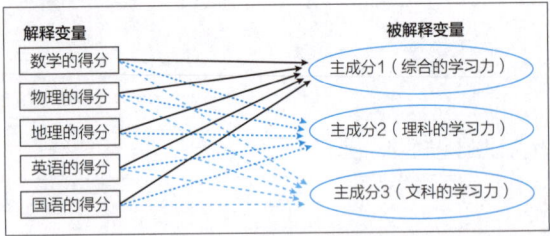

由图表可知，箭头从5个解释变量指向被解释变量，即数学、物理、地理、英语和国语这5个变量共同表示了综合学习力（主成分1）、理科的学习力（主成分2）、文科的学习力（主成分3）。

主成分分析中的主成分不是实在的变量，而是从解释变量中产生的分析的产物。

● 使用主成分分析计算出的主成分

在上面的图中，主成分的个数是3，但实际上是计算了解释变量个数的主成分。首先得到的第1主成分相当于综合的学习能力，是涵盖所列举的5个科目测试结果的综合学习能力。之后计算的第2主成分、第3主成分分别是理科的学习力和文科的学习力。

但是，第2主成分之后是和分析人的意图不相关的并通过数学计算得到的，所以是分析人自己给它们添加含义的。主成分是通过计算得到的数字，对此我们通过图表来解释它的含义。

虽然获取了解释变量个数的主成分，但实际应用中通常仅采用第1主成分和第2主成分，并将它们用二维图表示。

▼使用第1主成分和第2主成分绘制所有的数据（用点表示）

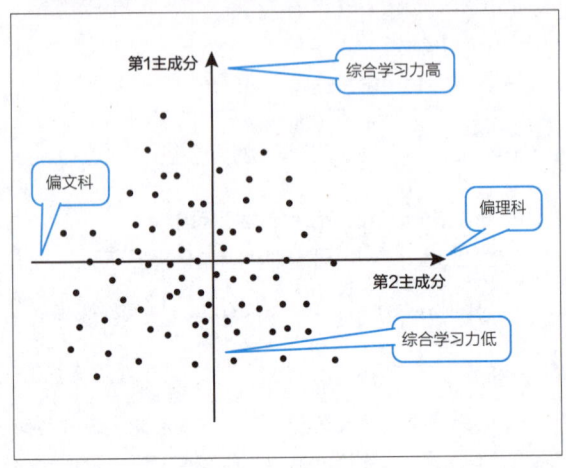

秘技 309 通过主成分分析确认试听参与者的适当性

扫码看视频

这里是关键点！ 变量为5个时的主成分分析

本例以对某经纪公司最终选拔的20名试听参与者唱歌、舞蹈、演技等5个科目的考核数据为例进行操作讲解。

▼读取"最终选拔结果.txt"并显示在工作窗口中

	演技	舞蹈	唱歌	表达	镜头感
A	68	81	65	58	47
B	80	70	78	68	68
C	43	73	58	68	58
D	58	68	58	91	91
E	8	63	38	3	53
F	16	53	18	38	38
G	48	33	68	78	53
H	48	36	68	78	53
I	43	28	13	48	41
J	56	55	55	59	43
K	68	78	58	56	45
L	88	88	85	78	78
M	48	81	65	75	58
N	38	48	28	53	43
O	28	63	38	53	48
P	68	53	48	88	78
Q	13	54	58	38	68
R	28	53	53	36	33
S	35	35	33	33	43
T	38	28	28	48	31

将使用主成分分析获得的第1主成分的负荷量作为综合能力,在一定值以上的人为合格,对合格的人再进一步判断是适合偶像系还是演员系。

●变量超过两个时的主成分分析

变量的个数超过两个时,即使用多元主成分分析。如果有3个变量,则对应 x、y、u 轴。可以使用3D散点图表示数据的分布。

▼3个变量时轴有3个,5个变量时轴有5个

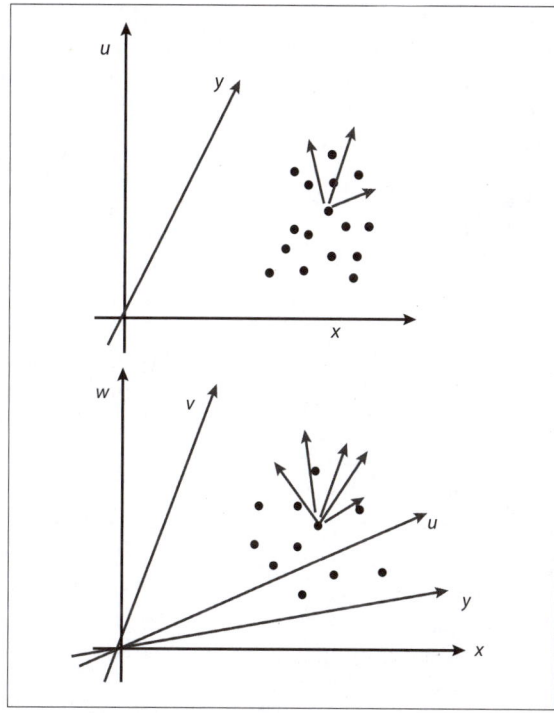

无论有多少变量,使用第1主成分和第2主成分,都可以大致表示数据的分布情况。

●执行主成分分析

将制表符分隔的数据文件"最终选拔结果.txt"读取到数据框并进行主成分分析。

▼在一个图中显示5个变量的主成分负荷量和主成分得分(双标图)

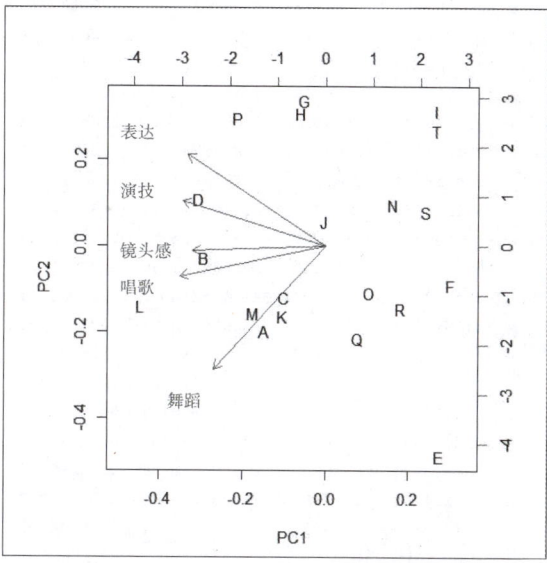

列表1 执行标准化的主成分分析(收录在项目Audition、数据文件"最终选拔结果.txt"、源文件script.R中)

```
# 读取文件并存储到data中
data <- read.delim("最终选拔结果.txt",
                   header=TRUE,
                   row.names=1,
                   fileEncoding="CP936")

# 执行主成分分析
result <- prcomp(data, scale=TRUE)
```

运行源代码,输出结果如下。

列表2 输出主成分分析的结果(控制台)

```
> print.default(result)
$sdev
[1] 1.7572956 0.9225623 0.7426026 0.5803101 0.4154183

$rotation
              PC1          PC2         PC3         PC4          PC5
演技    -0.4749459   0.26509769  -0.5298149   0.3094570  -0.572435253
舞蹈    -0.3671043  -0.76733225  -0.1527042   0.3991061   0.306319048
唱歌    -0.4831981  -0.17558191  -0.1526844  -0.8440121   0.004639239
表达    -0.4588001   0.55590650   0.0416973   0.1431948   0.676924655
镜头感  -0.4423605  -0.03260961   0.8191009   0.1099520  -0.346753530

$center
   演技      舞蹈      唱歌      表达     镜头感
  46.00     56.90     50.65     57.35     53.50
```

```
$scale
     演技     舞蹈     唱歌     表达    镜头感
21.73525 18.68267 19.64226 21.59258 16.00493

$x
         PC1         PC2           PC3         PC4         PC5
A -1.1414496 -0.8198019 -1.176200e+00  0.17110800 -0.01967499
B -2.3002212 -0.1231924 -3.858035e-01 -0.24104277 -0.65447505
C -0.7822787 -0.4985304  1.352668e-01  0.08693964  0.58110183
D -2.4125950  0.4146834  1.543787e+00  0.57292554  0.11015992
E  2.1903319 -1.9991697  8.442109e-01 -0.23102258 -0.59521030
F  2.3749171 -0.3804518  1.863230e-01  0.65769821  0.44764010
G -0.4258421  1.3835781  2.601874e-02 -1.09409216  0.21777016
H -0.4258421  1.3835781  2.601874e-02 -1.09409216  0.21777016
I  2.1037676  1.2716903 -5.577394e-02  0.80982535 -0.42602722
J -0.0330395  0.2249918 -7.962253e-01 -0.14632036 -0.01427787
K -0.8125276 -0.6814290 -1.203485e+00  0.38080215 -0.08988490
L -3.4897928 -0.5904079 -2.512562e-01  0.09161154 -0.47154486
M -1.3696672 -0.6484782 -9.289621e-02  0.07466373  0.80168779
N  1.2895184  0.3798360 -1.019536e-01  0.56824516  0.15053562
O  0.8290963 -0.4577861  1.973587e-01  0.35096258  0.55387605
P -1.6673168  1.1913695  8.292573e-01  0.71535409 -0.21390681
Q  0.6076547 -0.8767973  1.475687e+00 -0.87623353 -0.09746883
R  1.4323940 -0.5882594 -6.380036e-01 -0.72298558  0.18549327
S  1.9124769  0.3175803 -5.783904e-05 -0.09965767 -0.60941740
T  2.1204159  1.0969969 -5.622740e-01  0.02540082 -0.07414665

attr(,"class")
[1] "prcomp
```

● **计算主成分负荷量并绘图**

计算主成分负荷量，根据计算结果绘制图表。

列表3 计算主成分负荷量并绘制图表

```
# 计算主成分负荷量
loadings <- t(t(result$rotation) * result$sdev)
# 输出主成分负荷量
print(loadings)

plot(loadings[,1], # 将第1主成分的负荷量作为横轴
     loadings[,2], # 将第2主成分的负荷量作为纵轴
     asp = 1       # 使纵轴和横轴的刻度相等
)
abline(h=0, v=0)   # 显示坐标轴
# 显示标签
text(loadings[,1],
     loadings[,2],
     labels = paste(c("演技", "舞蹈",
                      "唱歌", "表达", "镜头感")),
     pos=3)
```

执行源代码，在控制台输出主成分负荷量，并输出将第1主成分负荷量作为横轴，第2主成分负荷量作为纵轴的图表。

列表4 在控制台输出的主成分负荷量

```
> # 输出主成分负荷量
> print(loadings)
              PC1        PC2         PC3         PC4          PC5
演技   -0.8346204  0.2445691 -0.39344198  0.17958101 -0.237800086
舞蹈   -0.6451108 -0.7079118 -0.11339854  0.23160532  0.127250541
唱歌   -0.8491220 -0.1619852 -0.11338387 -0.48978877  0.001927225
表达   -0.8062475  0.5128584  0.03096453  0.08309737  0.281206897
镜头镜 -0.7773582 -0.0300844  0.60826652  0.06380623 -0.144047766
```

第1主成分的负荷量都是负数，并且是相似的值，具体如下。

列表5 第1主成分的负荷量

```
            PC1
演技   -0.8346204
```

舞蹈	-0.6451108
唱歌	-0.8491220
表达	-0.8062475
镜头感	-0.7773582

▼将第1主成分的负荷量作为横轴，第2主成分的负荷量作为纵轴绘制图表

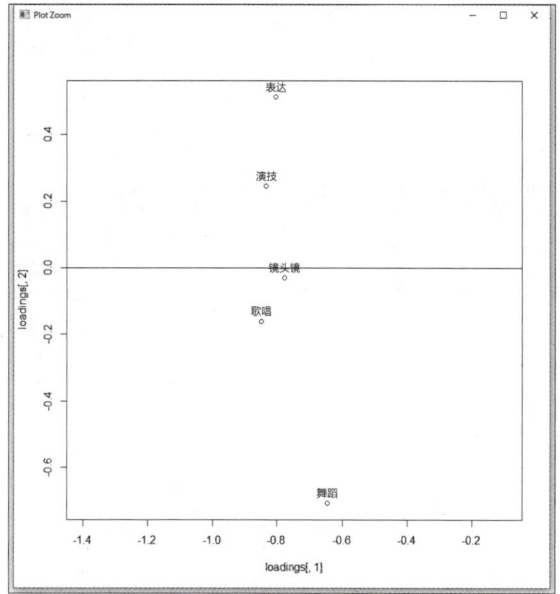

第1主成分所有值都是负数，可以解释为综合能力高，可以按照唱歌、演技、表达的顺序提高作为综合能力评价的成分。

第2主成分的主成分负荷量中，表达、演技是正数，唱歌、舞蹈是负数，镜头感虽然是负数，但基本接近0。将第2主成分用来表示演员系/偶像系的适应性。第2主成分是从去除了第1主成分信息的数据中获取的，即从没有纳入第1主成分的剩下的信息中获取的，也就是和分析人的意图无关，是根据数学上的计算自动得出的，所以主成分负荷量自身并没有明确的含义。

但是，分析者可以事后判断如果负荷量是正数，表达什么含义；如果负荷量是负数，表达什么含义。可以理解为：

· 如果第2主成分的负荷量是正数，那么是演员系。
· 如果第2主成分的负荷量是负数，那么是偶像系。

唱歌和舞蹈是偶像系必须具备的才能，但是也包含了值接近0的镜头感，因为需要曝光于各种媒体，所以要求上镜。

分析的主旨是在判断了合格的基础上判断适合偶像系，还是适合演员系，所以使用第1主成分作为综合能力判断是否合格，使用第2主成分判断是偶像系还是演员系。

●绘制选拔对象的第1主成分、第2主成分得分

因为已经知道了主成分得分，所以将第1主成分的得分作为横轴，将第2主成分的得分作为纵轴，试着绘制所有选拔对象的得分。

列表6 绘制选拔对象的第1、第2主成分得分

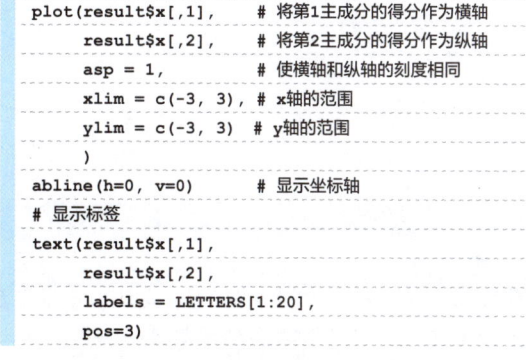

▼全部选拔对象的第1主成分和第2主成分的得分

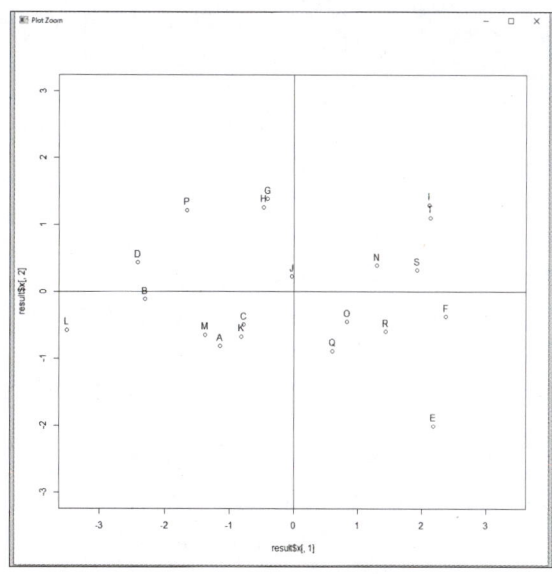

这里合格的标准是第1变量的得分大于0（正数）。演员系/偶像系的判断是以第2变量的得分为基准的：

· 如果第2变量的得分是正数，那么判断为演员系。
· 如果第2变量的得分是负数，那么判断为偶像系。

查看选拔对象L，综合能力第1，但是表示个性的演员系/偶像系却很一般，总体上来说应该是偶像系。

接着查看J，综合能力勉强合格，演员系/偶像系也勉强算是演员系。

I虽然综合能力不够合格线，但是演员系/偶像系是演员系最强的。

最后来看F，很可惜离合格线很远，另外演员系/偶像系

10-4 因子分析

像系也是没有特点的得分。

总结如下。

第1变量的得分比0大（正数）→ 合格

第2变量的得分是正数（演员系）
D、G、H、J、P

第2变量的得分是负数（偶像系）
A、B、C、K、L、M：

结果是：合格者11名中5名作为演员培养，6名作为偶像培养。

像这样，将数据汇总为主成分，并将其用二维图来表示，数据的特性便能一目了然了。

> **补充关键点**
> 第2主成分的负荷量是负数，可以代表艺术系；如果是正数，可以表示适合综艺；负数是模特系，正数是报道员/采访记者等，分析后可以做出各种解释，本例的划分仅作示例讲解的参考，实际应用中要具体问题具体分析。

10-4 因子分析

秘技 310 利用因子分析分析5个变量以读取其趋势

难易程度 ●●●

这里是关键点！ 没有添加旋转处理的因子分析

扫码看视频

因子分析和主成分分析一样是用来概括数据的分析方法，不同的是因子分析是新建所有项目（变量）共通的元素，并以这个共通的元素为基准进行的分析。

●主成分分析是似是而非的因子分析

通过主成分分析创建的变量中有表示综合力的，除此之外的变量是相反的内容，例如前面案例的测试结果，创建了表示综合力的变量、表示文科能力和理科能力的变量。与之相对的，因子分析的变量中没有综合能力，而是1个变量1个概念。例如，第1个变量只是表示文科能力，第2个变量只是表示理科能力。

上述的"变量"虽然是抽象的理解，但是在因子分析中根据分析者的想法可以做出各种解释。换句话说，某种程度上可以像分析者想要展示的那样表达结果。从这一点来看，因子分析不适合用在诸如经济学、生物学和农业等需要某种程度客观性评价的领域中，并且尤其不适合用于需要精确计算的物理和医学等领域。

但是，在心理学和销售学等需要演示的领域中，相比主成分分析，因子分析更常用。这是因为主成分分析是客观的，而因子分析中可以加入主观的元素。

●使用因子分析来解读5个变量的数据

以下为20名学生的数学、物理、地理、英语、国语成绩20名学生的测试成绩，执行因子分析计算每个科目的因子负荷量，考察各科目的特征。

▼将制表符分隔的"测试结果.txt"读取到数据框并显示在工作窗口中

	数学	物理	地理	英语	国语
A	73	65	85	100	71
B	52	56	82	67	60
C	39	53	78	52	72
D	23	43	63	35	59
E	37	45	67	39	70
F	52	51	74	65	69
G	63	56	79	90	70
H	39	49	73	64	60
I	34	48	66	57	68
J	58	59	78	87	66
K	41	51	70	60	72
L	69	56	74	81	66
M	64	65	82	100	72
N	16	45	63	7	59
O	59	59	78	59	62
P	57	54	84	73	72
Q	46	54	71	43	62
R	23	49	64	33	70
S	39	48	71	29	66
T	46	55	68	42	61

Showing 1 to 20 of 20 entries, 5 total columns

10-4 因子分析

因子分析使用factanal()函数执行。

• factanal()函数

该函数根据最大似然法执行因子分析。

格式	factanal(x, factors, data = NULL, covmat = NULL, n.obs = NA, subset, na.action, start = NULL, scores = c("none", "regression", "Bartlett"), rotation = "varimax", control = NULL, …)	
参数	x	设定数据框或者数据矩阵
	factors	指示获取的因子个数
	covmat	如有必要，设定协方差矩阵或者协方差列表
	n.obs = NA	观察值个数。covmat为协方差矩阵时使用
	subset	x为矩阵或者表达式时，设定使用的数据集
	na.action	x为表达式时，设定缺失值的处理方法
	start = NULL	设定自定义的初始值时，赋予初始值
	scores = c("none", "regression", "Bartlett")	设定因子得分的计算方法。默认是none。设为"regression"时，根据回归法执行估计；设为"Bartlett"时，根据Bartlett法使用加权最小二乘法来估计
	rotation = "varimax"	设定用于旋转因子的函数名。默认是varimax()函数。设为"promax"，则根据promax()函数执行promax旋转；设为"none"，则不调用函数，不旋转因子
	control = NULL	必要时设定下面的控制变量列表 ・nstart start=NULL 要尝试的初始值的个数，默认是1 ・trace 逻辑值，是否输出执行过程，默认是FALSE ・lower 优化过程中唯一性的下限的正值，默认是0.005 ・opt 传给函数optim()的控制变量列表 ・rotate 旋转函数的追加参数列表

将"测试结果.txt"读取到数据框，执行没有旋转处理的因子分析。

列表1 对20名学生5个科目的测试结果执行因子分析（项目为FactorAnalysis，数据为"测试结果.txt"，源文件为script.R）

```
# 读取文件并存储到data中
data <- read.delim("测试结果.txt",
                   header=TRUE,
                   row.names=1,
                   fileEncoding="CP936")

result <- factanal(data,         # 设置数据框
                   factors = 2,  # 抽取的因子个数是2
                   rotation = "none" # 不执行旋转处理
                   )

# 将表示因子负荷量的最小值设为0.01并输出结果
print(result, cutoff = 0.01)
```

运行源代码并查看结果。

列表2 因子分析的结果（控制台）

```
> print(result, cutoff = 0.01)

Call:
factanal(x = data, factors = 2, rotation = "none")

Uniquenesses:
   数学   物理   地理   英语   国语
  0.099  0.145  0.211  0.005  0.767

Loadings:
     Factor1 Factor2
数学  0.896   0.315
物理  0.826   0.414
地理  0.826   0.327
英语  0.997  -0.032
国语  0.452  -0.168

               Factor1 Factor2
SS loadings      3.365   0.407
Proportion Var   0.673   0.081
Cumulative Var   0.673   0.755

Test of the hypothesis that 2 factors are sufficient.
The chi square statistic is 0.3 on 1 degree of freedom.
The p-value is 0.584
```

Uniquenesses是共通性初始值，是通过从1减去因子得到的值。

Loadings是因子负荷量。

▼因子负荷量

	因子1	因子2
数学	0.896	0.315
物理	0.826	0.414
地理	0.826	0.327
英语	0.997	-0.032
国语	0.452	-0.168

将因子1的共通因子设为F，因子2的共通因子设为G，那么这次两个因子模型的关系可以使用下面的通径图来表示。

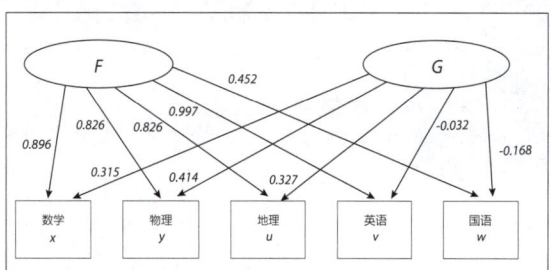

10-4 因子分析

●绘制因子分析的结果

在将共通因子F作为横轴、共通因子G作为纵轴的图表中，绘制每个变量的因子负荷量。

列表3 将分析结果绘制到图表中

```
# 绘制因子负荷量
plot(result$loadings[,1], # 因子1作为x轴
     result$loadings[,2], # 因子2作为y轴
     asp = 1,             # 使纵轴和横轴的刻度相同
     xlim = c(-0.2, 1.3), # x轴的范围
     ylim = c(-0.2, 1.3)  # y轴的范围
)

abline(h=0, v=0)          # 显示坐标轴
# 显示标签
text(result$loadings[,1],
     result$loadings[,2],
     labels = paste(
              c("数学", "物理", "地理", "英语", "国语")),
     pos=3   # 设定点和标签的间隔
)
```

▼ Plots视图

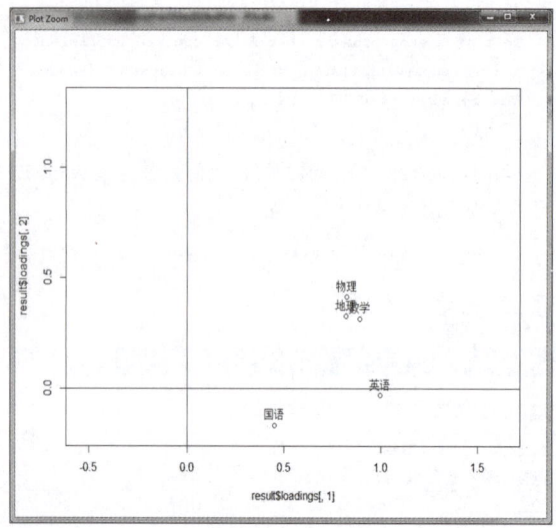

查看横向的F轴（因子1），英语的值最大，接下来是数学，物理和地理是相同的值。想要将共通因子F表示理科能力，但是最高的是英语，物理和地理是相同的值，所以F不能说明"理科能力"。

如果解释为包含英语和地理的"左脑的能力"可以吗？虽然没有科学的证据，但因为有"左脑掌管理论能力，右脑掌管感性能力"这样的研究，所以可以认为"左脑爱讲道理""右脑是艺术的感性"。数学和物理没有必要再说，英语需要语言解释，地理则是包含了地域学、政治学、民俗学等领域的学问，需要左脑的能力。

另外，纵向的G轴（因子2）才更应该解释为"理科能力"。最大值是物理，接下来是地理和数学，地理总的来说偏向理科。负数的部分可以认为是"文科能力"，英语总的来说偏向文科，国语则完全是"文科能力"。

像这样，如果有可以说明的理由，则可以使分析结果更容易理解，这就是因子分析的便利之处。但是，上述分析中查看横向的F轴时，国语孤零零地被分开，解释为左脑的能力则稍微有点难以理解。对此，可以使用通过一起旋转F轴和G轴，使分析结果更容易解释的正交旋转来考虑新的解释。关于正文旋转，在接下来的秘技中会有所说明。

秘技 311 旋转因子轴以便于解释因子

难易程度 ▶

这里是关键点！ 根据varimax法的正交旋转

扫码看视频

通过旋转因子轴移动因子负荷量图表中元素的相对位置，会使因子分析更容易理解。旋转因子轴可以分为**正交旋转**和**斜交旋转**，可以使用因子分析函数factanal()中默认值的**varimax**法来实现。

●旋转因子分析的因子轴

下面将对上一个秘技中使用的5个变量的数据"测试结果.txt"进行因子分析，在此基础上使用varimax法旋转因子轴。

列表1 使用varimax法执行因子分析，分析20名学生5个科目的测试结果（项目为FactorAnalysis，数据为"测试结果.txt"，源文件为script2.R）

```
# 读取文件并存储在data中
data <- read.delim("测试结果.txt",
                   header=TRUE,
                   row.names=1,
                   fileEncoding="CP936")

result_vmx <- factanal(data,      # 设置数据框
                       factors = 2,      # 抽取的因子个数是2
                       rotation = "varimax"
                                         # 根据varimax法的旋转
)

# 将表示因子负荷量的最小值设为0.01并输出结果
print(result_vmx, cutoff = 0.01)
```

使用factanal()函数的默认参数rotation="varimax"执行正交旋转因子轴。

运行源代码并查看结果。

列表2 因子分析的结果（控制台）

```
> print(result_vmx, cutoff = 0.01)

Call:
factanal(x = data, factors = 2, rotation = "varimax")

Uniquenesses:
   数学   物理   地理   英语   国语
 0.099  0.145  0.211  0.005  0.767

Loadings:
     Factor1 Factor2
数学  0.834   0.454
物理  0.861   0.337
地理  0.796   0.394
英语  0.644   0.762
国语  0.178   0.449

               Factor1 Factor2
SS loadings      2.516   1.257
Proportion Var   0.503   0.251
Cumulative Var   0.503   0.755

Test of the hypothesis that 2 factors are sufficient.
The chi square statistic is 0.3 on 1 degree of freedom.
The p-value is 0.584
```

在Loadings中显示的因子负荷量。

▼因子负荷量

	因子1	因子2
数学	0.834	0.454
物理	0.861	0.337
地理	0.796	0.394
英语	0.644	0.762
国语	0.178	0.449

●绘制因子分析的结果

将共通因子F（因子1）设为横轴、共通因子G（因子2）设为纵轴，按每个变量绘制因子负荷量。

列表3 将分析结果绘制在图表中

```
# 绘制因子负荷量
plot(result_vmx$loadings[,1], # 因子1作为x轴
     result_vmx$loadings[,2], # 因子2作为y轴
     asp = 1,                 # 使纵轴和横轴的刻度相同
     xlim = c(-0.2, 1.3),     # x轴的范围
     ylim = c(-0.2, 1.3),     # y轴的范围
)

abline(h=0, v=0)              # 显示坐标轴
# 显示标签
text(result_vmx$loadings[,1],
     result_vmx$loadings[,2],
     labels = paste(
       c("数学", "物理", "地理", "英语", "国语")),
     pos=3                    # 设定点和标签的间隔
)
```

▼Plots视图

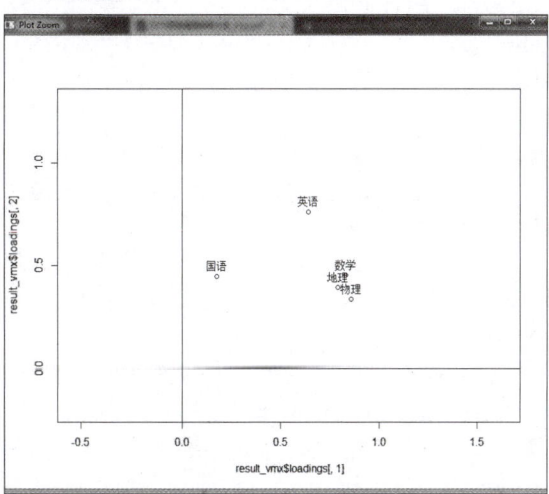

从旋转前的因子负荷量的分布来看，varimax旋转的效果这样似乎就是极限了。原本横向F轴负数部分中的国语和英语移动到了正数部分，对于分析结果似乎可以考虑某些新的解释。

10-4 因子分析

- **横向的F轴**

要解释为"理科能力"需要包含地理，这稍微有点难以解释，仍然解释为和旋转前一样的掌管理论能力的左脑能力更容易理解。从中可以看出，最需要左脑能力的是按物理、数学、地理的顺序从高到低，中间是英语，最低的是国语。

- **纵向的G轴**

G轴是英语值最大，后面的4个科目大致在相同的位置，依次是数学、国语、地理、物理的顺序。那么如果将横向的F轴解释为记忆力会怎样呢？英语除了单词，还需要背可惯用语和语法；数学、物理中必须背相关的公式和定律；地理中也需要背地名、地理学知识等许多内容；国语需要背颂的内容也很多。

总结以上内容，我们可以做出如下解释：
横轴中是正数的人➡理科能力强。
纵轴中是正数的人➡记忆力强。

秘技 312 估计20人测试结果的因子得分

难易程度 ●●●

这里是关键点！ **根据回归法估计因子得分**

扫码看视频

通过对因子分析中使用的5个变量的数据"测试结果.txt"添加varimax旋转，准备好了因子负荷量的解释，本例计算参加了测试的20人的因子得分。

●估计因子得分

因为因子得分反映了数据因子分析的结果，所以查看因子得分，就可以根据因子负荷量的解释来评价各个数据。

●因子得分的估计

因子分析中使用的基准值是通过公因子和唯一因子的总和得到的。

> 基准值=公因子+唯一因子=因子负荷量×因子得分+唯一因子

因为各个个体的每个变量的唯一因子是未知的，所以无法通过变形上述公式来计算因子得分。因此，因子得分的估计中使用回归法、Bartlett法或Anderson-Rubin法等方法。函数factanal()函数支持的是**回归法**和**Bartlett法**，本例我们使用回归法。

在回归法中，使用下面的公式来估计因子得分。

> 因子得分=相关矩阵的逆矩阵×因子负荷量的矩阵×基准值

如果给factanal()函数的参数设定scores = "regression"，则执行根据回归法的因子得分的估计。作为结果返回的factanal对象的scores元素中存储了因子得分，所以写作"分析结果$scores"就可以获取因子得分。

列表1 估计20名学生5个科目测试结果中个人的因子得分
（项目为FactorAnalysis，数据为"测试结果.txt"，源文件为script3.R）

```
# 读取文件并存储到data中
data <- read.delim("测试结果.txt",
                   header=TRUE,
                   row.names=1,
                   fileEncoding="CP936")

score <- factanal(data,          # 设置数据框
                  factors = 2,    # 抽取的因子个数是2
                  rotation = "varimax",  # 根据varimax法的旋转
                  scores = "regression"  # 使用回归法估计因子得分
                  )

# 输出因子得分
print(score$scores)
```

运行源代码并查看结果。

列表2 根据因子分析的个人的因子得分的估计结果（控制台）

```
> print(score$scores)
     Factor1     Factor2
A  1.63090757  0.7763822
B  0.71905541 -0.1948729
C  0.01398893 -0.3768716
D -1.67122103  0.1166504
E -0.94082928 -0.2581300
F -0.10501200  0.3982059
```

```
G   0.40124833    1.2761132
H  -0.75354525    0.8643952
I  -1.24450299    0.9156111
J   0.53393133    0.9997645
K  -0.62321268    0.5646760
L   0.67246594    0.5837101
M   1.13300487    1.1832403
N  -1.10300528   -1.8065171
O   1.27333509   -1.0635766
P   0.58409780    0.2485080
Q   0.37820422   -1.1551334
R  -1.12495378   -0.4290777
S  -0.14534992   -1.4388431
T   0.37139271   -1.2042344
```

● 绘制因子得分

在将共通因子F（因子1）作为横轴、共通因子G（因子2）作为纵轴的图表中，绘制20人的因子得分。

列表3 绘制各学生的因子得分

```
# 绘制因子得分
plot(score$scores[,1],    # 因子1作为x轴
     score$scores[,2],    # 因子2作为y轴
     asp = 1,             # 使纵轴和横轴的刻度相同
     xlim = c(-2, 2),     # x轴的范围
     ylim = c(-2, 2)      # y轴的范围
)

abline(h=0, v=0)          # 显示坐标轴
# 显示标签
text(score$scores[,1],
```

```
     score$scores[,2],
     labels = LETTERS[1:20], # 将标签设为和数据相同的名称
     pos=3                   # 设定点和标签的间隔
)
```

▼Plots视图

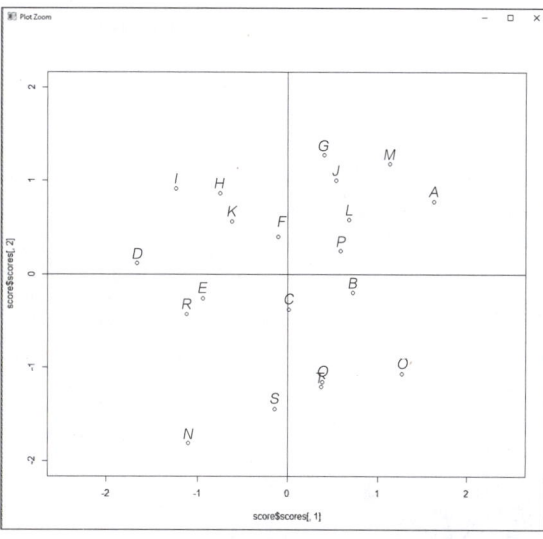

使用varimax法进行因子分析时，将横轴解释为记忆力，将纵轴解释为理科能力，根据分析结果查看图表，我们会发现学生A记忆力最好并且偏理科，学生M的记忆力、理科能力都比较好。学生O的记忆力好，但理解能力较差，可以解释为偏文科。学生G的记忆力稍差，但理科能力是最好的。

秘技 313 将因子负荷量投影到正交旋转后的因子得分上

难易程度 ●●●

这里是关键点！ biplot()函数

扫码看视频

上一个秘技中计算了斜交旋转后的因子得分，并将其绘制在图表上，通过使用**biplot()函数**可以在绘制了因子得分的图表上投影因子负荷量。

列表1 在绘制了因子得分的图表上投影因子负荷量（项目为FactorAnalysis，数据为"测试结果.txt"、源文件为script4.R）

```
# 读取文件并存储到data中
data <- read.delim("测试结果.txt",
                   header=TRUE,
                   row.names=1,
                   fileEncoding="CP936")
```

```
score <- factanal(data,           # 设置数据框
                  factors = 2,    # 抽取的因子个数为2
                  rotation = "varimax",
                                  # 根据varimax法的旋转
                  scores = "regression"
                                  # 使用回归估计因子得分
)

# 绘制因子得分的主成分分析散点图
biplot(score$scores,              # 因子得分
       score$loadings,            # 因子2作为因子负荷量y轴
       asp = 1,                   # 使横轴和纵轴的刻度相同
       xlim = c(-2, 2),           # x轴的范围
       ylim = c(-2, 2)            # y轴的范围
```

```
)
abline(h=0, v=0)               # 显示坐标轴
# 显示标签
text(score$scores[,1],
     score$scores[,2],
     labels = LETTERS[1:20],   # 将标签设为和数据相同的
                                 名字
     pos=3                     # 设定点和标签的间隔
)
```

运行源代码并查看结果。

▼Plots视图

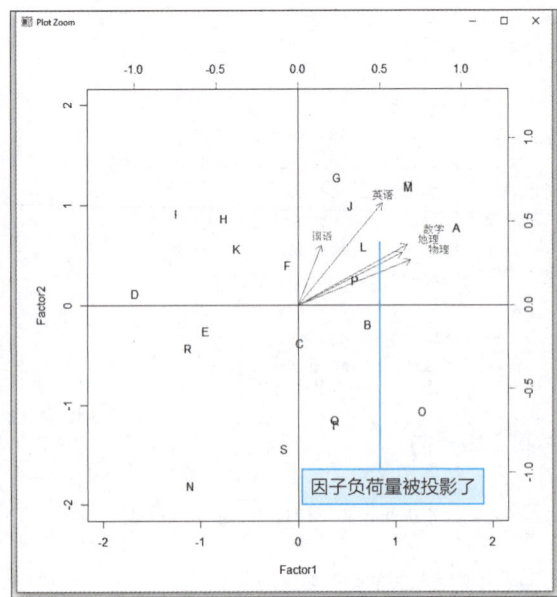

因子负荷量被投影了

秘技 314 斜交旋转因子轴

扫码看视频

这里是关键点！ 根据promax法的斜交旋转

根据varimax法的旋转，因子轴是正交旋转。因子轴是正交的表示因子间没有相关性。与此相对的，根据**promax法**的旋转，可以让因子轴按斜交旋转。

●使用promax法对5个变量的因子分析结果进行斜交旋转

给因子分析函数factanal()的参数设定rotation = "promax"，便可以根据promax法执行斜交旋转处理。

对因子分析中使用的5个变量的数据"测试结果.txt"作因子分析，再使用promax法旋转因子轴。

列表1 对20名学生的5个科目的测试结果使用promax法执行因子分析（项目为FactorAnalysis，数据为"测试结果.txt"，源文件为script5.R）

```
# 读取文件并存储到data中
data <- read.delim("测试结果.txt",
                   header=TRUE,
                   row.names=1,
                   fileEncoding="CP936")

result_pmx <- factanal(data,         # 设置数据框
                       factors = 2,
# 抽取的因子个数为2
                       rotation = "promax"
# 根据promax法的斜交旋转
)
# 将表示因子负荷量的最小值设为0.01并输出结果
print(result_pmx, cutoff = 0.01)
```

运行源代码并查看结果。

列表2 因子分析的结果（控制台）

```
> print(result_pmx, cutoff = 0.01)

Call:
factanal(x = data, factors = 2, rotation = "promax")

Uniquenesses:
  数学  物理  地理  英语  国语
 0.099 0.145 0.211 0.005 0.767

Loadings:
     Factor1 Factor2
数学  0.780   0.219
```

10-4 因子分析

```
物理    0.890    0.047
地理    0.769    0.156
英语    0.338    0.727
国语   -0.060    0.524


               Factor1 Factor2
SS loadings     2.110   0.877
Proportion Var  0.422   0.175
Cumulative Var  0.422   0.597

Factor Correlations:
        Factor1 Factor2
Factor1  1.000   0.718
Factor2  0.718   1.000

Test of the hypothesis that 2 factors are sufficient.
The chi square statistic is 0.3 on 1 degree of freedom.
The p-value is 0.584
```

将因子负荷量和根据varimax法得到的结果作比较。

▼ 因子负荷量（promax法）

	因子1	因子2
数学	0.780	0.219
物理	0.890	0.047
地理	0.769	0.156
英语	0.338	0.727
国语	-0.060	0.524

▼ 因子负荷量（varimax法）

	因子1	因子2
数学	0.834	0.454
物理	0.861	0.337
地理	0.796	0.394
英语	0.644	0.762
国语	0.178	0.449

秘技 315 查看斜交旋转后因子之间的相关性

扫码看视频

难易程度 ●●○

这里是关键点！ 斜交旋转后因子间的相关系数

斜交旋转因子轴时，因子间的相关性不是0。下面根据promax法计算斜交旋转后因子间的相关系数。

列表1 计算根据promax法的斜交旋转后的因子间的相关系数（项目为FactorAnalysis，数据为"测试结果.txt"，源文件为script6.R）

```
# 读取文件并存储到data中
data <- read.delim("测试结果.txt",
                   header=TRUE,
                   row.names=1,
                   fileEncoding="CP936")

pmx <- factanal(data,           # 设置数据框
                factors = 2,    # 抽取的因子个数为2
                rotation = "none"  # 没有旋转处理根据
                                   promax法的斜交旋转
                )
pmx<-promax(pmx$loadings)       # 执行根据promax法的
                                  斜交旋转
mtx <- result_pmx$rotmat        # 获取旋转矩阵
r   <- solve(t(mtx) %*% mtx)    # 计算因子间的相关系数

# 添加行名，列名
colnames(r) <- rownames(r) <- colnames(result_
vmx$loadings)
# 创建因子负荷量、平方和、贡献率、相关系数的列表
```

```
lst <- list(loadings=result_pmx$loadings, r = r)
# 输出列表
print(lst)
```

运行源代码并查看结果。

列表2 斜交旋转因子间的相关系数（控制台）

```
$loadings

Loadings:
      Factor1 Factor2
数学   0.780   0.219
物理   0.890
地理   0.769   0.156
英语   0.338   0.727
国语           0.524

               Factor1 Factor2
SS loadings     2.110   0.877
Proportion Var  0.422   0.175
Cumulative Var  0.422   0.597

$r
           Factor1    Factor2
Factor1  1.0000000  0.7177316    # 相关系数
Factor2  0.7177316  1.0000000
```

读书笔记

时间序列分析

11-1　时间序列对象（秘技316~328）

11-2　AR模型（秘技329~333）

11-1 时间序列对象

秘技 316 生成时间序列对象

难易程度 ●●●

这里是关键点！ ts()函数

扫码看视频

R的基本包（base包和附属包stats）中有用于时间序列数据的处理和分析用的函数。

在某一时间段中观测到的数据，数据值和观测的时间紧密相关，如果将数据设为x_i，则时间t_i与之对应。像这样以时间t_i作为$\{t_i\}$，将秒、分、小时、天、周、月、季度、年等作为单位以等间距表示，称为**时间序列数据**（discrete time series data）。分析时间序列数据的统计理论是**时间序列分析**（time series analysis）。

● **生成时间序列对象的ts()函数**

时间序列分析中使用的ts类对象，通过ts()函数（构造函数）生成。

时间序列对象（ts）用于处理等间距的观测时间信息，关于时间序列对象的说明如下。

▼ 时间序列对象（ts）包含的信息

项目	说明
时间单位	年、月、周、小时等
观测开始时间	start
观测结束时间	end
频率	frequency，年对应的频率是12
采样比例	deltat，时间单位对应的表示采样间隔的比例，如果是每月数据，时间单位年的deltat是1/12。可为其赋值频率和采样比率中的任一个
周期	cycle，表示各数据观测时间信息的时间单位和其中的频率，如年和月(2013,5)、年和第2季度(2012,Qtr2)、月和日(12,13)、周和星期(43,Fri)等

● **ts()函数（构造函数）**

ts()函数从向量或者矩阵中生成ts类的对象。

格式	ts(data = NA, start = 1, end = numeric(), frequency = 1, deltat = 1, ts.eps = getOption("ts.eps"), class = , names =)
参数	data = NA : 设定时间序列数据的观察值的数字向量，或者排列了多个观察值的数字矩阵。设定数据框时会强制转换为数字矩阵
	start = 1 : 将data的观测开始时间设为单个的数字或者两个数字形成的向量
	end = numeric() : 设定观测结束时间
	frequency = 1 : 频率，设定单位时间内观察值的个数
	deltat = 1 : 频率，设定单位时间内观察值的个数
	ts.eps = getOption("ts.eps") : 时间序列的比较用允许误差。绝对值小于这个的频率看作是相等的

（续表）

参数	class = : 作为结果返回的对象的类名。设为NULL不设定类名。如果是单变量时间序列，默认值是"ts"；如果是多变量时间序列，则是"mts"和"ts"
	names = : 多变量时间序列中赋予各个序列的名称的字符串向量。默认值是data的列名，或者是Series 1、Series 2……

如果单位时间为一周，数据是每天观测的，那么frequency选项的值为7。如果单位时间为一年，数据是每月观测的，那么frequency=12。frequency=4、12是分别假设单位时间为季度和月。

列表1 生成时间序列对象

```
> # 每个季度的时间序列数据
> ts(1:10,                # 时间序列数据的观察值（虚拟）
+     freq = 4,           # 将1年按季度划分
+     start = 2010        # 从2010年第1季度开始生成10个
+ )
     Qtr1 Qtr2 Qtr3 Qtr4
2010    1    2    3    4
2011    5    6    7    8
2012    9   10

> ts(1:10,                # 时间序列数据的观察值（虚拟）
+     freq = 4,           # 将1年按季度划分
+     start = c(2010, 3)  # 从第3季度开始
+ )
     Qtr1 Qtr2 Qtr3 Qtr4
2010              1    2
2011    3    4    5    6
2012    7    8    9   10

> ts(1:22,                # 时间序列数据的观察值（虚拟）
+     freq = 4,           # 将1年按季度划分
+     start = c(2010, 3), # 从2010年的第3季度开始
+     end = c(2015, 4)    # 到2015年的第4季度结束
+ )
     Qtr1 Qtr2 Qtr3 Qtr4
2010              1    2
2011    3    4    5    6
2012    7    8    9   10
2013   11   12   13   14
2014   15   16   17   18
2015   19   20   21   22
```

```
> # 年和月的时间序列数据
> ts(1:12,              # 时间序列数据的观察值（虚拟）
+    freq  = 12,         # 将1年分为12个月
+    start = c(2010, 4), # 从2010年4月开始
+    end   = c(2011, 3)  # 到2011年3月结束
+ )
     Jan Feb Mar Apr May Jun Jul Aug Sep Oct Nov Dec
2010                 1   2   3   4   5   6   7   8   9
2011  10  11  12
```

秘技 317 绘制时间序列数据的折线图

扫码看视频

这里是关键点！ plot()函数

使用**plot()函数**可以绘制时间序列对象（时间序列数据）。因为是时间序列的数据，所以绘制的是用点（dot）是用线连接的折线图。

列表1 绘制时间序列数据

```
> # 从标准正态随机数的累积和中生成的时间序列数据
> g <- ts(
+    cumsum(1 + round(rnorm(100), 2)), # 100个标准正态随机数的累积和(在小数点2位四舍五入)
+    freq = 12,              # 将1年分为12个月
+    start  .... [TRUNCATED]
+ )
> print(g)  # 输出时间序列数据
        Jan    Feb    Mar    Apr    May    Jun    Jul    Aug    Sep
2010                                              0.92   1.13   3.09
2011   5.25   4.54   5.36   7.17   6.16   7.40   8.31   9.89  12.14
2012  17.57  17.29  18.27  17.75  20.01  20.68  21.57  23.71  24.75
2013  31.49  32.16  33.01  35.04  36.07  35.75  36.14  37.83  37.94
2014  44.58  44.73  46.49  47.08  47.92  50.42  51.49  53.52  55.18
2015  59.24  60.22  60.37  60.52  62.31  62.30  64.42  66.73  66.15
2016  67.96  71.64  72.80  74.16  77.07  79.77  80.32  80.02  80.54
2017  86.36  87.44  89.28  90.14  90.71  88.50  90.25  92.61  94.53
2018  97.45  97.54  98.22  99.43  99.77 100.22 103.77 105.59 105.70
        Oct    Nov    Dec
2010   4.36   4.57   4.81
2011  13.22  14.47  15.5 5
2012  26.94  29.04  29.26
2013  41.56  43.19  43.16
2014  55.40  58.09  58.81
2015  67.04  66.47  67.23
2016  82.57  84.64  85.55
2017  96.95  97.09  97.97
2018 106.73
> plot(g)   # 绘制时间序列数据
```

▼绘制的图表

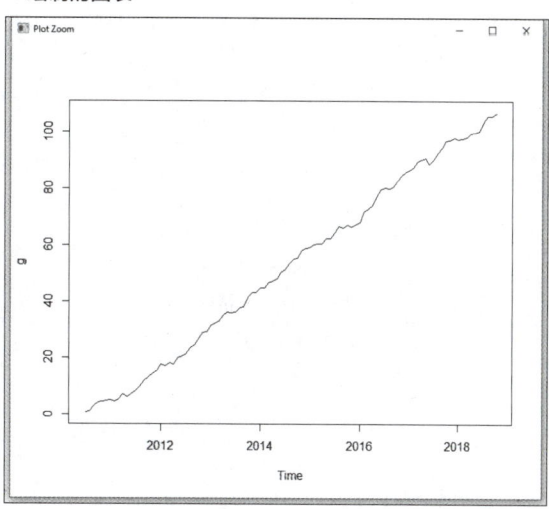

11-1 时间序列对象

秘技 318 一边返回时间序列的时间轴一边绘制图表

难易程度 ●●●

这里是关键点！ 用lag()函数的lag图

扫码看视频

　　lag() 函数用于返回时间序列数据的时间轴。利用此功能，可以在图表的横轴中取原始数据的值，在纵轴中取下一个统计周期的数据的值。

　　本例使用R的样本数据中整理的1912~1971年康涅狄格州New Haven的年平均气温（华氏）观察值的时间序列数据nhtemp。

列表1 绘制1年前和第2年的气温对的散点图（控制台）

```
> # 输出时间序列数据nhtemp
> print(nhtemp)
Time Series:
Start = 1912
End = 1971
Frequency = 1
 [1] 49.9 52.3 49.4 51.1 49.4 47.9 49.8 50.9 49.3 51.9 50.8 49.6
[13] 49.3 50.6 48.4 50.7 50.9 50.6 51.5 52.8 51.8 51.1 49.8 50.2
[25] 50.4 51.6 51.8 50.9 48.8 51.7 51.0 50.6 51.7 51.5 52.1 51.3
[37] 51.0 54.0 51.4 52.7 53.1 54.6 52.0 52.0 50.9 52.6 50.2 52.6
[49] 51.6 51.9 50.5 50.9 51.7 51.4 51.7 50.8 51.9 51.8 51.9 53.0

> # 绘制1年前和第2年的气温对的散点图
> plot(nhtemp,           # x轴是原始的值
+      lag(nhtemp, 1),   # y轴是1年后的值
+      cex = .8,         # 设为使标签放大容易查看的倍率
+      col="blue",       # 图表的颜色设为蓝色
+      main = "Lag plot(New Haven temperatures)"
+      )
```

▼绘制的图表

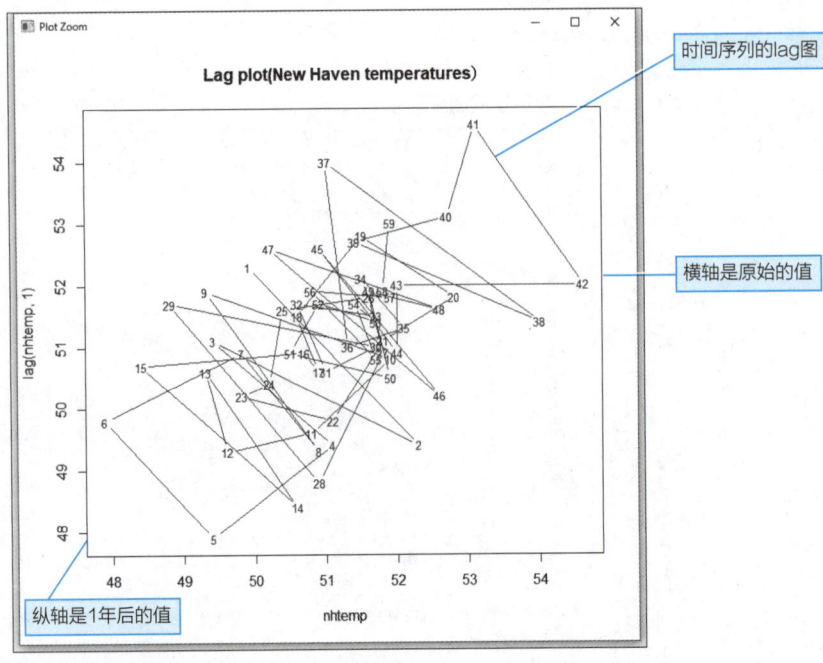

时间序列的lag图

横轴是原始的值

纵轴是1年后的值

秘技 319 提取最新或最旧的观察值

难易程度 ●●●

这里是关键点! head()函数、tail()函数

扫码看视频

查看时间序列最新或最旧观察值时，使用以下函数。

- **head()函数**
  从旧的中间获取6个时间序列数据最旧的观察值。

- **tail()函数**
  从时间序列最新的观察值中获取6个最新的观察值。

列表1 获取New Haven年平均气温的最新和最旧的观察值

```
> head(nhtemp)  # 获取最旧的观察值
[1] 49.9 52.3 49.4 51.1 49.4 47.9
> tail(nhtemp)  # 获取最新的观察值
[1] 51.7 50.8 51.9 51.8 51.9 53.0
```

秘技 320 时间序列对象的数值运算

难易程度 ●●●

这里是关键点! 时间序列对象的运算、函数的应用、元素间的运算

扫码看视频

使用R，可以对时间序列数据执行算术运算或者应用函数，其结果也是具有相同时间范围的时间序列对象。另外，可以和矩阵一样使用**中括号运算符**[]提取部分数据，而且部分提取的两个时间序列间也可以进行算术运算。

列表1 时间序列数据的算术运算和函数的应用

```
> # 定义三维月份时间序列对象（按顺序命名A、B、C）
> ts <- ts(matrix(1:15, 5, 3),     # 5行3列的矩阵
+          start = c(2010,1),      # 从2010年1月开始
+          freque .... [TRUNCATED]
> # 输出
> print(ts)
          A  B  C
Jan 2010  1  6 11
Feb 2010  2  7 12
Mar 2010  3  8 13
Apr 2010  4  9 14
May 2010  5 10 15

> ts[,"A"] # 获取第一时间序列.ts[,1]
     Jan Feb Mar Apr May
2010   1   2   3   4   5

> 2 * ts[,"A"]+1 # 算术运算
     Jan Feb Mar Apr May
2010   3   5   7   9  11

> exp(ts[,"A"]) # 应用函数
          Jan      Feb       Mar       Apr       May
2010  2.718282 7.389056 20.085537 54.598150 148.413159

> ts[,"A"]^2 # 平方
     Jan Feb Mar Apr May
2010   1   4   9  16  25

> ts[,"A"] + ts[,"B"] # 时间序列的和
     Jan Feb Mar Apr May
2010   7   9  11  13  15

> ts[,1]^ts[,2] # 时间序列的取幂
     Jan Feb  Mar    Apr     May
2010   1 128 6561 262144 9765625
```

秘技 321 计算差分

难易程度 ●●●

这里是关键点！ **diff()函数**

扫码看视频

在有时间序列数据x时，计算和下面的观察值的差时使用**diff()**函数。

$((x_2-x_1), (x_3-x_2), (x_4-x_3), \cdots)$

列表1 使用diff()函数计算差分

```
> ts <- ts(1:12, start=c(2010, 1), freq=12)
                              # 测试用的时间序列数据
> print(ts) # 输出
     Jan Feb Mar Apr May Jun Jul Aug Sep Oct Nov Dec
2010   1   2   3   4   5   6   7   8   9  10  11  12
> diff(ts)              # lag 1, 1阶差分
     Feb Mar Apr May Jun Jul Aug Sep Oct Nov Dec
2010   1   1   1   1   1   1   1   1   1   1   1
> diff(ts, lag=2)       # lag 2, 1阶差分
     Mar Apr May Jun Jul Aug Sep Oct Nov Dec
2010   2   2   2   2   2   2   2   2   2   2
> diff(ts, 1, 2)        # lag 1, 2阶差分
     Mar Apr May Jun Jul Aug Sep Oct Nov Dec
2010   0   0   0   0   0   0   0   0   0   0
```

秘技 322 把时间序列数据的时间错开

难易程度 ●●●

这里是关键点！ **lag()函数**

扫码看视频

将要观察的数据时间往前或者往后挪动，可以使用lag()函数。

- **lag()函数**

将要观察的数据的时间往前挪动，使用正数的k，这时明天的数据就成了今天的数据。要将数据的时间往后挪动，则使用负数的k，这时昨天的数据就成了今天的数据。

格式 lag(ts对象,k)

列表1

```
> ts <- ts(matrix(1:15, 5, 3),    # 5行3列的矩阵
+          start = c(2010,1),     # 从2010年1月开始
+          frequency = 12,         # 将1年分为12个月
+          names = c("A","B","C")  # 数据的名称
+ )
> print(ts)   # 输出
         A  B  C
Jan 2010 1  6 11
Feb 2010 2  7 12
Mar 2010 3  8 13
Apr 2010 4  9 14
May 2010 5 10 15

> print(ts[,"A"])  # A的数据
     Jan Feb Mar Apr May
2010   1   2   3   4   5

> # 往前挪动数据的时间
> # （下一个数据成为现在的数据）
> lag(ts[,"A"], 1)
     Jan Feb Mar Apr May Jun Jul Aug Sep Oct Nov Dec
2009                                              1
2010   2   3   4   5
```

秘技 323 合并时间序列并将共通部分转换为多变量时间序列

扫码看视频

这里是关键点！ ts.union()函数、ts.intersect()函数

对于频率相同的多个时间序列对象，有可以合并其时间范围和将其共通部分转换为多变量时间序列的函数 **ts.union** 和 **ts.intersection()**。ts.union()函数如果没有符合的观察值，则填入缺失值NA。ts.intersect()函数赋值所有时间序列中共通期间内的时间序列。

● 合并时间范围，将共通部分转换为多变量时间序列

R的样本数据中，有将1974~1979年英国肺癌、肺气肿和哮喘的死亡人数整理为男女合计（ldeaths）、男性（mdeaths）和女性（fdeaths）这3个时间序列的数据。下面以此数据为例进行讲解。

列表1 UKLungDeaths的时间序列数据mdeaths和fdeaths

```
> # 男性的数据
> print(mdeaths)
     Jan  Feb  Mar  Apr  May  Jun  Jul  Aug  Sep  Oct  Nov  Dec
1974 2134 1863 1877 1877 1492 1249 1280 1131 1209 1492 1621 1846
1975 2103 2137 2153 1833 1403 1288 1186 1133 1053 1347 1545 2066
1976 2020 2750 2283 1479 1189 1160 1113  970  999 1208 1467 2059
1977 2240 1634 1722 1801 1246 1162 1087 1013  959 1179 1229 1655
1978 2019 2284 1942 1423 1340 1187 1098 1004  970 1140 1110 1812
1979 2263 1820 1846 1531 1215 1075 1056  975  940 1081 1294 1341

> # 女性的数据
> print(fdeaths)
     Jan  Feb  Mar  Apr  May  Jun  Jul  Aug  Sep  Oct  Nov  Dec
1974  901  689  827  677  522  406  441  393  387  582  578  666
1975  830  752  785  664  467  438  421  412  343  440  531  771
1976  767 1141  896  532  447  420  376  330  357  445  546  764
1977  862  660  663  643  502  392  411  348  387  385  411  638
1978  796  853  737  546  530  446  431  362  387  430  425  679
1979  821  785  727  612  478  429  405  379  393  411  487  574
```

根据时间序列合并mdeaths和fdeaths。

列表2 合并时间序列数据

```
> # 根据时间序列合并mdeaths和fdeaths
> ts.union(mdeaths, fdeaths)
         mdeaths fdeaths
Jan 1974    2134     901
Feb 1974    1863     689
Mar 1974    1877     827
Apr 1974    1877     677
May 1974    1492     522
……中间省略……
Oct 1979    1081     411
Nov 1979    1294     487
Dec 1979    1341     574

> # cbind()函数也能做同样的事
> cbind(mdeaths, fdeaths)
         mdeaths fdeaths
Jan 1974    2134     901
Feb 1974    1863     689
Mar 1974    1877     827
Apr 1974    1877     677
May 1974    1492     522
……中间省略……
Oct 1979    1081     411
Nov 1979    1294     487
Dec 1979    1341     574

> # 1976年的男性数据和1974~1978年的女性数据
> # 共通时间范围中的二变量时间序列
> ts.intersect(
+     window(mdeaths, 1976),
+     window(fdeaths, 1974, 1978)
+ )
```

```
           window(mdeaths, 1976) window(fdeaths, 1974, 1978)
Jan 1976                   2020                          767
Feb 1976                   2750                         1141
Mar 1976                   2283                          896
Apr 1976                   1479                          532
May 1976                   1189                          447
Jun 1976                   1160                          420
……中间省略……
Oct 1977                   1179                          385
Nov 1977                   1229                          411
Dec 1977                   1655                          638
Jan 1978                   2019                          796
```

秘技 324 获取时间序列对象的信息

难易程度 ●●●

这里是关键点！ start()函数、end()函数、frequency()函数、cycle()函数、tsp()函数

扫码看视频

获取时间序列对象的信息的函数有start()、end()、frequency()、time()、cycle()和tsp()。

- **start()函数**

用于获取开始时间。如果是每个月的时间序列对象，如2015年7月，将以c(2015,7)这样的形式作为向量返回。

- **end()函数**

获取结束时间。

- **frequency()函数**

返回频率（1个时间单位被分割为若干个）。

- **cycle()函数**

返回各时间单位内的周期（是第几个频率）。

- **deltat()函数**

返回基本时间单位的观察间隔的比例，有1/frequency()的关系。

- **tsp()**

返回时间序列对象的时间序列属性tsp（开始、结束时间、频率）。

列表1 从时间序列对象中获取信息

```
> ts <- ts(1:5, start=c(2015, 1), freq=4)
                    # 每季度的时间序列数据
```

```
> print(ts)      # 输出
     Qtr1 Qtr2 Qtr3 Qtr4
2015    1    2    3    4
2016    5

> start(ts)      # 开始时间
[1] 2015    1

> end(ts)        # 结束时间
[1] 2016    1

> frequency(ts)  # 频率
[1] 4

> time(ts)       # 观察时间设为和基本时间单位的比例
         Qtr1    Qtr2    Qtr3    Qtr4
2015  2015.00 2015.25 2015.50 2015.75
2016  2016.00

> deltat(ts)     # 基本时间单位的观察间隔
[1] 0.25

> cycle(ts)      # 各观察值的周期
     Qtr1 Qtr2 Qtr3 Qtr4
2015    1    2    3    4
2016    1

> tsp(ts)        # 获取时间属性"tsp"（开始,结束时间,频率）
[1] 2015 2016    4
```

R的样本数据中，有美国1945年第1季度到1974年第4季度中每个季度的总统支持率presidents数据，下面将使用这个数据进行演示。

列表2 presidents数据采样时间的获取并绘制为图表

```
> # 使用美国总统支持率时间序列数据presidents
> time(presidents)  # 数据采样的时间
     Qtr1    Qtr2    Qtr3    Qtr4
1945 1945.00 1945.25 1945.50 1945.75
1946 1946.00 1946.25 1946.50 1946.75
1947 1947.00 1947.25 1947.50 1947.75
1948 1948.00 1948.25 1948.50 1948.75
1949 1949.00 1949.25 1949.50 1949.75
……中间省略……
1972 1972.00 1972.25 1972.50 1972.75
1973 1973.00 1973.25 1973.50 1973.75
1974 1974.00 1974.25 1974.50 1974.75
> # 数据的绘制
> plot(c(time(presidents)), c(presidents), type="l")
```

▼ 绘制presidents的数据

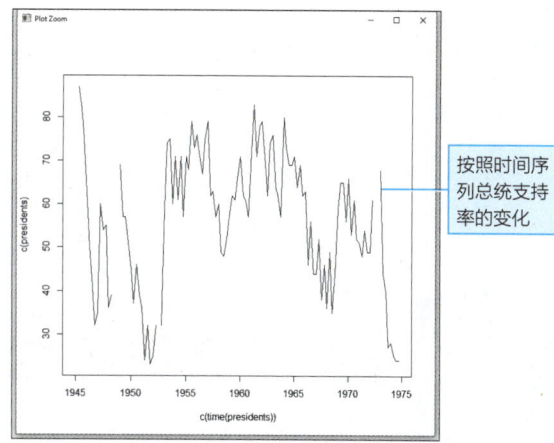

按照时间序列总统支持率的变化

秘技 325 获取时间序列对象的部分时间序列

扫码看视频

这里是关键点！ window()函数

要从时间序列对象中获取部分时间序列数据，或者替换部分数据，可以使用window()函数实现。

- **window()函数**

  从时间序列对象中获取部分时间序列数据，或者替换部分数据。

格式	window(x, 　　start = NULL, 　　end = NULL, 　　frequency = NULL, 　　deltat = NULL, 　　extend = FALSE, …)
替换时的格式	window(x, start, end, frequency, deltat, …) <- value
参数	x　　　　　　　　设定时间序列对象
	start = NULL　　设定指定时间段的起点
	end = NULL　　　设定指定时间段的终点
	frequency = NULL　设定新的频率
	deltat = NULL　　设定新的频率
	extend = FALSE　如果是TRUE，则可以扩大现在的起点·终点时间（缺失的地方填入NA值）如果是FALSE，则忽略扩大

列表1 获取特定期间的时间序列数据

```
> # 使用美国总统每个季度的支持率数据presidents
> # 1960年的数据
> window(presidents, 1960, c(1969,4))
     Qtr1 Qtr2 Qtr3 Qtr4
1960   71   62   61   57
1961   72   83   71   78
1962   79   71   62   74
1963   76   64   62   57
1964   80   73   69   69
1965   71   64   69   62
1966   63   46   56   44
1967   44   52   38   46
1968   36   49   35   44
1969   59   65   65   56

> # 第1季度的所有数据
> window(presidents, deltat=1)
Time Series:
Start = 1945
End = 1974
Frequency = 1
 [1] NA 63 35 36 69 45 36 25 59 71 71 76 79 60 57
71 72 79 76 80 71 63
[23] 44 36 59 66 51 49 68 28

> # 1945年之后第3季度所有的数据
> window(presidents, start=c(1945,3), deltat=1)
Time Series:
Start = 1945.5
End = 1974.5
Frequency = 1
 [1] 82 43 54 NA 57 46 32 NA 75 71 79 67 63 48 61
61 71 62 62 69 69 56
[23] 38 35 65 61 54 NA 40 24

# 扩大的部分使用NA填充
window(presidents, 1944, c(1979,2), extend=TRUE)
```

11-1 时间序列对象

替换特定的数据。

列表2 替换时间序列数据中指定时间的数据

```
> # 1940年的值
> pres <- window(presidents, 1945, c(1949,4))
> # 替换1945年到1949年第4季度的数据
> window(pres, c(1945,4), c(1949,4), frequency=1)
<- 85:89
```

```
> # 输出
> print(pres)
     Qtr1 Qtr2 Qtr3 Qtr4
1945   NA   87   82   85
1946   63   50   43   86
1947   35   60   54   87
1948   36   39   NA   88
1949   69   57   57   89
```

秘技 326 时间序列数据的部分聚合

难易程度 ●●●

这里是关键点！ aggregate()函数

扫码看视频

要将时间序列数据分隔为子集并计算各个摘要统计量，需要使用aggregate()函数。

aggregate()函数

将时间序列数据、数据框、矩阵等对象分割为子集，计算各个集合的摘要统计量，并将结果以合适的形式返回。

格式	aggregate(x, nfrequency = 1, FUN = sum, ndeltat = 1, ts.eps = getOption("ts.eps"), …)
参数	x	设定R对象

（续表）

参数	nfrequency = 1	设定每个时间单位的新的观察值个数，必须是x的频率的约数
	FUN = sum	设定计算摘要统计量的函数
	ndeltat = 1	设定观察值间的采样间隔比例，必须是x的采样间隔的约数
	ts.eps = getOption("ts.eps")	设定判断nfrequency是否是原始频率的约数的允许误差

在R的样本数据中有关于美国50州的估计人口、年收入、不识字率、预期寿命、过失致死数、高中毕业的比例、首都最低气温在零度以下的平均天数、面积的统计数据"state.xuu"这样的矩阵数据。下面使用函数将其分割为子集并计算各摘要统计量。

列表1 将矩阵分隔为子集并计算各摘要统计量

```
> # 关于美国50州的估计人口、年收入、不识字率、预期寿命、过失致死数、高中毕业的比例
> # 首都最低气温在零度以下的平均天数、面积的矩阵数据
> print(state.x77)
            Population Income Illiteracy Life Exp Murder HS Grad Frost    Area
Alabama           3615   3624        2.1    69.05   15.1    41.3    20   50708
Alaska             365   6315        1.5    69.31   11.3    66.7   152  566432
Arizona           2212   4530        1.8    70.55    7.8    58.1    15  113417
Arkansas          2110   3378        1.9    70.66   10.1    39.9    65   51945
California       21198   5114        1.1    71.71   10.3    62.6    20  156361
Colorado          2541   4884        0.7    72.06    6.8    63.9   166  103766
……中间省略……
New York         18076   4903        1.4    70.55   10.9    52.7    82   47831
North Carolina    5441   3875        1.8    69.21   11.1    38.5    80   48798
……中间省略……
Wisconsin         4589   4468        0.7    72.48    3.0    54.5   149   54464
Wyoming            376   4566        0.6    70.29    6.9    62.9   173   97203
> # 将各列的数据每4个地区分为1组并计算平均值
> aggregate(state.x77, list(Region = state.region), mean)
     Region Population   Income Illiteracy Life Exp   Murder HS Grad    Frost     Area
1 Northeast   5495.111 4570.222   1.000000 71.26444 4.722222 53.96667 132.7778 18141.00
2     South   4208.125 4011.938   1.737500 69.70625 10.581250 44.34375  64.6250 54605.12
```

```
3  North Central  4803.000   4611.083   0.700000   71.76667   5.275000   54.51667   138.8333    62652.00
4  West           2915.308   4702.615   1.023077   71.23462   7.215385   62.00000   102.1538   134463.00
> # 将各列的数据每4个地区分为1组并计算平均值
> aggregate(state.x77,
+           list(Region = state.region),  # 以South、West、North …的列表组聚合
+           mean  # 计算平均值
+           )
     Region    Population  Income   Illiteracy   Life Exp   Murder    HS Grad    Frost       Area
1  Northeast    5495.111   4570.222  1.000000    71.26444   4.722222  53.96667   132.7778   18141.00
2  South        4208.125   4011.938  1.737500    69.70625  10.581250  44.34375    64.6250   54605.12
3  North Central 4803.000  4611.083  0.700000    71.76667   5.275000  54.51667   138.8333   62652.00
4  West         2915.308   4702.615  1.023077    71.23462   7.215385  62.00000   102.1538  134463.00
> # 使用地区和是否有130天以上下霜,来获取平均值(South中没有符合的州)
> aggregate(state.x77,
+           list(Region = state.region,
+                Cold = state.x77[,"Frost"] > 130),
+           mean)
       Region     Cold   Population  Income   Illiteracy   Life Exp   Murder    HS Grad    Frost      Area
1  Northeast     FALSE    8802.8000  4780.400  1.1800000   71.12800   5.580000  52.06000   110.6000  21838.60
2  South         FALSE    4208.1250  4011.938  1.7375000   69.70625  10.581250  44.34375    64.6250  54605.12
3  North Central FALSE    7233.8333  4633.333  0.7833333   70.95667   8.283333  53.36667   120.0000  56736.50
4  West          FALSE    4582.5714  4550.143  1.2571429   71.70000   6.828571  60.11429    51.0000  91863.71
5  Northeast     TRUE     1360.5000  4307.500  0.7750000   71.43500   3.650000  56.35000   160.5000  13519.00
6  North Central TRUE     2372.1667  4588.833  0.6166667   72.57667   2.266667  55.66667   157.6667  68567.50
7  West          TRUE      970.1667  4880.500  0.7500000   70.69167   7.666667  64.20000   161.8333 184162.17
>
```

使用aggregate()函数分割数据。

列表2 将时间序列数据分割为子集,并计算各摘要统计量

```
> # 获取美国总统支持率数据presidents的每年的支持率
> aggregate(presidents, nf = 1, FUN = mean)
Time Series:
Start = 1945
End = 1974
Frequency = 1
 [1]    NA 60.50 59.00    NA 68.00 41.75 28.75    NA 67.00 65.00 72.75 72.25
[13] 65.25 52.25 61.50 62.75 76.00 71.50 64.75 72.75 66.50 52.25 45.00 41.00
[25] 61.25 58.00 50.50    NA 44.75 25.25
```

秘技 327 计算时间序列数据的自协方差和自相关系数

扫码看视频

这里是关键点! → acf()函数、pacf()函数、ccf()函数

自协方差(auto-covariance)和**自相关系数**(auto-correlation)是为了弄清时间序列数据内相互关系的重要统计量,R中与之相关的函数有acf()函数、pacf()函数和ccf()函数。自协方差和自相关系数比列举可视化更方便,acf()函数默认选项是绘制图形。

• **acf()函数**

用于计算时间序列对象的自协方差和自相关系数,默认选项是绘制图形。

11-1 时间序列对象

格式
```
acf( x,
     lag.max=NULL,
     type=c("correlation","covariance","partial"),
     plot=TRUE,
     na.action=na.fail,
     demean=TRUE, …)
```

参数	
x	设定时间序列对象或者数字向量、矩阵
lag.max=NULL	计算自协方差相关的最大lag。默认是10 × log10(N/m)，N是观察值总数，m是序列的总数
type=c("correlation", "covariance", "partial")	设定计算的量
plot=TRUE	默认是TRUE，绘制结果
na.action=na.fail	用于处理缺失值的调用函数，可以使用na.pass()函数
demean=TRUE	逻辑值。设定是否在样本均值附近计算协方差

• pacf()函数
用于计算偏自相关系数（partial auto-correlations）。

格式
```
pacf( x,
      lag.max,
      plot=TRUE,
      na.action, …)
```

参数	
x	设定时间序列对象或者数字向量、矩阵
lag.max	计算自协方差相关的最大lag。默认是10 × log10(N/m)，N是观察值总数，m是序列的总数
plot=TRUE	默认是TRUE，绘制结果
na.action=na.fail	用于处理缺失值的调用函数，可以使用na.pass()函数

• ccf()函数
用于计算两个一维时间序列的互相关（cross-correlation）和互协方差（cross-cavarinace）。

格式
```
ccf( x,
     y,
     lag.max = NULL,
     type = c("correlation", "covariance"),
     plot = TRUE,
     na.action = na.fail, …)
```

参数	
x, y	设定时间序列对象或者数字向量、矩阵
lag.max=NULL	计算自协方差相关的最大lag。默认是10 × log10(N/m)，N是观察值总数，m是序列的总数
type= c("correlation", "covariance")	设定计算的量
plot=TRUE	默认是TRUE，绘制结果
na.action=na.fail	用于处理缺失值的调用函数，可以使用na.pass()

●自协方差和自相关系数
绘制R时间序列数据样本lh的自协方差和自相关系数的图形。

列表1 绘制时间序列数据lh的自相关系数的图形

```
> # 1名女性10分钟间隔的血液中黄体生成素量的
> # 时间序列数据lh, 观察值个数为48
> print(lh)    # 输出
Time Series:
Start = 1
End = 48
Frequency = 1
 [1] 2.4 2.4 2.4 2.2 2.1 1.5 2.3 2.3 2.5 2.0 1.9 1.7 2.2 1.8 3.2 3.2 2.7 2.2 2.2
[20] 1.9 1.9 1.8 2.7 3.0 2.3 2.0 2.0 2.9 2.9 2.7 2.7 2.3 2.6 2.4 1.8 1.7 1.5 1.4
[39] 2.1 3.3 3.5 3.5 3.1 2.6 2.1 3.4 3.0 2.9
> acf(lh)                          # 自相关系数
> acf(lh, type = "covariance")     # 自协方差
> pacf(lh)                         # 偏自相关系数
```

▼黄体生成素量数据的自相关系数图

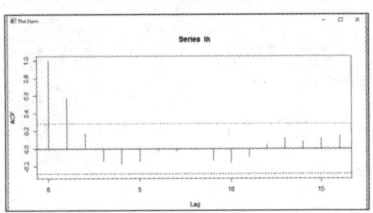

▼自偏相关系数图

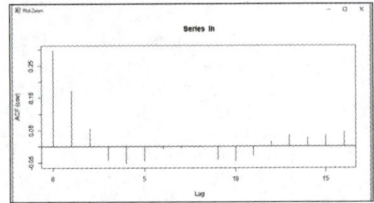

▼自协方差图

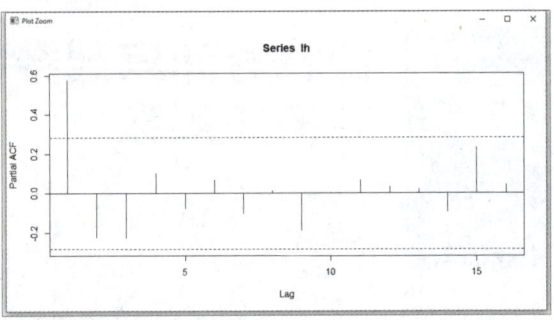

●两个变量的自相关系数的交叉表
下面将使用R的样本数据中关于英国呼吸道疾病死亡人数的UKLungDeaths中的男女数据，绘制自相关系数的交叉表。

列表2 绘制英国呼吸道疾病死亡人数UKLungDeaths中的男女、男、女的各数据图形

```
> # 英国呼吸道疾病死亡人数UKLungDeaths中男女的统计数据
> print(ldeaths)          # 输出
     Jan  Feb  Mar  Apr  May  Jun  Jul  Aug  Sep  Oct  Nov  Dec
1974 3035 2552 2704 2554 2014 1655 1721 1524 1596 2074 2199 2512
1975 2933 2889 2938 2497 1870 1726 1607 1545 1396 1787 2076 2837
1976 2787 3891 3179 2011 1636 1580 1489 1300 1356 1653 2013 2823
1977 3102 2294 2385 2444 1748 1554 1498 1361 1346 1564 1640 2293
1978 2815 3137 2679 1969 1870 1633 1529 1366 1357 1570 1535 2491
1979 3084 2605 2573 2143 1693 1504 1461 1354 1333 1492 1781 1915

> acf(ldeaths)                            # 男女数据的自相关系数

> acf(ldeaths, ci.type = "ma")            # 将置信区间作为MA（移动平均）过程计算

> acf(ts.union(mdeaths, fdeaths))         # 共计算四种自/互相关系数

> ccf(mdeaths, fdeaths)                   # 男女死亡率的互相关系数
```

▼绘制呼吸道疾病死亡人数的男女数据的自相关系数

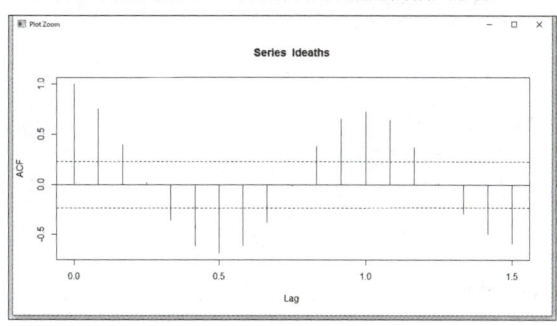

▼将置信区间作为MA（移动平均）过程计算

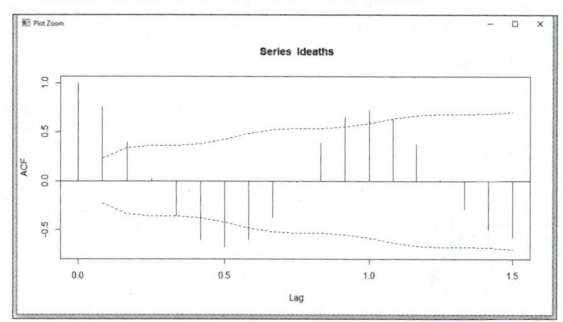

▼总共计算四种自/互相关系数

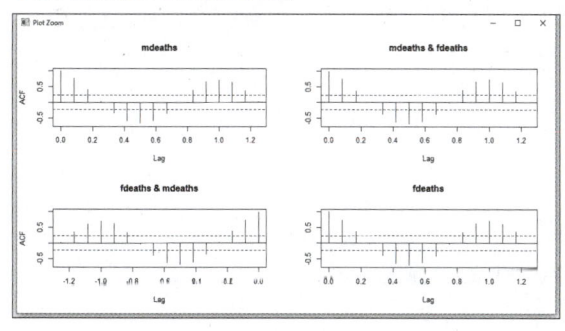

▼绘制呼吸道疾病死亡人数的男女数据的自相关系数

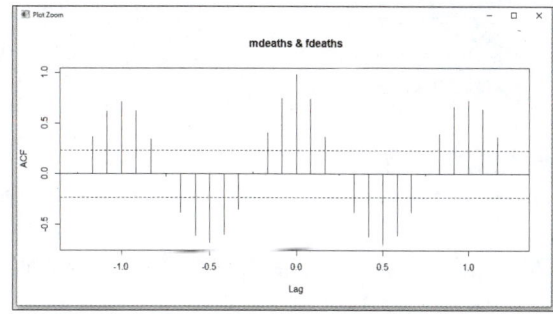

●从包含缺失值的时间序列数据中计算自相关系数和偏自相关系数

在美国每个季度的总统支持率（1945～1974年）数据中，含有若干个缺失值NA，以此数据绘制自相关系数、偏自相关系数的图形。

列表3 从包含缺失值的时间序列数据中计算自相关系数和偏自相关系数

```
> # 使用包含缺失值的时间序列数据presidents
> acf(presidents, na.action = na.pass)    # 包含缺失值的自相关系数
> pacf(presidents, na.action = na.pass)   # 包含缺失值的偏自相关系数
```

11-1 时间序列对象

▼ 包含缺失值的自相关系数的绘制结果

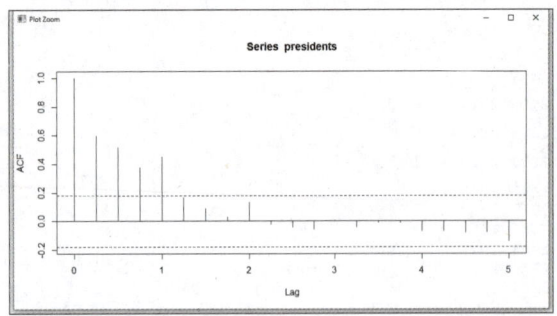

▼ 包含缺失值的偏自相关系数的绘制结果

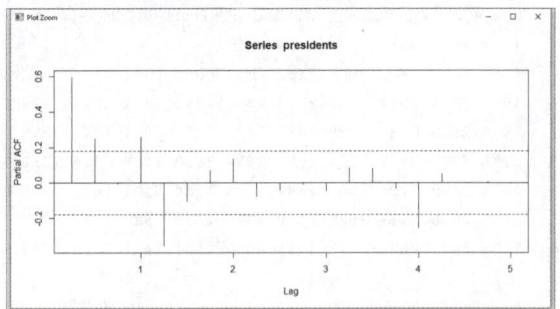

秘技 328 估计时间序列数据的谱密度函数

难易程度 ●●●

这里是关键点！ **spectrum()函数**

扫码看视频

spectrum()函数是用来估计时间序列的谱密度函数（spectral density）。

- **spectrum()函数**
  该函数的参数是根据因子分类的数据框。

格式	spectrum(x, …, method = c("pgram", "ar"))	
参数	x	设定单变量，或者多变量时间序列对象
	method =c("pgram", "ar")	设定估计谱密度的方法。默认值是pgram或者ar（基于AR模型的应用）方法
返回值(spec类的对象)	freq	被估计的谱密度的频率向量（可能接近傅里叶频率）。单位不是观察值间隔，而是单位时间周期的倒数
	spec	单变量时间序列时，是freq对应的频率位置的谱密度向量；多变量时是矩阵
	coh	单变量时间序列中是NULL。单变量时间序列中包含x的列间的相干性(coherency,相干性)的平方值
	phase	单变量时间序列中是NULL。多变量时间序列时包含不同时间序列的交叉谱相(cross-spectrum phase)
	series	时间序列的名称
	snames	多变量时间序列的情况下，成分时间序列的名称
	method	计算谱密度的方法

● 谱密度函数的估计

使用R的样本数据lh、UKLung Deaths并估计其谱密度。

列表1 估计1名女性10分钟间隔血液中的黄体生成素量的时间序列数据lh的密度函数

```
> print(lh)    # 输出
Time Series:
Start = 1
End = 48
Frequency = 1
 [1] 2.4 2.4 2.4 2.2 2.1 1.5 2.3 2.3 2.5 2.0 1.9 1.7 2.2 1.8 3.2 2.7 2.2 2.2
[20] 1.9 1.9 1.8 2.7 3.0 2.3 2.0 2.0 2.9 2.9 2.7 2.7 2.3 2.6 2.4 1.8 1.7 1.5 1.4
[39] 2.1 3.3 3.5 3.5 3.1 2.6 2.1 3.4 3.0 2.9
> par(mfrow=c(2,2))   # 画面按2×2分割
> spectrum(lh)
> spectrum(lh, spans=3)
> spectrum(lh, spans=c(3,3))
> spectrum(lh, spans=c(3,5))
```

▼ 估计血液中黄体生成素量的数据lh的谱密度

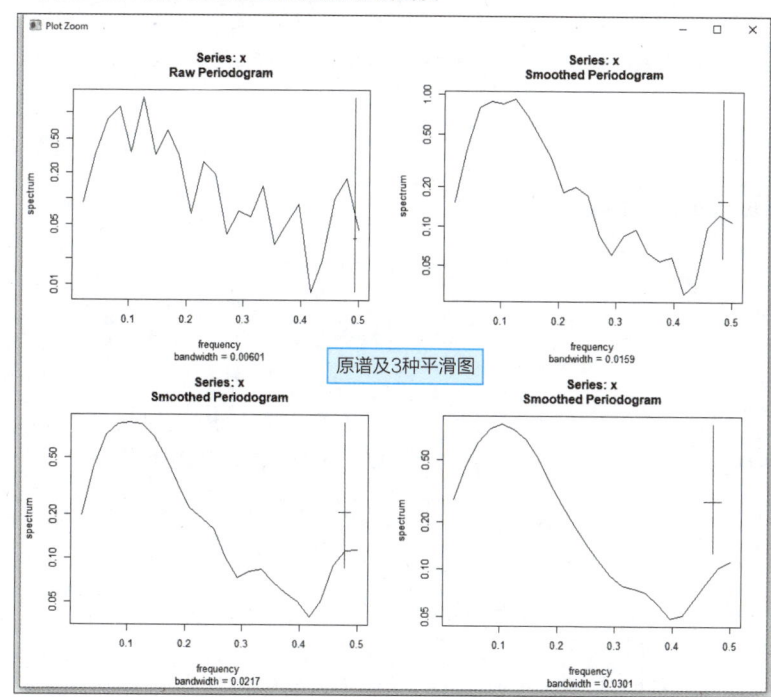

原谱及3种平滑图

列表2 估计英国呼吸道疾病死亡人数UKLungDeaths中的男女时间序列数据的谱密度

```
> # 使用英国呼吸道疾病死亡人数UKLungDeaths中的男女的统计数据
> par(mfrow=c(2,2))   # 画面按2×2分割
> spectrum(ldeaths, spans=c(3,3))
> spectrum(ldeaths, spans=c(3,5))
> spectrum(ldeaths, spans=c(5,7))
> spectrum(ldeaths, spans=c(5,7), log="dB", ci=0.8)
```

▼ 估计呼吸道疾病死亡人数的男女时间序列数据中的谱密度

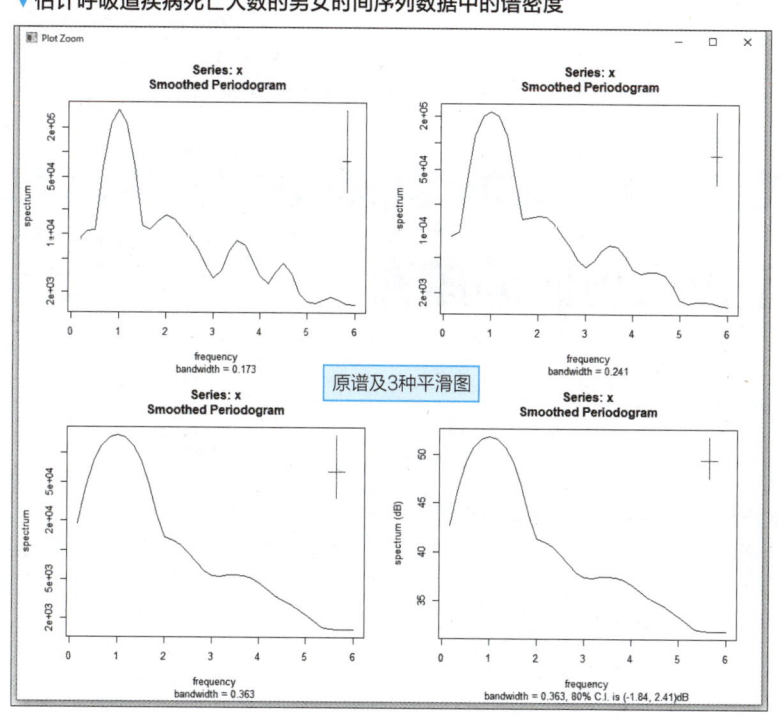

原谱及3种平滑图

11-2 AR模型

●根据AR模型的拟合度估计谱密度

列表3 通过拟合AR模型来估计英国呼吸道疾病死亡人数数据UKLungDeaths的男女时间序列数据的谱密度

```
> # 根据拟合AR模型估计谱密度
> par(mfrow=c(1,2))   # 画面按1×2分割
> # 使用黄体生成素量的时间序列数据lh
> spectrum(lh, method="ar")
> # 使用英国呼吸道疾病死亡人数UKLungDeaths中的男女的统计数据
> spectrum(ldeaths, method="ar")
```

▼根据AR模型拟合度估计谱密度

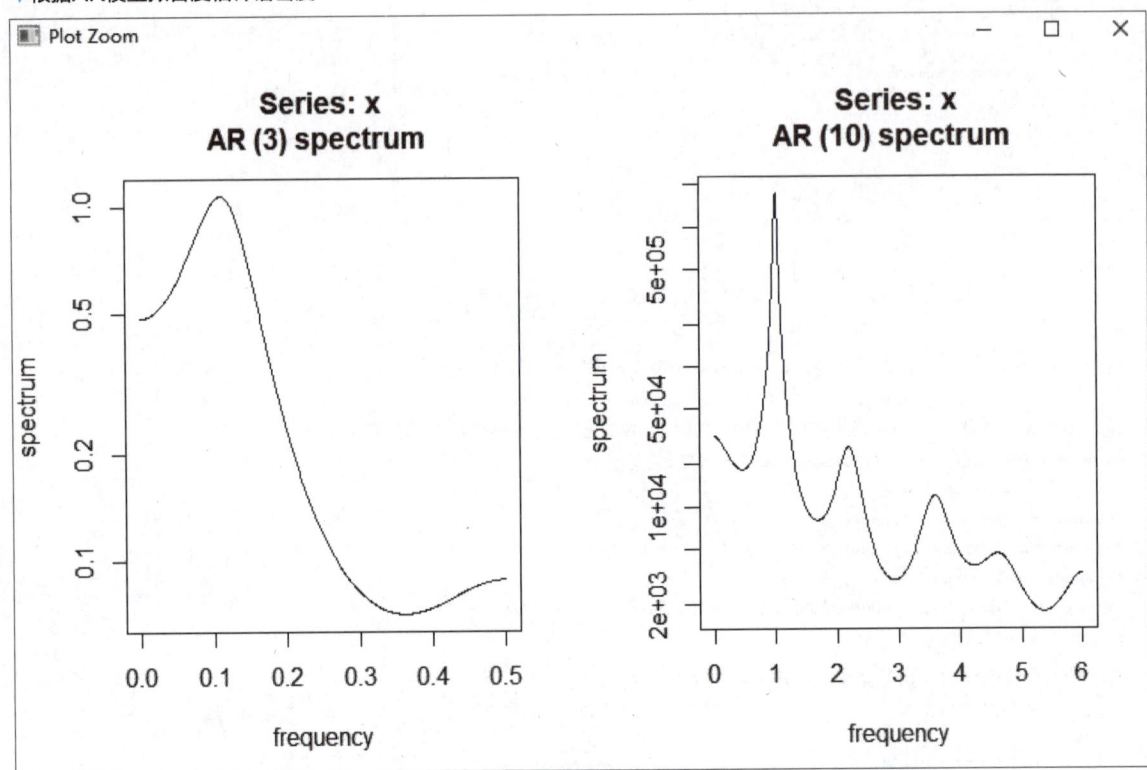

11-2 AR模型

秘技 329 将AR模型拟合到时间序列

难易程度 ●●●

这里是关键点！ ar()函数

扫码看视频

将AR模型（自回归模型，auto-regressive model）拟合到时间序列对象，并使用ar()函数执行预测。

• **ar()函数**

ar()函数可将AR模型拟合到时间序列对象并执行预测。

11-2 AR模型

格式	ar(x,
	  aic = TRUE,
	  order.max = NULL,
	  method=c("yule-walker", "burg", "ols", "mle", "yw"),
	  na.action,
	  series, …)	

参数	x	设定单变量，或者多变量的时间序列对象
	aic	默认值是TRUE，为了选择自回归模型的次数使用赤池信息量准则（AIC）。设为FALSE时拟合次数order.max的模型
	order.max = NULL	拟合模型的（最大）次数
	method=c("yule-walker","burg","ols","mle", "yw")	设定拟合模型使用的方法，默认使用yule-walker
	na.action	设定用于处理缺失值的函数名
	series	设定时间序列对象的名称，默认是deparse(substitute(x))
返回值 （spec类 的对象）	order	拟合的模型的次数。如果aic=TRUE，是使AIC最小化的值，否则是order.max本身
	ar	拟合的模型的自回归系数的估计值
	var.pred	预测方差。时间序列的方差中，使用自回归模型无法说明的部分的估计值
	x.mean	时间序列的平均值的估计值
	aic	aic参数的值
	n.used	时间序列中观察值的总数
	order.max	order.max的值
	Partialacf	最大lag，到order.max的偏自相关系数的估计值
	resid	拟合的模型的残差
	frequency	时间序列对象的频率

● **拟合AR模型**

使用R的样本数据——血液中黄体生成素量的时间序列数据lh，分别使用默认的"yule-walker""burg"和"ols"拟合AR模型。

列表1 AR模型的拟合

```
> # 使用1名女性的10分钟间隔的血液中黄体生成素量的
> # 时间序列数据lh
> ar(lh)         # 使用默认的Yule-Walker法和ar.yw()函数来拟合

Call:
ar(x = lh)

Coefficients:
      1        2        3                              ← 拟合模型的系数
  0.6534  -0.0636  -0.2269

Order selected 3  sigma^2 estimated as   0.1959       ← 选择了3次的AR模型

> str(ar(lh)) # 输出拟合结果的详情
List of 14
 $ order     : int 3
 $ ar        : num [1:3] 0.6534 -0.0636 -0.2269
 $ var.pred  : num 0.196
 $ x.mean    : num 2.4
 $ aic       : Named num [1:17] 18.307 0.996 0.538 0 1.49 ...
 ..- attr(*, "names")= chr [1:17] "0" "1" "2" "3" ...
 $ n.used    : int 48
 $ order.max : num 16
 $ partialacf: num [1:16, 1, 1] 0.5755 -0.2234 -0.2269 0.1028 -0.0759 ...
 $ resid     : Time-Series [1:48] from 1 to 48: NA NA NA -0.2 -0.169 ...
 $ method    : chr "Yule-Walker"
 $ series    : chr "lh"
 $ frequency : num 1
 $ call      : language ar(x = lh)
```

11-2 AR模型

```
$ asy.var.coef: num [1:3, 1:3] 0.02156 -0.01518 0.00482 -0.01518 0.03117 ...
 - attr(*, "class")= chr "ar"
>
> ar(lh, method="burg")  # 使用ar.burg()函数拟合

Call:
ar(x = lh, method = "burg")

Coefficients:
      1        2        3           ———————————————— 拟合模型的系数
 0.6588  -0.0608  -0.2234

Order selected 3  sigma^2 estimated as   0.1786   ———————— 选择了3次的AR模型
>
> ar(lh, method="ols")  # 使用ar.ols()拟合

Call:
ar(x = lh, method = "ols")

Coefficients:
     1                                             ———————————————— 拟合模型的系数
 0.586

Intercept: 0.006234 (0.06551)

Order selected 1   sigma^2 estimated as   0.2016   ———————— 选择了1次的AR模型
```

秘技 330 AR模型预测

难易程度 ●●●

扫码看视频

这里是关键点！ **predict()函数**

通过将拟合了AR模型的ar对象作为参数并执行predict()函数，可以预测时间序列数据后面任意个数的观察值。

（续表）

参数	n.ahead = 1	设定要预测到哪一步
	se.fit = TRUE	逻辑值，用于设定是否返回预测误差的标准误差的估计值

● 使用predict()函数预测

R的样本数据中，有按年记录了平均相对太阳黑子数量的sunspot.year。使用这个时间序列数据并拟合AR模型，使用predict()函数预测接下来的25年的观察值。

● predict()函数

从拟合了AR模型的ar对象中预测后面的观察值。

格式	predict(object, newdata, n.ahead = 1, se.fit = TRUE, …)	
参数	object	设定ar()函数的返回值
	newdata	设定要预测的数据

列表1 预测下次的平均太阳黑子数

```
> # 使用太阳黑子个数数据sunspot.year
> ar(sunspot.year)

Call:
ar(x = sunspot.year)

Coefficients:
      1        2        3        4        5        6        7        8
```

344

```
   1.1305   -0.3524   -0.1745    0.1403   -0.1358    0.0963   -0.0556    0.0076
       9
   0.1941

Order selected 9  sigma^2 estimated as    267.5    ───── 选择了9个AR模型

> # 使用拟合的模型预测接下来的25年
> predict(ar, n.ahead=25)
$pred                                                    ───── 预测值的时间序列数据
Time Series:
Start = 1989
End = 2013
Frequency = 1
 [1] 135.25933 148.09051 133.98476 106.61344  71.21921  40.84057
 [7]  18.70100  11.52416  27.24208  56.99888  87.86705 107.62926
[13] 111.05437  98.05484  74.84085  48.80128  27.65441  18.15075
[19]  23.15355  40.04723  61.95906  80.79092  90.11420  87.44131
[25]  74.42284

$se
Time Series:
Start = 1989
End = 2013
Frequency = 1
 [1] 16.35519 24.68467 28.95653 29.97401 30.07714 30.15629 30.35971
 [8] 30.58793 30.71100 30.74276 31.42565 32.96467 34.48910 35.33601
[15] 35.51890 35.52034 35.65505 35.90628 36.07084 36.08139 36.16818
[22] 36.56324 37.16527 37.64820 37.83954
```

秘技 331 使ARIMA模型适合单变量的时间序列数据

扫码看视频

这里是关键点！ arima()函数

要使时间序列数据适用ARIMA模型，下面可以使用arima()函数。

●arima()函数

该函数对根据因子分类的数据框应用函数。

格式	arima(x,
	      order = c(0, 0, 0),
	      seasonal = list(order = c(0, 0, 0), period = NA),
	      xreg = NULL,
	      include.mean = TRUE,
	      transform.pars = TRUE,
	      fixed = NULL,
	      init = NULL,
	      method = c("CSS-ML", "ML", "CSS"),
	      n.cond,
	      optim.control = list(),
	      kappa = 1e6)

参数	x	设定单变量时间序列对象

（续表）

参数	order = c(0, 0, 0)	设定ARIMA模型的非季节性部分（模型次数）。设定3个成分(p,d,q)，p是自回归(AR)系数的个数，d是差分的个数，q是移动平均(MA)系数的个数
	seasonal = list(order =c(0, 0, 0), period = NA)	设定ARIMA模型的季节性部分和周期（默认是frequency()函数）。必须是有内容order和period的列表，如果只是为其赋值长度为3的向量，则转换为order样式的列表
	xreg = NULL	可选项，外部解释变量的向量，或者是行数和x相同的矩阵
	include.mean = TRUE	设定ARIMA模型是否具有平均项。针对没有差分的时间序列，默认值是TRUE
	transform.pars = TRUE	默认值是TRUE，转换AR参数使其在恒定区域内
	fixed = NULL	是长度和所有参数个数相等的选项的数字向量。设定时只有fixed中的NA项目发生变化

11-2 AR模型

（续表）

参数		
	init = NULL	选项的初始参数值的数字向量。缺失值NA去除回归系数用0代替，已经在fixed中设定了的则忽略
	method = c("CSS-ML", "ML", "CSS")	用于拟合的方法。默认方法"CSS-ML"使用条件平方和的最小化来查找初始值，然后使用最大似然法。"ML"是最大似然估计，"CSS"是条件平方和的最小化
	n.cond	忽略开头观察值的个数。仅在通过条件平方和应用时才使用
	optim.control	最优化函数optim()的控制参数列表
	kappa = 1e6	差分时间序列中的过去的观察值的先验方差（将其作为innovation方差的比例）

● 拟合ARIMA模型

分别给血液中的黄体生成素量的时间序列数据lh，和1973～1978年美国按月份的事故死亡人数的时间序列函数USAccDeaths，拟合ARIMA模型。

列表1 将ARIMA模型拟合到单变量时间序列数据

```
> # 使用黄体生成素量数据lh
> arima(lh,
+       order = c(1,0,0) # 拟合ARIMA(1,0,0)模型
+      )

Call:
arima(x = lh, order = c(1, 0, 0))

Coefficients:
         ar1  intercept
      0.5739     2.4133
s.e.  0.1161     0.1466

sigma^2 estimated as 0.1975:  log likelihood = -29.38,
aic = 64.76
>
>
> # 美国每个月的事故死亡人数USAccDeaths
> # 具有季节性ARIMA(0,1,1)的ARIMA(0,1,1)模型的拟合
> arima(USAccDeaths,
+       order = c(0,1,1),     # 拟合ARIMA(0,1,1)模型
+       seasonal = list(order=c(0,1,1))
+                             # 季节性ARIMA (0,1,1)
+      )

Call:
arima(x = USAccDeaths, order = c(0, 1, 1), seasonal =
list(order = c(0, 1, 1)))

Coefficients:
         ma1      sma1
      -0.4303   -0.5528
s.e.   0.1228    0.1784

sigma^2 estimated as 99347:  log likelihood = -425.44,
aic = 856.88
```

秘技 332 通过自动指定适当的模型次数来拟合ARIMA模型

难易程度 ●●●

这里是关键点！ forecast包中的auto.arima()函数

扫码看视频

ARIMA模型可以通过以下3个步骤来创建。
① 指定模型次数。
② 将模型拟合到数据并获取系数。
③ 验证模型。

在②中的模型次数设定3个整数（p,d,q），p是自回归（AR）系数的个数，d是差分的个数，q是移动平均（MA）系数的个数。但是，通常没有关于合适的次数的线索，所以寻找最优的p、d、q的组合很困难。

forecast包的*auto.arima()*函数可以自动找出与模型次数最优的p、d、q的组合，并拟合ARIMA模型。

● 使用auto.arima()函数拟合ARIMA模型

安装forecast包。安装完成后将和上一个秘技相同的两个样本数据分别作为参数并执行auto.arima()函数，拟合ARIMA模型。

列表1 使用auto.arima()函数拟合ARIMA模型

```
> # 导入forecast包
> library(forecast)
> # 在1小时内使用黄体生成激素量数据
> auto.arima(lh)
Series: lh
ARIMA(1,0,0) with non-zero mean

Coefficients:
         ar1    mean
      0.5739  2.4133
s.e.  0.1161  0.1466

sigma^2 estimated as 0.2061:  log likelihood=-29.38
AIC=64.76   AICc=65.3   BIC=70.37
> # 美国每个月的事故死亡人数USAccDeaths
> auto.arima(USAccDeaths)
Series: USAccDeaths
```

```
ARIMA(0,1,1)(0,1,1)[12]

Coefficients:
         ma1     sma1
      -0.4303  -0.5528
s.e.   0.1228   0.1784

sigma^2 estimated as 102860:  log likelihood=-425.44
AIC=856.88   AICc=857.32   BIC=863.11
```

对于数据lh，auto.arima()函数将(1,0,0)判断为最优的次数。数据的差分为0（$d=0$），所以选择具有两个AR系数（$p=1$）和两个MA系数（$q=2$）的模型。

对于USAccDeaths，模型次数和季节性部分判断为(0,1,1)。两个数据的输出结果和之前手动输入时的相同。

auto.arima()函数默认限定p和q在0到5的范围内。如果确定模型需要的系数不满5个，可以使用max.p和max.q参数来限定检索范围，从而加快处理速度。

秘技 333 通过ARIMA模型预测

这里是关键点！ predict()函数

扫码看视频

通过将拟合了ARIMA模型的arima对象作为参数并执行**predict()函数**，可以预测时间序列数据的后面任意个数的观察值。

● **通过拟合了ARIMA模型的arima对象预测后面的数据**

对记录了每年平均相对太阳黑子个数的sunspot.year数据，通过ARIMA模型预测之后的25步（25年）的观察值。

列表1 预测下次的平均相对太阳黑子个数

```
> # 导入forecast包
> library(forecast)
> # 使用太阳黑子个数数据sunspot.year
> ar <- auto.arima(sunspot.year)
> # 通过拟合的模型预测之后的25年
> predict(ar, n.ahead=25)
$pred
Time Series:
Start = 1989
End = 2013
Frequency = 1
 [1] 144.85902 166.00666 161.68106 135.71147  98.08085  61.70684
 [7]  38.17786  34.14593  49.54127  78.06566 109.64892 133.94377
[13] 143.66508 136.71309 116.48447  90.39805  67.23326  54.21806
[19]  54.81845  67.88951  88.36524 109.15821 123.57489 127.43572
[25] 120.24026

$se
Time Series:
Start = 1989
End = 2013
Frequency = 1
 [1] 15.51251 24.12243 28.79840 30.48545 30.70065 30.72545 30.88352
 [8] 30.92653 31.02921 31.99925 34.34710 37.50204 40.34037 42.13343
[15] 42.88404 43.05109 43.06074 43.06114 43.09455 43.36109 44.16552
[22] 45.58377 47.29183 48.79525 49.78367
```

下一年的平均相对太阳黑子个数是144.85902，其标准误差是15.51251。观测值越往后，标准误差越大，越往后预测值的不确定性也越大。

读书笔记

第12章
秘技334~350

绘图

12-1　绘图的基础（秘技334~339）
12-2　绘制多个组（秘技340~344）
12-3　创建条形图（秘技345~346）
12-4　直方图、正态QQ图（秘技347~350）

12-1 绘图的基础

秘技 334 创建散点图

难易程度 ●●●

这里是关键点！ plot(由两个变量的数值生成的数据框)

扫码看视频

要由两列数据框生成散点图，可以使用 **plot()** 函数。R的样本数据cars是由汽车的速度speed和刹车距离dist构成的2列×50行的数据框。接下来使用plot()函数绘制此样本数据的散点图。

因为开始的列是speed，所以将其作为x轴，另一列作为y轴。

列表2 绘制散点图

```
> plot(cars)  # 绘制散点图
```

列表1 R的样本数据cars（分为3段显示）

```
> print(cars)
   speed dist        speed dist        speed dist
1    4    2     21   14   36     41   20   52
2    4   10     22   14   60     42   20   56
3    7    4     23   14   80     43   20   64
4    7   22     24   15   20     44   22   66
5    8   16     25   15   26     45   23   54
6    9   10     26   15   54     46   24   70
7   10   18     27   16   32     47   24   92
8   10   26     28   16   40     48   24   93
9   10   34     29   17   32     49   24  120
10  11   17     30   17   40     50   25   85
11  11   28     31   17   50
12  12   14     32   18   42
13  12   20     33   18   56
14  12   24     34   18   76
15  12   28     35   18   84
16  13   26     36   19   36
17  13   34     37   19   46
18  13   34     38   19   68
19  13   46     39   20   32
20  14   26     40   20   48
```

▼创建的散点图

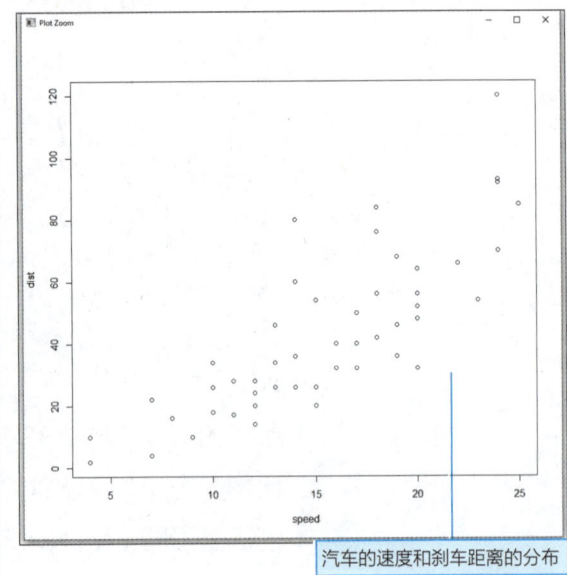

汽车的速度和刹车距离的分布

秘技 335 设置标题和标签

难易程度 ●●●

这里是关键点！ plot(数据,main="主标题",xlab="x轴标签", ylab="y轴标签")

扫码看视频

下面设定图表的主标题、x轴的标签和y轴的标签。

列表1 设定主标题、x轴的标签和y轴的标签

```
polt(数据, main ="主标题", xlab = "x轴标签", ylab = "y轴标签")
```

● 绘图的同时设定标题和标签

设定plot()函数的选项，在绘图的同时设定标题和标签。

列表2 给二变量数据cars的散点图设定主标题以及x轴、y轴的标签

```
> # 设定标题和标签
```

12-1 绘图的基础

```
> plot(cars,
+      main = "Speed vs. Stopping Distance",
+      xlab = "Speed(mph)",
+      ylab = "Stopping Distance(ft)"
+      )
```

▼创建的散点图

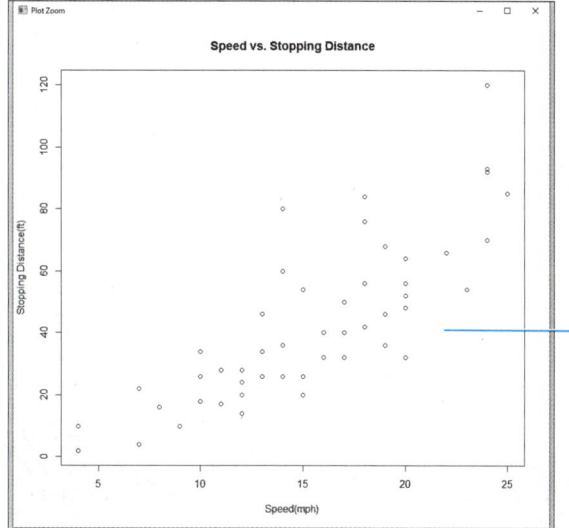

●绘图后添加标题和标签

使用plot()函数绘图后,可以使用**title()函数**添加标题和标签。

列表3 给二变量数据cars的散点图设定主标题以及x轴、y轴的标签

```
# 绘制没有标题和标签的散点图
plot(cars,
     ann = FALSE # 没有标题和标签
     )
# 添加标题和标签
title(main = "Speed vs. Stopping Distance",
      xlab = "Speed(mph)",
      ylab = "Stopping Distance(ft)"
      )
```

给二变量数据cars的散点图设定主标题以及x轴、y轴的标签

秘技 336 添加网格

▶难易程度 ●●●

这里是关键点! **使用plot()函数➡grid()函数➡points()函数在散点图上添加网格**

扫码看视频

绘制网格时,首先使用plot()函数绘制空的图表,再使用grid()函数绘制网格,最后使用**points()函数**绘制散点图。这是为了确保绘制的图形不被网格遮住。

●grid()函数

该函数用于在图表上绘制网格。

●在散点图上显示网格

使用plot()函数➡grid()函数➡points()函数绘图,并在散点图上显示网格。

格式	grid(nx = NULL, ny = nx,
	     col = "lightgray",
	     lty = "dotted",
	     lwd = par("lwd"), equilogs = TRUE)

参数	nx = NULL ny = nx	网格x方向和y方向的单元格个数。默认值NULL绘制和刻度对应的网格
	col = "lightgray"	设定网格的颜色,默认值是浅灰色

(续表)

参数	lty = "dotted"	设定网格线条的类型。默认值是虚线,设为1则为实线
	lwd = par("lwd")	使用正数设定网格的线宽
	equilogs = TRUE	不是等间距的网格线条时是FALSE

列表1 显示网格

```
> # 绘制空的图表
> plot(cars,
+      main = "Speed vs. Stopping Distance",
+      xlab = "Speed(mph)",
+      ylab = "Stopping Distance(ft)",
+      type = "n"
+      )
> # 绘制网格
> grid()
> # 数据的图表
> points(cars)
```

351

12-1 绘图的基础

▼ 创建的散点图

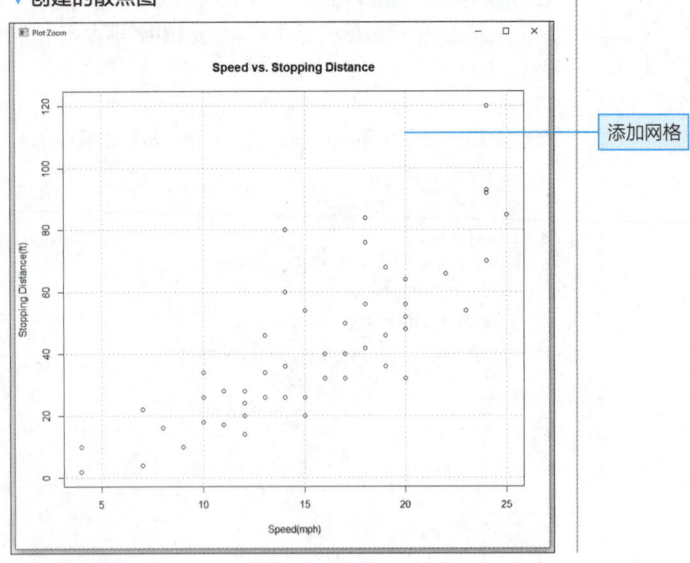

添加网格

秘技 337 指定x轴和y轴的范围

扫码看视频

▶难易程度

这里是关键点！ **xlim、ylim选项**

使用plot()函数的**xlim**、**ylim**选项设定x轴和y轴的范围。

列表1 设定x轴和y轴的范围

```
plot(数据, xlim=x轴的范围, ylim=y轴的范围)
```

列表2 将cars的刹车距离作为横轴，速度作为纵轴，并设定刻度的宽度

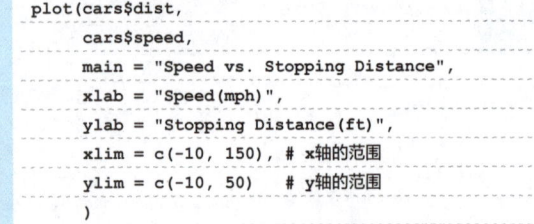

▼ 创建的散点图

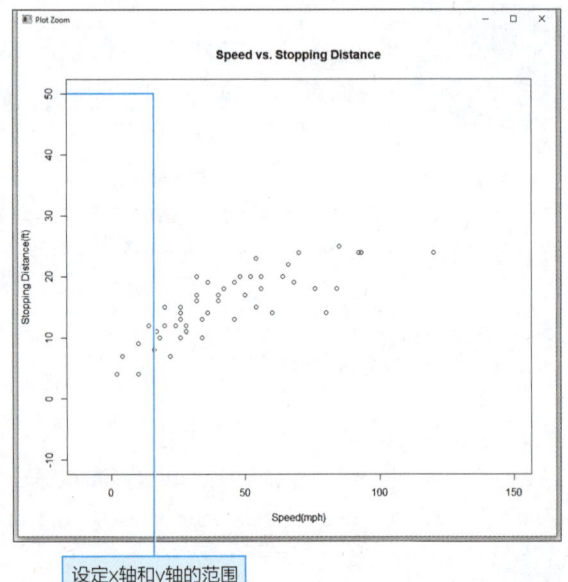

设定x轴和y轴的范围

秘技 338 指定x轴和y轴之间的比例

> 这里是关键点！ **asp选项**

x轴和y轴的比例可以通过plot()函数的**asp选项**来设定。设定的值是相对于y轴为1时x轴的比例，值为1时x轴和y轴的比例为1：1。

列表1 设定x轴和y轴的比例
```
plot(数据,asp=x轴与y轴为1的比例)
```

列表2 将x轴和y轴的比例设为4：10
```
plot(cars,
    main = "Speed vs. Stopping Distance",
    xlab = "Speed(mph)",
    ylab = "Stopping Distance(ft)",
    asp = 0.4   # 使x轴和y轴的比例为4：10
    )
```

列表3 将x轴和y轴的比例设为1：1
```
> plot(cars,
+     main = "Speed vs. Stopping Distance",
+     xlab = "Speed(mph)",
+     ylab = "Stopping Distance(ft)",
+     asp = 1   # 使x轴和y轴的比例相同
+     )
```

▼创建的散点图

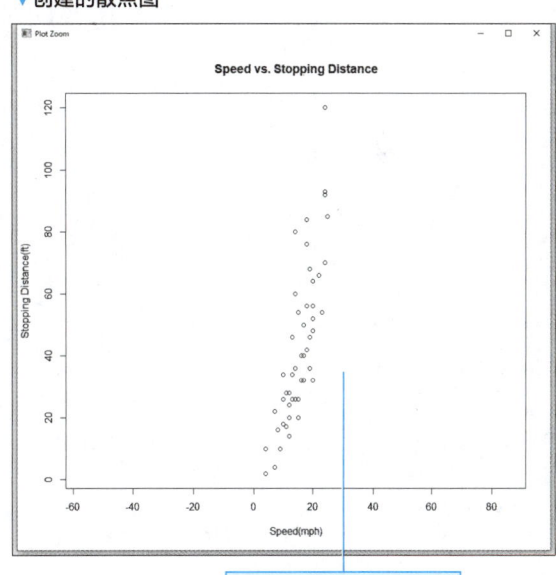

将x轴和y轴的比例设为1：1

▼创建的散点图

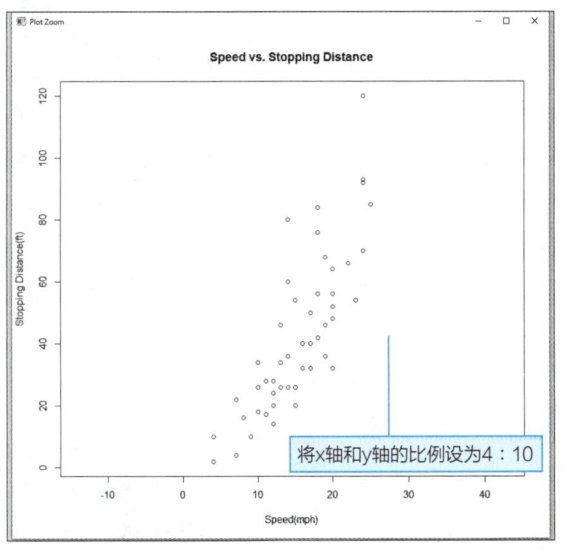

将x轴和y轴的比例设为4：10

秘技 339 添加垂直线或水平线

> 这里是关键点！ **abline(v=垂直线的位置,h=水平线的位置)**

使用abline()函数在图表上绘制垂直线和水平线。

12-1 绘图的基础

● abline()函数

该函数用于绘制垂直线和水平线。

| 格式 | abline(v=表示垂直线位置的x轴的值, h=表示水平线位置的y轴的值) |

列表1 在x轴0的位置显示垂直线，在y轴0的位置显示水平线

```
> # 绘制数据
> plot(cars,
+      main = "Speed vs. Stopping Distance",
+      xlab = "Speed(mph)",
+      ylab = "Stopping Distance(ft)"
+ )
> abline(v=0, h=0)    # 显示坐标轴
```

▼创建的散点图

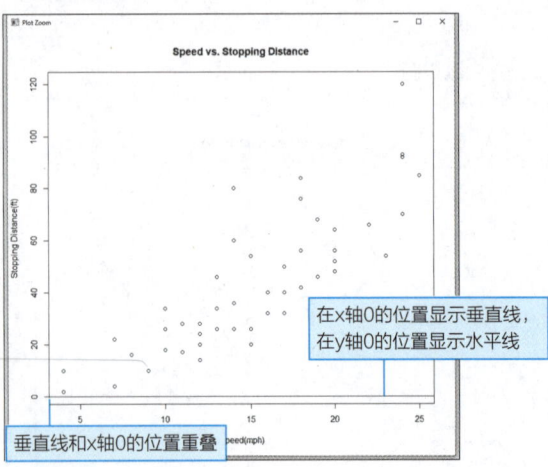

在x轴0的位置显示垂直线，在y轴0的位置显示水平线

垂直线和x轴0的位置重叠

列表2 在x轴0的位置显示垂直线，在y轴0的位置显示水平线

```
> # 绘制数据
> plot(cars,
+      main = "Speed vs. Stopping Distance",
+      xlab = "Speed(mph)",
+      ylab = "Stopping Distance(ft)"
+ )
> abline(v=10, h=50)  # 显示坐标轴
```

▼创建的散点图

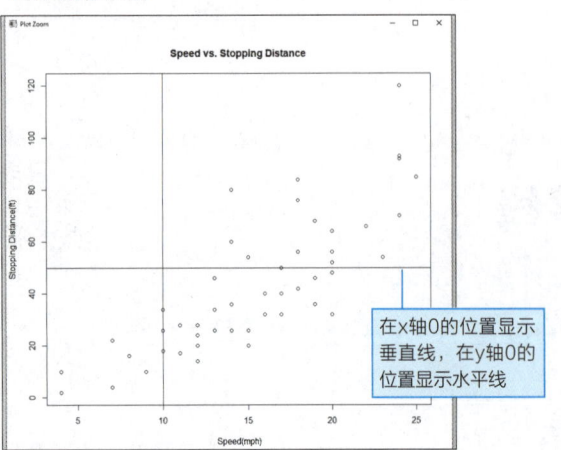

在x轴0的位置显示垂直线，在y轴0的位置显示水平线

下面通过垂直线和水平线来显示平均值和标准偏差的信息。

列表3 在dist的平均值处绘制实线，在离平均值±1和±2个标准偏差处绘制虚线

```
> # 绘制数据
> plot(cars,
+      main = "Speed vs. Stopping Distance",
+      xlab = "Speed(mph)",
+      ylab = "Stopping Distance(ft)",
+      ylim = c(-20, 120)   # y轴的范围
+ )
> m.s <- mean(cars$speed)   # speed的平均值
> m.d <- mean(cars$dist)    # dist的平均值
> # 将speed的平均值显示在x轴, dist的平均值显示在y轴
> abline(v = m.s, h = m.d)
> # 计算dist的标准偏差, 计算离平均值±1和±2个标准偏差
> sd.d <- m.d + c(-2, -1, +1, +2) * sd(cars$dist)
> # 在离dist的平均值±1和±2个标准偏差处绘制虚线
> abline(h = sd.d, lty = "dotted")
```

▼创建的散点图

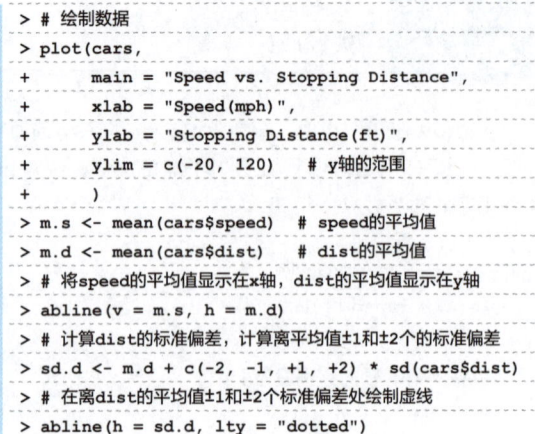

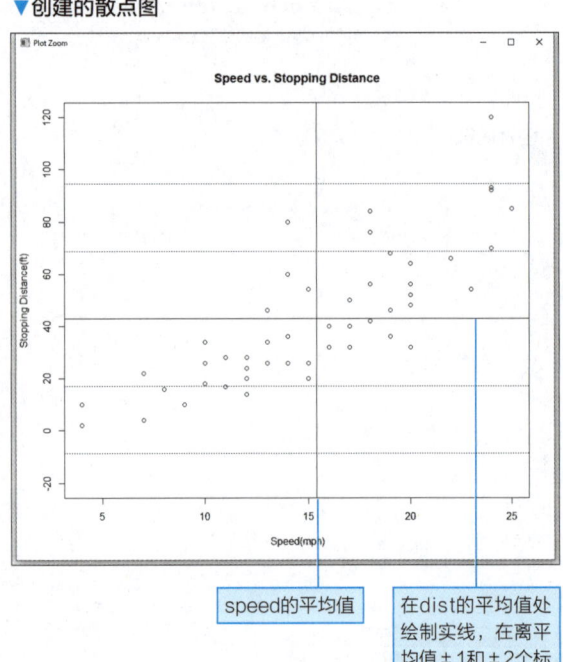

speed的平均值

在dist的平均值处绘制实线，在离平均值±1和±2个标准偏差处绘制虚线

12-2 绘制多个组

秘技 340 创建多个组的散点图

难易程度 ●●●

扫码看视频

这里是关键点！ pch=绘图记号对应的整数值

在R的样本数据iris中，包含3个品种鸢尾花各自50个花萼的长度和宽度、花瓣的长度和宽度（厘米）的测量结果。以下为绘制花瓣的长度和宽度的散点图示例。

列表1 绘制iris的花瓣长度和宽度的散点图

```
> # iris 的Petal.Length（花瓣的长度），Petal.Width
 （花瓣的宽度） 的散点图
> with(iris,
+       plot(Petal.Length,    # 花瓣的长度
+            Petal.Width      # 花瓣的宽度
+            )
+    )
```

▼创建的散点图

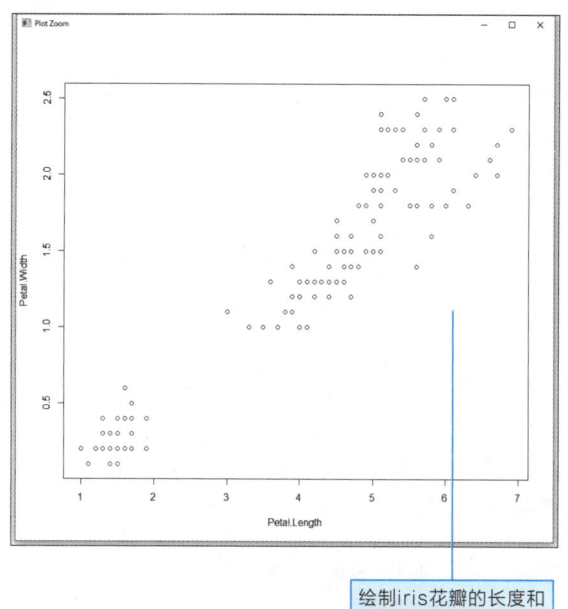

绘制iris花瓣的长度和宽度的散点图

虽然各自的观察值按3个品种分类，但是什么品种完全不知道。因此，使用pch选项设定每个品种用不同的绘图记号（点的形状）绘制。

●pch选项

使用0~25的整数值设定绘图记号。
设定pch = as.integer(Species)，则按Species（鸢尾花的品种）的水平值对应以下绘图记号绘图。

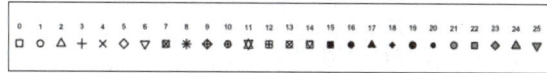

列表2 按花的品种使用不同的绘图记号绘制iris的 Petal.Length和Petal.Width

```
with(iris,
     plot(Petal.Length,           # 花瓣的长度
          Petal.Width,            # 花瓣的宽度
          pch=as.integer(Species) # 按品种改变绘图记号
                                  绘制
          )
    )
```

▼创建的散点图

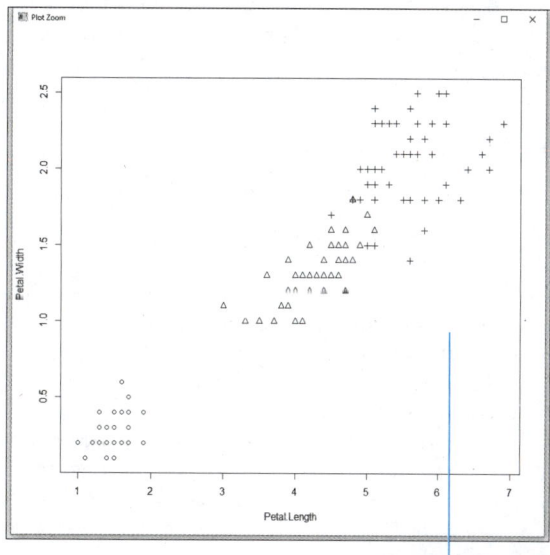

按鸢尾花的品种使用不同的记号的散点图

秘技 341 添加图例

难易程度 ●●●

这里是关键点！ legend(x坐标,y坐标,labels,pch/lty/lwd/col)

扫码看视频

使用plot()函数绘制图表后，再使用legend()函数即可显示图例。

列表1 dot（点）的图例

```
legend(x坐标, y坐标, labels, pch=c(pointtype1,
pointtype2, ... ))
```

列表2 基于线种类的线的图例

```
legend(x坐标, y坐标, labels, lty=c(linetype1,
linetype2, ... ))
```

列表3 基于线宽度的线的图例

```
legend(x坐标, y坐标, labels, lwd=c(width1, width2,
... ))
```

列表4 颜色的图例

```
legend(x坐标, y坐标, labels, col=c(color1, color2,
... ))
```

通过x坐标和y坐标，将图例设定在左上方的位置。labels是显示在图例中的字符串向量，pch、lty、lwd、col对应labels显示元素的向量。

● 显示图例

按花的品种使用不同的绘图记号，绘制iris的Petal.Length和Petal.Width并显示图例。

列表5 按花的品种使用不同的绘图记号，绘制iris的Petal.Length和Petal.Width并显示图例

```
> #按花的品种使用不同的绘图记号绘制
> #iris的Petal.Length和Petal.Width
> with(iris,
+       plot(Petal.Length,       # 花瓣的长度
+            Petal.Width,        # 花瓣的宽度
+            pch = as.integer(Species)  # 每个品种改变
                                        绘图记号绘制
+       )
+ )
> # 显示花的3个品种的图例
> legend(1,                      # 图例的x坐标
```

```
+        2.5,
                                 # 图例的y坐标
+        c("setosa", "versicolor", "virginica"),
                                 # 标签
+        pch = 1:3
                                 # 绘图记号1~3
+ )
```

▼ 创建的散点图

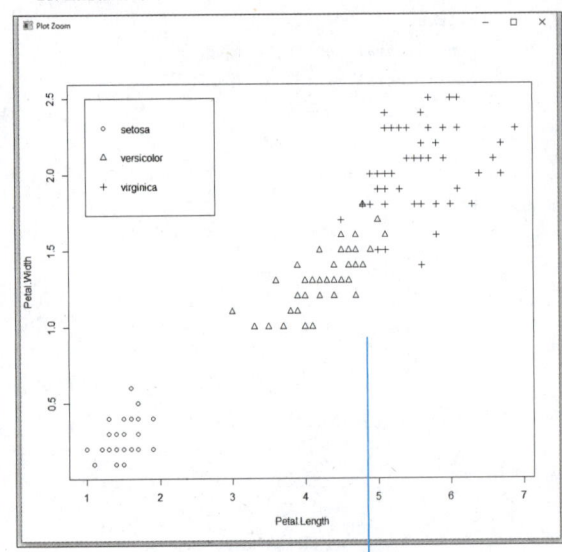

按花的品种使用不同的绘图记号，绘制iris的Petal.Length和Petal.Width并显示图例

另外，以Species作为因子，将其作为标签，显示鸢尾花的品种。

列表6 从原始数据中获取图例的标签

```
# 将Species作为因子提取
fct <- factor(iris$Species)
# 将因子的水平值设为整数并显示图例
legend(1,                        # 图例的x坐标
       2.5,                      # 图例的y坐标
       as.character(levels(fct)), # 标签
       pch = 1:3                 # 绘图记号1~3
)
```

秘技 342 绘制散点图的回归直线

扫码看视频

这里是关键点！ 使用lm(模型表达式)函数➡plot(模型表达式)函数➡abline(回归分析的结果)函数绘制回归直线

将模型表达式作为参数并执行**abline()函数**，可以在数据含有两个变量的散点图上绘制线性回归直线。

●在散点图上绘制表示线性回归的直线

R的样本数据中，有记录为创建测定甲醛标准曲线而执行的化学实验的数据框Formaldehyde，本例就使用该数据进行操作。这个数据carb列中是碳水化合物量，optden列中是光密度，记录了6种情况的数据。

列表1 将Formaldehyde输出到控制台中

```
> Formaldehyde
  carb optden
1  0.1  0.086
2  0.3  0.269
3  0.5  0.446
4  0.6  0.538
5  0.7  0.626
6  0.9  0.782
```

将横轴设为car，纵轴设为optden，并绘制表示线性回归的直线。

列表2 在Formaldehyde的散点图上绘制回归直线

```
> # 执行线性回归分析
> m <- lm(optden ~ carb, data = Formaldehyde)
> # 使用模型表达式创建散点图
> plot(optden ~ carb, data = Formaldehyde)
> # 在散点图上绘制回归直线
> abline(m)
```

▼在散点图上显示回归直线

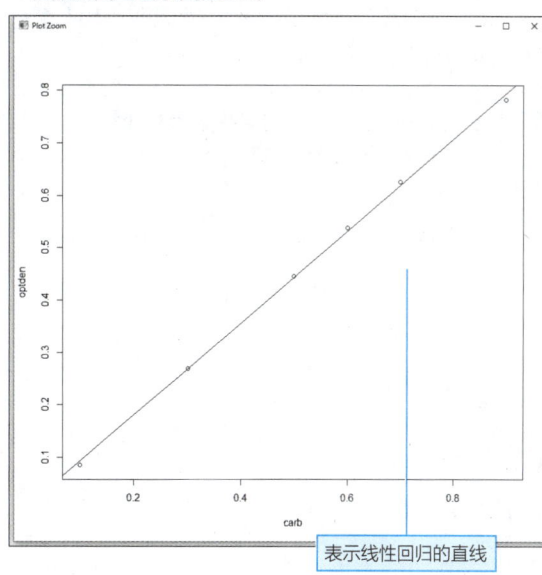

表示线性回归的直线

下面是plot()函数的参数不使用模型表达式，注意参数的顺序和回归分析的模型表达式相反。

列表3 将数据框的列设定为plot()函数的参数

```
> # 执行线性单回归分析
> m <- lm(optden ~ carb, data = Formaldehyde)
> # 创建散点图
> plot(Formaldehyde$carb, Formaldehyde$optden)
> # 在散点图上绘制回归直线
> abline(m)
```

秘技 343 绘制所有变量的组合

扫码看视频

这里是关键点！ plot(数据框的多个列)

数据框中有多个变量的数据时，给**plot()函数**的参数设定任意的多个列，则可以创建所有变量的组合的散点图。

●组合iris数据的所有数据并绘制

R的样本数据iris中，记录了花瓣的长度Petal.Length和宽度Petal.Width、花萼的长度Sepal.Length和宽度Sepal.Width以及表示鸢尾花品种的Species的数据。本例就使用该数据进行操作。

12-2 绘制多个组

列表1 iris开头的数据

```
> head(iris)
  Sepal.Length Sepal.Width Petal.Length Petal.Width Species
1          5.1         3.5          1.4         0.2  setosa
2          4.9         3.0          1.4         0.2  setosa
3          4.7         3.2          1.3         0.2  setosa
4          4.6         3.1          1.5         0.2  setosa
5          5.0         3.6          1.4         0.2  setosa
6          5.4         3.9          1.7         0.4  setosa
```

一起绘制花瓣的长度和宽度、花萼的长度和宽度的列，创建所有组合的散点图。

列表2 组合数据框的所有测量结果并创建散点图

```
> # 组合iris的4变量并创建散点图
> plot(iris[,1:4])
```

▼创建的散点图

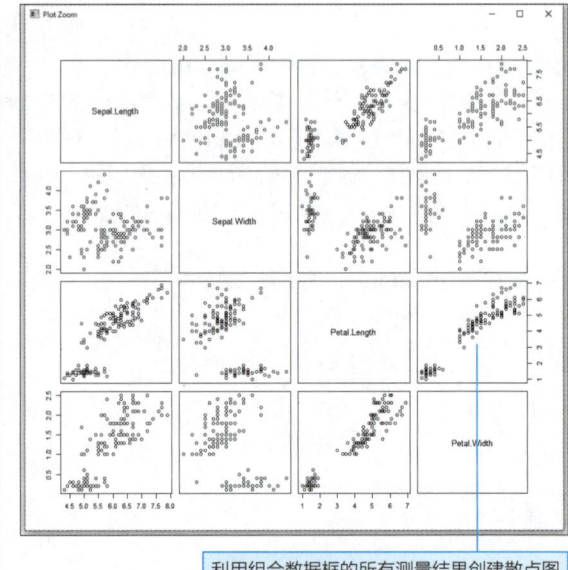

利用组合数据框的所有测量结果创建散点图

秘技 344 为每个因子的水平标签分别创建散点图

难易程度

扫码看视频

这里是关键点！ **coplot(变量y~变量x:因子)**

区分数据框中两个以上的变量（列），按某个因子（factor）分组时，可以使用coplot()函数可以为每个水平标签分别创建散点图。

列表1 为每个水平标签创建二变量的散点图

```
coplot(y ~ x | fac)
```

此时，按照因子fac的水平标签创建了x和y的散点图。

●为Cars93的因子Origin的每个水平标签创建散点图

MASS包中收录的Cars93中汇总了1993年93种车的价格、油耗和马力等数据。Origin列中记录了表示是否是美国制造的因子标签（USA和non-USA）。

按表示是否是美国制造的Origin的水平标签来分组，绘制表示油耗的MPG.city和表示马力的Horsepower的散点图。查看散点图，便能知道美国制造的车型和其他车型的油耗和马力的关系。

列表2 创建美国制造的车型和其他车型的油耗和马力的散点图

```
> # 使用MASS包
> library(MASS)
> # 创建美国制造的车型和其他车型的油耗和马力的散点图
> coplot(Horsepower ~ MPG.city | Origin, data=Cars93)
```

▼创建的散点图

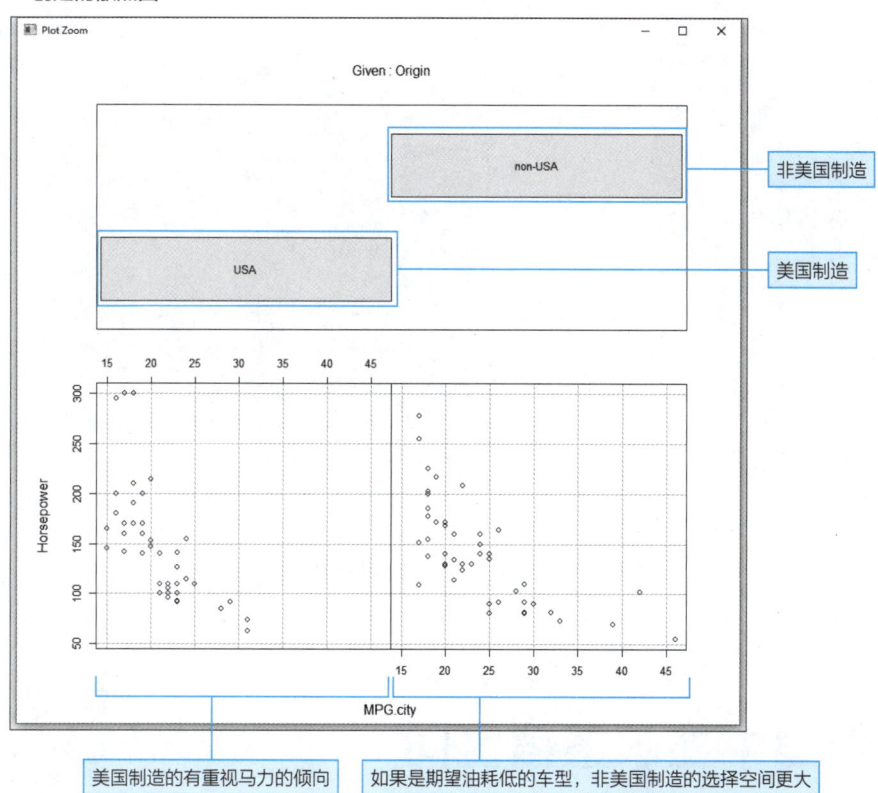

非美国制造

美国制造

美国制造的有重视马力的倾向

如果是期望油耗低的车型，非美国制造的选择空间更大

12-3 创建条形图

秘技 345 使用barplot()函数创建条形图

难易程度 ●●●

扫码看视频

这里是关键点！ **barplot(数据)**

使用**barplot()函数**可以创建条形图。给参数设定数字向量，则绘制将值的大小作为条形长度的图表。

● 计算每个月的平均气温并绘制条形图

R的样本数据airquality中记录了1973年5月到9月纽约的日照量、风力、温度的观察值。使用barplot()函数将每个月的平均气温绘制为条形图。

列表1 将airquality中每个月的平均气温绘制为条形图（收录在项目BarGraph、源文件script.R中）

```
> # 计算每个月的平均气温
> heights <- tapply(airquality$Temp, airquality$Month, mean)
> # 将每个月的平均气温作为条形的高度并绘制图表
> barplot(heights)
```

12-3 创建条形图

▼创建的图表

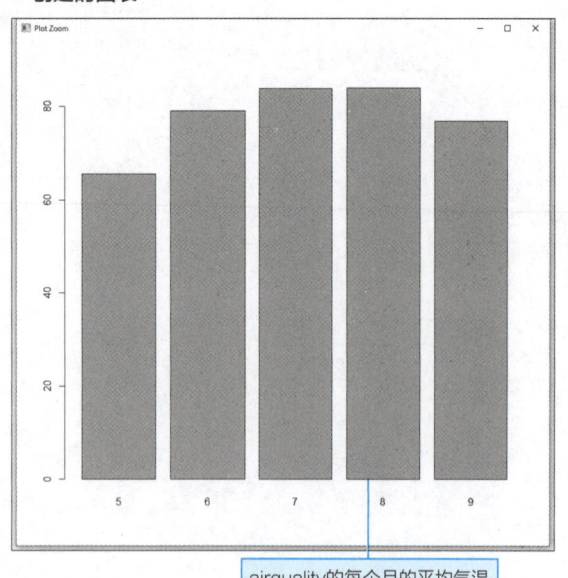

```
+        names.arg = c("May", "Jun", "Jul", "Aug",
+                      "Sep"),
+        ylab = "气温(华氏)"
+       )
```

▼创建的图表

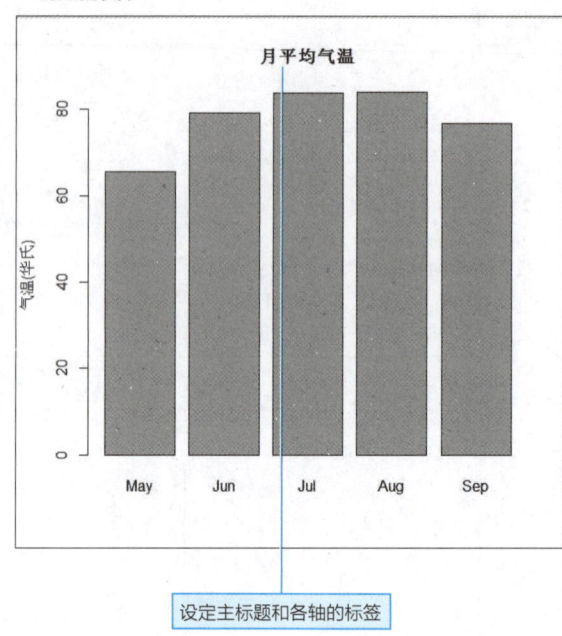

airquality的每个月的平均气温

设定主标题和各轴的标签并再次创建图表。

列表2 设定主标题和各轴的标签

```
> barplot(heights,
+         main = "每月的平均气温",
```

设定主标题和各轴的标签

秘技 346 在条形图中显示置信区间

扫码看视频

难易程度 ●●●

这里是关键点！ gplots包中的barplot2()函数

将每个月的平均值作为条形图时，使用gplots包中的**barplot2()函数**，可以在条形的前端绘制置信区间。

在R的样本数据airquality中，有记录了观测当天气温的Temp列。基于记录了观测月份的Month，将各月的平均气温绘制为条形图。使用t检验计算每个月的平均气温的置信区间时，如果将区间的上限、下限和图表重叠显示，查看起来会更方便。

列表1 将airquality各月的平均气温绘制为条形图并显示置信区间（收录在项目BarGraph、源文件script2.R中）

```
# 使用gplots包
library(gplots)
# 每月的平均气温
attach(airquality)
# 计算每月的平均气温
heights <- tapply(Temp, Month, mean)

# 实施t检验并计算置信区间的下限值
low <- tapply(Temp,             # 将气温列作为对象
              Month,            # 按月分组
              function(n)       # 应用的匿名函数，参数设为每月的数据
                t.test(n)$conf.int[1])  # 根据t检验的平均值的置信下限
```

12-4 直方图、正态QQ图

```
# 实施t检验并计算置信区间的上限值
upp <- tapply(Temp,            # 将气温列作为对象
              Month,           # 按月分组
              function(n)      # 应用的匿名函数,参数设为每月的数据
              t.test(n)$conf.int[2])  # 根据t检验的平均值的置信上限

# 将各月的平均气温绘制为条形图并显示置信区间
barplot2(heights,              # 将每月的平均气温设为条形的高度
         plot.ci = TRUE,       # 绘制置信区间
         ci.l = low,           # 置信区间的下限值
         ci.u = upp,           # 置信区间的上限值
         main = "每月的平均气温",  # 主标题
         names.arg = c("May", "Jun", "Jul", "Aug", "Sep"),  # 显示在条形下方的标签
         ylab = "气温(华氏)"    # y轴的标签
         )
```

运行源代码,在条形图的上方绘制了置信区间,如右图所示。

t.test()函数的返回值列表中有conf.int元素,该元素的第1个分量是置信区间的下限值,第2个分量是置信区间的上限值。tapply()函数的参数是匿名函数,分别为:

```
function(n) t.test(n)$conf.int[1]
function(n) t.test(n)$conf.int[2]
```

从t.test()函数的返回值中提取置信区间的上限值和下限值。

▼创建的图表

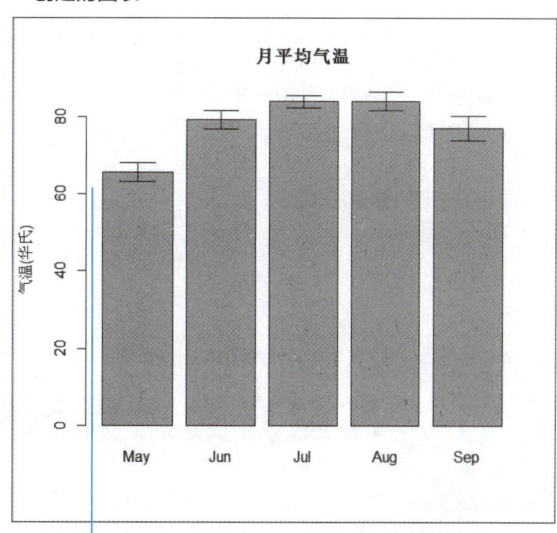

将airquality各月的平均气温绘制为条形图并显示置信区间

12-4 直方图、正态QQ图

秘技 347 创建直方图并指定条数

扫码看视频

难易程度 ●●●

这里是关键点! → **hist(数据,条数)**

通过设定创建直方图的**hist()函数**的第2个参数hist,可以设定直方图的条数。

●将Cars93的油耗数据绘制为直方图

将MASS包中的Cars93记录油耗的数据绘制为直方图。

列表1 将Cars93中记录的油耗的数据MPG.city绘制为直方图

```
> # 使用MASS包
> library(MASS)
> # 将油耗数据绘制为直方图
> hist(Cars93$MPG.city)
```

12-4 直方图、正态QQ图

▼创建的直方图

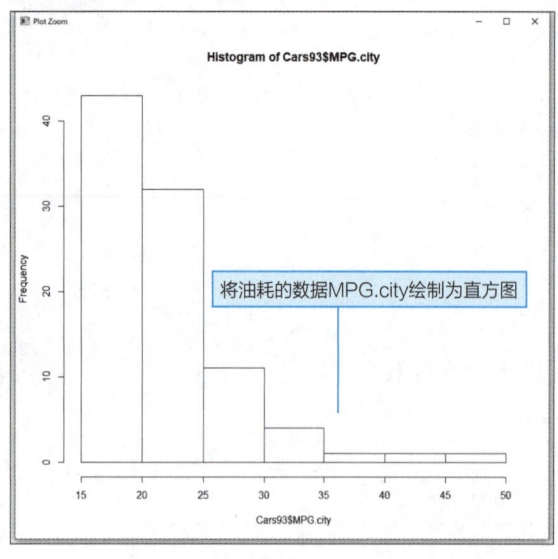

```
+        20,                          # 将条数设为20
+        main = "City MPG",           # 主标题
+        xlab = "Fuel consumption(MPG)" # x轴的标签
+        )
```

▼创建的直方图

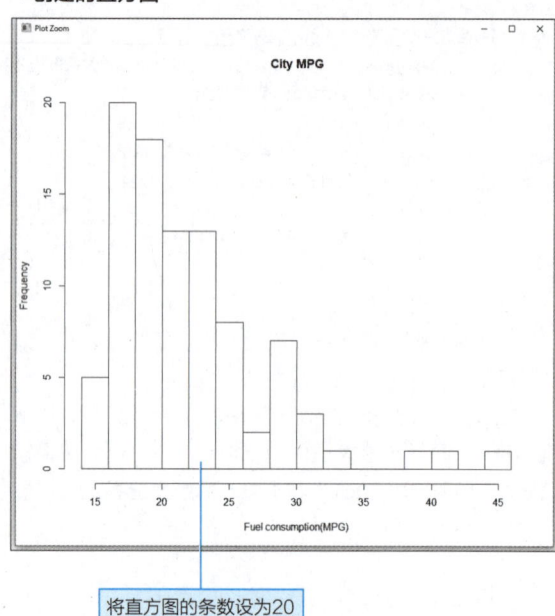

将直方图的条数设为20

默认绘制7个条形。可以尝试将条数增加到20，以便更加细致地查看分布状况。

列表2 将直方图的条数设为20

```
> hist(Cars93$MPG.city,        # 将油耗的数据MPG.city
                                 绘制为直方图
```

秘技 348 在直方图上显示概率密度函数的曲线

难易程度

这里是关键点！ **lines(density(样本数据))**

扫码看视频

有表示样本分布的直方图时，可以使用density()函数计算概率密度的估计值，使用lines()函数可以绘制概率密度的近似曲线。

列表1 绘制伽马分布的500个样本的概率密度近似曲线

```
> # 生成伽马分布的随机数
> sample <- rgamma(500, shape = 2, rate = 1)
> # plot设为TRUE并加纵轴作为概率密度
> hist(sample, 20, prob = T)
> # 绘制概率密度的近似曲线
> lines(density(sample))
```

▼创建的直方图和概率密度的近似曲线

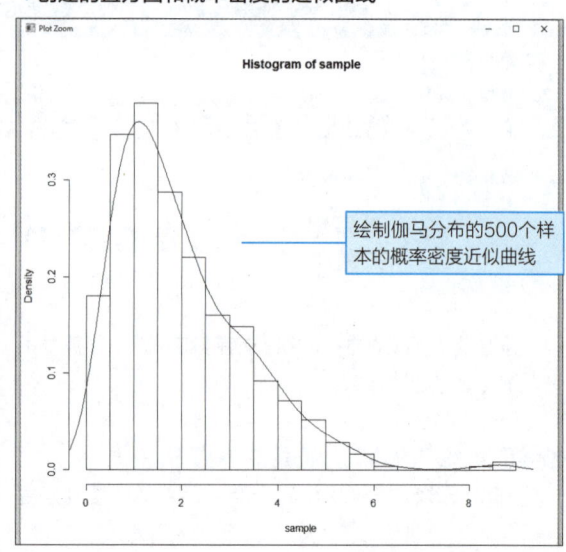

绘制伽马分布的500个样本的概率密度近似曲线

秘技 349 创建正态QQ图

难易程度 ●●●

> 这里是关键点！ **qqnorm()，qqline()**

创建**正态QQ图**，可以知道数据是否呈现正态分布。正态QQ图可以使用**qqnorm()函数**创建，使用**qqline()函数**可以显示对角线。

通过绘制QQ图确定MASS包附带的数据集Cars93中，记录的93种车型的价格（Price）的数据是否为正态分布。

列表1 绘制QQ图
```
> # 使用MASS包
> library(MASS)
> # 创建Cars93的Price数据的Q-Qplot
> qqnorm(Cars93$Price, main = "Q-Q plot Price")
> # 添加对角线
> qqline(Cars93$Price)
```

▼创建的正态QQ图

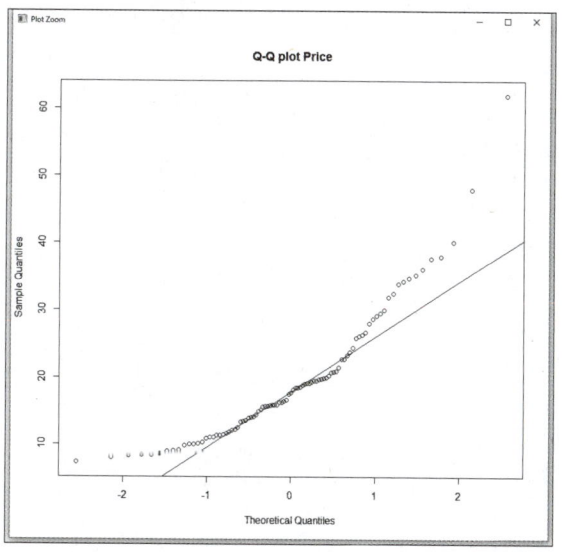

如果是完全正态分布的数据，那么绘制的点将沿着对角线排列。查看创建的QQ图，中央附近的点分布在靠近对角线处，两端的点则偏离对角线。另外，对角线附近的点很多时，一般总体会偏向左侧。

偏向左侧时，可以通过对数变换来纠正。即将log()函数的返回值作为qqnorm()函数和qqline()函数的参数来纠正。

列表2 使用对数变换来纠正绘制正态QQ图
```
> # 对Cars93的Price数据做对数变换，然后创建Q-Qplot
> qqnorm(log(Cars93$Price), main = "Q-Q plot Price")
> # 给执行了对数变换的数据添加对角线
> qqline(log(Cars93$Price))
```

▼创建的正态QQ图

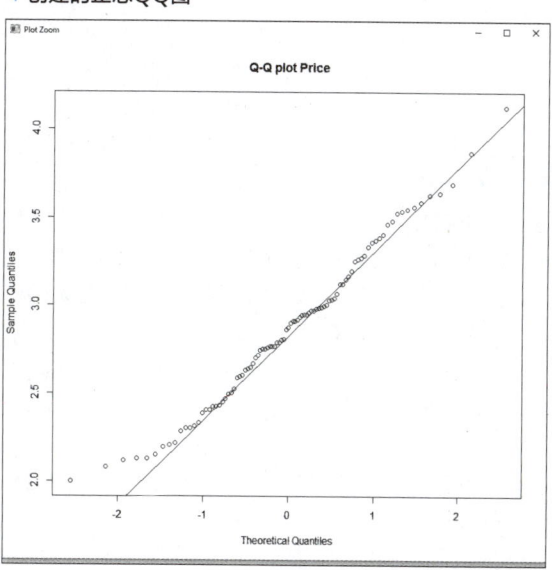

去除左侧的极端值，大多数数值靠近对角线，这是理想情况，根据这个图形可以推断价格的分布基本是正态分布。

秘技 350 用多项式回归分析

难易程度 ●●●

这里是关键点！ glm()函数

扫码看视频

回归分析一般指**线性回归**。在线性回归中，使用最小二乘法计算通过残差正中间的回归直线。数据间"直线关系=比例关系"是最简单的假设，实际上数据中有更复杂的分布，会有使用直线无法很好拟合的情况。

线性回归中，对数据应用回归方差公式来分析，公式如下：

$y = ax + b$

将下面的公式作为预测模型来表示：

$f_\theta(x) = \theta_0 + \theta_1 x$

表示倾斜度的系数 a 和表示截距的 b 都是未知数，可以统一用符号 θ 来表示，这是源自统计学规范的表达方式，避免了使用类似 a、b、c、d 等难以理解且个数有限的表现方式，统一使用 θ_0、θ_1、θ_2……来代替。模型中的未知数 θ 称为**参数**（注意不要和Python的函数参数混淆），$f_\theta(x)$ 则表示有未知数 θ、x 变量的函数。

$f_\theta(x)$ 是一次函数，绘制成图形是直线。与之相对的，要拟合和二项式的曲线，如：

$f_\theta(x) = \theta_0 + \theta_1 x + \theta_2 x^2$

时，预测模型函数 $f_\theta(x)$ 也会被设为二次函数，参数也从两个（θ_0、θ_1）增加到了3个（θ_0、θ_1、θ_2），这样的规范表达大大提高了预测模型的灵活性。在此基础上进一步增加参数，如：

$f_\theta(x) = \theta_0 + \theta_1 x + \theta_2 x^2 + \theta_3 x^3 + \cdots + \theta_n x^n$

可以应对更加复杂的曲线，这就是被称为（n 次）**多项式回归**的预测模型。

n 为自然数，如果需要复杂的模型，增大次数 n 就可以了。当然，和线性回归一样，该模型可以使用最小二乘法估计参数。

像这样，使用增加了多项式次数的函数称为**多项式回归**。

●二次多项式回归进行分析

下面是执行线性回归的例子。

列表1 对"清凉饮料销量.txt"执行线性回归分析，将结果显示在图表中（收录在项目Polynomial regression、源文件script.R中）

```
# 将文件读取到数据框
data <- read.delim("清凉饮料销量.txt", header=TRUE,
            fileEncoding="CP936")
var_1 <- c(data[,1])       # 将第1列数据赋值给向量
var_2 <- c(data[,2])       # 将第2列数据赋值给向量
# 执行线性单回归分析
salse.lm <- lm(var_2~var_1, data=data)
# 显示分析结果
summary(salse.lm)

# 绘制数据
plot(var_2 ~ var_1, data = data)
# 绘制回归直线
abline(salse.lm)
```

列表2 运行结果

```
> summary(salse.lm)

Call:
lm(formula = var_2 ~ var_1, data = data)

Residuals:
    Min      1Q  Median      3Q     Max
-52.051 -20.828  -1.217  15.338  59.171

Coefficients:
             Estimate Std. Error t value Pr(>|t|)
(Intercept) -760.877     46.071  -16.52 5.75e-16 ***
var_1         33.741      1.591   21.20  < 2e-16 ***
---
Signif. codes:  0 '***' 0.001 '**' 0.01 '*' 0.05
'.' 0.1 ' ' 1

Residual standard error: 28.7 on 28 degrees of freedom
Multiple R-squared:  0.9414,  Adjusted R-squared: 0.9393
F-statistic: 449.7 on 1 and 28 DF,  p-value: < 2.2e-16
```

12-4 直方图、正态QQ图

▼创建的图表

二次多项式回归分析通过使用生成多项式的poly()函数实现，通过设置该函数的degree选项设定多项式的次数来执行。

线性回归分析的结果

列表3 根据多项式回归的分析（收录在项目Polynomial regression、源文件script2.R中）

```r
# 将文件读取到数据框中
data <- read.delim("清凉饮料销量.txt", header=TRUE, fileEncoding="CP932")
var_1 <- c(data[,1])                # 将第1列数据赋值给向量
var_2 <- c(data[,2])                # 将第2列数据赋值给向量

# 执行多项式回归
salse.lm2 <- lm(var_2~poly(var_1,   # 设定次数的变量
                    degree = 2),     # 次数设为2以作为二次多项式
                data=data)
# 显示分析结果
summary(salse.lm2)

# 绘制数据
plot(var_2 ~ var_1, data = data)
# 绘制多项式回归的曲线
lines(var_1,                        # x坐标
      fitted(salse.lm2),            # y坐标是预测值
      col="RED",                    # 线条颜色设为红色
      lty="solid",                  # 用实线绘制
      lwd=2)                        # 粗细为2
```

列表4 运行结果

```
> summary(salse.lm2)

Call:
lm(formula = var_2 ~ poly(var_1, degree = 2), data = data)

Residuals:
    Min      1Q  Median      3Q     Max 
-40.509 -19.455  -4.218  16.544  55.574 

Coefficients:
                        Estimate Std. Error t value Pr(>|t|)    
(Intercept)              209.733      5.142  40.789   <2e-16 ***
poly(var_1, degree = 2)1 608.614     28.164  21.610   <2e-16 ***
poly(var_1, degree = 2)2 -40.606     28.164  -1.442    0.161    
---
```

12-4 直方图、正态QQ图

```
Signif. codes:  0 '***' 0.001 '**' 0.01 '*' 0.05 '.' 0.1 ' ' 1

Residual standard error: 28.16 on 27 degrees of freedom
Multiple R-squared:  0.9456, Adjusted R-squared:  0.9415
F-statistic: 234.5 on 2 and 27 DF,  p-value: < 2.2e-16
```

▼创建的图表

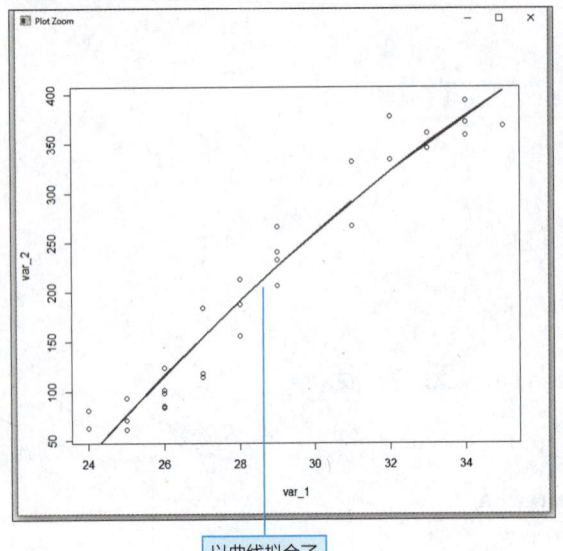

以曲线拟合了

被分析的目标数据之间有很强的"直线关系=比例关系",所以曲线弯曲的弧度较小,但也能看出是沿着直线绘制了曲线。另外,运行结果显示p值很小,可以认为分析的结果是有意义的,并且误差也从28.7减小到28.16。

> **专栏　交叉表**
>
> 交叉表主要应用于问卷调查,是将两个以上的问题项目交叉合计的方法。交叉表中将问题项目分列为上方表头(列名)和侧面表头(行名),行列交叉的单元格中记录了两个方向的表头中对应项目的回答数,行和列的方向上可统计回答比例。